"十二五"职业教育国家规划教材
经全国职业教育教材审定委员会审定

水泥工艺技术

第二版

肖争鸣　主编

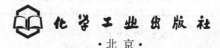

化学工业出版社
·北京·

本书以硅酸盐水泥生产工艺过程及应用为主线,重点介绍了新型干法水泥生产技术,同时介绍了原料及预均化技术、生料制备技术、生料均化技术、熟料煅烧技术、水泥制成技术、硅酸盐水泥的性能及应用、水泥生产质量控制和其他通用水泥生产技术。

本书系"十二五"职业教育国家规划教材,经全国建材职业教育教学指导委员会审定,主要作为高等学校建筑材料类专业的教材,也可作为材料科学与工程、无机非金属材料工程专业的教材;也可供水泥行业的工程技术人员、企业管理人员、岗位技术人员阅读和参考,并可作为职工培训教材。

图书在版编目(CIP)数据

水泥工艺技术/肖争鸣主编. —2 版. —北京:化学工业出版社,2015.1(2024.11重印)
"十二五"职业教育国家规划教材
ISBN 978-7-122-21200-9

Ⅰ.①水… Ⅱ.①肖… Ⅲ.①水泥-生产工艺-教材
Ⅳ.①TQ172.6

中国版本图书馆 CIP 数据核字(2014)第 146584 号

责任编辑:吕佳丽 王文峡 　　　　　　装帧设计:张　辉
责任校对:王　静

出版发行:化学工业出版社(北京市东城区青年湖南街 13 号　邮政编码 100011)
印　　刷:北京云浩印刷有限责任公司
装　　订:三河市振勇印装有限公司
787mm×1092mm　1/16　印张 17　字数 442 千字　2024 年 11 月北京第 2 版第 9 次印刷

购书咨询:010-64518888 　　　　　　售后服务:010-64518899
网　　址:http://www.cip.com.cn

定　　价:36.00 元

前　言

　　《水泥工艺技术》(第二版)是根据全国建材职业教育教学指导委员会审定的《水泥工艺技术》教材编写大纲编写而成的。

　　本书立足于我国水泥工业技术现状及发展趋势,力求突出应用性,尽可能地体现我国水泥工业现阶段的新工艺、新技术、新经验,反映水泥工艺技术的先进性、科学性、实用性,以期对水泥企业生产和管理有一定的指导作用。本书以硅酸盐水泥生产工艺过程及应用为主线,重点介绍了新型干法水泥生产技术,同时介绍了原料及预均化技术、生料制备技术、生料均化技术、熟料煅烧技术、水泥制成技术、硅酸盐水泥的性能及应用、水泥生产质量控制和其他通用水泥生产技术。

　　本书由绵阳职业技术学院肖争鸣教授担任主编,参加编写的还有:张雪芹、刘春英、任继明、刘成、陆天生、周建平、胡骈、李坚利、肖艺等。

　　本书由四川峨胜水泥集团公司主审。参加审稿的有南京工业大学材料学院曾燕伟、陆雷、朱宏等教授,绵阳职业技术学院建筑材料学院全体教授参加审稿和试用。本书在编写过程中得到了全国建材职业教育教学指导委员会的大力支持和帮助,特此表示衷心感谢。

　　由于编者的水平和条件有限,书中不当之处在所难免,恳请广大师生和读者提出宝贵意见,以便修正。

编　者
2014 年 10 月

第一版前言

《水泥工艺技术》是根据 2004 年 10 月在太原召开的全国建材高职高专规划教材编写会议精神及 2005 年 4 月在洛阳召开的全国建材职业教育教学指导委员会审定的《水泥工艺技术》教材编写大纲编写而成的。

本教材立足于我国水泥工业技术现状及发展趋势，重点突出高职高专教材的应用性特点，尽可能体现我国水泥工业现阶段的新工艺、新技术、新经验，尽可能反映水泥工艺技术的先进性、科学性、实用性，以期对水泥企业生产和管理有一定的指导作用。本书以硅酸盐水泥生产工艺过程和应用为主线，重点介绍新型干法水泥生产工艺技术，也介绍了传统水泥、其他通用水泥和特种水泥的生产工艺技术。本书详细介绍了关于硅酸盐水泥生产的原料及预均化、生料制备、生料均化、熟料煅烧、水泥制成、性能及应用、质量控制的基本知识和基本技能，同时也介绍了传统水泥、其他通用水泥和特种水泥生产的知识。

本书由绵阳职业技术学院肖争鸣担任主编，山西综合职业技术学院昝和平担任第二主编。编写分工是：第 1 章由绵阳职业技术学院肖争鸣编写；第 2 章、第 11 章由江西现代职业技术学院李坚利编写；第 3 章由河北建材职业技术学院张雪芹（副主编）编写；第 4 章由安徽职业技术学院刘春英编写；第 5 章由江油高级技工学校任继明编写；第 6 章由绵阳职业技术学院刘成编写；第 7 章由贵州建材工业学校陆天生编写；第 8 章由陕西建材工业学校周建平编写；第 9 章由绵阳职业技术学院胡骈编写；第 10 章由绵阳职业技术学院杨峰编写；第 12 章由天津城市建设学院黄燕生（副主编）编写。全书由肖争鸣统稿和修改整理后定稿。

本书由上海联合水泥有限公司总工郁伟华主审。参加审稿的有南京工业大学材料学院刘亚云教授、曾燕伟教授、陆雷教授、朱宏教授和绵阳职业技术学院材料工程系全体教授。在编写过程中得到全国建材职业教育教学指导委员会主任周功亚的大力支持和帮助，在此表示衷心感谢。

由于编者的水平和条件有限，书中欠妥之处在所难免，恳请广大师生和读者提出宝贵意见，以便修正。

编　者
2006 年 1 月

目　　录

第1章 绪 论

1.1 水泥的起源与发明

水泥起源于胶凝材料,是在胶凝材料的发展过程中逐渐演变出来的。水泥是指具有水硬性的无机胶凝材料。

1.1.1 胶凝材料的定义和分类

胶凝材料是指在物理、化学作用下,能从浆体变成坚固的石状体,并能胶结其他物料而具有一定机械强度的物质,又称胶结料。胶凝材料可分为无机胶凝材料和有机胶凝材料两大类。沥青和各种树脂属于有机胶凝材料;无机胶凝材料按照硬化条件又可分为水硬性胶凝材料和非水硬性胶凝材料两种。水硬性胶凝材料在拌水后既能在空气中硬化,又能在水中硬化,通常称为水泥,如硅酸盐水泥、铝酸盐水泥等。非水硬性胶凝材料只能在空气中硬化,故又称气硬性胶凝材料,如石灰、石膏等。

1.1.2 胶凝材料发展简史

胶凝材料的发展史极为悠久,可追溯到人类史前时期。它先后经历了天然的黏土、石膏-石灰、石灰-火山灰、天然水泥、硅酸盐水泥、多品种水泥等各个阶段。

远在新石器时代,由于石器工具的进步,劳动生产力的提高,人类为了生存开始在地面挖穴建室居住。人们利用黏土和水后具有一定可塑性、干硬后有一定强度的胶凝性来砌筑简易的建筑物,有时还在黏土浆中掺入稻草、壳皮等植物纤维,以起到加筋增强的作用,但未经煅烧的黏土不抗水且强度低。土是最原始的、天然的胶凝材料。这个阶段可称为天然黏土时期。

随着火的发现,在公元前3000~公元前2000年,石膏、石灰石及石灰开始被人类利用。人们利用石灰岩和石膏岩在火中煅烧脱水、在雨水中胶结产生的胶凝性,开始用经过煅烧所得的石膏或石灰来调制砌筑砂浆。例如,古埃及的金字塔、中国著名的万里长城及其他许多宏伟的古建筑,都是用石灰、石膏作为胶凝材料砌筑而成的。这个阶段可称为石膏-石灰时期。

随着生产的发展,在公元初,古希腊人和古罗马人都发现在石灰中掺加某些火山灰沉积物,不仅可以提高强度,而且还具有一定的抗水性。例如,古罗马的庞贝城及罗马圣庙等著名古建筑都是用石灰-火山灰材料砌筑而成的。在中国古代建筑中所大量应用的石灰、黄土、细砂组成的三合土实际上也是一种石灰-火山灰材料。随着陶瓷生产的需要,人们发现将碎砖、废陶器等磨细后代替天然的火山灰与石灰混合,同样能制成具有水硬性的胶凝材料,从而使火山灰质材料由天然的发展为人工制造。将煅烧过的黏土与石灰混合可以获得具有一定抗水性的胶凝材料。这个阶段可称为石灰-火山灰时期。

随着港口建设的需要,在18世纪下半叶,英国人J. Smetetonf发现掺有黏土的石灰石经过煅烧后获得的石灰具有水硬性。他第一次发现了黏土的作用,制成了"水硬性石灰"。例如,英国伦敦港口的灯塔建设,就是用水硬性石灰作为建筑材料。随后又出现了罗马水泥,都是将含有适量黏土的黏土质石灰石经过煅烧而成。在此基础上,发展到用天然水泥岩(黏土含量在20%~25%的石灰石)煅烧、磨细而制成天然水泥。这个阶段可称为天然水泥时期。

随着生产技术的进步，人们逐渐发现可以用石灰石与定量的黏土共同磨细混匀，经过煅烧制成由人工配料的水硬性石灰，这实际上可以看成是近代硅酸盐水泥制造的雏形。

1.1.3 水泥的发明

在 19 世纪初期（1810～1825 年），人们用人工配合的石灰石和黏土作为原料，再经煅烧、磨细，制造水硬性胶凝材料。1824 年，英国人阿斯普丁（J. Aspdin）将石灰石和黏土配合烧制成块，再经磨细成水硬性胶凝材料，加水拌和后能硬化制成人工石块，具有较高强度。因为这种胶凝材料的外观颜色与当时建筑工程上常用的英国波特兰岛上出产的岩石的颜色相似，故称之为波特兰水泥（Portland cement，中国称为硅酸盐水泥）。英国人阿斯普丁（J. Aspdin）于 1824 年 10 月首先取得了该项产品的专利权。例如，1825～1843 年修建的泰晤士河隧道工程就大量使用了波特兰水泥。这个阶段可称为硅酸盐水泥时期，也可称为水泥的发明期。

随着现代工业的发展，到 20 世纪初，仅有硅酸盐水泥、石灰、石膏等几种胶凝材料已远远不能满足重要工程建设的需要。生产和发展多品种、多用途的水泥是市场的客观需求，如铝酸盐水泥、快硬水泥、抗硫酸盐水泥、低热水泥以及油井水泥等。后来，又陆续出现了硫铝酸盐水泥、氟铝酸盐水泥、铁铝酸盐水泥等特种水泥品种，从而使水硬性胶凝材料发展成更多类别。多品种、多用途水泥的大规模生产，形成了现代水泥工业。这个阶段可称为多品种水泥阶段。

由上可见，水泥的发明和发展形成了现代水泥工业。胶凝材料的发展经历了天然黏土、石膏-石灰、石灰-火山灰、天然水泥、硅酸盐水泥、多品种水泥等各个阶段。随着科学技术的进步和社会生产力的提高，胶凝材料将有更快地发展，以满足日益增长的各种工程建设和人们物质生活的需要。

1.2 水泥的定义和分类

水泥是指细磨成粉末状，加入一定量水后成为塑性浆体，既能在水中硬化，又能在空气中硬化，能将砂、石等颗粒或纤维材料牢固地胶结在一起，具有一定强度的水硬性无机胶凝材料。

水泥的种类很多，按其用途和性能可分为：通用水泥、专用水泥及特性水泥三大类型。一是通用水泥，指一般用途的水泥，主要用于一般民用建筑工程，如硅酸盐水泥、普通硅酸盐水泥、矿渣硅酸盐水泥、火山灰质硅酸盐水泥、粉煤灰硅酸盐水泥、复合硅酸盐水泥等。二是专用水泥，指有专门用途的水泥，主要用于专门建筑工程，如油井水泥、砌筑水泥等。三是特性水泥，指有某种特殊性能的水泥，主要用于特殊建筑工程，如快硬硅酸盐水泥、低热矿渣硅酸盐水泥、抗硫酸盐硅酸盐水泥、膨胀硫铝酸盐水泥、自应力铝酸盐水泥等。水泥也可按其组成分为硅酸盐水泥、铝酸盐水泥、硫铝酸盐水泥、氟铝酸盐水泥、铁铝酸盐水泥等类型。

1.3 水泥在国民经济中的作用

水泥是建筑工程的重要基本材料之一。在能源方面，水泥生产虽需消耗较多能源，但是水泥与砂、石等集料所制成的混凝土则是一种低能耗型建筑材料。每吨混凝土消耗的能量仅为红砖的 1/6、钢材的 1/20。在性能方面，水泥制品与普通钢材相比，它不生锈；与普通木材相比，它不腐朽；与普通塑料相比，它不老化。其耐久性好，维修量小，在代替钢材和木材方面，具有明显的技术经济上的优越性。水泥被广泛应用于工业建筑、民用建筑、交通工程、水利工程、海港工程、核电工程、国防建设等新型工业和工程建设等领域，是国家工程建设和人民生活中不可缺少的重要基本材料。根据有关研究表明，21 世纪的主要建筑材料仍将是水泥和混凝土，水泥的生产和科研仍然具有重要意义。

水泥所具有的特殊性能使建筑工程多样化。水泥作为水硬性胶凝材料加水后具有可塑性，与砂、石拌和后能使混合物具有和易性，可浇筑成各种形状尺寸的构件，以满足工程设计的不同需要。水泥与钢筋、砂、石等材料混合制成的钢筋混凝土、预应力钢筋混凝土，其性能大大优于钢筋或混凝土本身，它的坚固性、耐久性、抗蚀性、适应性强，可用于海上、地下、深水或者干热、严寒地区，建设高层建筑、大型桥梁、巨型水坝、高速公路及防辐射核电站等特殊工程。它对人类的物质和文化生活将产生积极的影响，对人类的文明和进步将发挥着重要作用。

水泥工业是国民经济中非常重要的产业。随着科学技术的进步，新工艺、新技术的发展必然会促进传统水泥工业的技术进步，新工艺的变革、新技术的发展和新品种的出现必将开拓新的应用领域。如宇航工业、核能工业及其他新型工业的建设，也需要各种无机非金属材料，其中最为基本的都是以水泥基为主的新型复合材料。因此，水泥工业的发展对保证国家建设计划的顺利实施和国民经济的正常运行、人民物质和文化生活水平的提高，具有十分重要的意义，从而使其在国民经济中起到更为重要的作用。

1.4　水泥工业的发展概况

自从波特兰水泥诞生、形成水泥工业性产品批量生产并实际应用以来，水泥工业的发展历经多次变革，工艺和设备不断改进，品种和产量不断扩大，管理和质量不断提高。

1.4.1　世界水泥工业的发展概况

第一次产业革命的开始，催生了硅酸盐水泥的问世。1825 年，人类用间歇式的土窑烧成水泥熟料。第二次产业革命的兴起，推动了水泥生产设备的更新。随着冶炼技术的发展，1877 年，用回转窑烧制水泥熟料获得了专利权，继而出现单筒冷却机、立式磨及单仓钢球磨等，有效地提高了产量和质量。1905 年，人们发明出了湿法回转窑。1910 年，立窑实现了机械化连续生产，发明出了机立窑。1928 年，德国人发明了立波尔窑，使窑的产量明显提高，热耗降低较多。第三次产业革命的发展，进入了水泥高度工业化阶段，水泥工业又相应发生了深刻的变化。1950 年，悬浮预热器窑的发明，更使熟料热耗大幅度降低；熟料冷却设备也有了较大发展，其他的水泥制造设备也不断更新换代。1950 年，全世界水泥总产量为 1.3 亿吨。

20 世纪 60 年代初，随着电子计算机技术的发展，在水泥工业生产和控制中开始应用电子计算机技术。日本将德国的悬浮预热器技术引进以后，于 1971 年开发了水泥窑外分解技术，从而带来了水泥生产技术的重大突破，揭开了现代水泥工业的新篇章。各具特色的预分解窑相继发明，形成了新型干法水泥生产技术。随着原料预均化、生料均化、高功能破碎与粉磨、环境保护技术和 X 射线荧光分析等在线检测方法的发展，以及电子计算机和自动控制仪表等技术的广泛应用，使新型干法水泥生产的熟料质量明显提高，在节能降耗方面取得了突破性的进展，其生产规模不断扩大，新型干法水泥工艺体现出独特的优越性。70 年代中叶，先进的水泥厂通过电子计算机和自动化控制仪表等设备，已经实施全厂集中控制和巡回检查的方式，在矿山开采、原料破碎、生料制备、熟料烧成、水泥制成及包装发运等生产环节分别实现了自动控制。新型干法水泥生产工艺正在逐步取代湿法、普通干法和机立窑等生产工艺。1980 年，全世界水泥总产量为 8.7 亿吨；2000 年，全世界水泥总产量为 16 亿吨；2012 年达到 36 亿吨。当今，世界水泥工业发展的总体趋势是向新型干法水泥生产工艺技术发展，其特征如下。

(1) 水泥生产线能力的大型化　世界水泥生产线建设规模在 20 世纪 70 年代为日产 1000～3000t，在 80 年代为日产 3000～5000t，在 90 年代达到 4000～10000t。目前，日产能力达 5000t、7000t、9000t、10000t 等规模的生产线已达 200 多条，正在兴建的世界最大生产线为日产 12000t 以上。

随着水泥生产线能力的大型化，形成了年产数百万吨乃至千万吨的水泥厂，特大型水泥集团公司的生产能力也达到千万吨到 1 亿吨以上。

(2) 水泥工业生产的生态化　从 20 世纪 70 年代开始，欧洲一些水泥公司就已经进行废弃物质代替自然资源的研究，随着科学技术的发展和人们环保意识的增强，可持续发展的问题越来越得到重视。从 90 年代中叶开始，出现了 ECO-CEMENT（生态水泥），欧洲和日本对生态水泥进行了大量的研究。目前，世界上已有 100 多家水泥厂使用了可燃废弃物。例如，瑞士 HOLCIM 水泥公司使用可燃废弃物代替燃料已达 80％以上；法国 LAFARGE 水泥公司代替率达到 50％以上；美国大部分水泥厂利用可燃废弃物煅烧水泥；日本有一半水泥厂处理各种废弃物；欧洲的水泥公司每年要焚烧处理 100 多万吨有害废弃物。世界上水泥企业一般代替率为 10％～20％。

为实现可持续发展，与生态环境和谐共存，世界水泥工业的发展动态如下。

① 最大限度地减少粉尘、NO_2、SO_2、重金属等对环境的污染；

② 实现高效余热回收，最大程度地减少水泥电耗；

③ 不断提高燃料的代替率，最大程度地减少水泥热耗；

④ 努力提高窑系统的运转率，提高劳动生产率；

⑤ 开发生产生态水泥，减少自然资源的使用量；

⑥ 利用计算机网络系统，实现高智能型的生产自动控制和管理现代化。

(3) 水泥生产管理的信息化　在水泥生产和管理过程中，运用信息技术，创新各种工艺过程的专家系统和数字神经网络系统，实现远程诊断和操作，保证水泥生产稳定和优良的质量，进行科学管理和商务活动是近几年来世界水泥工业在信息化、自动化、网络化、智能化领域中所进行的主要工作。水泥企业生产管理的信息化主要内容如下。

① 水泥生产过程的自动化、智能化，如计算机集散控制系统 DCS、计算机集成制造系统 CIMS、计算机辅助制造系统 CAM；

② 生产管理决策的科学化、网络化和信息化，如管理信息化系统 MIS、办公自动化 OA、企业资源计划 ERP、需求计划 HRP 等；

③ 企业商务活动电子化、网络化、信息化，如客户关系管理系统 CRM、电子商务 EC、电子支付系统 EPS、电子订货 EOS 等。

1.4.2　中国水泥工业的发展概况

中国水泥工业自 1889 年开始建立水泥厂，迄今已有 100 多年的历史。水泥工业先后经历了初期创建、早期发展、衰落停滞、快速发展及结构调整等阶段，展现了中国水泥工业漫长、曲折和辉煌的历史。

1889 年，中国第一个水泥厂——河北唐山细绵土厂（后改组为启新洋灰公司，现为启新水泥厂）建立，于 1892 年建成投产，并正式生产水泥。以后，又相继建立了大连、上海、广州等水泥厂。1889～1937 年的约 50 年间，中国水泥工业发展非常缓慢，最高水泥总产量仅为 114 万吨。这一阶段是中国水泥工业的早期发展阶段。

1937～1945 年，中国先后建设了哈尔滨、本溪、小屯、抚顺、锦西、牡丹江、工源、琉璃河、重庆、辰西、嘉华、昆明、贵阳、泰和等水泥厂。1946～1949 年，又建设了华新、江南等水泥厂。这些水泥厂大多数是由外国人主持设计和建设的，生产设备主要来自国外，没有规范的水泥工业建设机制，又因连年战乱，许多水泥厂不能持续稳定地生产。1949 年，全国水泥总产量为 66 万吨。这一阶段是中国水泥工业的衰落停滞阶段。

自 1949 年新中国成立以后，水泥工业得到了迅速发展。在 20 世纪 50～60 年代，中国开始研制湿法回转窑和半干法立波尔窑生产线成套设备，并进行预热器窑的试验，使中国水泥工业生产技术和生产设备取得较大进步。这期间，先后新建、扩建了 30 多个重点大中型的湿法回转窑和半干法立波尔窑生产企业，同期，也建设了一批立窑水泥企业。在 70～80 年代，中国自行研制的日产 700t、1000t、1200t、2000t 熟料的预分解窑生产线分别在新疆、江苏邳县、上海川沙、辽宁本溪和江西水泥厂建成投产；从 1978 年开始，中国相继从国外引进了一批日产 2000～4000t 熟料的预分解窑生产线成套设备，先后建成了冀东、宁国、柳州、云浮等大型水泥企业，这些大型水泥厂的建成，不仅极大地改善了水泥生产结构，而且迅速提高了中国的新型干法水泥生产能力和技术水平。到 20 世纪 80 年代末，中国新型干法水泥生产能力已占大中型水泥厂生产能力的 1/4。然而，中国的立窑水泥企业在经过 50 年代末和 70 年代两个发展高潮后，成为中国水泥工业的一个重要方面，其产量占整个水泥工业总产量的 80% 以上。1980 年以后，以提高质量、降低成本为目标的立窑技术改造逐步推广，将普通立窑改造为机械化立窑，并将电子计算机配料、控制等多种新技术逐步引入立窑生产，对提高熟料产量和质量、生产新品种、改善劳动条件以及解决粉尘污染问题等都有显著作用，使中国机立窑生产能力和技术水平迈进了一大步。与此同时，中国的水泥品种从新中国成立初期的 3～4 个发展到现在的 80 多个品种，其中特种水泥就达 70 多个品种，以满足石油、水电、冶金、化工、机械等工业部门以及海港和国防等特种工程的需要。中国水泥工业的科学研究工作也进展较快，在煅烧、粉磨、熟料形成、水泥的新矿物系列、水化硬化、混合材料、外加剂、节能技术等有关的基础理论以及测试方法的研究和应用方面，也取得了明显进展。从此，中国水泥工业走上了一条独特的发展道路，其最大特色是水泥产品的 80% 是由立窑水泥企业生产的。改革开放以来，中国水泥生产年产量平均增长 12% 以上，1985 年水泥总产量跃居世界第一，并保持至今，水泥总产量占世界水泥总产量的 30% 以上。2000 年，中国水泥总产量达 5.5 亿吨，2012 年达到 21 亿吨。

中国已是水泥生产大国，水泥总产量为世界首位，占到全球水泥总产量的 60%，其中新型干法水泥的比重已经占到总产量的 90%，前 10 家大型水泥企业集团的熟料产能也占到总产量的 50%。但人均产量较低，总体技术水平不高，不是水泥生产强国。主要表现在：一是立窑水泥企业仍占一定比例，立窑水泥厂生产成本较高，劳动生产率较低，产品质量不够稳定，环境污染比较严重；二是水泥生产技术进步加快，总体技术水平与世界先进水平有一定差距，在设备大型化、技术性能、能耗指标、机电一体化水平，以及设备的材质、结构、成套性、可靠性等方面都有一定差距；三是水泥产业结构不合理，水泥企业数量多，大型水泥企业数量少，高强度等级水泥产量比例低；四是水泥行业职工队伍大，技术队伍力量不足，人才相当缺乏。

要保持稳定、快速、健康发展，中国水泥工业发展的主要途径如下。

(1) 大力发展新型干法水泥生产工艺　国家建材工业"十二五"规划要求，大力发展新型干法水泥生产工艺，加速淘汰落后生产工艺，加快大公司和大企业集团的发展。目前，新型干法水泥的发展速度和生产能力已经完成建材工业"十一五"规划，2005 年全国新型干法水泥生产能力已达 2 亿吨，2012 年已达 19 亿吨。

由国家发改委支持的日产 10000t 熟料生产项目已经投产，其主要经济指标达到世界先进水平，对于增强中国水泥工业技术装备水平在国际市场的竞争力，促进中国水泥工业的结构调整，使中国水泥工业在环保化、生态化、持续化发展方面将产生重要影响。

日产 10000t 熟料项目研制的许多先进生产工艺技术和设备都可以用于日产 5000t 熟料级以下规模的生产线中，可以推动中国整个新型干法水泥生产工艺的技术进步。日产 10000t 熟料项目的实施地基本上都在东部沿海和长江中下游地区，这些地区资源丰富，交通方便，对于发展大型水泥企业集团极为有利。

（2）充分利用水泥窑焚烧垃圾技术　在水泥生产过程中，用水泥回转窑焚烧各种废弃物代替部分天然燃料，采用各种再生资源作为水泥原料以减少石灰石用量，同各种细掺和料替代部分熟料磨制水泥，研究开发生态水泥工艺技术与设备等已成为国际水泥工业的热点，也是中国水泥工业的发展方向。

在利用水泥窑焚烧垃圾技术的研究开发方面，中国还处在初级阶段，与发达国家相比差距较大。但是，中国水泥工业已进入节能型、环保型和资源型的运行轨道，大型新型干法水泥生产线的开发是向着环境共存型水泥的方向发展。目前，中国水泥工业已采用的主要环保和清洁生产技术有：

① 水泥厂中低温余热发电技术；② 高温高浓度大型袋收尘器和电收尘器技术；③ 使用低品位石灰石（CaO<45%）和用页岩、砂岩、铝矾土、粉煤灰、煤矸石等替代黏土的配料技术；④无烟煤和低挥发粉煤在新型干法水泥烧成系统中的应用技术；⑤使用细掺合物（如矿渣、钢渣、粉煤灰等）环境共存型水泥的开发技术。

（3）研究开发与生产高性能水泥　随着经济和社会的发展，超高层建筑物、大深度地下建筑物、跨海大桥、海上机场等大型建筑物越来越多，对水泥和混凝土的性能提出了更高的要求，这是研究开发高性能水泥成为市场所需；采用少量高性能水泥可以达到大量低质水泥的使用效果，可以减少生产水泥的资源能源消耗，减轻环境负荷，这是研究开发高性能水泥成为效益所需。

高性能水泥研究开发的主要内容是水泥熟料矿物体系与水泥颗粒形状、颗粒级配等问题。高性能水泥与普通水泥相比，水泥生产的能耗可以降低 20% 以上，CO_2 排放量可以减少 20% 以上，强度可以达到 10MPa 以上，综合性能可以提高 30%～50%，因此，水泥用量可以减少 20%～30%。研究开发高性能水泥有利于中国环境保护和水泥工业的可持续发展。

（4）沿着绿色水泥工业的道路发展　人类进入 21 世纪以后，发展绿色工业成为人类在创造物质文明时所希望实现的目标。当水泥企业不对人类社会和环境造成负面影响而又作出贡献时，水泥工业就成了绿色工业。目前，国内还存在几百家工艺技术落后、严重浪费资源、过度消耗能源和大量污染环境的小型水泥企业，这使水泥工业要实现绿色工业的目标遇到了严重的挑战。中国水泥工业要实现可持续性，必须向绿色水泥工业的道路发展。其主要途径如下。

① 大力发展大型新型干法水泥生产技术和设备，加快国内水泥工业结构调整的步伐；② 坚决淘汰落后的水泥生产工艺技术和设备，关闭严重浪费资源、过度消耗能源和大量污染环境的小型水泥企业；③从国家"十二五"规划开始，使中国水泥企业全部纳入节能型、环保型和资源型的运行轨道；④坚持发展绿色水泥工业，水泥生产要进入生态化阶段，并积极参与国际交流、合作和竞争。

1.5　水泥工业的环境保护

人类不可能脱离环境而生存，而每时每刻都生活在环境之中，并不断地受着个各种环境因素的影响。人类自诞生以来，就开始从周围环境中获得生活资料和生产资料，改造环境的工作也就随之开始。随着生产力的迅速发展，人类对环境的影响越来越大，如不注意对环境的保护，大自然必然报复人类。

1.5.1 水泥工业的环境污染和治理

水泥工业在国民经济中占有非常重要的位置，发展速度较快，但对环境的影响越来越大。其影响如下：在水泥生产过程中，原料的开采和破碎、生料的粉磨和均化、熟料的破碎和输送、水泥的粉磨和包装都要产生大量的粉尘和噪声。这些粉尘大多数属于含活性二氧化硅大于10%的矿物性粉尘，人若长期接触会对人体有一定影响，还会使土壤板结、植物枯萎；而熟料在煅烧过程中，要采用煤、天然气、重油等燃料，在燃烧过程中要释放大量的烟气和废热，这些烟气中含有二氧化碳、二氧化硫、一氧化碳等有害物质，会造成对动物、植物的危害和对建筑物、文物古迹的侵蚀。

随着经济和社会的发展，水泥工业越来越兴旺，但在发展水泥工业的同时，必须加强对环境的保护工作。目前，中国的大中型水泥企业对环境的保护工作比较重视，采用新型干法水泥生产工艺技术，加强粉尘治理和余热利用，对环境保护起到较好效果。但是，一些小型水泥企业和一些老企业对环境的保护工作还存在不少问题，如工艺落后、设备陈旧、资金困难、人才缺乏、劳动力素质不高和对环境保护的认识不够等因素，对环境保护造成不利影响。

1.5.2 水泥工业的可持续发展

水泥工业可持续发展的理念是：依靠科技进步，合理利用资源，大力节省能源；在水泥的生产和使用过程中尽量减少或杜绝废气、废渣、废水和有害有毒物质排放对环境的污染，维护生态平衡；大力发展绿色环保水泥；大量消纳本行业和其他工业难以处理的废弃物和城市垃圾；满足经济和社会发展对水泥的需求，并保持满足后代需求的潜力；支持国内经济和社会的可持续发展。

水泥工业可持续发展的内容有：①节约资源，提高资源利用率，少用或不用天然资源，鼓励使用再生资源，提高低质原燃材料在水泥工业的可利用性，鼓励企业使用大量工业和农业废渣、废料及生活废弃物等作为原料生产建材产品；②节约土地，少用或不用毁地取土作原料的行业可持续发展政策，以保护土地资源；③节约能源，大量利用工业废料、生活废弃物作燃料；节约生产能耗，降低建筑物的使用能耗；④节约水源，节约生产用水，将废水回收处理再利用。

水泥工业可持续发展就是要建立良性的水泥循环系统，要尽可能地减少对原料、能源的使用，尽可能地减少废水、废料的排放，即尽可能提高废物利用的比例，尽可能考虑再循环和回收利用水泥及混凝土产品，尽量实现水泥系统的内循环。因此，如果水泥系统内循环能够真正实现，水泥工业的可持续发展也就可以实现。

第 2 章　硅酸盐水泥生产技术

【学习要点】　本章主要学习硅酸盐水泥的组分材料、生产技术要求与指标；熟悉硅酸盐水泥的生产过程、生产方法和特点；明确新型干法水泥生产的技术特征；掌握硅酸盐水泥熟料的组成、性能要求、矿物特性；熟练掌握硅酸盐水泥熟料的率值的计算与控制；可以利用相关计算式对熟料的率值、化学组成、矿物组成进行测算和换算。

硅酸盐水泥、普通硅酸盐水泥、矿渣硅酸盐水泥、火山灰质硅酸盐水泥、粉煤灰硅酸盐水泥和复合硅酸盐水泥、这六大品种水泥通常应用于一般土木建筑工程中，因此称为通用硅酸盐水泥。

在中国，硅酸盐水泥一直作为通用硅酸盐水泥的一个主要品种在生产。它的生产量大、使用面最广，是重要的建筑和工程材料。特别是硅酸盐水泥熟料已经是一种商品，是各种硅酸盐水泥的主要组分材料，其质量的好坏直接影响到水泥产品的性能与质量优劣，已经越来越引起人们的重视。

2.1　硅酸盐水泥生产概述

凡由硅酸盐水泥熟料、0~5%石灰石或粒化高炉矿渣、适量石膏磨细制成的水硬性胶凝材料，称为硅酸盐水泥（即国外通称的波特兰水泥）。

硅酸盐水泥分两种类型，不掺加混合材料的称为Ⅰ型硅酸盐水泥，用代号 P·Ⅰ 表示；在硅酸盐水泥粉磨时掺入不超过水泥质量5%的石灰石或粒化高炉渣混合材料的称为Ⅱ型硅酸盐水泥，用代号 P·Ⅱ 表示。其中 P 为波特兰"Portland"的英文字首。

由上述可知，硅酸盐水泥的基本组分材料是熟料＋石膏、混合材料（石灰石或粒化高炉矿渣）。

2.1.1　硅酸盐水泥熟料

硅酸盐水泥熟料，即国际上的波特兰水泥熟料，简称水泥熟料。它是一种由主要含 CaO、SiO_2、Al_2O_3、Fe_2O_3 的原料，按适当比例磨成细粉烧至部分熔融所得以硅酸钙为主要成分的水硬性胶凝物质。其中硅酸钙矿物含量（质量分数）不小于66%，氧化钙和氧化硅质量比不小于2.0。

水泥熟料是各种硅酸盐水泥的主要组分材料，其质量的好坏直接影响到水泥产品的性能与质量优劣，在硅酸盐水泥生产中熟料属于半成品。其详细的品质与技术要求见本章2.4节。

2.1.2　混合材料

混合材料是指在粉磨水泥时与熟料、石膏一起加入磨内用以改善水泥性能、调节水泥强度等级、提高水泥产量的矿物质材料，如粒化高炉矿渣、石灰石等。

粒化高炉矿渣是高炉冶炼生铁所得以硅酸钙和铝酸钙为主要成分的熔融物经淬冷成粒后的产品。石灰石为水泥工业原料，在水泥中掺入少量石灰石可以起到混合材料的作用。

混合材料的种类、活性、化学组成等详见第10章10.1节。石灰石的基本化学组成与性能见第3章3.1节。

2.1.3 石膏

石膏是用作调节水泥凝结时间的组分，是缓凝剂。适量的石膏可以延缓水泥的凝结时间，使建筑施工中的搅拌、运输、振捣、砌筑等工序得以顺利进行；同时也可以提高水泥的强度等级。可供使用的是天然石膏，也可以用工业副产石膏。

（1）天然石膏

① 石膏　以二水硫酸钙（$CaSO_4 \cdot 2H_2O$）为主要成分的天然矿石。$CaSO_4 \cdot 2H_2O$ 的质量百分数应为二级及以上，即 $\omega(CaSO_4 \cdot 2H_2O) \geqslant 75\%$。

② 硬石膏　以无水硫酸钙（$CaSO_4$）为主要成分的天然矿石，采用天然石膏应符合《石膏与硬石膏》（GB/T 5483—1996）规定的技术要求。$w(CaSO_4)/[w(CaSO_4) + w(CaSO_4 \cdot 2H_2O)] \geqslant 75\%$。

（2）工业副产石膏

工业生产中以硅酸钙为主要成分的副产品，称为工业副产石膏。采用工业副产石膏时，应经过试验证明对水泥性能无害。

2.1.4 硅酸盐水泥生产技术要求

技术要求即品质指标，是衡量水泥品质及保证水泥质量的重要依据。水泥质量可以通过化学指标和物理指标加以控制和评定。

水泥的化学指标主要是控制水泥中有害物质的化学成分不超过一定限量，若超过了最大允许限量，即意味着对水泥性能和质量可能产生有害的或潜在有害的影响。

水泥的物理指标主要是保证水泥具有一定的物理力学性能，满足水泥使用要求，保证工程质量。

硅酸盐水泥技术指标主要有不溶物、烧失量、细度、凝结时间、安定性、氧化镁含量、三氧化硫含量、碱含量及强度指标。

2.1.4.1 水泥的化学和物理指标

硅酸盐水泥的化学和物理指标及评定方法见表 2.1。

表 2.1　硅酸盐水泥的化学和物理指标

序号	项目		指标		检验方法与依据
			P·Ⅰ	P·Ⅱ	
1	不溶物/%		≤0.75	≤1.5	GB/T 176
2	烧失量/%		≤3.0	≤3.5	GB/T 176
3	细度（比表面积）/(m²/kg)		≥300		GB 8074
4	凝结时间/min		初凝≥45 终凝≤390		GB 1346
5	安定性	沸煮法检验	合格		GB 1346
		雷氏夹膨胀/mm	≤5		GB 1346
6	氧化镁含量/%		≤5.0；水泥压蒸安定性检验合格可放宽至6.0		GB 176 或 GB 750
7	三氧化硫含量/%		≤3.5		GB 176
8	碱含量（Na₂O+0.658K₂O）/%		≤0.6 或协商指标		GB 176

（1）不溶物　不溶物是指水泥经酸和碱处理，不能被溶解的残留物。其主要成分是结晶 SiO_2，其次是 R_2O_3（指 Al_2O_3、Fe_2O_3），它属于水泥中非活性组分之一。

（2）烧失量　水泥烧失量是指水泥在 950～1000℃高温下燃烧失去的质量百分数。水泥中不溶物和烧失量指标主要是为了控制水泥制造过程中熟料煅烧质量以及限制某些组分材料的掺量。

（3）细度　细度即水泥的粗细程度，通常以比表面积或筛余数表示。水泥需有足够的细度，使用中才能具有良好的和易性、不泌水等施工性能，并具有一定的早期强度，从而满足施工进度要求。从水泥生产来说，水泥的粉磨细度直接影响水泥的能耗、质量、产量和成本，故实际生产中必须权衡利弊作出适当的控制。

水泥的细度的调节通过粉磨工艺过程的控制来实现。

（4）凝结时间　水泥凝结时间是水泥从和水开始到失去流动性，即从可塑性状态发展到固体状态所需要的时间，分初凝时间和终凝时间两种。

初凝时间：是指水泥加水拌和起到标准稠度净浆开始失去塑性的时间。

终凝时间：是指水泥加水拌和起到标准稠度净浆完全失去塑性的时间。

为保证水泥使用时砂浆或混凝土有充分时间进行搅拌、运输和砌筑，必须要求水泥有一定的初凝时间；当施工完毕又希望混凝土能较快硬化、较快脱模，因此，又要求水泥有不太长的终凝时间。

凝结时间的调节可以通过加入适量的石膏来实现，并使其达到标准的要求。

（5）安定性　水泥硬化后体积变化的均匀性称为水泥体积安定性，简称安定性。

安定性是水泥质量指标中最重要的指标之一，它直接反映水泥质量的好坏。如果水泥中某些成分的化学反应发生在水泥水化过程中甚至硬化后，致使剧烈而不均匀的体积变化（体积膨胀）足以使建筑物强度明显降低甚至溃裂，这种现象便是水泥安定性不良。

引起水泥安定性不良的原因主要有三种：熟料中游离氧化钙含量、方镁石含量过高及水泥中石膏掺加量过多。因此，确保水泥安定性合格的有效途径就是控制熟料中游离氧化钙含量、方镁石含量及水泥中石膏掺加量在一个适当的范围内。

如果水泥中游离 CaO 含量达到一定程度时，将造成水泥混凝土体积膨胀而使结构破坏。因此，水泥标准对安定性有严格要求，一般均采用雷氏夹或试饼法、沸煮法检验，而不规定游离 CaO 含量指标。

（6）氧化镁（MgO）含量　水泥中氧化镁含量过高时，由于其缓慢的水化和体积膨胀效应可使水泥硬化体结构破坏。但总结国内水泥生产使用实践，并经大量科研和调查证明，水泥中 MgO 含量≤5.0% 时对水泥混凝土工程质量有保证，故标准中规定水泥中 MgO 含量不得超过 5.0%。如果水泥中 MgO 含量超过 5.0%，有可能出现游离 MgO 含量过高和方镁石（结晶 MgO）晶体颗粒过大，将造成后期膨胀的潜在危害性，且游离 MgO 比游离 CaO 更难水化，沸煮法不能检定。因此，必须采用压蒸安定性试验进行检验。

（7）三氧化硫（SO_3）含量　水泥中的 SO_3 主要是生产水泥时为调节凝结时间加石膏而带入的，此外，水泥中掺入窑灰、采用石膏矿化剂、使用高硫燃煤都会把 SO_3 带入熟料。通过对不同 SO_3 含量的各种水泥的物理性能试验表明，硅酸盐水泥中 SO_3 含量超过 3.5% 后，强度下降，温胀率上升，硬化后水泥的体积膨胀，甚至结构破坏，因此，规定水泥中三氧化硫含量不得超过 3.5%。

（8）碱含量　标准中规定水泥中碱含量按钠碱含量（$Na_2O + 0.658K_2O$）计算值来表示。水泥混凝土中的碱骨料（或称碱-集料）反应与混凝土中拌和物的总碱量、骨料的活性程度及混凝土的使用环境有关。为防止碱骨料反应，不同的混凝土配比和不同使用环境对水泥中碱含量的要求也不会一样，因此，标准中将碱含量定为任选要求。当用户要求提供低碱水泥时，以钠碱含量计的碱含量应不大于 0.60%；当用户对碱含量不作要求时，可以协商制订指标。

2.1.4.2　强度与强度等级

（1）水泥强度　水泥强度是水泥试体净浆在单位面积上所能承受的外力。它是水泥技术要求中最关键的主要性能指标，又是设计混凝土配合比的重要依据。由于水泥在拌水后硬化过程中强度是逐渐增大的，通常以各龄期的抗压强度、抗折强度或水泥强度等级来表示水泥的强度增长速率。一般称 3d 或 7d 以前的强度为早期强度，28d 及其后的强度称为后期强度，也有将3 个月以后的强度称为后期强度。由于水泥到 28d 时强度大部分发挥出来，以后强度增大相当缓慢，所以通常用 28d 的强度作为水泥质量的分级来划分硅酸盐水泥的强度等级。

　　（2）强度等级　强度等级是按规定龄期的抗压强度和抗折强度来划分的，各强度等级水泥的各龄期强度值不得低于表 2.2 中的数值。硅酸盐水泥（P·Ⅰ、P·Ⅱ）的强度等级分42.5、42.5R、52.5、52.5 R、62.5、62.5R 共六个，其中 R 型属早强型水泥，它具有比普通水泥 3d 强度高的特点，而 28d 的强度指标完全相同。

表 2.2　硅酸盐水泥的强度指标（依据 GB 175—2007）

强度等级	抗压强度/MPa		抗折强度/MPa	
	3d	28d	3d	28d
42.5	17.0	42.5	3.5	6.5
42.5R	22.0	42.5	4.0	6.5
52.5	23.0	52.5	4.0	7.0
52.5R	27.0	52.5	5.0	7.0
62.5	28.0	62.5	5.0	8.0
62.5R	32.0	62.5	5.5	8.0

　　凡符合某一强度等级的水泥必须同时满足表 2.2 所规定的各龄期抗压、抗折强度的相应指标。若其中任一龄期抗压或抗折强度指标达不到所要求强度等级的规定，则以其中最低的某一个强度指标计算该水泥的强度等级。

2.1.4.3　废品与不合格品

　　（1）废品　凡氧化镁含量、三氧化硫含量、初凝时间、安定性中的任一项不符合标准规定时，均为废品。

　　（2）不合格品　凡细度、终凝时间、不溶物、烧失量中的任一项不符合标准规定，或混合材料掺加量超过最大限量、强度低于商品强度等级的指标时，该水泥称为不合格品。水泥包装标志中的水泥品种、强度等级、生产者名称、出厂编号不全的，也属于不合格品。

2.2　硅酸盐水泥的生产工艺

2.2.1　生产过程

　　硅酸盐水泥的生产过程通常可分为三个阶段：生料制备、熟料煅烧、水泥制成及出厂。

　　（1）生料制备　石灰石原料、黏土质原料与少量校正原料经破碎后，按一定比例配合、磨细并调配为成分合适、质量均匀的生料，称为生料的制备。

　　（2）熟料煅烧　生料在水泥窑内煅烧至部分熔融，所得以硅酸钙为主要成分的硅酸盐水泥熟料，称为熟料煅烧。

　　（3）水泥制成及出厂　熟料加适量石膏、混合材料共同磨细成粉状的水泥，并包装或散装出厂，称为水泥制成及出厂。

　　生料制备的主要工序是生料粉磨，水泥制成及出厂的主要工序是水泥的粉磨。因此，也可将水泥的生产过程即生料制备、熟料煅烧、水泥制成及出厂这三个阶段概况为"两磨一烧"。

　　实际上，水泥的生产过程还有许多工序环节，所谓"两磨一烧"，不过是将水泥生产中的主要工序高度浓缩而已。不同的生产方法、不同的装备技术，其水泥生产的具体过程还有差异。

2.2.2　生产方法

水泥的生产方法主要取决生料制备的方法及生产的窑型。目前，主要有两种分类方法分述如下。

按生料制备的方法来分，可分为湿法、干法。

（1）湿法　将黏土质原料先经淘制成黏土浆，然后与石灰质原料、铁质校正原料和水按一定比例配合喂入磨机制成生料浆，生料浆经调配均匀并符合要求后喂入湿法回转窑煅烧成熟料的方法称为湿法生产，简称为湿法。

湿法生产中料浆水分占 32%～40%。将湿法制备的生料浆脱水烘干后破碎，生料粉入窑煅烧，称之为半湿法生产，也可归入湿法，但一般称之为湿磨干烧。

（2）干法　将原料同时烘干与粉磨（或先烘干后再粉磨）成生料粉，而后经调配、均化，符合要求后喂入干法窑内煅烧熟料的生产方法称为干法生产，简称为干法。

干法生产中生料以干粉形式入窑。将干法制得的生料粉调配均匀并加入适量水，制成料球喂入立窑或立波尔窑内煅烧成熟料的方法称为半干法，半干法料球含水 12%～15%。也可将半干法归入干法。

按煅烧熟料窑的结构分，可分为湿法回转窑生产、半干法回转窑（立波尔窑）生产、干法回转窑生产（普通干法回转窑）生产、立窑生产、新型干法水泥生产。通常我们习惯于这种分类方法。

2.2.2.1　湿法回转窑生产工艺流程与特点

利用卧式回转的水泥设备即回转窑来煅烧水泥熟料称为回转窑生产。湿法回转窑生产时，生料以料浆形式入窑，料浆水分占 32%～40%。

（1）工艺流程　某湿法回转窑生产工艺流程如图 2.1 所示。

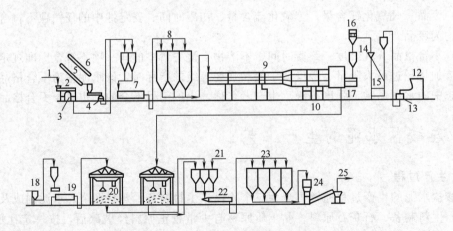

图 2.1　湿法回转窑生产硅酸盐水泥流程

1—黏土；2—水；3—淘泥机；4—破碎机；5—外加剂；6—石灰石；7—生料磨；8—料浆库；
9—回转窑；10—熟料；11—熟料库；12—燃烧用煤；13—破碎机；14—粗分离器；15—煤粉磨；
16—旋风分离器；17—喷煤用鼓风机；18—混合材料；19—烘干机；20—混合材料库；21—石膏；
22—水泥磨；23—水泥库；24—包装机；25—外运水泥

原料石灰石经破碎机 4 破碎后成为＜25mm 的碎石，另一种原料黏土经破碎、淘洗成浆体。在生料磨 7 中，石灰石、黏土（浆体）铁粉及适量水喂入磨内进行粉磨。磨制成的生料浆由泥浆泵送入料浆库 8 中，经调配均匀并符合要求后喂入湿法回转窑 9 中煅烧。出窑熟料通过熟料冷却设备冷却后送入熟料库 11，然后与混合材料、石膏按一定的比例计量配合，经水泥磨 22 粉磨后再入水泥库，通过包装机包装外运出厂或散装出厂。值得注意的是，燃料煤的加入与立窑生产不同，它是经过破碎、风扫煤磨粉磨后由鼓风机送入窑内煅烧的。

（2）湿法回转窑生产工艺的特点

① 熟料质量较好且均匀　由于生料制备成料浆，因而对非均质原料适应性强，生料成分均匀，工艺稳定，使熟料的烧成质量高，熟料中游离氧化钙一般都很低，熟料结粒良好，熟料强度等级高且稳定。

② 粉尘飞扬少　生料制备过程中粉尘飞扬少，窑尾飞灰少，环境卫生好，容易满足环保要求，且输送方便。

③ 熟料单位热耗高　湿法生产时需蒸发 32%～40% 的料浆水分，故需耗用大量的热量，消耗燃料量大，一般每千克熟料需消耗 5440～6600kJ 的热量，能耗占水泥成本 1/3～1/2，较立窑、干法均高。

中国最大的湿法回转窑为哑铃型，其规格为 $\phi 4.4m/4.15m \times 148m$，日产水泥熟料 1200t，热耗 5560kJ/kg。湿法生产由于热耗高，能源消耗巨大，而且生产时用水量大，要求水源比较丰富，在中国水泥工业产业政策中被列为限制发展窑型。对现有的湿法也应逐步改造成干法生产或湿磨干烧，以提高经济效益。

2.2.2.2　半干法回转窑生产

半干法回转窑的生料以料球形式入窑，料球中水分占 1%～15%。它的生产特点是干法粉磨的生料经调配均匀，符合要求的生料加入适量水（一般为 12%～15%）制作成料球，经篦式加热机喂入回转窑煅烧成熟料。这种带篦式加热机的窑通常称之为立波尔窑。

中国小屯、牡丹江水泥厂在 20 世纪 40 年代就已采用立波尔窑生产。

立波尔窑属于需要技术改造的窑型。

2.2.2.3　干法回转窑生产（普通干法回转窑）生产

（1）生产工艺　干法回转窑生产是生料以干粉形式入窑。

矿山开采的石灰石经过破碎，与干燥的黏土、铁粉等物料按适当成分比例配合，送入生料磨磨细，所得的生料粉经调配均化符合要求后喂入干法回转窑内进行煅烧。煅烧所得的硅酸盐水泥熟料与适量石膏、混合材料经共同粉磨后成为水泥。

（2）特点　干法回转窑一种是中空长窑，有一部分干法回转窑带余热锅炉产生蒸汽。中空长窑属淘汰窑型；带余热锅炉产生蒸汽的干法回转窑热效率较低，主要是由于窑尾及锅炉的严重漏风大幅度降低锅炉的热效率、机能不匹配至使余热不能充分利用、汽轮机组过小过于陈旧至使耗量过大并造成系统热效率不高。

普通干法回转窑生产时的特点：一是窑内传热效率差，高温废气的损失大，以致热耗高；二是生产成分波动大，熟料质量不高且不稳定；三是扬尘点多，扬尘大。

由于干法中空窑处理的是粉料，因此，利用气流式分解炉达到预热并分解生料在技术上是不困难的。带余热锅炉产生蒸汽的干法回转窑可以通过增设分解炉有效地提高系统的总效率。

2.2.2.4　新型干法水泥生产

悬浮预热器窑和预分解窑工艺是当代水泥工业用于生产水泥的最新技术，通常称为新型干法水泥技术，其生产技术特征详见本章 2.3 节。

2.2.2.5　现代立窑水泥生产的基本特征

利用竖式固定的水泥煅烧设备即立窑煅烧水泥熟料的方法称为立窑生产。

（1）立窑的发展　立窑生产是最古老煅烧工艺。国内立窑生产水泥经历了人工操作的普通立窑、半机械化立窑、机械化立窑等阶段。通过实施综合节能工程、全面推广 14 项新技术，使中国立窑生产培育出了少数具有现代生产技术内涵的现代立窑。

立窑属于半干法生产。立窑与回转窑相比，有其独特优点，曾经在中国获得了广泛的应用，并在水泥工业中占有相当重要的地位。根据中国国情，立窑水泥还将继续存在，但是应当看到，立窑水泥企业的平均生产水平还十分低下，单机产量、质量、成本、劳动生产率等各项技术经济指标都比较落后，不仅与预分解窑差距显著，而且各立窑水泥企业之间的差距也很大，发展极不平衡。造成这种状况的原因，除了管理水平不高外，主要是由于多数此类企业技术水平落后，工艺流程不合理，设备选型不配套，机械化自动化程度低，新工艺、新技术推广应用少。

（2）立窑生产工艺　立窑的生产工艺可分为白生料、半黑生料、全黑生料等。目前在生产上应用得最多的是全黑生料和半黑生料工艺。

① 全黑生料法。此法是把煅烧所需要的燃料与各种原料一起配合入磨，粉磨成含有煤粉的黑生料。

② 半黑生料法。此法是把煅烧所需要的燃料的一部分与各种原料一起配合入磨，粉磨制成的生料。

立窑生产工艺流程相对简单，某机械化立窑水泥厂全黑生料法生产工艺流程示意图如图2.2所示。

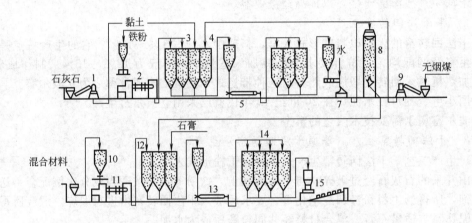

图 2.2　某机械化立窑水泥厂全黑生料法生产工艺流程示意图

1—破碎机；2，11—烘干机；3—原料库；4—原煤库；5—生料磨；6—生料库；7—成球盘；8—立窑；9—碎煤机；10—熟料库；12—混合材料库；13—水泥磨；14—水泥库；15—包装机

原料之一的石灰石经破碎机 1 破碎后进入碎石库，原料之二的黏土、原料之三的铁粉经烘干后分别进入干燥的黏土库、铁粉库，燃料无烟煤经碎煤机破碎后（有时也要烘干）进入原煤库，在库底经下料、计量设备按比例准确配合后喂入生料磨 5 粉磨。经粉磨合格后的生料入生料库 6 进行均化、储存。均化后的生料经计量与适量水配合，在生料成球系统 7 中进行成球，然后送入立窑上部，经布料器撒入窑内，在窑内经过一系列的物理化学变化后煅烧成熟料。出窑熟料经破碎机破碎后进入熟料库 10 中储存；混合材料经烘干机烘干后也入库储存；石膏经破碎后送入石膏库。熟料、混合材料和适量石膏经计量后按比例配合送入水泥磨中粉磨，粉磨合格后的水泥送入水泥库 14 中，经检验，包装或散装出厂。

（3）现代立窑生产特征　现代立窑水泥应有的 8 项指标如下。

① 企业规模：年产水泥 30 万吨以上。

② 技术装备：工艺设备完善，全面应用先进适用的现代立窑新技术，生产关键环节实现自动化控制及计算机管理。

③ 产品质量：能够稳定生产 32.5、42.5 等级水泥，出厂水泥实物质量 3d、28d 抗压强度分别超过国家标准 4MPa、5MPa 以上，并通过产品质量论证。熟料 28d 抗压强度 52MPa

以上，f-CaO 2.5％以下。

④ 均匀稳定：水泥质量均匀性不大于 1.1R（R 为同品种、不同强度等级水泥 28d 抗压强度上月平均值）。

⑤ 环境保护：粉尘排放浓度及车间岗位粉尘浓度，全面达到国家标准，逐步实现环保认证。

⑥ 能耗指标：可比熟料热耗 3762kJ/kg 以下，可比水泥综合电耗 80kW·h/t 以下。

⑦ 全员实物劳动生产率：1000 t/(人·年) 以上。

⑧ 企业管理：建立起现代企业管理机制，追求技术进步，坚持文明安全生产，并形成具有特色的企业文化，通过 ISO 9001 质量管理体系认证。

2.2.3　水泥生产方法的选择

硅酸盐水泥生产方法可根据原料种类和性质、所采用的生产方法及设备、工厂规模采用不同的工艺流程。具体进行水泥生产方法选择时，应当考虑到工艺上的几个重要条件，即有效的粉磨设备、均匀的调配控制、良好的熟料烧成、合理的热利用、最经济的运输流程、最高的劳动生产率、最有效的防尘措施、最少的占地面积以及最少的流动资金等，同时还应注意到实际生产中操作、维护、管理的方便。因此，硅酸盐水泥生产工艺流程也应通过不同方案的分析比较后加以确定。

新型干法水泥生产是在改进提高各种水泥传统工艺基础上发展起来的，集中了当代水泥工业最先进的科学技术，代表了当今水泥工业发展的基本方向和主流，是世界水泥生产方法的发展趋势，也是中国水泥工业实现由大变强、走向现代化的基本方向。

结合中国水泥工业的具体情况，在大中型生产线的生产方法选择上主要考虑选择新型干法水泥生产；限制普通干法回转窑，一般不再扩建或新建湿法生产线；除边远地区以外，禁止新建、扩建立窑生产线。新建、扩建中、小型水泥厂的生产线宜采用日产 600t 及以上的预热器和日产 500t 及以上带发电装置的干法窑生产线。当原料水分高且易于制成生料浆时，亦可考虑湿磨干烧的混合方法生产。

2.3　新型干法水泥生产的技术特征

2.3.1　新型干法水泥生产技术

新型干法水泥生产，就是以悬浮预热和预分解技术为核心，把现代科学技术和工业生产最新成就，例如原料矿山计算机控制网络化开采、原料预均化、生料均化、挤压粉磨、IT 技术及新型耐热、耐磨、耐火、隔热材料等广泛应用于水泥干法水泥生产全过程，使水泥生产具有高效、优质、节能、环保和大型化、自动化、科学管理特征的现代化水泥生产方法。

简言之，新型干法水泥技术就是悬浮预热器窑、预分解窑用于生产水泥的最新技术。

2.3.2　新型干法水泥生产工艺流程

预分解窑干法水泥生产是新型干法水泥生产技术的典型代表。图 2.3 所示为中国某日产 4000t 熟料的预分解窑水泥生产线的工艺流程。

(1) 生料制备　来自矿山的石灰石 1 由自卸卡车运入破碎机喂料仓，经两级破碎系统的破碎机 6、破碎机 7 破碎送入 $\phi6.5m×12.5m$ 的碎石库 8 内储存，然后由裙板式喂料机、皮带输送机定量地送往预配料的预均化堆场 9。

黏土用自卸汽车输入或者从工厂的黏土堆棚中用铲斗车卸入黏土喂料仓，经喂料机喂入 $\phi1200mm×1080mm$ 双辊破碎机，在双辊破碎机中破碎到 85％的黏土小于 25mm 后，经计量设备送入预配料的预均化堆场 9。

破碎后的石灰石和黏土在尺寸为（2～34)m×125m 的预配料均化堆场自动配合，并均化成均匀的石灰石、黏土混合原料。混合原料、石灰石及铁粉 3 各自从堆场由皮带输送机送往生料磨 11 的磨头喂料仓，经定量卸料、喂料送入 φ5.0m×15.6m 的生料磨中、卸于烘干磨进行烘干与生料粉磨。烘干磨的热气体由悬浮预热器 14 排出的废气供给，开启时则借助热风炉供热风。

粉磨后的生料用气力提升泵 12 送入两个连续性空气均化库，进一步用空气搅拌均化生料和储存生料。

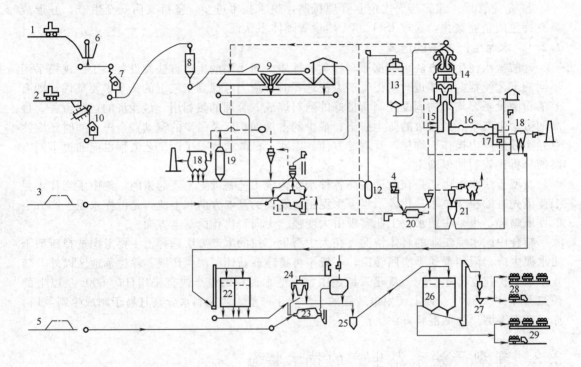

图 2.3 某预分解窑干法水泥厂生产流程示意图

1—石灰石；2—黏土；3—铁粉；4—原煤；5—石膏；6—PX1200/150 轻型旋回式破碎机；
7—PCK—1616 单转子锤式破碎机；8—碎石库；9—预均化堆场；10—双辊破碎机；11—烘干兼粉磨生料磨；
12—气力提升泵；13—连续式空气均化库；14—悬浮预热器；15—分解炉；16—回转窑；
17—篦式冷却机；18—电收尘器；19—增湿塔；20—风扫煤磨；21—粗粉分离器；22—熟料库；
23—水泥磨；24—选粉机；25—仓式空气输送泵；26—水泥库；27—包装机；
28—袋装专用车，水泥出厂；29—散装专用车（火车、汽车），散装出厂

（2）熟料煅烧 均化库中的生料经卸料、计量、提升、定量喂料后由气力提泵送至窑尾悬浮预热器 14 和分解炉 15 中，经预热和分解后的物料进入回转窑 16 煅烧成熟料。回转窑和分解炉所用燃料煤由原煤 4 经烘干兼粉磨后，制成煤粉并储存在煤分仓中供给。

熟料经篦式冷却机 17 冷却后，由裙板输送机、计量秤、斗式提升机分别送入四个 φ18m×32m 的熟料库内储存。

（3）水泥制成及出厂 熟料、石膏 5 经定量喂料机喂料送入水泥磨 23 中粉磨。水泥磨 23 与选粉机 24 一起组合构成所谓的圈流水泥磨，粉磨时也可根据产品要求加入适量的混合材料与熟料、石膏一同粉磨。粉磨后的水泥经仓式空气输送泵 25 送至水泥库 26 储存，一部分水泥经包装机 27 包装为袋装水泥，经火车或汽车袋装专用车 28 运输出厂，另一部分由散装专用车（火车、汽车）29 散装出厂。

其他不同规模的预分解窑水泥生产线、同规模而不同生产厂家的预分解窑水泥生产线的

工艺流程大体上与前述相似，不同之处主要是生产过程中的某些工序和设备不尽相同。

2.3.3　新型干法水泥生产的特点

（1）优质　生料制备全过程广泛采用现代均化技术。矿山开采、原料预均化、原料配料及粉磨、生料空气搅拌均化四个关键环节互相衔接，紧密配合，形成生料制备全过程的均化控制保证体系，即"均化链"。从而满足了悬浮预热、预分解窑新技术以及大型化对生料质量提出的严格要求，产品质量可以与湿法媲美，使干法生产的熟料质量得到了保证。

（2）低耗　采用高效多功能挤压粉磨、新型粉体输送装置，大大节约了粉磨和输送能耗；悬浮预热及预分解技术改变传统回转窑内物料堆积态的预热和分解方法，熟料的煅烧所需要的能耗下降。总体来说：熟料热耗低，烧成热耗可降到 3000kJ/kg 以下，水泥单位电耗降低到 90～110kW·h/t 以下。

（3）高效　悬浮预热及预分解技术从根本上改变了物料预热、分解过程的传热状态，传热、传质迅速，大大提高了热效率和生产效率。操作基本自动化，单位容积产量达 110～270kg/m³，劳动生产率可高达 1000～4000t/(年·人)。

（4）环保　由于"均化链"技术的采用，可以有效地利用在传统开采方式下必须丢弃的石灰石资源；悬浮预热及预分解技术以及新型多通道燃烧器的应用，有利于低质燃料及再生燃料的利用，同时可降低系统废气排放量、排放温度和还原窑气中产生的 NO_x 含量，减少了对环境的污染。为"清洁生产"和广泛利用废渣、废料、再生燃料及降解有害危险废弃物创造了有利条件。

（5）装备大型化　装备大型化、单机生产能力大，使水泥工业向集约化方向发展。水泥熟料烧成系统单机生产能力最高可达 10000t/d，从而有可能建成年产数百万吨规模的大型水泥厂，进一步提高了水泥生产效率。

（6）生产控制自动化　利用各种检测仪表、控制装置、计算机及执行机构等对生产过程自动测量、检验、计算、控制、监测，以保证生产的"均衡稳定"与设备的安全运行，使生产过程经常处于最优状态，达到优质、高效、低消耗的目的。

（7）管理科学化　应用 IT 技术进行有效管理，信息获取、分析、处理的方法科学、现代化。

（8）投资大、建设周期较长　技术含量高，资源、地质、交通运输等条件要求较高，耐火材料的消耗亦较大，整体投资大。

2.3.4　新型干法水泥生产工序

从上述的日产 4000t 熟料的预分解窑水泥生产线的工艺流程不难看出，新型干法水泥生产可以概括成生料制备、熟料煅烧、水泥制成及出厂这三大生产过程，但具体生产工序之多，远不只是"两磨一烧"三个工序。一般而言，生产主要包括以下几大工序：①原料、燃料、材料的选择及入厂；②原料、燃料、材料的加工处理与预均化；③原材料的配合；④生料粉磨；⑤生料的调配、均化与储存；⑥熟料煅烧；⑦熟料、石膏、混合材料的储存与准备；⑧熟料、石膏、混合材料的配合及粉磨（即水泥粉磨）；⑨水泥储存、包装及发运。

在整个生产过程中，为确保原料、燃料、材料及生料、熟料、水泥符合要求，达到硅酸水泥限定的各项技术指标，生产过程的各个工序必须进行生产控制与质量监督。

值得注意的是，在上述的各工序中，无论是原料的选择还是原料的配合、生料制备，都首先取决于硅酸盐水泥熟料组成的要求。不同的熟料质量要求，可以采用不同的原材料与配合比乃至生产工艺，而熟料的组成不同，则水泥的性能便有差异。因此，研究硅酸盐水泥熟料的组成是研究讨论各个生产工序的基础。

2.4　硅酸盐水泥熟料的组成

我们知道，硅酸盐水泥熟料，即国际上的波特兰水泥熟料，简称水泥熟料，是一种由主要含 CaO、SiO_2、Al_2O_3、Fe_2O_3 的原料按适当比例配合磨成细粉（生料）烧至部分熔融，所得以硅酸钙为主要成分的水硬性胶凝物质。

目前，硅酸盐水泥熟料已经是一种商品，有硅酸盐水泥熟料生产基地，也有利用硅酸盐水泥熟料来生产水泥的粉磨站。在粉磨站，可以通过不同的硅酸盐水泥熟料、不同混合材料掺量来生产出硅酸盐水泥系列的不同种类的各种水泥。

按照硅酸盐水泥熟料的主要特性与用途可将其分为：通用、中等抗硫酸盐、中等水化热、高抗硫酸盐的水泥熟料等类型。

2.4.1 熟料的化学组成

2.4.1.1 主要化学成分与含量

硅酸盐水泥熟料中的主要化学成分是 CaO、SiO_2、Al_2O_3、Fe_2O_3 四种氧化物，其总和通常占熟料总量的 95% 以上。此外，还含有少量的其他氧化物，如：MgO、SO_3、Na_2O、K_2O、TiO_2、P_2O_5 等，它们的总量通常占熟料的 5% 以下。当用萤石或其他金属尾矿作矿化剂生产硅酸盐水泥熟料时，熟料中还会有少量的氟化钙（CaF_2）或其他微量金属元素。

国内部分新型干法水泥生产企业的硅酸盐水泥熟料化学成分列于表 2.3，立窑生产的正常熟料化学成分列于表 2.4。

表 2.3　国内部分新型干法水泥生产企业的熟料化学成分　　　单位：%

序 号	生产者	SiO_2	Al_2O_3	Fe_2O_3	CaO	MgO	K_2O+Na_2O	SO_3	Cl^-
1	冀东水泥厂	22.36	5.53	3.46	65.08	1.27	1.23		
2	宁国水泥厂	22.50	5.34	3.47	65.89	1.66	0.69	0.20	0.01
3	江西水泥厂	22.27	5.59	3.47	65.90	0.81	0.08	0.07	0.005
4	双阳水泥厂	22.57	5.29	4.41	65.88	0.97	1.89	0.82	0.0104
5	铜陵水泥厂	22.10	5.62	3.40	65.54	1.41	1.19	0.40	0.018
6	柳州水泥厂	21.22	5.89	3.70	65.90	1.00	0.76	0.30	0.007
7	鲁南水泥厂	21.47	5.55	3.52	63.74	3.19	1.22	0.15	0.026
8	云浮水泥厂	21.61	5.78	2.98	65.89	1.70	1.07	0.65	0.0047

表 2.4　国内部分立窑生产的熟料化学成分　　　单位：%

序 号	生产者或类别	Si_2O	Al_2O_3	Fe_2O_3	CaO	MgO	SO_3
1	湖山水泥厂（1）	21.62	5.29	4.92	66.14	0.91	
2	湖山水泥厂（2）	21.73	5.02	4.68	66.22	0.85	
3	东风水泥厂	19.60	5.85	4.83	63.47	2.65	1.39
4	龙潭水泥厂	21.35	4.17	4.66	64.90	1.14	
5	北流水泥厂	19.54	5.93	5.51	64.05	1.20	

从表 2.3、表 2.4 数据可以看出，各生产厂的熟料化学成分虽略有不同，但在实际生产中，硅酸盐水泥熟料中主要氧化物含量的波动范围一般为：

CaO　　　　62%～67%

SiO_2　　　　20%～24%

Al_2O_3　　　　4%～7%

Fe_2O_3　　　　2.5%～6%

当然，在某些特定生产条件下由于原料及生产工艺过程的差异，硅酸盐水泥熟料的各主要氧化物含量也有可有略为偏离上述范围。甚至由于某些生产所用的原、燃料带入的 MgO、

SO_3 等含量较高，致使有的硅酸盐水泥熟料中的次要氧化物含量总和有可能高于 5%。

2.4.1.2　化学要求

生产中，各类硅酸盐水泥熟料（通用、中等抗硫酸盐、中等水化热、高抗硫酸盐的水泥熟料等类型）中的化学成分应控制在下列范围：

$w(CaO)/w(SiO_2) \geqslant 2.0\%$；$w(MgO) \leqslant 5.0\%$（当制成 P·I 型硅酸盐水泥样品的压蒸安定性合格时，允许到 6.0%）；$w(SO_3) \leqslant 1.0\%$ [中等水化热或中等抗硫酸盐的水泥熟料 $w(K_2O) + w(Na_2O) \leqslant 0.60\%$，低碱度的硅酸盐水泥熟料 $w(K_2O) + w(Na_2O) \leqslant 0.60\%$]。

2.4.2　熟料的矿物组成

在硅酸盐水泥熟料中，CaO、SiO_2、Al_2O_3、Fe_2O_3 等并不是以单独的氧化物存在，而是以两种或两种以上的氧化物反应组合成各种不同的氧化物集合体，即以多种熟料矿物的形态存在。这些熟料矿物结晶细小，通常为 $30 \sim 60 \mu m$，因此，可以说硅酸盐水泥熟料是一种多矿物组成的、结晶细小的人造岩石。

硅酸盐水泥熟料中的主要矿物有以下四种：①硅酸三钙，$3CaO \cdot SiO_2$，简写成 C_3S；②硅酸二钙，$2CaO \cdot SiO_2$；简写成 C_2S；③铝酸三钙，$3CaO \cdot Al_2O_3$，简写成 C_3A；④铁铝酸四钙，$4CaO \cdot Al_2O_3 \cdot Fe_2O_3$，简写成 C_4AF。

另外，还有少量的游离氧化钙（$f\text{-}CaO$）方镁石（即结晶氧化镁）含碱矿物以及玻璃体等。

当使用萤石作矿化剂或萤石-石膏作复合矿化剂生产硅酸盐水泥熟料时，熟料中还可能会有氟铝酸钙（$C_{11}A_7 \cdot CaF_2$）及过渡相硫铝酸钙（$3CA \cdot CaSO_4$，简写成 C_4A_3S）等，但 $C_{11}A_7 \cdot CaF_2$ 的存在与否同生产工艺过程等有关。一般氟铝酸钙与铝酸三钙共存，其相对量变化影响含铝相的组成和水泥性能。

硅酸三钙和硅酸二钙合称硅酸盐矿物，占 75% 左右，要求最低为 66% 以上。它们是熟料的主要组分。

铝酸三钙和铁铝酸四钙合称熔剂矿物，占 22% 左右。

硅酸盐矿物和熔剂矿物总和，占 95% 左右。

中等水化热、中等抗硫酸盐水泥熟料中，$w(C_3A) \leqslant 5.0\%$，$w(C_3S) < 55.0\%$；高抗硫酸盐的水泥熟料中，$w(C_3A) \leqslant 3.0\%$，$w(C_3S) < 55.0\%$。

硅酸三钙和硅酸二钙都是硅酸盐矿物，硅酸盐水泥熟料的名称也由此而来。在煅烧过程中，铝酸三钙和铁铝酸四钙与氧化镁、碱等从 $1250 \sim 1280$ ℃ 开始会逐渐熔融成液相以促进硅酸三钙的顺利形成，因而把它们称之为熔剂性矿物。

四种主要矿物的含量一般范围及国内外部分水泥生产企业生产数据见表 2.5。

表 2.5　熟料矿物含量范围　　　　　　　　　　　　　　　单位：%

熟料类别	C_3S	C_2S	C_3A	C_4AF
回转窑熟料	$45 \sim 65$	$15 \sim 32$	$4 \sim 11$	$10 \sim 18$
主窑熟料	$38 \sim 60$	$20 \sim 33$	$4 \sim 7$	$13 \sim 20$
国内新型干法窑熟料（20家平均）	53	24	8	10
国内重点水泥企业熟料（56家平均）	54	20	7	14
国外水泥企业熟料（23家平均）	57	20	8	10

2.4.3　熟料的物理性能要求

（1）凝结时间　初凝时间不得早于 45min，终凝时间不得迟于 390min。

（2）安定性　沸煮法合格。

（3）强度　各类硅酸盐水泥熟料的抗压强度不低于表 2.6 的规定。

表 2.6　硅酸盐水泥熟料的强度指标（依据 GB/T 21372—2008）

水泥熟料类型	强度等级	抗压强度/MPa	
		3d	28d
通用、中抗硫酸盐水泥熟料	62.5	35	62.5
	52.5	30	52.5
	42.5	25	42.5
中热、高抗硫酸盐水泥熟料	62.5	26	62.5
	52.5	22	52.5
	42.5	—	42.5

（4）物理性能的检验　硅酸盐水泥熟料物理性能的检验，是通过将水泥熟料在 $\phi 500mm \times 500mm$ 标准小磨中与二水石膏一起磨细至表面积 $350m^2/kg$，$80\mu m$ 方孔筛筛余≤ 4%制成 P·I 型硅酸盐水泥后来进行的。制成的水泥中 SO_3 的含量应在 2.0%～2.5%，所有的试验（除 28d 抗压强度外）都应在制成水泥后 10d 内完成。

（5）其他要求　不带有杂物，如耐火砖、垃圾、废铁、炉渣、石灰石、黏土等。

熟料贸易时的编号和取样按交货时的批次进行编号，每一编号为一取样单位。

在 40d 以内，买方检验认为产品质量不符合标准要求，而卖方又有异议时，则双方应将卖方保存的另一份水泥熟料试样送省级或省级以上国家认可的水泥质量检验机构进行仲裁检验。

硅酸盐水泥熟料的运输和贮存应不与其他物品相混杂。

2.4.4　化学成分与矿物组成间的关系

熟料中的主要矿物均由各主要氧化物经高温煅烧化合而成，熟料矿物组成取决于化学组成，控制合适的熟料化学成分是获得优质水泥水泥熟料的中心环节，根据熟料化学成分也可以推测出熟料中各矿物的相对含量高低。

（1）CaO　CaO 是水泥熟料中最重要的化学成分，它能与 SiO_2、Al_2O_3、Fe_2O_3 经过一系列复杂的反应过程生成 C_3S、C_2S、C_3A、C_4AF 等矿物，适量增加熟料 CaO 含量有助于提高 C_3S 含量。但并不是说 CaO 越高越好，因 CaO 过多，易导致反应不完全而增加未化合的氧化钙（即游离氧化钙）的含量，从而影响水泥的安定性。如果熟料中氧化钙含量过低，则生成 C_3S 太少，C_2S 却相应增加，会降低水泥的胶凝性。故在实际生产中，CaO 的含量必须适当，就硅酸盐水泥熟料而言，一般为 62%～67%。

（2）SiO_2　SiO_2 主要在高温作用下与 CaO 化合形成硅酸盐矿物，因此，熟料中的 SiO_2 必须保证有一定量。当熟料中 CaO 含量一定时，SiO_2 含量高，易生成较多未饱和的 C_2S，C_3S 含量相应减少，同时由于 SiO_2 含量高，必然相应降低 Al_2O_3、Fe_2O_3 的含量，则熔剂性矿物减少，不利于 C_3S 的形成；相反，当 SiO_2 含量较低时，硅酸盐矿物相应减少，熟料中的熔剂性矿物相应增多。

（3）Al_2O_3　在熟料中，Al_2O_3 主要是与其他氧化物化合形成含铝相矿物 C_3A、C_4AF。当 Fe_2O_3 含量一定，增加 Al_2O_3 含量主要是使熟料中的 C_3A 含量提高；相反，则降低 C_3A 含量。

（4）Fe_2O_3　增加 Fe_2O_3 含量有助于矿物 C_4AF 含量的提高，但是过高的 Fe_2O_3 会使熟料液相量增大，黏度较低，易结大块，影响窑的操作。

（5）其他少量氧化物和微量元素

① 氧化镁　熟料煅烧时，氧化镁有一部分与熟料矿物结合成固溶体并溶于玻璃相中，故熟料中含有少量氧化镁能降低熟料的烧成温度，增加液相量，降低液相黏度，有利于熟料

烧成，还能改善水泥色泽。在硅酸盐水泥熟料中，其固溶量与溶解于玻璃相中的总 MgO 量为 2% 左右，多余的氧化镁呈游离状态，以方镁石存在。因此，氧化镁含量过高时，影响水泥的安定性。

② 氧化磷　氧化磷含量一般在熟料中极少，一般不超 0.2%。当熟料中氧化磷含量为 0.1%～0.3% 时，可提高熟料强度，这可能与 P_2O_5 稳定 $\beta\text{-}C_2S$ 有关；但随着其含量增加，含氧化磷的熟料会导致 C_3S 分解，形成固溶体。

碱、氯、硫对熟料矿物的形成也有影响，详见以后各章所述。

2.4.5　熟料矿物的特性

2.4.5.1　硅酸三钙

（1）形成条件及其存在形式　硅酸三钙是硅酸水泥熟料中的主要矿物，通常它是在高温液相作用下，由先导形成的固相硅酸二钙吸收氧化钙而成。

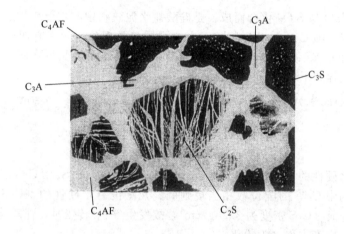

图 2.4　硅酸盐水泥熟料的岩相照片

纯 C_3S 只在 2065～1250℃ 范围内移定，在 2065℃ 以上不一致熔融为 CaO 与液相；在 1250℃ 以下分解为 C_2S 和 CaO。实际上，C_3S 的分解速度十分缓慢，只有在缓慢降温且伴随还原气氛条件下才明显进行，所以 C_3S 在室温条件下可以呈介稳状态存在。

纯 C_3S 具有同质多晶现象。多晶现象与温度有关，而且相当复杂，到目前为止已发现七种晶型。

现代研究及测试技术一致证明：水泥熟料中的硅酸三钙并不是以纯的 C_3S 形式存在，而总是与少量的其他氧化物，如 Al_2O_3、Fe_2O_3、MgO、R_2O（Na_2O+K_2O）等形成固溶体。这种固溶体在反光显微镜下的岩相照片为黑色多角形颗粒，如图 2.4 所示，早在 1897 年的研究中为了区别它与纯化合物，将其定名为阿利特（Alite），简称 A 矿。A 矿的化学组成仍接近于纯 C_3S，见表 2.7，因而实际中把 A 矿简单地看作是 C_3S。

表 2.7　2 阿利特与 C_3S 的化学成分　　　　　　　　　　　　　　　　单位：%

名　　称	CaO	SiO_2	Al_2O_3	MgO
纯 C_3S	73.69	26.31	—	—
阿利特-1（$C_{54}S_{16}MA$）	73.29	23.27	2.47	0.97
阿利特-2（$C_{105}S_{35}M_2A$）	72.02	25.75	1.25	0.98
阿利特-3（$C_{154}S_{52}M_2$）	72.95	26.38	—	0.67

（2）矿物水化特性　硅酸三钙加水调和后，在其不断地与水发生反应的过程中，具有如下特性。

① 水化较快，水化反应主要在 28d 以内进行，约经过一年后水化过程基本完成。

② 早期强度高，强度的绝对值和强度的增进率较大。其 28d 强度可以达到它一年强度的 70%～80%。就 28d 或一年的强度来说，在四种主要矿物中硅酸三钙最高，它对水泥的性能起着主导作用。

③ 水化热较高，水化过程中释放出约 500J/g 的水化热；抗水性较差。因此，如果要求水泥的水化热较低、抗水性较好，则宜适当降低熟料中 C_3S 的含量。

值得注意的是，目前有关研究表明还难以得出由于不同的多晶形态造成的 C_3S 具有不同水硬性的明确比较。但是，阿利特晶体尺寸和发育程度会影响其反应能力。当烧成温度高、阿利特晶形完整、晶体尺寸适中、矿物分布均匀、界面清晰时，熟料的强度较高；当加入矿化剂或急剧升温煅烧时，阿利特晶体发育完整、分布均匀、熟料强度也较高；当急冷时也有助于提高 C_3S 的活性。

2.4.5.2 硅酸二钙

硅酸二钙由 CaO 与 SiO_2 化合而成，是硅酸盐水泥熟料中的主要矿物之一。

(1) 多晶转变 纯 C_3S 在 1450℃ 以下也有同质多晶现象，通常有四种晶型，即 α-C_2S、α'-C_2S、β-C_2S、γ-C_2S，其中 α'、γ 型居斜方晶系，β 型属单斜晶系，而 α 型是三方或六方晶系。多晶转变过程如下

$$\alpha\text{-}C_2S \xrightarrow{(1425\pm10)℃} \alpha'_H\text{-}C_2S \xleftarrow{(1160\pm10)℃} \alpha'_L\text{-}C_2S \xleftarrow{680\sim630℃} \beta\text{-}C_2S \xleftarrow{<500℃} \gamma\text{-}C_2S$$

$$780\sim860℃$$

常温下，有水硬性的 α-C_2S、高温型 α'_H-C_2S、低温型 α'_H-C_2S、β-C_2S 都是不稳定的，有趋势要转变为结构中 Ca^{2+} 的配位数相当规则的、几乎没有水硬性的 γ-C_2S。因 γ-C_2S 的密度为 $2.97g/cm^3$，而 β-C_2S 密度为 $3.28g/cm^3$，故发生 $\beta\rightarrow\gamma$ 转变时，伴随着体积膨胀 10%，结果是熟料崩溃，生产中称之为粉化。

当烧成温度较高、冷却较快且固溶体中有少量 Al_2O_3、Fe_2O_3、R_2O、MgO 等的熟料中，通常均可保留有水硬性的 β-C_2S。

(2) 矿物特性 硅酸二钙通常因溶有少量氧化物即 Al_2O_3、Fe_2O_3、MgO、R_2O 等而呈固溶体存在。这种固溶少量氧化物的硅酸二钙称为贝利特（Belite），简称 B 矿。电子探针分析得出的几种贝利特组成范围为：CaO 63.0%～63.7%；SiO_2 31.5%～33.7%；K_2O 0.3%～1.0%；TiO_2 0.1%～0.3%；P_2O_5 0.1%～0.3% 等。

在硅酸盐水泥熟料中，贝利特呈圆粒状，但也可见其他不规则形状。这是由于熟料在煅烧过程中，先固相反应形成的贝利特，其边棱再溶进液相，在液相中吸收 CaO 反应生成阿利特所致。在反光显微镜下，工艺条件正常的熟料中贝利特具有黑白交叉双晶条纹（图2.1）；在烧成温度低且冷却缓慢的熟料中，常发现有平行双晶。

(3) 水化特性

① 水化反应比 C_3S 慢得多，至 28d 龄期仅水化 20% 左右，凝结硬化缓慢。

② 早期强度低，但 28d 以后强度仍能较快增长，一年后其强度可以赶上甚至超过阿利特的强度，如图 2.5 所示。

③ 水化热 250J/g，是四种矿物中最小者；抗水性好，因而对大体积工程或侵蚀性大的工程用水泥，适当提高贝利特含量，降低阿利特含量是有利的。

当硅酸二钙中固溶有少量的 Al_2O_3、V_2O_5、Cr_2O_3、BaO、SrO、P_2O_5 等氧化物时，可以提高其水硬性。立窑煅烧时，避免入窑生料成分波动过大，保持窑内通风顺畅、急烧快冷，采用矿化剂等可以防止熟料粉化现象而提高水泥强度。增加粉磨比表面积，可以明显增

加贝利特的早期强度。

2.4.5.3　铝酸三钙

铝酸三钙在熟料煅烧中起熔剂的作用，亦被称为熔剂性矿物，它和铁铝酸四钙在 1250～1280℃时熔融成液相，从而促使硅酸三钙顺利生成。

（1）矿物特性　铝酸三钙也可以固溶有少量 SiO_2、Fe_2O_3、MgO、R_2O 等而形成固溶体。

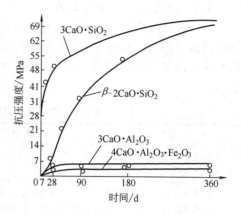

图 2.5　硅酸二钙的水化强度

铝酸三钙晶型随原材料性质、熟料形成与冷却工艺的不同而有所差别，尤其是受熟料冷却速度的影响最大。通常在氧化铝含量高的慢冷熟料中，结晶出较完整的晶体，在反光镜下呈矩形或粒形；当冷却速度快时，铝酸三钙溶入玻璃相或呈不规则的微晶体析出，在反光镜下成点滴状。

在反光镜下，铝酸三钙的反光能力弱，呈暗灰色，并填充在 A 矿与 B 矿中间，故又称为黑色中间相。

（2）水化特性

① 水化迅速，凝结很快，如不加石膏等缓凝剂，易使水泥急凝。

② 早期强度较高，但绝对值不高。它的强度 3d 之内就大部分发挥出来，以后却几乎不再增长，甚至倒缩。

③ 水化热高，干缩变形大，脆性大，耐磨性差，抗硫酸盐性能差。故制造抗硫酸盐水泥或大体积混凝土工程用水泥时，应将铝酸三钙控制在较低的范围之内。

2.4.5.4　铁铝酸四钙

铁铝酸四钙（C_4AF）代表的是硅酸盐水泥熟料中一系列连续的铁相固溶体。通常铁铝酸四钙中溶有少量的 MgO、SiO_2 等氧化物，故又称为才利特（Celite）或 C 矿。它也是一种熔剂性矿物。

（1）矿物特性　铁铝酸四钙常显棱柱和圆粒状晶体。在反光镜下由于它反射能力强，呈亮白色，并填充在 A 矿和 B 矿间，故通常又把它称作为白色中间相。

（2）水化特性

① 水化速度在早期介于铝酸三钙与硅酸三钙之间，但随后的发展不如硅酸三钙。

② 早期强度类似于铝酸三钙，而后期还能不断增长，类似于硅酸二钙。

③ 水化热较铝酸三钙低，其抗冲击性能和抗硫酸盐性能较好。因此，制造抗硫酸盐水泥或大体积工程用水泥时，适当提高铁铝酸四钙的含量是有利的。

2.4.5.5　玻璃体

在实际生产的条件下，硅酸盐水泥熟料中的部分熔融液相被快速冷却来不及结晶而成为过冷凝体，称为玻璃体。在玻璃体中，质点排列无序，组成也不定。其主要成分 Al_2O_3、Fe_2O_3、CaO，还有少量的 MgO 和碱（Na_2O+K_2O）等。

玻璃体在熟料中的含量取决于熟料煅烧时形成液相量和冷却条件。当液相量一定时，玻璃体含量则随冷却速度而异。快冷时熟料中的玻璃体较多，而慢冷时玻璃体较少甚至几乎没有。普通冷却的熟料中含玻璃体约 2%～21%，急冷的熟料含玻璃体 8%～22%，而慢冷的熟料含玻璃体约 0～2%。

玻璃体不及晶体稳定，因而水化热较大；在玻璃体中，β-C_2S 可被保留下来而不至于转化成几乎没有水硬性的 γ-C_2S；玻璃体中矿物晶体细小，可以改善熟料性能与易磨性。

2.4.5.6 游离氧化钙和方镁石

（1）游离氧化钙的种类及其对水泥安定性的影响 游离氧化钙是指熟料中没有以化合状态存在的氧化钙，又称为游离石灰（f-CaO）。熟料中 f-CaO 的产生条件不同，形态也不同，其对水泥的质量影响也不一样。游离氧化钙的种类及其对水泥安定性的影响可归纳成表 2.8。

表 2.8 游离氧化钙的种类及其对水泥安定性的影响

种 类	产 生 原 因	特 点	对水泥安定性的影响
欠烧游离氧化钙 （欠烧 f-CaO）	熟料煅烧过程中因欠烧、漏生，在 1100～1200℃低温下形成	结构疏松多孔	不大
一次游离氧化钙 （一次 f-CaO）	因配料不当、生料过粗或煅烧不良，尚未与 SiO_2、Al_2O_3、Fe_2O_3 反应而残留的 CaO	呈"死烧状态"，结构致密	大
二次游离氧化钙 （二次 f-CaO）	熟料慢冷或还原气氛下，C_3S 分解而形成的	经过高温，水化较慢	较大

欠烧 f-CaO 主要存在于黄粉黄球以及欠烧的夹心熟料中，其结构疏松多孔，遇水反应快，对水泥安定性危害不大。但含有欠烧 f-CaO 太高的熟料制成水泥时其强度将大大降低。

① 一次游离氧化钙（一次 f-CaO） 当配料不当，生料过粗或煅烧不良时，熟料中出现的尚没有与酸性氧化物 SiO_2、Al_2O_3、Fe_2O_3 完全化学反应而残留的 CaO，即游离状态存在的 CaO。这种 f-CaO 在烧成温度下经高温煅烧而呈"死烧状态"，结构致密，晶体较大，一般达 $10～20\mu m$，往往聚集成堆分布，形成矿巢，且包裹在熟料矿物之中，并受到杂质离子的影响，遇水生成 $Ca(OH)_2$ 的反应很慢，通常要在加水 3d 以后反应明显，至水泥混凝土硬化后较长一段时间内才完全水化。游离氧化钙与水作用生成 $Ca(OH)_2$ 时，固相体积膨胀97.9%，在已硬化的水泥石内部造成局部膨胀应力。由于熟料中 f-CaO 往往成堆聚集，随着氧化钙含量的增加，在水泥石内部产生不均膨胀，严重时甚至引起安定性不良，导致水泥制品变形或开裂、崩溃。为此，应严格控制它的含量，以确保水泥质量。

② 二次游离氧化钙（二次 f-CaO） 熟料在慢冷或还原气氛下，结构不稳定的 C_3S 分解而形成的氧化钙，以及熟料中碱等取代 C_2S、C_3S、C_3A 中的氧化钙而形成。由于氧化钙化合后又游离出来，故称为二次游离氧化钙。这部分游离氧化钙也经过了高温煅烧，并分散在熟料矿物中，水化较慢，对水泥强度和安定性均有一定的影响。

在实际生产中，通常所指的游离氧化钙主要是指"死烧状态"下的一次游离氧化钙。f-CaO 是影响水泥安定性最主要的因素。降低 f-CaO 含量，提高 f-CaO 的水化活性，适当提高水泥的粉磨细度等均有利于改善 f-CaO 对安定性的影响。为确保水泥质量，一般回转窑熟料应控制 f-CaO 在 1.5% 以下，立窑熟料中考虑到有部分欠烧 f-CaO，故略为放宽其控制值，一般在 3.0% 以下。

（2）方镁石及其危害 方镁石系指游离状态的氧化镁晶体，是熟料中氧化镁的一部分。

在熟料煅烧时，氧化镁有一部分可与熟料结合成固熔体以及溶于相中，多余的氧化镁结晶出来，呈游离状态。当熟料快速冷却时，结晶细小，而慢冷时其晶粒发育粗大，结构致密。方镁石半包裹在熟料矿物中间，与水反应速度很慢，通常认为要经过几个月甚至几年才明显反映出来。水化生成 $Mg(OH)_2$ 时，固相体积膨胀148%，在已硬化的水泥石内部产生很大的破坏应力，轻者会降低水泥制品强度，严重时会造成水泥制品破坏，如开裂、崩溃等。

方镁石引起的膨胀严重程度与其含量、晶体尺寸等都有关系。晶体小于 $1\mu m$、含量 5% 时就会引起轻微膨胀；晶体在 $5～7\mu m$，含量达到 3% 就会引起严重膨胀。为此，国家标准中限定了氧化镁含量，实际生产中还应采用快速冷却熟料、掺加混合材料等措施缓和膨胀的影响。

2.5　硅酸盐水泥熟料的率值

硅酸盐水泥熟料中各主要氧化物含量之间比例关系的系数称作率值。

通过率值可以简明地表示化学成分与矿物组成之间的关系，明确地表示出水泥熟料的性能及其对煅烧的影响。

在一定的工艺条件下，各氧化物的含量和彼此之间的比例关系的系数即率值是水泥生产质量控制的基本要素。因此，在生产中，国内外水泥厂都把率值作为控制生产的主要指标。目前，国内外所采用的率值有多种，国内主要采用石灰饱和系数（KH）硅率（n）铝率（p）三个率值。

2.5.1　石灰饱和系数

石灰饱和系数的符号用 KH 表示。其物理意义是：KH 表示水泥熟料中的总 CaO 含量扣除饱和酸性氧化物（如 Al_2O_3、Fe_2O_3）所需要的氧化钙后，剩下的与二氧化钙化合的氧化钙的含量与理论上二氧化硅全部化合成硅酸三钙所需要的氧化钙含量的比值。简言之，石灰饱和系数表示熟料中二氧化硅被氧化钙饱和成硅酸三钙的程度。

（1）KH 的数学表达式

$$理论值：KH = \frac{w(CaO) - 1.65w(Al_2O_3) - 0.35w(Fe_2O_3)}{2.8w(SiO_2)} \tag{2.1}$$

$$实际值：KH = \frac{[w(CaO) - w(f\text{-}CaO)] - [1.65w(Al_2O_3) + 0.35w(Fe_2O_3) + 0.7w(SO_3)]}{2.8w(SiO_2) - w(f\text{-}SiO_2)} \tag{2.2}$$

式中　$w(CaO)$，$w(SiO_2)$，$w(Al_2O_3)$，$w(Fe_2O_3)$，$w(SO_3)$ ——分别为熟料中相应氧化物的质量百分数；

$w(f\text{-}CaO)$、$w(f\text{-}SiO_2)$ ——分别为熟料中呈游离状态的氧化钙、二氧化硅的质量百分数。

当 $w(f\text{-}CaO)$、$w(f\text{-}SiO)_2$ 及 $w(SO_3)$ 数值很小时，或配料计算时无法预先确定 f-CaO、f-SiO_2 及 SO_3 的含量时，通常采用式(2.1)用理论值进行 KH 的计算。

（2）KH 值与熟料矿物间的关系　从理论上讲，KH 值高，则 C_3S 较多，C_2S 较少。

① $KH = 1$ 时，熟料中只有 C_3S，而无 C_2S。

② $KH > 1$ 时，无论生产条件多好，熟料中都有游离氧化钙存在；熟料矿物组成为 C_3S、C_3A、C_4AF 及 f-CaO。

③ $KH \leqslant \frac{2}{3} = 0.667$ 时，熟料中无 C_3S，熟料矿物只有 C_2S、C_3A、C_4AF。

因此，熟料的 KH 值应控制在 $0.667 \sim 1.00$ 之间。这样不仅可以生成四种主要矿物，理论上也无 f-CaO 存在。但在实际生产中，由于被煅烧物料的性质、煅烧温度、液相量、液相黏度等因素的限制，理论计算和实际情况并不完全一致。当 KH 值较高，接近于 1 时，工艺条件难以满足需要，往往 f-CaO 明显增加，熟料质量反而下降；当 KH 过低时，熟料中 C_3S 过少，熟料质量必然也会很差。为使熟料顺利形成，而且又不至于出现过多的游离氧化钙，在工厂生产条件下，通常 KH 值控制在 $0.87 \sim 0.96$ 之间。

（3）其他石灰饱和系数　在国外，尤其是欧美国家大多采用石灰饱和系数 LSF 来控制生产，LSF 是英国标准规范的一部分，用于限定水泥中的最大石灰含量，其表达式为：

$$LSF = \frac{100w(\text{CaO})}{2.8w(\text{SiO}_2) + 1.18w(\text{Al}_2\text{O}_3) + 0.65w(\text{Fe}_2\text{O}_3)} \quad (2.3)$$

LSF 的含义是熟料中 CaO 的含量与全部酸性组分需要结合的 CaO 含量之比。一般 LSF 值高，水泥强度也高。一般硅酸盐水泥熟料，$LSF=90\sim95$，早强型的水泥熟料，$LSF=95\sim98$。目前，我国部分预分解窑生产企业同时采用 KH、LSF 控制石灰饱和系数。

2.5.2 硅率

硅率又称硅氧率，我国俗称硅酸率。

（1）硅率符号　硅率用 n 或 SM 来表示。

（2）硅率的数学表达式

$$n(\text{或 } SM) = \frac{w(\text{SiO}_2)}{w(\text{Al}_2\text{O}_3) + w(\text{Fe}_2\text{O}_3)} \quad (2.4)$$

其含义是熟料中 SiO_2 含量与 Al_2O_3、Fe_2O_3 含量之和的比例，反映了熟料中硅酸盐矿物（$C_3S + C_2S$）熔剂矿物（$C_3A + C_4AF$）的相对含量。

（3）硅率与熟料矿物及煅烧之间的关系　SM 值过高，表示硅酸盐矿物多，熔剂矿物少，对熟料强度有利，但将给煅烧造成困难；随 SM 值的降低，液相量增加，对熟料的易烧性和操作有利；但 SM 值过低，熟料中熔剂性矿物过多，煅烧时易出现结大块、结圈等现象，且熟料强度低，操作困难。

硅酸盐水泥熟料的 n 值一般控制在 $1.7\sim2.7$ 之间。

2.5.3 铝率

又称铝氧率或铁率，用 p 或 IM 表示。它表示的是水泥熟料中 Al_2O_3 的含量与 Fe_2O_3 的含量之比。其计算式为：

$$p(\text{或 } IM) = \frac{w(\text{Al}_2\text{O}_3)}{w(\text{Fe}_2\text{O}_3)} \quad (2.5)$$

铝率反映了熟料中 C_3A 和 C_4AF 的相对含量。熟料中铝率一般控制在 $0.9\sim1.9$ 之间。

当 p 增大时，意味着 C_3A 含量增多，C_4AF 含量相对较少，液相黏度增加，不利于 C_3S 的形成。且由于 C_3A 的增多，易引起水泥的块凝；p 过低时，C_3AF 相对含量少，C_4AF 量相对较多，虽液相黏度小，对 C_3S 的形成有利，但易使窑内结大块，对煅烧操作不利。

2.5.4 熟料率值的控制

在工厂生产中，为了使熟料顺利烧成，保证熟料的质量，应同时控制 KH、n、p 这三个率值，并使三率值相应配合适当。

（1）KH 值的确定　工艺、技术装备条件较好，入窑生料成分均匀稳定，生料预烧性好，看火操作技术水平高且稳定，或者在生料中掺加了矿化剂（或复合矿化剂、晶种），这时应选择较高的 KH 值；反之，KH 值宜适当低一些。

在实际生产中，KH 过高时，一般都会使 $f\text{-CaO}$ 剧增，从而导致熟料安定性不良，并且当煅烧操作跟不上时，反而使熟料烧成率大幅度下降，生烧料多。在生产过程中，最佳 KH 值可根据生产经验综合熟料的煅烧难易程度和熟料质量等确定。并应控制 KH 值在一定范围内波动（一般波动值为 $\pm0.01\sim\pm0.02$）。最佳 KH 值也可用统计方法找出并不断修正后确定。方法是：选择生产正常时的优良熟料 i 组（$i \geqslant 100$），分别求出三率值的平均值，用平均值 $\overline{KH}$、$\bar{n}$、$\bar{p}$ 计算出熟料化学成分，加以可能产生的 f-CaO 的最小值，折算出率值，并试用于生产，不断修正，获得最佳率值。

（2）选择 n 与 KH 相适应　n 值在确定时既要保证熟料中有一定数量的硅酸盐矿物，又必须与 KH 值相适应。一般应避免以下倾向。

① KH 值高，n 值也偏高。这时熔剂性矿物含量必然少，生料易烧性变差，吸收 f-CaO 反应不完全，且 f-CaO 高。

② KH 值低，n 值偏高。熟料的煅烧温度不必太高，但硅酸盐矿物中的 C_2S 含量将相对增高，从而易造成熟料的"粉化"，熟料强度低。

③ KH 值低，n 值也偏低。熟料的煅烧温度同样不需很高，但熔剂矿物的总量较高，以致液相量较多，易产生结窑、结大块现象。同时由于大块料不易烧透，f-CaO 含量还是较高，因而熟料质量差。

（3）合适的 p 值　选择 p 值时也要考虑与 KH 值相适应。一般情况下，当提高 KH 值时便应降低 p 值，以降低液相出现的温度和黏度，有助于 C_2S 形成。至于究竟是采用高铝还是高铁配料方案，应根据原燃料特点及工艺设备、操作水平以及用户对水泥性能的要求等方面情况综合分析决定。

（4）三率值的一般范围　不同水泥窑生产时，熟料率值的一般范围可参见表2.9，国内部分水泥厂实际配料方案及熟料质量见表2.10。但应注意的是，正如前所述，影响熟料率值选择的因素很多，即使是同一台窑在不同时期的熟料率值也可能有所区别，因此，实际中某些率值偏离表中范围是正常的。随着水泥生产、控制技术的发展，设计更优化的熟料率值即配料方案相信也会随之诞生。

表 2.9　不同窑型硅酸盐水泥熟料率值的参考范围

窑型	KH	n	p
预分解窑	0.86～0.90	2.2～2.6	1.3～1.8
湿法长窑	0.88～0.92	1.5～2.5	1.0～1.8
干法回转窑	0.86～0.89	2.0～2.35	1.0～1.6
立波尔窑	0.85～0.88	1.9～2.3	1.0～1.8
立窑(无矿化剂)	0.85～0.87	2.0～2.1	1.3～1.4
立窑(掺复合矿化剂)	0.92～0.96	1.6～2.1	1.1～1.5

表 2.10　国内部分水泥厂熟料率值及矿物组成

厂别	LSF	KH	n	p	$w(C_3S)/\%$	$w(C_2S)/\%$	$w(C_3A)/\%$	$w(C_4AF)/\%$
冀东	91.1	0.875	2.50	1.6	52.90	23.80	8.70	10.40
宁国	91.4	0.887	2.45	1.61	54.13	23.87	9.07	10.70
柳州	95.81	0.920	2.21	1.59	61.28	14.60	9.33	11.25
江西	92.55	0.889	2.46	1.61	56.45	21.26	8.93	10.55
鲁南	92.44	0.888	2.37	1.58	53.85	20.55	8.33	10.00

厂别	LSF	KH	n	p	$w(C_3S)/\%$	$w(C_2S)/\%$	$w(C_3A)/\%$	$w(C_4AF)/\%$
云浮	95.1	0.914	2.47	1.94	60.93	15.98	10.26	9.06
新疆	91.77	0.88	2.50	1.60	53.84	22.85	8.67	10.34
铜陵	92.4	0.890	2.45	1.65	56.28	20.91	9.14	10.34
双阳	91.94	0.885	2.59	1.55	56.18	22.32	8.24	10.27
北京	92.9	0.885	2.51	1.84	55.4	21.9	9.9	9.5
大连	91.4	0.879	2.50	1.60	53.70	23.00	8.66	10.36
巢湖	93.8	0.90	2.35	1.76	57.9	18.7	9.98	10.20

2.6 熟料矿物组成的计算与换算

2.6.1 硅酸盐水泥熟料矿物组成的计算

熟料的矿物组成可用仪器分析，如岩相分析、X射线分析和红外光谱等分析测定；也可采用计算法，根据化学成分或率值计算出。

岩相分析法是用显微镜测出单位面积中各矿物所占的百分率，然后根据各矿物的密度计算出各矿物的含量。这种方法测定结果可靠，符合实际情况，但当矿物晶体小时，可能因重叠而产生误差。

X射线分析则基于熟料中各矿物的特征峰强度与单矿物特征峰强度之比以求得其含量。这种方法误差较小，但若含量太低则不易测准。红外光谱分析误差也较小，近年来广泛采用电子探针、X射线光谱分析仪等对熟料矿物进行定量分析。

根据熟料化学成分或率值计算所得的矿物组成往往与实际情况有些出入，但是，根据计算结果一般已能说明矿物组成对水泥性能的影响。因此，这种方法在水泥工业中仍然得到广泛应用。具体计算熟料矿物的方法较多，现选两种方法加以说明。

（1）化学法

$$w(C_3S)=3.80(3KH-2)w(SiO_2) \tag{2.6}$$
$$w(C_2S)=8.60(1-KH)w(SiO_2) \tag{2.7}$$
$$w(C_3A)=2.65[w(Al_2O_3)-0.64w(Fe_2O_3)] \tag{2.8}$$
$$w(C_4AF)=3.04w(Fe_2O_3) \tag{2.9}$$

式中　$w(SiO_2)$、$w(Al_2O_3)$、$w(Fe_2O_3)$——分别是熟料中相应氧化物的百分含量，%；

KH——熟料的石灰饱和系数。

【例2.1】 已知熟料的化学成分见表2.11，试求熟料的矿物组成。

表 2.11　熟料化学成分

氧化物	SiO$_2$	Al$_2$O$_3$	Fe$_2$O$_3$	CaO	MgO	SO$_3$	f-CaO	Σ
质量分数/%	21.40	6.22	4.35	65.60	1.06	0.37	1.00	100.00

解： $KH=\dfrac{[w(CaO)-w(f\text{-}CaO)]-[1.65w(Al_2O_3)+0.35w(Fe_2O_3)+0.7w(SO_3)]}{2.8w(SiO_2)-w(f\text{-}SiO_2)}$

$KH=\dfrac{(65.6-1.0)-(1.65\times6.22+0.35\times4.35+0.7\times0.37)}{2.8\times21.4-0}$

$=0.877$

按化学法公式可求得熟料的矿物组成为：

$$w(C_3S)=3.80(3KH-2)w(SiO_2)=3.80\times(3\times0.877-2)\times21.40=51.31\%$$
$$w(C_3S)=8.60(1-KH)w(SiO_2)=8.60\times(1-0.877)\times21.40=22.64\%$$
$$w(C_3A)=2.65[w(Al_2O_3)-0.64w(Fe_2O_3)]=2.65\times(6.22-0.64\times4.35)=9.11\%$$
$$w(C_4AF)=3.04w(Fe_2O_3)=3.04\times4.35=13.22\%$$

【例 2.2】 已知某水泥厂的熟料饱和系数 KH 为 0.9，试求硅酸三钙占硅酸盐矿物的百分比。

解：根据式（2.6）及式（2.7）得

$$w(C_3S)/w(C_2S)=[3.80(3KH-2)w(SiO_2)]/[8.60(1-KH)w(SiO_2)]$$
$$=3.80\times(3\times0.9-2)/[8.60\times(1-0.9)]$$
$$=3.093$$

C_3S 占硅酸盐矿物（C_2S+C_3S）的百分比可计算如下：

$$w(C_3S)/[w(C_2S)+w(C_3S)]\times100\%=[w(C_3S)/w(C_2S)]/[1+w(C_3S)/w(C_2S)]\times100\%$$
$$=3.093/[1+3.093]\times100\%$$
$$=75.57\%$$

即 C_3S 占硅酸盐矿物的 75.57%。

（2）代数法 也称鲍格法。若以 $w(C_2S)$、$w(C_3S)$、$w(C_3A)$、$w(C_4AF)$、$w(CaSO_4)$ 及 C、S、A、F、$w(SO_3)$ 分别代表熟料中硅酸三钙、硅酸二钙、铝酸三钙、铁铝酸四钙、硫酸钙及 CaO、SiO_2、Al_2O_3、Fe_2O_3 和 SO_3 的百分含量，则四种矿物及 $CaSO_4$ 的化学组成百分数可按下列计算式计算：

$$w(C_3S)=4.07C-7.60S-6.72A-1.43F-2.86SO_3-4.07f\text{-}CaO \tag{2.10}$$
$$w(C_2S)=8.60+5.07A+1.07F+2.15SO_3-3.07C=2.87S-0.754C_3S \tag{2.11}$$
$$w(C_3A)=2.65A-1.69F \tag{2.12}$$
$$w(C_4AF)=3.04F \tag{2.13}$$
$$w(CaSO_4)=1.70w(SO_3) \tag{2.14}$$

2.6.2 熟料化学组成、矿物组成与率值的换算

（1）由矿物组成计算各率值

若已知熟料矿物组成（质量百分数），则可按下列式子计算各率值：

$$KH=\frac{w(C_3S)+0.8838w(C_2S)}{w(C_3S)+1.3256w(C_2S)} \tag{2.15}$$
$$n=\frac{w(C_3S)+1.3256w(C_2S)}{1.4341w(C_3A)+2.0464w(C_4AF)} \tag{2.16}$$
$$p=\frac{1.1501w(C_3A)}{w(C_4AF)}+0.6383 \tag{2.17}$$

以上三式反映了率值与熟料矿物之间的关系。

（2）由熟料率值计算化学成分

设 $\sum w=w(CaO)+w(SiO_2)+w(Al_2O_3)+w(Fe_2O_3)$，一般 $\sum w=95\%\sim98\%$，实际中 $\sum w$ 值的大小受原料化学成分和配料方案的影响。通常情况下可选取 $\sum w=97.5\%$。

若已知熟料率值，可按以下各式求出各熟料的化学组成：

$$w(Fe_2O_3)=\frac{\sum w}{(2.8KH+1)(p+1)n+2.65p+1.35} \tag{2.18}$$
$$w(Al_2O_3)=pw(Fe_2O_3) \tag{2.19}$$
$$w(SiO_2)=n[w(Al_2O_3+w(Fe_2O_3)] \tag{2.20}$$

$$w(CaO) = \sum w - [w(SiO_2) + w(Al_2O_3) + w(Fe_2O_3)] \tag{2.21}$$

（3）由矿物组成计算化学组成

$$w(SiO_2) = 0.2631w(C_3S) + 0.3488w(C_2S) \tag{2.22}$$

$$w(Al_2O_3) = 0.3773w(C_3A) + 0.2098w(C_4AF) \tag{2.23}$$

$$w(Fe_2O_3) = 0.3286w(C_4AF) \tag{2.24}$$

$$w(CaO) = 0.7369w(C_3S) + 0.6512w(C_2S) + 0.622w(C_3A) + $$
$$0.4616w(C_4AF) + 0.4119w(CaSO_4) \tag{2.25}$$

$$w(SO_3) = 0.5881w(CaSO_4) \tag{2.26}$$

学习小结

通用水泥有六大品种：硅酸盐水泥、普通硅酸盐水泥、矿渣硅酸盐水泥、火山灰硅酸盐水泥、粉煤灰硅酸盐水泥、复合硅酸盐水泥。其中硅酸盐水泥生产量大、使用面最广，是重要的建筑和工程材料。

硅酸盐水泥用代号 P·Ⅰ 或代号 P·Ⅱ 表示，它的基本组分材料是硅酸盐水泥熟料、混合材料（石灰石或粒化高炉矿渣）石膏。硅酸盐水泥熟料，是一种由主要含 CaO、SiO_2、Al_2O_3、Fe_2O_3 的原料按适当比例配合磨成细粉（生料）烧至部分熔融，所得以主要矿物为 C_3S、C_2S、C_3A、C_4AF，另外还有少量的游离氧化钙（f-CaO）方镁石（即结晶氧化镁）含碱矿物以及玻璃体等成分的水硬性胶凝物质。混合材料用以改善水泥性能、调节水泥标号、提高水泥产量的矿物质材料，如粒化高炉矿渣、石灰石等。石膏是用作调节水泥凝结时间的组分，是缓凝剂；同时适量的石膏也可以提高水泥的强度。

硅酸盐水泥技术指标主要有不溶物、烧失量、细度、凝结时间、安定性、氧化镁、三氧化硫、碱及强度指标。硅酸盐水泥（P·Ⅰ, P·Ⅱ）的强度等级分 42.5、42.5R、52.5、52.5R、62.5、62.5R 共六个，其中 R 型属早强型水泥。不符合标准规定的水泥称为废品或不合格品。

硅酸盐水泥的生产过程通常可分为三个阶段：生料制备、熟料煅烧、水泥制成。水泥的生产方法主要取决生料制备的方法及生产的窑型。按生料制备的方法来分，可分为湿法、干法；按煅烧熟料窑的结构分，可分为湿法回转窑生产、半干法回转窑（立波尔窑）干法回转窑生产（普通干法回转窑）立窑生产、新型干法水泥生产。

新型干法水泥生产的特点是：优质、低耗、高效、环保、装备大型化、生产控制自动化、管理科学化，但投资大建设周期较长。

硅酸盐水泥熟料中的 CaO、SiO_2、Al_2O_3、Fe_2O_3 总量在 95％ 以上。少量的其他氧化物，如 MgO、SO_3、Na_2O、K_2O、TiO_2、P_2O_5 等，它们的总量通常占熟料的 5％ 以下。游离氧化钙、方镁石对水泥安定性产生不良影响。

在一定的工艺条件下，各氧化物的含量和彼此之间的比例关系的系数即率值，是水泥生产质量控制的基本要素。国内水泥厂都把率值作为控制生产的主要指标。目前主要采用石灰饱和系数（KH）硅率（n）铝率（p）三个率值。利用相关计算式可以对熟料的率值、化学组成、矿物组成进行测算和换算。

复习思考题

1. 硅酸盐水泥的技术指标有哪些，为何要作出限定或要求？
2. 简述硅酸盐水泥生产工艺过程及原料。
3. 试比较各种水泥生产方法的特点，并简述水泥生产方法的发展趋势。
4. 试用框图（文字和箭头、线段）形式分别表示立窑、预分解窑的基本生产工艺流程。
5. 简述水泥生产的主要工序名称。
6. 何谓安定性？如何判别水泥的安定性是否良好？
7. 影响水泥安定性的因素有哪些？为确保水泥安定性良好应做哪些限量要求？
8. 生产中如何避免所生产的硅酸盐水泥出现废品？
9. 怎样理解"预分解窑生产线是中国水泥工业发展的基本方向"这句话的含义？

10. 硅酸盐水泥熟料通常由哪些矿物组成？如果采用萤石-石膏作复合矿化剂生产硅酸盐水泥熟料，其熟料可能的矿物是哪些？

11. 简述硅酸盐水泥熟料中四种主要矿物的特性。

12. 试就熟料的矿物组成及含量范围说明为什么一般来说回转窑熟料的强度常常较立窑的熟料强度高？

13. 在熟料煅烧之前配入的氧化钙含量较高时，将对熟料烧成和水泥性质有何影响？如果过低（如 $CaO \leqslant 60\%$），情况又会怎样？

14. 当 CaO 含量一定时，若增大 SiO_2 含量对熟料烧成和水泥质量有何影响？适宜的 SiO_2 含量又是多少？

15. 简要说明 KH、硅率、铝率的物理含义。

16. 熟料 KH 和 LSF 在概念上有何不同？KH 为什么不能大于 1 而 LSF 可以大于 1？

17. 已知某厂熟料化学成分为：

SiO_2	Al_2O_3	Fe_2O_3	CaO	MgO
21.98%	6.12%	4.31%	65.80%	1.02%

计算其矿物组成（$IM > 0.64$）。

18. 已知某厂的熟料矿物组成为：

C_3S	C_2S	C_3A	C_4AF	f-CaO
53.30%	21.15%	9.10%	13.69%	1.20%

计算熟料的化学成分和三个率值（$IM > 0.64$）。

第3章 原料及预均化技术

【学习要点】 本章主要讲述了水泥生产用的主要原料、辅助原料，矿山开采的方法和原则，原料破碎与烘干、输送与储存，原料的预均化的原理和提高原料预均化效果的主要措施。

生产硅酸盐水泥熟料的原料主要有石灰质原料、（主要提供 CaO）和黏土质原料（主要提供 SiO_2、Al_2O_3、Fe_2O_3），此外，还需补足某些成分不足的校正原料。

中国硅酸盐水泥熟料一般采用三种或三种以上的原料，根据熟料组成的要求配制成生料并经煅烧而成，而且大多数是采用天然原料。通常，生产 1t 硅酸盐水泥熟料约消耗 1.6t 干原料，其中干石灰质原料占 80%左右，干黏土质原料占 10%～15%。

在实际生产过程中，根据具体生产情况有时还需加入一些其他材料，如加入矿化剂、助熔剂以改善生料的易烧性和液相性质等；加入晶种诱导并加速熟料的煅烧过程；加入助磨剂以提高磨机的粉磨效果等。在水泥的制成过程中，还需在熟料中加入缓凝剂以调节水泥凝结时间，加入混合材料共同粉磨以改善水泥性质和增加水泥产量。

生产水泥的各种原材料的种类列于表 3.1。生产硅酸盐水泥熟料的原料分为主要原料和辅助原料。主要原料有石灰质原料和黏土质原料，辅助原料有校正原料、外加剂、燃料、缓凝剂和混合材料。

表 3.1 生产硅酸盐水泥的原材料的种类

类　　别		名　　称	备　　注
主要原料	石灰质原料	石灰石、白垩、贝壳、泥灰岩、电石渣、糖滤泥等	生产水泥熟料用
	黏土质原料	黏土、黄土、页岩、千枚岩、河泥、粉煤灰等	
校正原料	铁质校正原料	硫铁矿渣、铁矿石、铜矿渣等	生产水泥熟料用
	硅质校正原料	河砂、砂岩、粉砂岩、硅藻土等	
	铝质校正原料	炉渣、煤矸石、铝矾土等	
外加剂	矿化剂	萤石、萤石-石膏、硫铁矿、金属尾矿等	生产水泥熟料用
	晶种	熟料	生产水泥熟料用
	助磨剂	亚硫酸盐纸浆废液、三乙醇胺下脚料、醋酸钠等	生料、水泥粉磨用
	料浆稀释剂	CL-C 料浆稀释剂、CL-T 料浆稀释剂、纸浆黑液等	湿法生产时用
燃料	固体燃料	烟煤、无烟煤	中国常用的是煤
	液体燃料	重油	
缓凝材料		石膏、硬石膏、磷石膏、工业副产品石膏等	制成水泥的组分
混合材料		粒化高炉矿渣、石灰石等	制成水泥的组分

3.1　水泥生产用主要原料

生产硅酸盐水泥熟料的主要原料有石灰质原料和黏土质原料。

3.1.1　石灰质原料

凡是以碳酸钙为主要成分的原料都属于石灰质原料。它可分为天然石灰质原料和人工石灰质原料两类。水泥生产中常用的是含有碳酸钙的天然矿石。

3.1.1.1　石灰质原料的种类和性质

常用的天然石灰质原料有：石灰石、泥灰岩、白垩、大理石、海生贝壳等。中国水泥工业生产中应用最普遍的是石灰岩（俗称石灰石），泥灰岩次之，个别小厂采用白垩和贝壳。

（1）石灰石　石灰石是由碳酸钙所组成的化学与生物化学沉积岩。其主要矿物为方解石（$CaCO_3$）微粒组成，并常含有白云石（$CaCO_3 \cdot MgCO_3$）石英（结晶 SiO_2）、燧石（又称玻璃质石英、火石，主要成分为 SiO_2，属结晶 SiO_2）黏土质及铁质等杂质。由于所含杂质的不同，按矿物组成又可将其分为白云质石灰岩、硅质石灰岩、黏土质石灰岩等。它是一种具有微晶或潜晶结构的致密岩石，其矿床的结构多为层状、块状及条带状。

纯净的石灰石在理论上含有 56%CaO 和 44%CO_2，白色。但实际上，自然界中的石灰石常因含杂质的含量不同而呈青灰、灰白、灰黑、淡黄及红褐色等不同颜色。石灰石一般呈块状，结构致密，性脆，莫氏硬度 3~4（普氏硬度 8~10），密度 2.6~2.8g/cm³，耐压强度随结构和孔隙率而异，单向抗压强度在 30~170MPa 之间，一般为 80~140MPa。石灰石含水一般不大于 1.0%，水分大小随气候而异，但夹杂有较多黏土杂质的石灰石水分含量往往较高。

硬度是矿物抵抗外力的机械作用（如压入、刻划、研磨等）的能力。1821 年，莫氏把矿物质硬度相对地分为 10 个等级组，其中每一等级组的矿物被后一等级组矿物刻划时，将得到一条不会被手指轻轻擦去的划痕。莫氏硬度从 1~10，等级越大者则硬度越大。莫氏硬度等级为：①滑石；②石膏；③方解石；④萤石；⑤磷灰石；⑥正长石；⑦石英；⑧黄玉；⑨刚玉；⑩金刚石。

（2）泥灰岩　泥灰岩是由碳酸钙和黏土物质同时沉积所形成的均匀混合的沉积岩，属石灰岩向黏土过渡的中间类型岩石。

泥灰岩因含有黏土量不同，其化学成分和性质也随之变化。如果泥灰岩中 CaO 量超过 45%，称为高钙泥灰岩；若其 CaO 含量小于 43.5%，称为低钙泥灰岩。泥灰岩主要矿物也是方解石，常见的为粗晶粒状结构，块状构造。

泥灰岩颜色决定于黏土物质，从青灰色、黄土色到灰黑色，颜色多样。质软，易于采掘和粉碎，常呈夹层状或厚层状；其硬度低于石灰岩；黏土矿物含量愈高，硬度愈低；耐压强度小于 100MPa；含水率随黏土含量和气候而变化。

有些地方产的泥灰岩其成分接近制造水泥的原料，其氧化钙含量在 43.5%~45% 之间，可直接用来烧制水泥熟料，这种泥灰岩称天然水泥岩，但这种水泥岩的矿床是不常见的。泥灰岩是一种极好的水泥原料，因它含有的石灰岩和黏土混合均匀，易于煅烧，有利于提高窑的产量，降低燃料消耗。

（3）白垩　白垩是海生生物外壳与贝壳堆积而成的，富含生物遗骸，主要为由隐晶或无定形细粒疏松的碳酸钙所组成的石灰岩，其主要成分是碳酸钙，含量为 80%~90%，有的碳酸钙含量可达 90% 以上。

白垩一般呈黄白色、乳白色，有的因风化及含不同杂质而呈淡灰、浅黄、浅褐色等。白垩质松而软，结构单一，易于采掘。

白垩多藏于石灰石地带，一般在黄土层下，土层较薄，有些产地离石灰岩很近，中国河南省（如新乡地区）盛产白垩。

白垩易于粉磨和煅烧，是立窑水泥厂的优质石灰质原料。但对湿法回转窑用白垩制备料浆时，其需水量较高，料浆水分高达 40％以上，影响窑的产量与燃料消耗。

（4）贝壳和珊瑚类　主要有贝壳、蛎壳和珊瑚石，含碳酸钙 90％左右，表面附有泥沙和盐类（如 $MgCl_2$、$NaCl$、KCl）等对水泥生产有害物质，所以使用时需用水冲洗干净。蛎壳捞自海底，含 15％～18％的水分，韧性比较大，不容易磨细，故需要煅烧后再磨碎。贝壳、蛎壳主要分布于沿海诸省，如河北、山东、浙江、福建、广东等均有产出。

钙质珊瑚石主要分布在海南岛、台湾及东沙、西沙、中沙、南沙群岛。目前沿海小水泥厂有的采用这种原料。

3.1.1.2　石灰质原料的选择

（1）石灰质原料的质量要求　石灰质原料使用最广泛的是石灰石，其主要成分为 $CaCO_3$，纯石灰石的 CaO 最高含量为 56％，其品位由 CaO 含量来确定。但用于水泥生产的石灰石不一定就是 CaO 含量越高越好，还要看它的酸性组成含量，如 SiO_2、Al_2O_3、Fe_2O_3，等是否满足配料要求。石灰石的主要有害成分为 MgO、$R_2O(Na_2O+K_2O)$ 和游离 SiO_2，尤其对 MgO 含量应给以足够的注意。石灰质原料的一般质量指标要求见表 3.2。

表 3.2　石灰质原料的质量要求

成分	CaO	MgO	$f\text{-}SiO_2$（燧石或石英）	SO_3	Na_2O+K_2O
含量/％	≥48	≤3	≤4	≤1	≤0.6

（2）石灰质原料的选择　在具体选择石灰质原料时，如果石灰质原料 CaO 含量低于 48％，可将其与 CaO 含量大于 48％的石灰质原料搭配使用，以利资源的合理利用。但值得注意的是，含有白云石（$CaCO_3 \cdot MgCO_3$）的石灰石往往易造成水泥中的 MgO 含量过高。这是因为白云石是 MgO 的主要来源，为使水泥中氧化镁的含量小于 5.0％，应限制石灰质原料中 MgO 含量小于 3.0％。含有白云石的石灰石在新敲开的断面上可以看到粉粒状的闪光。用 10％盐酸滴在白云石上有少量的气泡产生，如滴在石灰石上则剧烈地产生气泡，因此可简单地区别白云石和石灰石。而燧石含量较高的石灰岩，表面通常有褐黑色的凸出或呈结核状的夹杂物，其质地坚硬，难磨难烧，宜严格控制。同理，经过地质变质作用、重结晶的大理石结晶完整、粗大，结构致密，虽化学成分较纯，$CaCO_3$ 含量很高，但不易粉磨与煅烧，故一般也不宜采用。新型干法水泥生产中，考虑到 K_2O、Na_2O、SO_3、Cl^- 等微量组分对生产水泥质量有影响，故在原料质量指标中对它们都作了限制。

近年来，人们愈来愈重视原料的矿山资源勘探，其目的一是保证储量满足服务年限要求，以免工厂投产后因原料枯竭而转产或关闭；二是使原料储量级别、品位满足矿山开采要求；三是有害成分如 SiO_2、R_2O、SO_3、Cl^- 含量严格限制，确保生产的正常进行。

（3）常见石灰质原料的化学成分　石灰质原料在水泥生产中的作用主要提供 CaO，其次还提供 SiO_2、Al_2O_3、Fe_2O_3，并同时带入少许杂质 MgO、SO_3、R_2O 等。

中国部分水泥厂所用石灰石、泥灰岩、白垩等的化学成分详见表 3.3。

（4）石灰质原料的性能测试方法　石灰质原料的性能研究主要是研究其诸多性能中对易烧性影响最大的分解性能和反应活性。随着现代化测试技术的进步，已经可以对石灰质原料的化学成分、矿物组成、微观结构进行定量研究，从而揭示原料性能对易烧性的影响作用机理。

① 石灰质原料中各种元素（或氧化物）含量：可用化学分析方法定量确定。

② 石灰质原料的分解温度：用差热分析方法可确定其中碳酸盐的分解温度。

③ 石灰质原料的主要矿物组成：可用 X 射线衍射方法进行物相定性分析。

表 3.3　一些天然石灰质原料的化学成分　　　　单位：%

厂　名	名称	烧失量	SiO_2	Al_2O_3	Fe_2O_3	CaO	MgO	K_2O+Na_2O	SO_3	Cl^-	产地
冀东水泥厂	石灰石	38.49	8.04	2.07	0.91	48.04	0.82	0.80			王官营
宁国水泥厂	石灰石	41.30	3.99	1.03	0.47	51.91	1.17	0.13	0.27	0.0057	海螺山
江西水泥厂	石灰石	41.59	2.50	0.92	0.59	53.17	0.47	0.11	0.02	0.003	大河山
新疆水泥厂	石灰石	42.23	3.01	0.28	0.20	52.98	0.50	0.097	0.13	0.0038	艾维尔沟
双阳水泥厂	石灰石	42.48	3.03	0.32	0.16	54.20	0.36	0.06	0.02	0.006	羊圈顶子
华新水泥厂	石灰石	39.83	5.82	1.77	0.82	49.74	1.16	0.23			黄金山
贵州水泥厂	泥灰岩	40.24	4.86	2.08	0.80	50.69	0.91				贵阳
北京水泥厂	泥灰岩	36.59	10.95	2.64	1.76	45.00	1.20	1.45	0.02	0.001	八家沟
偃师白垩		36.37	12.22	3.26	1.40	45.84	0.81				
浩良河大理岩		42.20	2.70	0.53	0.27	51.23	2.44	0.14	0.10	0.004	浩良河

④ 石灰质原料的微观结构：可采用透射电子显微镜来研究方解石的晶粒形态、晶粒大小以及晶体中杂质组分的存在形式；用电子探针可测试研究杂质组分的形态、含量、颗粒大小、分布均匀程度等。

3.1.2　黏土质原料

黏土质原料的主要化学成分是 SiO_2，其次是 Al_2O_3、Fe_2O_3 和 CaO，在水泥生产中，它主要是提供水泥熟料所需要的酸性氧化物（SiO_2、Al_2O_3 和 Fe_2O_3）。

3.1.2.1　黏土质原料的种类与特性

中国水泥工业采用的天然黏土质原料有黏土、黄土、页岩、泥岩、粉砂岩及河泥等，其中使用最多的是黏土和黄土。随着国民经济的发展以及水泥广大型化的趋势，为保护耕地，不占农田，近年来多采用页岩、粉砂岩等为黏土质原料。

（1）黏土　黏土是多种微细的呈疏松或胶状密实的含水铝硅酸盐矿物的混合体，它是由富含长石等铝硅酸盐矿物的岩石经漫长地质年代风化而成。它包括华北及西北地区的红土、东北地区的黑土与棕壤、南方地区的红壤与黄壤等。

纯黏土的组成近似于高岭石（$Al_2O_3 \cdot 2SiO_2 \cdot 2H_2O$），但水泥生产采用的黏土由于它们的形成和产地的差别，常含有各种不同的矿物，它不能用一个固定的化学式来表示。根据主导矿物的不同，可将黏土分成高岭石类、蒙脱石类（$Al_2O_3 \cdot 4SiO_2 \cdot nH_2O$）水云母类等，它们的某些工艺性能见表 3.4。

表 3.4　不同黏土矿物的工艺性能

黏土类型	主导矿物	黏粒含量	可塑性	热稳定性	结构水脱水温度/℃	矿物分解达最高活性温度/℃
高岭石类	$Al_2O_3 \cdot 2SiO_2 \cdot 2H_2O$	很高	好	良好	480～600	600～800
蒙脱石类	$Al_2O_3 \cdot 4SiO_2 \cdot nH_2O$	高	很好	优良	550～750	500～700
水云母类	水云母、伊利石等	低	差	差	550～650	400～700

黏土广泛分布于中国的华北、西北、东北、南方地区。黏土中常常含有石英砂、方解石、黄铁矿（FeS_2）碳酸镁、碱及有机物质等杂质，因所含杂质不同，颜色不一，而多呈红色、黑色与棕色、黄色等。其化学成分差别较大，但主要是含 SiO_2、Al_2O_3，以及少量 Fe_2O_3、CaO 和 MgO、R_2O、SO_3 等。其塑性指数较高，红土为 18～27，黑土与棕土为 17～20，红壤与黄壤为 20～25。

（2）黄土　黄土是没有层理的黏土与微粒矿物的天然混合物。成因以风积为主，也有成因于冲积、坡积、洪积和淤积的。

黄土的化学成分以 SiO_2、Al_2O_3 为主，其次还有 Fe_2O_3、MgO、CaO 以及碱金属氧化物 R_2O，其中 R_2O 含量高达 $3.5\% \sim 4.5\%$，而硅酸率在 $3.5 \sim 4.0$ 之间，铝氧率在 $2.3 \sim 2.8$ 之间。黄土矿物组成较复杂，其中黏土矿物以伊利石为主，蒙脱石次之，非黏土矿物有石英、长石，以及少量的白云母、方解石、石膏等矿物。由于黄土中含有细粒状、斑点状、薄膜状和结核状的碳酸钙，一般黄土中 CaO 含量达 $5\% \sim 10\%$，碱主要由白云母、长石带入。

黄土以黄褐色为主，密度为 $2.6 \sim 2.7 g/cm^3$，含水量随地区降雨量而异，华北、西北地区的黄土水分一般在 10% 左右。黄土中粗粒砂级（0.05mm）颗粒一般占 $20\% \sim 25\%$，黏粒级（<0.005mm）一般占 $20\% \sim 40\%$。黄土塑性指数较低，一般为 $8 \sim 12$。

（3）页岩　页岩是黏土经长期胶结而成的黏土岩。一般形成于海相或陆相沉积，或海相与陆相交互沉积。

页岩的主要成分是 SiO_2、Al_2O_3，还有少量的 Fe_2O_3、R_2O 等，化学成分类似于黏土，可作为黏土使用，但其硅酸率较低，一般为 $2.1 \sim 2.8$，通常配料时需要掺加硅质校正原料。若采用细粒砂质页岩或砂岩、页岩互相重叠间层的矿床，可以不再另掺硅质校正原料，但应注意生料中粗砂粒含量和硅酸率的均匀性。页岩的主要矿物是石英、长石、云母、方解石以及其他岩石碎屑。

页岩颜色不定，一般为灰黄色、灰绿色、黑色及紫红色等，结构致密坚实，层理发育通常呈页状或薄片状，抗压强度为 $10 \sim 60 MPa$。页岩的含碱量为 $2\% \sim 4\%$。

（4）粉砂岩　粉砂岩是由直径为 $0.01 \sim 0.1 mm$ 的粉砂经长期胶结变硬后的碎屑沉积岩。粉砂岩的主要矿物是石英、长石、黏土等，胶结物质有黏土质、硅质、铁质及碳酸盐质。颜色呈淡黄色、淡红色、淡棕色、紫红色等，质地取决于胶结程度，一般疏松，但也有较坚硬的。

粉砂岩的硅酸率一般大于 3.0，铝氧率在 $2.4 \sim 3.0$ 之间，含碱量为 $2\% \sim 4\%$，可作为水泥生产用的硅铝质原料。

（5）河泥、湖泥类　江、河、湖、泊由于流水速度分布不同，使挟带的泥沙规律地分级沉降的产物。其成分决定于河岸崩塌物和流域内地表流失土的成分。如果在固定的江河地段采掘，则其化学成分稳定，颗粒级配均匀，使用它不仅可不占农田，而且有利于江河的疏通。建造在靠江、湖的湿法水泥厂，可利用挖泥船在固定区域内进行采掘，经淘泥机处理后的泥浆即为所需的黏土质原料。中国某水泥厂使用的河泥成分见表3.5。

表3.5　河泥的化学成分　　　　　　　　　　　　　　单位：%

烧失量	SiO_2	Al_2O_3	Fe_2O_3	CaO	MgO
7.81~8.19	62.46~63.22	12.82~14.41	5.75~6.35	3.75~4.76	2~41

（6）千枚岩　由页岩、粉砂岩或中酸性凝灰岩经低级区域变质作用形成的变质岩称为千枚岩。岩石中的细小片状矿物定向排列，断面上可见许多大致平行、极薄的片理，片理面呈丝绢光泽。主要矿物成分为绢云母（化学组成与白云母极相似），绿泥石（主要化学成分 SiO_2、Al_2O_3 等）和石英等。岩石常呈浅红色、深红色、灰色及黑色等颜色。根据矿物颜色不同可有各种名称，如硬绿泥石千枚岩、黄绿色钙质千枚岩等。千枚岩分布普遍，如国内的辽东地区、秦岭、南方都有其存在，江西水泥厂使用的黏土质原料便是千枚岩。

3.1.2.2　黏土质原料的品质要求及选择

（1）品质要求　衡量黏土质量的主要指标是黏土的化学成分（硅率、铝率）含砂量、含碱量以及黏土的可塑性等。对黏土质原料的一般质量要求可见表3.6。

表 3.6　对黏土质原料的一般质量要求

品位	n	p	MgO	R_2O	SO_3	塑性指数
一等品	2.7～3.5	1.5～3.5	<3.0	<4.0	<2.0	>12
二等品	2.0～2.7 或 3.5～4.0	不限	<3.0	<4.0	<2.0	>12

（2）选择黏土质原料时应注意的问题　为了便于配料又不掺硅质校正原料，要求黏土质原料硅率最好为 2.7～3.1，铝率 1.5～3.0，此时黏土质原料中氧化硅含量应为 55%～72%。如果黏土硅率过高，大于 2.3～3.5 时，则可能是含粗砂粒（>0.1mm）过多的砂质土；如果硅率过小，小于 2.3～2.5，则是以高岭石为主导矿物的黏土，配料时除非石灰质原料含有较高的 SiO_2，否则就要添加难磨难烧的硅质校正原料。所选黏土质原料应尽量不含碎石、卵石，粗砂含量应小于 5.0%，这是因为粗砂为结晶状态的游离 SiO_2，结晶 SiO_2 高的黏土对粉磨不利，未磨细的结晶 SiO_2，会严重恶化生料的易烧性。若每增高 1% 的结晶 SiO_2，在 1400℃煅烧时熟料中的游离 CaO 将提高近 0.5%。此外，还会影响生料的塑性和成球性能，不利于立窑的锻烧。为此，干法生产时，生料磨系统应采用圈流生产；湿法生产时，可用淘泥机淘洗将砂粒分散沉淀后排出，此时可将含砂量略为放宽。

当黏土质原料 $n=2.0～2.7$ 时，一般需掺用硅质原料来提高含硅量；当 $n=3.5～4.0$ 时，一般需与一级品或含硅量低的二级品黏土质原料搭配使用，或掺加铝质校正原料。

回转窑生产对黏土的可塑性不作要求。立窑和立波尔窑煅烧时的生料都要成球后入窑，而料球的大小、强度、均齐程度、抗炸裂性（热稳定性）等，对立窑或立波尔窑的通风阻力、煅烧均匀程度等都有直接影响，特别是立波尔窑加热机对成球质量更为敏感，要求生料球在输送和加料过程中不破裂，煅烧过程中仍有一定强度，热稳定性良好，才能保证窑的正常生产，否则，会恶化窑的煅烧。通常可塑性好的黏土制备的生料易于成球，料球强度较高，入窑后不易炸裂，热稳定性好。立波尔窑和立窑用黏土质原料的塑性指数最好不小于 12。

（3）黏土质原料的性能测试方法　黏土质原料的矿物颗粒比较细小，大部分颗粒为 0.1～1μm，研究测试相对比较困难，一般用化学分析方法测定其化学组成，用 X 射线衍射和透射电镜观察其矿物组成和矿物形态，用差热分析方法确定黏土矿物的脱水温度。对黏土质原料中的粗粒石英含量、晶粒大小和形态要予以足够的重视，因为当石英含量为 70.5%，粒径超过 0.5mm 时，就会显著影响生料的易烧性。

3.2　水泥生产用辅助原料

生产硅酸盐水泥熟料的辅助原料有校正原料、外加剂、燃料、缓凝剂和混合材等。本章主要介绍校正原料、燃料，其他辅助原料将分别在其他章节当中介绍。

3.2.1　校正原料

当石灰质原料和黏土质原料配合所得生料成分不能符合配料方案要求时，必须根据所缺少的组分掺加相应的原料，这种以补充某些成分不足为主的原料称为校正原料。

（1）铁质校正原料　当氧化铁含量不足时，应掺加氧化铁含量大于 40% 的铁质校正原料，常用的有低品位铁矿石、炼铁厂尾矿及硫酸厂工业废渣硫铁渣等。

硫铁矿渣（即铁粉）主要成分为 Fe_2O_3，其含量大于 50%，红褐色粉末，含水量较大，对贮存、卸料均有一定影响。

目前有的厂用铅矿渣或铜矿渣代替铁粉，不仅可用作校正原料，而且其中所含氧化铁（FeO）能降低烧成温度和液相黏度，可起矿化剂作用。

表 3.7 为几种铁质校正原料的化学成分。

表 3.7　几种铁质校正原料的化学成分　　　　　　单位：%

种类	烧失量	SiO_2	Al_2O_3	Fe_2O_3	CaO	MgO	FeO	CuO	总和
低品位铁矿石	—	46.09	10.37	42.70	0.73	0.14	—	—	100.03
硫铁矿渣	3.18	26.45	4.45	60.30	2.34	2.22			98.94
铜矿渣	—	38.40	4.69	10.29	8.45	5.27	30.90	—	98.00
铅矿渣	3.10	30.56	6.94	12.93	24.20	0.60	27.30	0.13	105.76

（2）硅质校正原料　当生料中 SiO_2 含量不足时，需掺加硅质校正原料。常用的有硅藻土、硅藻石、含 SiO_2 多的河砂、砂岩、粉砂岩等。但应注意，砂岩中的矿物主要是石英，其次是长石，结晶 SiO_2 对粉磨和煅烧都有不利影响，所以要尽可能少采用。河砂的石英结晶更为完整粗大，只有在无砂岩等矿源时才采用。最好采用风化砂岩或粉砂岩，其氧化硅含量不太低，但易于粉磨，对煅烧影响小。表 3.8 为几种硅质校正原料的化学成分。

表 3.8　几种硅质校正原料的化学成分　　　　　　单位：%

种类	烧失量	SiO_2	Al_2O_3	Fe_2O_3	CaO	MgO	总计	SM
砂岩（1）	8.46	62.92	12.74	5.22	4.34	1.35	95.03	3.50
砂岩（2）	3.79	78.75	9.67	4.34	0.47	0.44	97.46	5.62
河砂	0.53	89.68	6.22	1.34	1.18	0.75	99.70	11.85
粉砂岩	5.63	67.28	12.33	5.14	2.80	2.33	95.51	3.85

（3）铝质校正原料　当生料中 Al_2O_3 含量不足时，须掺加铝质校正原料。常用的铝质校正原料有炉渣、煤矸石、铝矾土等。

表 3.9 为几种铝质校正原料的化学成分。

表 3.9　几种铝质校正原料的化学成分　　　　　　单位：%

原料名称	烧失量	SiO_2	Al_2O_3	Fe_2O_3	CaO	MgO	总计
铝矾土	22.11	39.78	35.36	0.93	1.60	—	99.78
煤渣灰	9.54	52.40	27.64	5.08	2.34	1.56	98.56
煤渣	—	55.68	29.32	7.54	5.02	0.93	98.49

（4）校正原料的质量要求　对校正原料的一般质量要求见表 3.10。

表 3.10　校正原料的质量指标

校正原料	硅率	$w(SiO_2)/\%$	$w(R_2O)/\%$
硅质	>4.0	70~90	<4.0
铝质		$w(Al_2O_3)>30\%$	
铁质		$w(Fe_2O_3)>40\%$	

3.2.2　燃料

水泥工业是消耗大量燃料的企业。燃料按其物理状态的不同可分为固体燃料、液体燃料和气体燃料三种。中国水泥工业目前一般采用固体燃料来煅烧水泥熟料。

（1）固体燃料的种类和性质　固体燃料煤，可分为无烟煤、烟煤和褐煤。回转窑一般使用烟煤，立窑采用无烟煤或焦煤末。

① 无烟煤。无烟煤又叫硬煤、白煤，是一种碳化程度最高，干燥无灰基挥发分含量小于 10％的煤。其收缩基低热值一般为 20900～29700kJ/kg（5000～7000kcal/kg）。

无烟煤结构致密坚硬，有金属光泽，密度较大，含碳量高，着火温度为 600～700℃，燃烧火焰短，是立窑煅烧熟料的主要燃料。

② 烟煤。烟煤是一种碳化程度较高，干燥灰分基挥发分含量为 15％～40％的煤。其收缩基低热值一般为 20900～31400kJ/kg（5000～7500kcal/kg）。

结构致密，较为坚硬，密度较大，着火温度为 400～500℃，是回转窑煅烧熟料的主要燃料。

③ 褐煤。褐煤是一种碳化程度较浅的煤，有时可清楚地看出原来的木质痕迹。其挥发分含量较高。可燃基挥发分可达 40％～60％，灰分 20％～40％，热值为 1884～8374kJ/kg。褐煤中自然水分含量较大，性质不稳定，易风化或粉碎。

（2）煤的质量要求　水泥工业用煤的一般质量要求见表 3.11。

表 3.11　水泥工业用煤的一般质量要求

窑型	灰分/％	挥发分/％	硫/％	低位发热量/（kJ/kg）
湿法窑	≤28	18～30	—	≥21740
立波尔窑	≤25	18～80	—	≥23000
机立窑	≤35	≤15	—	≥18800
预分解窑	≤28	22～32	≤3	≥21740

3.2.3　低品位原料和工业废渣的利用

目前，虽然能用于水泥工业的原料种类繁多，资源丰富，但以往的经验认为生产水泥的主要原料品位要高，矿石的质量要求使得储量、开采、交通运输和工厂建设条件等方面都受到很严格的限制，真正能被利用和开采的主要原料并不太多。特别是石灰石原料要求 $w(CaO) \geqslant 48\%$，使得很多石灰质原料矿点虽然离交通干线较近，接近供销地区，但因 CaO 含量偏低，或某些有害杂质偏高而被废置。从现代水泥工业生产技术要求来看，并不要求十分优质的石灰质原料，即采用 $w(CaO) \geqslant 50\%$ 的优质石灰石，在配料时还需加入 15％左右的硅质原料加以调整，使入窑 CaO 的含量在 42％～46％。现在，发达国家一般采用两个矿山分别开采高钙和低钙石灰石，然后再将其按一定比例混合。

从发展趋势看，利用工业废渣或以某种简单原料为基础，将一个企业的废渣或副产品变为另一个企业的原料，显然具有显著的经济效益和社会效益。积极利用工业废渣能综合利用资源，减少对环境的污染。目前在水泥工业中，工业废渣一是代替部分主要原料，二是作为混合材料，三是作为添加剂，如矿化剂等。

（1）低品位石灰质原料的利用　所谓低品位原料，即指那些化学成分、杂质含量与物理性能等不符合一般水泥生产要求的原料。对含量≤48％或含有较多杂质的低品位石灰质原料而言，除白云石质岩不适宜作硅酸盐水泥熟料原料外，其他大多是含有黏土质矿物的泥灰岩，虽然其 CaO 含量较低，但是只要具备一定的条件仍然可以用于生产水泥。

泥质灰岩、微泥质灰岩、泥灰岩的组成成分中均含有 CaO、SiO_2、Al_2O_3 和一部分 Fe_2O_3，其 CaO 含量一般在 35％～44％。它们与 CaO 含量较高 $[w(CaO) \geqslant 48\%]$ 的石灰石搭配使用，不难配制出符合水泥熟料矿物组成所要求的理想生料，而且这些低品位的石灰质原料由于其松软，易于开采，便于破碎，易磨易烧。但其缺点是矿石成分波动大，含水量较高，由于有坡土掺入，容易堵塞破碎机和运输设备。

近几年中国部分企业利用低品位石灰石生产硅酸盐水泥熟料取得了比较好的经济效益和社会效益。如广西钦州地区铁山水泥厂利用 CaO 含量为 38%～42%、SiO_2 含量为 16%～18%的低品位石灰石生产 42.5 以上硅酸盐水泥熟料；湖北松木坪水泥厂利用 CaO 含量为 42%～46%的低品位石灰石也生产出 42.5 以上硅酸盐水泥熟料；浙江临安青山水泥厂用 CaO 含量为 40%～44%的石灰石和煤两组分配料，能耗在 3344kJ/（kg 熟料）以下，产量高，强度也好。有资料报道，采用 CaO 含量为 28%～30%、硅率为 4.4～5.4、铝率为 2.1～2.2 的硅质泥灰岩作黏土质原料和取代部分石灰质原料可以生产普通硅酸盐水泥。

（2）煤矸石、石煤的利用 煤矸石是煤矿生产时的废渣，它在采煤和选矿过程中分离出来，一般属泥质岩，也夹杂一些砂岩，通常为黑色、烧后呈粉红色。随着煤层地质年代、成矿情况、开采方法不同，煤矸石的组成也不相同。其主要化学成分为 SiO_2、Al_2O_3，少量的 Fe_2O_3、CaO 等，并含 4180～9360kJ/kg 的热值。其有关化学成分详见表 3.12。

石煤多为古生代和晚古生代菌藻类低等植物所形成的低碳煤，它的组成性质及生成等与煤无本质差别，都是可燃沉积岩。不同的是含碳量比一般煤少，挥发分低，发热量低，灰分含量高，而且伴生较多的金属元素。其化学成分见表 3.12。

表 3.12 煤矸石、石煤的主要化学成分   单位：%

名 称	SiO_2	Al_2O_3	Fe_2O_3	CaO	MgO
南栗赵家屯煤矸石	48.60	42.00	3.81	2.42	0.33
山东湖田矿煤矸石	60.28	28.37	4.94	0.92	1.26
邯郸峰峰煤矸石	58.88	22.37	5.20	6.27	2.07
浙江常山石煤	64.66	10.82	8.68	1.71	4.05
常山高硅石煤	81.41	6.72	5.56	2.22	—

煤矸石、石煤在水泥工业上的应用，其主要困难是化学成分波动大。目前的利用途径有：一是代黏土配料；二是经煅烧处理后作混合材；三是作沸腾燃烧室燃料，其渣作水泥混合材料。

煤矸石、石煤作黏土质原料进行配料时，工艺上要作适当性调整。具体应注意以下几方面。

① 原料要进行预均化处理。这是因为煤矸石和石煤的化学成分波动很大，因此要考虑按质量不同分别堆放，并进行预均化。

② 提高入窑生料合格率，调整配料方案，减少配热。当 KH 值大于 0.93 时，需掺加矿化剂加速熟料煅烧，否则游离 CaO 的含量较高。而应用石煤时应注意石煤灰分中 Al_2O_3 的含量较低，在设计熟料成分时应予以考虑。

③ 立窑生产时宜采用预加水成球，浅暗火操作。因煤矸石、石煤塑性指数偏小，成球质量差以致热稳定性也较差，采用预加水成球，浅暗火操作，可以避免料球的炸裂而影响窑的煅烧。

（3）粉煤灰及炉渣的利用 粉煤灰是火力发电厂煤粉燃烧后所得的粉状灰烬，除了可以作水泥混合材生产普通水泥和粉煤灰水泥外，还可以代替部分乃至全部黏土参与水泥配料。炉渣是煤在工业锅炉燃烧后排出的灰渣，也可代替黏土参与配料。

粉煤灰和炉渣的化学成分因煤的产地不同而不同，且 SiO_2 和 Al_2O_3 的相对含量波动大。一般来说都是 Al_2O_3 的含量偏高。大部分水泥厂都是用作校正黏土中硅高铝低而添加的，同时也是废料的综合利用。

粉煤灰和炉渣代替部分乃至全部黏土配料时，应注意下列问题：

① 加强均化。减少 SiO_2、Al_2O_3 含量的波动和残碳热值对窑热工制度和熟料质量的影响。

② 解决配料精确问题。这是因为其粒径细小，锁料、喂料都很困难的缘故。

③ 注意带入的可燃物对煅烧的影响。尤其是高碳粉煤灰、高碳炉渣所带入的可燃物，其燃点较高，上火慢，使立窑底火拉深，熟料冷却慢，易出现还原料及粉化料。

④ 粉煤灰和炉渣可塑性比较差，立窑生产时搞好成球仍是一项技术关键。

北京水泥厂及燕山（700t/d）、冀东（2×4000t/d）、烟台（2500t/d）、富阳（4000t/d）、冀中（4000t/d）等水泥厂均采用了粉煤灰作水泥原料生产普通硅酸盐水泥，取得了显著的经济和社会效益。

（4）玄武岩资源的开发与利用　玄武岩是一种分布较广的火成岩，其颜色因异质矿物的含量而异，并由灰到黑，风化后的玄武岩表面呈红褐色。密度一般在 $2.5\sim3.1g/cm^3$，性硬且脆，通常具有较固定的化学组成和较低的熔融温度。除 Fe_2O_3、R_2O 偏高外，其化学成分类似于一般黏土，见表 3.13。

表 3.13　玄武岩的主要化学成分

成分	SiO_2	Al_2O_3	Fe_2O_3	CaO	MgO	Na_2O	TiO_2
含量/%	45～56	15～21	9～17	4.5～13.5	2～11	2.5～5	0.4～1.5

玄武岩的助熔氧化物含量较多，可作水泥生料的铝硅酸盐组分，以强化熟料的煅烧过程。此时制得的熟料含有大量的铁铝酸钙，使水泥煅烧及水泥有一系列的特点。煅烧时间短，煅烧温度可降低 $70\sim100℃$，节约燃料约 10%，窑的台时产量可提高 10%～12%；水泥抗硫酸盐侵蚀性好，水化放热量低，抗折强度较高。

玄武岩的可塑性和易磨性都较差，因此生产中要强化粉磨过程，同时使入磨粒度减小，并使它成为片状（瓜子片的粒度），以抵消由于易磨性差带来的影响。海南屯昌水泥厂应用这个道理，将黏土换成玄武岩瓜子片后，$\phi2.2m\times7m$ 磨机的产量提高了 23%。对立窑而言，还应加强成球工艺控制，确保料球质量。

（5）珍珠岩　珍珠岩是一种主要以玻璃态存在的火成非晶类物质，属富含 SiO_2 的酸性岩石，也是一种天然玻璃，其化学成分因产地不同而有差异，但一般 $w(SiO_2)+w(Al_2O_3)>80\%$。它可用作黏土质原料配料。

（6）赤泥　赤泥是烧结法从矾土中提取氧化铝时所排出的赤色废渣，其化学成分与水泥熟料的化学成分比较，Al_2O_3 和 Fe_2O_3 含量高，CaO 含量低，所以赤泥与石灰质原料搭配配合便可配制成生料。赤泥中 Na_2O 含量较高，对熟料煅烧和质量有一定影响，故应采取必要措施。自氧化铝厂排出的赤泥浆含有大量的游离水，同时还有化合水等，可作为湿法生产的黏土质原料，但其成分还随矾土化学成分不同而异，而且波动大，生产中应及时调整配料并保证生料的均化。

（7）电石渣　电石渣是化工厂乙炔发生车间消解石灰排出的含水约 85%～90% 的废渣。其主要成分是 $Ca(OH)_2$，可代替部分石灰质原料。电石渣由 80% 以上的 $10\sim50\mu m$ 的颗粒组成，不必磨细，但流动性差，在正常流动时水分高达 50% 以上。因此，即使用湿法回转窑生产也会影响窑的产量和煤耗，但可考虑料浆的脱水处理。

此外，碳酸法制糖厂的糖滤泥、氯碱法制碱厂的碱渣及造纸厂的白泥，其主要成分都是 $CaCO_3$，均可用作石灰质原料，但应注意其中杂质影响。小氮肥厂石灰碳化煤、球灰渣、金矿尾砂、增钙渣等可代替部分黏土配料。

石灰质原料低品位化，硅、铝质原料岩矿化，铁质原料废渣化的模式是水泥原料结构的一个新的技术方向。但必须注意大多数工业废渣和低品位原料成分波动大，使用前应取具有代表性的样品进行研究，并适当调整一些工艺来适应原料的变化，以确保整体效果。

3.3 矿山开采

水泥厂的主要原料——石灰石和黏土必须靠近工厂，由工厂直接进行开采，只有在特殊情况下，才允许利用外地运来的原料。

在进行原料开采之前，必须首先进行详细的勘探工作。包括有用矿储量；矿层的分布情况，有用矿的化学成分的波动情况；矿石的物理性质，如自然休止角、硬度、吸收性、透水性、耐压强度等，对松散状的黏土质原料还应加做颗粒分析和塑性指数试验；开采条件及矿区地质情况。

水泥厂的原料均属非金属矿床。非金属矿床开采按开采对象和开采方法不同可分为露天开采和地下开采。近年来，水下开采（包括江、河、湖、海的水下开采）也有所发展。

露天开采又分为机械开采和水力开采。水力开采是用水枪设计，高压高速的水流冲采矿岩，并用水力冲运，此法多用于开采松软矿床。机械开采是用一定的采掘运输设备，按一定的生产工艺过程，从地面将矿体四周的岩体及其覆盖的岩层剥离掉，把矿石采出来并通过露天沟道或地下井巷运到地表。此法是目前应用最广泛使用的一种开采方法。

露天开采在技术上与经济上有许多优点，这就决定了世界各国优先发展露天开采的总趋势，由表3.14和表3.15可见，非金属矿床露天开采对加速发展建材、非金属矿工业，起着重要的作用。

表 3.14　世界非金属矿床露天开采的比例

矿　种	非金属矿石	黏土、料石、砂子及砾石	金属矿石	煤
露天开采比例/%	80	100	57	34

表 3.15　中国非金属矿床露天开采的比例

矿　种	石棉	石膏	滑石	石墨	金刚石	高岭土	水泥原料和建筑材料
露天开采比例/%	69.1	41.86	26.15	44.6	77.5	16.8	100

从表3.15可以看出，水泥厂的原料是用露天开采。露天开采时，为了采出矿石，一般需要剥离一定数量的岩石。剥离的岩石量与采出的矿石量之比，即每采出单位矿石所需要剥离的岩石量，称为剥采比，其单位可用 m^3/m^3 或 m^3/t 表示。因此，在开采有用矿之前，必须先进行覆盖层的剥离工作。覆盖层如果是松散状的浮土，则剥离工作可以直接用人工或电铲剥离，也可以采用水力冲洗的方法直接进行；如果是硬质废矿，则在剥离工作之前，要先进行覆盖层的爆破工作。覆盖层的剥离工作应在原料开采前六个月内进行，剥离工作不宜在冬季进行。

有用矿如果是松散状的白垩、黏土等，可以用电铲直接挖掘，也可采用人工挖掘。有用矿如果是硬质物料，如石灰石，则首先要进行爆破工程，这包括钻孔及爆炮。钻孔的深度、数目及位置分布，要根据矿山的具体情况及岩石的物理性质决定，最适宜的爆破工作是利用最少的炸药消耗，而获取大小符合要求的最多量的矿石。

目前国外非金属矿床露天开采的技术装备水平一般比较高。穿孔广泛的是用潜孔钻机，孔径一般为 $100\sim140mm$。其次为回转钻机和凿岩台车，回转钻机包括切削回转钻机、牙轮钻机和螺旋钻机。切削回转钻机广泛地应用于石灰石矿，螺旋钻机仅应用于软岩；牙轮钻机在大型石棉矿和云母矿也有使用，孔径一般为 $190\sim250mm$。爆破普遍使用铵油炸药、浆状炸药，多排空毫秒爆破或多排孔毫秒挤压爆破，一次爆破 $4\sim5$ 排孔以上，一次爆破量

10 万～80 万立方米，每周爆破 1～2 次，装药和填塞实现机械化。

爆破后矿石的装运工作，在大型工厂中一般都是使用机械铲作为主要采装设备。

矿石的运输，根据采石场距工厂的距离及采石场与工厂间的地形可以利用不同的运输工具。如采石场距工厂极近（300～500m），则可以采用皮带输送机。在距离不太远且有坡度的情况下，可以采用钢索绞车，利用矿石的自重将重车自上而下地滑下，而同时将空车由下向上地拉回。当采石场与工厂之间的距离在 3km 以内时，矿石的运输采用自动卸料汽车是适宜的。也有采用小斗车来运输石灰石的，将几个小斗车串联成一列，然后用小型内燃机车拖运。但距离超过 3km 时，采用火车装运是合理的。当采石场与工厂间距离很远，而其地形复杂，这时可采用架空索道，空中索道的运输距离可达 8km，而挂斗的滑行速度可达 7km/h。

矿山管理要坚决贯彻"采剥并举，剥离先行"的原则。矿山要实行计划开采。不同质量的矿石要分别开采和存放，搭配使用。稳定进厂原料成分，达到配料要求。

中国建材、非金属露天矿的开采技术和装备水平现已有很大提高，但比国外先进矿山仍有一定距离，还不能满足国民经济高速发展的需要。因此，借鉴目前国外露天开采的发展趋势，结合国内矿山的具体情况，因地制宜地发展国内各种类型的矿山开采，改进露天开采技术和技术装备，提高矿山的技术管理水平，以加速中国露天矿山的现代化。

3.4　原料破碎与烘干、输送与储存

水泥生产用的原料、材料以及燃料大多要经过一定的处理之后才能便于运输、计量以及生料粉磨等。在粉磨之前对原料、燃料的处理过程称为原料的加工与准备，它主要包括物料的破碎、烘干、原料的预均化、物料输送及物料储存等工序。对湿法而言，原料的准备不包括烘干工艺，但包括将黏土质原料除去杂质制成泥浆的淘泥工序。本节主要介绍干法水泥生产的原料破碎与烘干。

3.4.1　破碎

从矿山开采来的石灰石、块状黏土质原料都较大，其粒度一般都超过了粉磨设备允许的进料粒度，给运输、储存烘干配料和粉磨作业等带来一定的困难，某些情况下，用作矿化剂的物料因块度较大，不便于配料计算，也需要破碎。物料经过破碎后。其粒度减小，表面积增加，在一定程度上说便于物料的储存和运输，提高了烘干效率，给物料的正确配比和均匀喂料创造了有利条件，有利于提高磨机产量，降低电耗。

（1）破碎工艺　利用机械方法将大块物料变成小块物料的过程称为破碎。也有将粉碎后产品粒度大于 2～5mm 的称破碎。水泥生产中的原料尤其是石灰石，其块度大至 1m 以上，要经过几次破碎之后才能达到要求入磨的粒度要求。物料每经过一次破碎，则成为一个破碎段，物料破碎前后的粒度之比称为破碎比。破碎比的大小是确定破碎段数和破碎机选型的重要参数之一。如果用一台破碎机即可满足所需破碎比的要求，则可以选择一段破碎为宜。一旦破碎较之两段破碎或多段破碎具有设备台数少、扬尘点少、生产流程简单、占地面积小、基建投资低和维护管理容易、经营费用低等优点。一般石灰石破碎通常采用一段或两段破碎，黏土质原料常常只需一段破碎。图 3.1 和图 3.2 分别为一段破碎、两段破碎的工艺流程图。

（2）破碎设备及选用　担任破碎过程的设备是破碎机。水泥工业中常用的破碎机有颚式破碎机、锤式破碎机、反击式破碎机、圆锥式破碎机、反击-锤式破碎机、立轴锤式破碎机等。

各种破碎机具有各自的特性，生产中应视要求的生产能力、破碎比、物料的物理性质

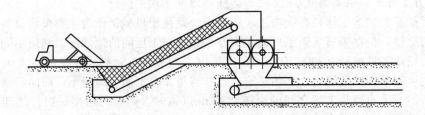

图 3.1 装备双转子锤式破碎机的一段破碎工艺流程

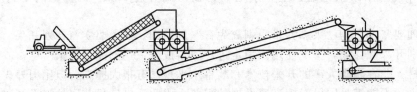

图 3.2 采用一段和二段破碎的两段破碎工艺流程

（如块度、硬度、杂质含量与形状）和破碎设备特性来确定用什么样的破碎机。水泥厂常用的破碎设备的工艺特性见表 3.16。

表 3.16 水泥厂常用破碎设备工艺特性

破碎机类型	破碎原理	破碎比 i	允许物料含水/%	适宜破碎的物料
颚式、旋回式、颚旋式破碎机	挤压	3～6	<10	石灰石、熟料、石膏
细碎颚式破碎机	挤压	8～10	<10	石灰石、熟料、石膏
锤式破碎机	冲击	10～15（双转子 30～40）	<10	石灰石、熟料、石膏、煤
反击式破碎机	冲击	10～40	<12	石灰石、熟料、煤
立轴锤式破碎机	冲击	10～20	<12	石灰石、熟料、石膏、煤
冲击式破碎机	冲击	10～30	<10	石灰石、熟料、石膏
风选锤式破碎机	冲击、磨剥	50～200	<8	煤
高速粉煤机	冲击	50～180	8～13	煤
齿辊式破碎机	挤压、磨剥	3～15	<20	黏土
刀式黏土破碎机	挤压、冲击	8～12	<18	黏土

3.4.2 烘干

烘干是指利用热能将物料中的水分汽化并排出的过程。

在水泥生产中，所用的原料、燃料、混合材等所含的水分大多比生产工艺要求的水分要高。当采用干法粉磨时，物料水分过高会降低磨机的粉磨效率甚至影响磨机生产，同时不利于粉状物料的输送、储存和均化，湿法生产中煤和混合材也需烘干，这样才能保证粉磨作业的正常进行。在原料的准备过程中，烘干的主要对象是原料和燃料。

（1）被烘干物料的水分要求

① 石灰石 石灰石一般含水较低，通常小于 1%，一般不考虑烘干。但当石灰石中夹杂较多的黏土杂质时往往含水量超过 1%，甚至更高。由于石灰石在原料配比中比例较大，因而会直接造成配料的平均水分超过入磨物料要求，此种情况下宜考虑烘干。石灰石的入磨水分应控制在 0.5%～1.0%。

② 黏土 黏土质原料一般含水在 15% 左右。生产中要求黏土水分含量越低越好，但黏

土烘得过干，势必要提高烘干介质的温度或延长烘干时间，这样就会造成烘干效率的降低，同时黏土矿物在高温下失去结晶水发生分解反应，影响物料的活性，也易造成更大的扬尘污染。因此，黏土烘干后的物料水分应控制在1.5%以下。

③铁粉　铁粉在生产中用量较少，一般控制水分在5.0%以下。

④煤　煤遇高温易燃烧或失去挥发水分，生产中控制煤的水分小于3.0%。

（2）烘干工艺及选择　烘干系统有两种：一种是单独烘干系统，即利用单独的烘干设备对物料进行烘干。其主要设备是回转烘干机、流态烘干机、振动式烘干机、立式烘干窑等，其中以回转式烘干机应用最广。

在新建的干法水泥厂中，一般都采用另一种烘干系统，即烘干兼粉磨的烘干磨。采用烘干兼粉磨系统可以简化工艺流程，节省设备和投资，还可以减少管理人员，减少扬尘机会，并可以充分利用干法窑和冷却机的废气余热。但是，当原料水分超过某一极限（如配合料水分大于6%），或原料某一组分很黏，给磨机喂料或烘干造成困难时，就必须采用单独的烘干设备，或者将某种含水分高的原料先用单独的烘干设备进行预烘干，然后再与其他原料一起用烘干兼粉磨设备继续烘干并同时进行粉磨。

回转式烘干机虽然烘干效率较低、投资加大，但对物料的适应性强，可以烘干各种物料，且设备操作简单可靠，故得到普遍使用。近年来，为了提高回转式烘干机效率，又设计生产了新型高效回转式烘干机，不仅提高了热效率，而且烘干能力增大。为回转式烘干机提供热源的是普通块煤燃烧室或燃用劣质煤沸腾燃烧室。图3.3所示为回转式烘干机的两种典型的烘干工艺流程示意图。

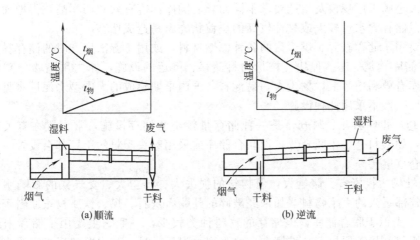

图3.3　回转式烘干机的流程示意图

3.4.3　输送与储存

（1）物料的输送　干法生产时，原料经过加工一般呈粒状或小块状，呈粒状或小块状的物料输送主要采用机械输送方式。常用的输送设备有皮（胶）带输送机、斗式提升机、振动输送机、埋刮板式输送机等，它们可以完成水平、倾斜以及垂直输送任务。在粒状物料由高向低处输送且水平运距不太大的情况下，可以采用具有一定倾斜角的溜槽（常称溜子），借助于物料自身重力向下输送，它不需动力，但必须注意倾斜角应大于物料休止角以满足下滑的要求。

湿法生产时，原料加工过程中也大多数属于粒状，可以采用各种粉粒状物料输送设备进行输送，经淘制的泥浆属于流体，可以采用离心泵经管道输送。

（2）物料的储存　为避免由于外部运输的不均衡、设备之间的生产能力的不平衡，或由于前后生产工序的班制不同，以及由于其他原因造成物料供应的中断或物料滞留堆积而堵塞，保证工厂生产连续均衡地进行，以及满足生产控制要求，各种经过加工的原燃材料必须利用一定的储存设施进行储存并使物料具有一定的储存期。

①物料的储存期　某物料的储存量所能满足工厂生产需要的天数，称为该物料的储存期。过长的物料储存期会增加经营费用；过短的储存期则难以保证工厂生产连续均衡。合理的物料储存期应综合考虑外部运输条件、物料成分的波动及质量要求、气候影响、设备检修等因素后确定。原燃材料的最低可用储存期一般可按表 3.17 选用。

表 3.17　物料的最低可用储存量及一般储存期

物料名称	最低储存期/d	一般储存期/d
石灰质原料	5(外购石灰质原料 10)	9～18
黏土质原料	10	13～20
校正原料	20	20～30
燃煤	10	22～30

运输不平衡、雨季较长地区储存期宜取表 3.17 中的高限，相反则取低限。当原燃材料低于最低可用储存期时，工厂应积极采用各种有效措施限期补足储存量。

②储存设施及选择　原燃材料的储存设施一般为各种储存库，也有的为露天堆场或堆棚、预均化设施兼储存等。

a. 圆库　一般为混凝土构造，上部为中孔圆柱体，下部为锥形料斗；上部进料，下部出料。圆库大小随工厂规模及生产要求不同而异。圆库库容有效利用率高，占地面积少，扬尘易处理，但储存含水量较大或黏性较高的块粒状物料易造成堵塞。

圆库主要用于储存破碎、烘干后的各种原燃材料，或用于湿法生产时的储存黏土等。

b. 联合储库　是一座多种块、粒状物料储存、倒运的设施，库内用隔墙分割成若干区间。联合储库有效利用率低，扬尘大，易混料，国内早期建成的大中型水泥厂多见，新建厂和立窑水泥厂一般不采用此种设施。

c. 储料仓　也叫料斗、料仓，是一种储存量较小的储存设施，常设置在有关设备、设施的入口处，如喂料仓、中间仓等。设联合储库或采用磨头配料的工厂都会设置一定数量及大小的储料仓（磨头仓）。

d. 露天堆场　投资省、储量大，但物料的损失大、扬尘大、受气候的影响明显。一般多用于堆放外部运入的大宗物料，如未经破碎的外购石灰石、煤、铁质校正原料等。

e. 堆棚　类似于联合储库，但储存的物料种类较少，一般它主要用于储存未经加工处理的黏土质原料、校正原煤等。堆棚在一些小型水泥厂常见，其主要储运机械为自卸汽车及推土机、电动铲车等。

f. 预均化设施兼储存　采用原燃料预均化的工厂可利用预均化设施在进行原燃料预均化的同时，兼作物料的储存。

3.5　原料的预均化

3.5.1　均化与预均化的基本概念

（1）物料的均化与预均化　通过采用一定的工艺措施达到降低物料的化学成分波动振幅，使物料的化学成分均匀一致的过程叫均化。水泥生产过程中各主要环节的均化，是保证熟料质量、产量及降低能耗和各种消耗的基本措施和前提条件，也是稳定出厂水泥质量的重要途径。

应该指出，水泥生产的整个过程就是一个不断均化的过程，每经过一个过程都会使原料或半成品进一步得到均化。就生料制备而言，原料矿山的搭配开采与搭配使用、原料的预均化、原料配合及粉磨过程中的均化、生料的均化这四个环节相互组成一条与生料制备系统并存的生料均化系统——生料均化链。在这条均化链中，最重要的环节，也就是均化效果最好的是第二、第四两个环节，这两个环节担负着生料均化链全部工作量的 80% 左右，当然第一、第三两个环节也不能忽视，表 3.18 列出了各个环节的均化效果。

表 3.18　生料均化链中各环节的均化效果

环节名称	完成均化工作量的任务/%
原料矿山的搭配开采与搭配使用	10～20
原料的预均化	30～40
配料控制及生料粉磨	0～10
生料均化	约 40

原料经过破碎后，有一个储存、再存取的过程。如果在这个过程中采用不同的储取方法，使储入时成分波动大的原料，至取出时成为比较均匀的原料，这个过程称为预均化。

粉磨后生料在储存过程中利用多库搭配、机械倒库和气力搅拌等方法，使生料成分趋于一致，这就是生料的均化。

（2）均化效果的评价　物料的成分是否均匀，可以由下列参数进行评价。

①标准偏差　标准偏差是数理统计学中的一个数学概念，又称标准离差或标准差、方差根。它应用于水泥工业时，可扼要地理解为：

Ⅰ. 标准偏差是一项表示物料成分（如 $CaCO_3$、SiO_2 的含量等）均匀性的指标，其值越小，成分越均匀。

Ⅱ. 成分波动于标准偏差范围内的物料，在总量中大约占 70%，还有近 30% 的物料的成分波动比标准偏差要大。

标准偏差可由下式求得：

$$S = \sqrt{\frac{1}{n-1}\sum_{i=1}^{n}(x_i - \overline{x})^2} \tag{3.1}$$

$$\overline{x} = \frac{1}{n}\sum_{i=1}^{n}x_i \tag{3.2}$$

式中　S——标准偏差，%；

n——试样总数或测量次数，一般 n 值不应少于 20～30 个；

x_i——物料中某成分的各次测量值，即 $x_1 \sim x_n$；

$\overline{x}$——各次测量的平均值。

② 变异系数　变异系数为标准偏差（S）与各次测量值算术平均值（$\overline{x}$）的比值，通常用符号 C_v 来表示。它表示物料成分的相对波动情况，变异系数越小，成分的均匀性越好。所以也有的把变异系数称为波动范围。

变异系数可由下式计算：

$$C_v = \frac{S}{\overline{x}} \times 100\% \tag{3.3}$$

式中　C_v——变异系数。

③均化效果　均化效果又称均化倍数或均化系数，通常它指的是均化前物料的标准偏差与均化后物料的标准偏差之比值，即

$$H = S_{进}/S_{出} \tag{3.4}$$

式中：H——均化效果；

　$S_{进}$——进入均化设施之前物料的标准偏差；

　$S_{出}$——出均化设施时物料的标准偏差。

H 值越大，表示均化效果越好。

目前，国内不少水泥厂采用计算合格率的方法来评价物料的均匀性。合格率的含义是指若干个样品在规定质量标准上下限之内的百分率，称为该范围内的合格率。这种计算方法可以反映物料成分的均匀性，但它并不能反映全部样品的波动幅度及其成分分布特性，下面的例子可以说明这一点。

假设有两组石灰石样品，其 $CaCO_3$ 含量介于 $90\%\sim94\%$ 的合格率均为 60%，每组 10 个样品的 $CaCO_3$ 含量如下：

第一组（%）：99.5　93.8　94.0　90.2　93.5　86.2　94.0　90.3　98.9　85.4

第二组（%）：94.1　93.9　92.5　93.5　90.2　94.8　90.5　89.5　91.5　89.9

第一组和第二组的样品，其 $CaCO_3$ 平均含量分别为 92.58% 和 92.04%，两者比较接近，而且合格率也都为 60%，两者的均匀性似乎差别不大，但实际上这两组样品的波动幅度相差很大。第一组中有两个样品的波动幅度都在平均值 ±7%，即使是合格的样品，其成分不是偏近上限就是偏近下限。而第二组样品的成分波动就小得多。计算的第一组和第二组样品的标准偏差分别为 4.68% 和 1.96%。显然用合格率来衡量物料成分均匀性的方法是有较大的缺陷的。

也应该明确的是，在某些情况下预均化前物料成分波动不按正态分布规律分布，由计算所得的标准偏差 $S_{进}$ 往往比实际偏大；然而根据许多统计资料表明，均化后的物料成分波动基本上接近正态分布，因此，计算得出的出料标准偏差 $S_{出}$ 却接近真实值，也就是说这样求得的均化效果 H 会偏大。所以，在一定条件下，直接用均化后的出料标准偏差 $S_{出}$ 来表示均化作用的好坏，比单纯采用均化效果表示要切合实际，并且工艺生产的要求也不在于追求表面的"倍数"，而是要控制其出料的标准偏差值，保证其成分的均匀性。

3.5.2　原燃材料的预均化

（1）原燃材料预均化的基本原理　原燃材料在储存、取用过程中，通过采用特殊的堆、取料方式及设施，使原料或燃料化学成分波动范围缩小，为入窑前生料或燃料煤成分趋于均匀一致而做的必要准备过程，通常称作原燃材料的预均化。简言之，所谓的原燃材料的预均化就是原料或燃材料在粉磨之前所进行的均化。

如果预均化的物料是石灰质原料、黏土质原料等原料，便称之为原料的预均化；如果预均化的对象是原煤（进厂的煤），则称为燃料的预均化或煤的均化。

原燃材料预均化的基本原理可简单地概括为"平铺直取"。亦即经破碎后的原料或原煤在堆放时，尽可能多地以最多的相互平行、上下重叠的同厚度的料层构成料堆；而在取料时，按垂直于料层的界面对所有料层切取一定厚度的物料，循序渐进，依此切取，直到整个料堆的物料被取尽为止。这样取出的取料中包含了所有各料层的取料，即同一时间内取出了不同时间所堆放的不均匀物料，也就是说，在取料的同时完成了取料的混合均化，堆放的料层越多，其混合均匀性就越好，出料成分就越均匀，这就是所谓的"平铺直取"。也就是预均化的基本技术原理。

（2）原燃材料预均化的必要性　进厂原燃材料的均匀性是相对的，并不是绝对的。原燃材料的化学成分、灰分及热值常常在一定的范围内波动，有时波动还是比较大的。如果不采用必要的均化措施，尤其是当原料的成分波动较大时势必影响原料的准确配合，从而不利于制备成分高度均齐的生料；当煤质的灰分和热值波动较大时，必然影响到熟料的煅烧时的热工制度的稳定。上述两方面的情况同时存在时，就无法保证熟料的质量及维持生产的正常和设备的长期安全运转。另一方面，某些品质略差的原燃材料将受到限制而无法采用，不利于资源的综合利用。因此，当原燃材料的成分波动较大时，应考虑采取预均化措施。

在水泥生产过程中，对原燃材料进行预均化具有如下作用。

① 消除进厂原燃材料成分的长周期波动，使原燃材料成分的波动周期短，为准确配料、配热和生料粉磨喂料提供良好的条件。

② 显著降低原燃材料成分波动的振幅，减小其标准偏差，从而有利于提高生料成分的均匀性，稳定熟料煅烧时的热工制度。

③ 有利于扩大原燃材料资源，降低生产消耗，增强工厂对市场的适应能力。采用原燃材料预均化后，可以充分利用那些低品位的原料、燃料，包括有害成分在规定极限边缘的原料、非均质原料，这是因为低品位的原燃材料可以与高品位的原燃材料搭配并预均化后可以达到规定的要求。有助于充分利用矿山资源，尽量利用夹层废石，延长现有矿山的使用年限，减少废石弃土，保护环境，最大限度的利用地方煤质资源。

（3）原燃材料预均化的条件　原料是否采用预均化，取决于原料成分波动的情况。一般可用原料的变异系数 C_v 来判断。

当 $C_v < 5\%$ 时，原料的均匀性良好，不需要进行预均化。

当 $C_v = 5\% \sim 10\%$ 时，原料的成分有一定的波动。如果其他原料包括燃料的质量稳定，生料配料准确及生料均化设施的均化效果好，可以不考虑原料的预均化。相反，其他原料包括燃料的质量不稳定，生料均化链中后两个环节的效果不好，矿石中的夹石、夹土多，此时，则应考虑该原料的预均化。

当 $C_v > 10\%$ 时，原料的均匀性很差，成分波动大，必须进行预均化。

校正原料一般不考虑单独进行预均化，黏土质原料既可以单独预均化，也可以与石灰石预先配合后一起进行预均化。

当进厂煤的灰分波动大于 $\pm 5\%$ 时，应考虑煤的预均化。当工厂使用的煤种较多，不仅煤的灰分和热值各异，而且灰分的化学成分各异，他们对熟料的成分及生产控制将造成一定的影响，严重时对熟料产量、质量产生较大的影响，因此，应考虑进行煤的预均化。

3.6　提高原料预均化效果的主要措施

国内外大中型干法水泥厂的生产实践业已证明，原料的预均化对提高熟料质量，扩大原燃料资源和提高资源的综合利用率、发挥经济效益和社会效益均有明显的作用。

提高原料预均化效果的主要措施就是采用各类预均化堆场或预均化库来提高原料的均化效果。

（1）预均化堆场　预均化堆场是一种机械化、自动化程度较高的预均化设施。送入预均化堆场中的成分波动较大的原燃材料，通过采用堆料机连续以薄层叠堆，形成多层（200～500 层）堆铺料层的具有一定长度比的料堆；而取料机则按垂直于料堆的纵向实行对成分各异的料层同时切取，完成"平铺直取"，实现各层物料的混合，其标准偏差缩小，从而达到均化的目的。在进料成分波动较大的情况下，其均化效果 H 可达 7～10。

预均化堆场的布置方式有矩形和圆形两种。

① 矩形预均化堆场　如图 3.4 所示,矩形预均化堆场中一般设两个料堆,一个在堆料,另一个在取料,相互交替,每个料堆的储量通常可供工厂使用 5～7d。冀东、宁国、柳州等水泥厂采用的就是矩形预均化堆场。

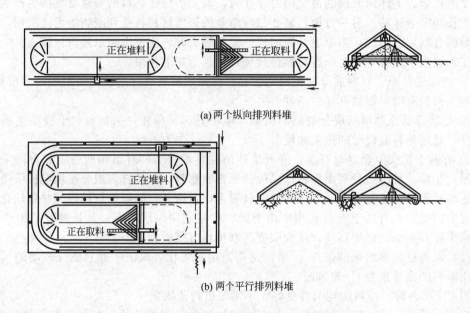

(a) 两个纵向排列料堆

(b) 两个平行排列料堆

图 3.4　矩形预均化堆场工艺示意图

② 圆形预均化堆场　圆形预均化堆场的料堆为圆环状,如图 3.5 所示。

原料由胶带输送机送到堆场的中心上方,用回转悬臂胶带堆料机作往返回转堆料,一般用桥式刮板取料机或桥式圆盘取料机取料。在料堆的开口处,一端在连续堆料;另一端连续取料。整个料堆一般可供工厂使用 4～7d。

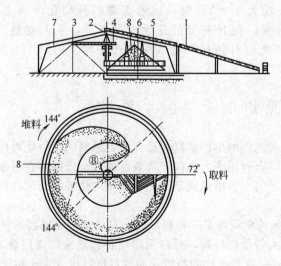

图 3.5　圆形预均化堆场

1—进料胶带机；2—固定溜子；3—堆料机；4—中心柱；5—取料机；6—接料胶带机；7—厂房；8—料堆

　　圆形预均化堆场与矩形预均化堆场相比，在相同容量的条件下，占地面积少 30%～40%，投资低 20%～30%，由于圆形预均化堆场的取料只有一个方向运动（顺时针方向或逆时针方向），而矩形预均化堆场取料机是往复运动，所以圆形预均化堆场不存在矩形预均化堆场中处理料堆端部堆积料的困难，即无"端锥"问题；操作方便，有利于自动控制。但圆形预均化堆场中的圆环形料堆的物料分布不如矩形堆场中长条形料堆对称而均匀；如果作预配科堆场并预均化时，圆形预均化堆场中总是在堆端堆料，所以难以及时调整；圆形堆场因受厂房直径的限制，堆存容量不及矩形堆场多，且扩建困难。

　　（2）预均化库　这种预均化方式是利用几个混凝土圆库或方库，库顶用卸料小车往复地对各库进料，卸料时几个库同时卸料或抓斗在库上方往复取料。这种多库搭配改进型的预均化方式通常又称为仓式预均化法。其均化效果 H 可达 2～3。

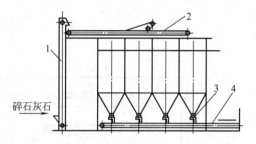

图 3.6　连续布料多库同时出料
1—斗式提升机；2—皮带布料机；
3—喂料机；4—皮带运输机

　　预均化库虽然实现了平铺布料，但没有完全实现断面切取的取料方式，因此，均化效果受到一定影响，故它不适应成分波动较大的物料预均化，而且对于黏性物料以及水分较大的物料也不宜采用。对于原燃材料成分波动不是太大的水泥厂，此种方法还是适用的。鲁南水泥厂 2×2000t/d 和新疆水泥厂 2000t/d 熟料生产线的石灰石预均化分别采用了 5-ϕ15m 和 3-ϕ15m 多点下料仓式预均化法，江西水泥厂 2000t/d 生产线的石灰石预均化则是利用原有设施联合储库改建，实现卸料小车堆料、抓斗取料的仓式预均化法。

　　某立窑水泥厂采用连续布料多库同时出料的预均化库如图 3.6 所示。

　　（3）断面切取式预均化库　该类型预均化库又称为 DLK 工业库，它是在吸取仓式预均化库和预均化堆场长处的基础上发展起来的。它既实现了平铺布料，又实现了断面切取取料，因此，均化效果较高，一般可达 3～6，出料 $CaCO_3$ 的标准偏差为 1%～1.5%。

　　如图 3.7 所示，该库为混凝土结构的矩形中空六面体，库内用隔墙将库一分为二，一侧布料，另一侧出料，交替进行装卸作业。库顶布置一条 S 型胶带输送机，往返将物料向库内一侧平铺并形成多层人字形料堆；库底设有若干个卸料斗并配置振动给料机（卸料器），当库内一侧在进料，另一侧通过库底卸料设备的依次启动（如图 3.7 中从右向左），利用物料的自然滑移卸出物科，实现料堆横断面上的切取，从而达到预均化的目的，预均化后的物料

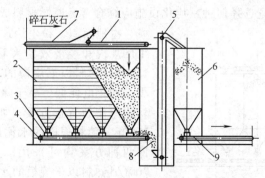

图 3.7　DLK 结构与过程示意图
1—S 型胶带输送机；2—均化库；3—卸料器；4—胶带输送机；5—提升机；6—配料库；
7—DLK 进料取样点；8—DLK 出料取样点；9—配料库出料取样点

由库底部的胶带输送机运出。

（4）其他简易预均化库

① 简易端面取料式预均化堆场　在堆场中间的上方沿轴向方向布置一架空的胶带输送机走廊，在走廊的下方设一隔墙，将堆场分成两侧，用 S 型卸料小车分别向两侧布料，形成人字形料堆。出料则采用铲斗车对料堆端面垂直切取并运出堆场外。作业时，两侧料堆交替进行堆、取料作业，其设施投资省，可利用旧建筑物进行改造，均化效果可达 2～3，且适用于含湿量大、易堵物料，可靠性较好。对于规模较小的厂也可以用于石灰石的预均化。其工艺示意图如图 3.8 所示。

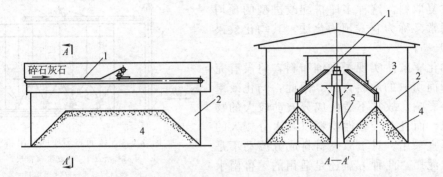

图 3.8　简易预均化堆场流程示意图
1—布料皮带机；2—预均化堆棚；3—布料溜子；4—料堆；5—隔墙

② 单库进料、多库同时出料　单库进料、多库同时出料的预均化方式通常称为"多库搭配预均化"，它可普遍应用于老厂改造中，只要有两座以上的库群通过改变卸料操作方法即可实现。图 3.9 所示为某厂利用旧库改造成碎石灰石预均化库的流程示意图。

这种预均化库的均化效果优于普通储库的单进单出的均化效果，如果控制得好，其均化效果可达 2.0～2.5，它适合于石灰石的预均化。对立窑水泥厂无烟煤有堆棚储存的条件下，如能保证圆库顺利卸料时也可采用。

③ 倒库预均化　破碎后的物料逐个送入圆库，各库同时卸料，然后再送入储存库储存。俗称"三倒一"、"四倒一"。图 3.10 为"四倒一"预均化库工艺示意图。

由于在预均化库后增设储存库，使预均化库的卸料流量加大，同时可实现较长时间的间隔卸料，对提高漏斗式预均化效果创造了较好的条件。经多库搭配倒库均化后的均化效果可达 2～3。

在工厂生产中，究竟选择何种预均化设施应综合考虑原燃材料成分的波动情况、工厂规模、占地面积、粉尘治理、经济效益等因素。从工厂规模和经济效益来看，如果不考虑预配料，1500t/d 熟料以下规模的水泥厂可以将占地面积少、均化电耗低、易于除尘、操作管理方便的预均化库作为首选方案；如果考虑预配料，700～1500t/d 熟料规模的水泥厂预均化堆场和预均化库两种方案均可采用；无论采用预配料与否，700t/d 熟料以下规模的水泥厂优选方案是采用断面切取式预均化库，而 1500t/d 熟料以上规模的水泥厂原燃材料预均化优选方案是采用预均化堆场。

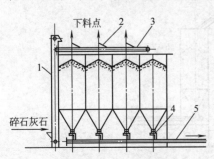

图 3.9　单库进料、多库同时出料
1—斗式提升机；2—料管；
3，5—皮带输送机；4—喂料机

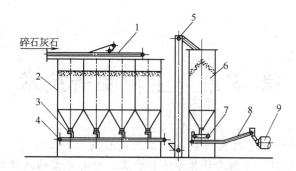

图 3.10　石灰石 "四倒一" 预均化圆库

1—库顶布料皮带机；2—预均化库；3—指状阀门；4，8—皮带输送机；5—斗式提升机；
6—石灰石出库；7—电子皮带秤；9—生料磨

学习小结

1. 水泥生产用的主要原料有石灰质原料、黏土质原料。

2. 生产硅酸盐水泥熟料的辅助原料有校正原料、外加剂、燃料、缓凝剂和混合材等。

3. 矿山开采的原则是 "采剥并举、剥离先行"，在进行矿山开采时应坚决贯彻此原则。矿山开采的方法有露天开采和地下开采，露天开采又分为机械开采和水力开采。

4. 原料破碎与烘干、输送与储存。水泥生产用的原料、材料以及燃料大多要经过一定的处理之后才能便于运输、计量以及生料粉磨等。在粉磨之前对原料、燃料的处理过程称为原料的加工与准备，它主要包括物料的破碎、烘干、原料的预均化、物料输送及物料储存等工序。

5. 原料的预均化的原理：原燃材料预均化的基本原理可简单地概括为 "平铺直取"。亦即经破碎后的原料或原煤在堆放时，尽可能多地以最多的相互平行、上下重叠的同厚度的料层构成料堆；而在取料时，按垂直于料层的界面对所有料层切取一定厚度的物料，循序渐进，依此切取，直到整个料堆的物料被取尽为止。这样取出的物料中包含了所有各料层的物料，即同一时间内取出了不同时间所堆放的不均匀物料，也就是说，在取料的同时完成了物料的混合均化，堆放的料层越多，其混合均匀性就越好，出料成分就越均匀。

6. 提高原料预均化效果的主要措施可以采用预均化堆场、普通预均化库、断面切取式预均化库或简易预均化库达到提高原料预均化的目的。

复习思考题

1. 如果拟采用预分解窑生产硅酸盐水泥，试列出有关原料的名称。

2. 在选择石灰石原料时，应注意哪些问题？

3. 黏土质原料的质量要求有哪些？若某厂使用的黏土质原料的硅酸率为 2.0～2.7，怎样提高含硅量？

4. 综合利用低品位原料有何重大意义？

5. 哪些工业废渣可以用作水泥生产的原料？试举一例说明其使用时应注意什么问题？

6. 原料的开采工艺过程有哪些？常用的运输方式是什么？

7. 原料为何要进行破碎、烘干？

8. 原燃材料储存的目的是什么？其最低物料储存量有何要求？

9. 什么叫原燃材料的预均化？

10. 为什么要进行原燃材料的预均化？是否进行预均化的判断标准是什么？

11. 什么叫均化效果？影响均化效果的因素有哪些？

12. 试分别确定 4000t/d 熟料生产线、$\phi 3m \times 10m$ 机立窑生产线的原燃材料预均化的首选方案，并说明理由。

第 4 章 生料制备技术

【学习要点】 本章重点介绍生料制备的工艺过程及方法，生料、配料等基本概念，配料计算的意义、依据、原则及计算方法和步骤，配料方案的选择，并重点介绍尝试误差法配料的过程；各种生料粉磨系统特点及应用，生料粉磨系统发展特点及发展趋势，生产中生料的粉磨细度及颗粒分布要求；辊式磨的发展历史，不同的辊式磨系统的特点及在生料粉磨系统的应用，辊式磨系统与管磨系统比较，重点是辊式磨的操作控制要点及异常情况分析；生料制备系统常用的控制方法、控制项目、控制回路和控制原理等。

4.1 生料的配料及计算

4.1.1 基本概念

4.1.1.1 生料

由石灰质原料、黏土质原料、少量校正原料（有时还加入适量的矿化剂、晶种等，立窑生产时还会加入一定量的煤）按比例配合，粉磨到一定细度的物料，称为生料。原料可以采用天然矿山开采，也可采用工业废渣。生料化学成分随产品品种、生产方法、原燃材料品质、窑型及其他生产条件等不同而有所差异。生料形态有生料粉、生料浆两种。

（1）生料粉 干法生产用的生料为生料粉，其水分含量一般不超过 1%。根据生料中是否配煤及配煤方式不同，又可分为白生料、全黑生料、半黑生料、差热料等。

① 白生料 是将各种原料按比例配合后粉磨而得。出磨生料因不含煤，故称白生料。干法回转窑、采用白生料煅烧法的立窑所用生料均属白生料。

② 全黑生料 将各种原料和煅烧所需的全部用煤一起配合入磨，所制得的生料称为全黑生料，即黑生料。适合立窑生产使用。

③ 半黑生料 将煅烧所需煤总量的一部分和原料配合共同粉磨，所制得的生料称为半黑生料。另一部分煤在生料粉磨后成球以前外加。适合立窑生产使用。

④ 差热料 根据立窑的煅烧特点，在窑的中心和周边分别布置含煤量不同的生料，故仅立窑生产使用。

（2）生料浆 湿法生产所用的生料为生料浆是由各种原料掺入适量水后共同磨制而成的含水 32%～40% 的料浆。

4.1.1.2 配料

根据水泥品种、原燃材料品质、工厂具体生产条件等选择合理的熟料矿物组成或率值，并由此计算所用原料及燃料的配合比，称为生料配料，简称配料。

4.1.2 配料计算

4.1.2.1 配料的目的和基本原则

配料计算是为了确定各种原料、燃料的消耗比例和优质、高产、低消耗地生产水泥熟料。在水泥厂的设计和生产中，都必须进行配料。合理的配料方案既是工厂设计的依据，又是正常生产的保证。

设计水泥工厂时配料，是为了判断原料的可用性及矿山的可用程度和经济合理性，决定原料种类及配比，并选择合适的生产方法及工艺流程，计算全厂的物料平衡，作为全厂工艺设计及主机选型的依据。

在工厂组织生产的过程中，因各种条件已确定，则配料是为了更加合理地利用矿山资源，得到成分合格的生料和熟料以保证产品的质量。

配料的基本原则是：配制的生料易磨易烧，生产的熟料优质，充分利用矿山资源，生产过程易于操作控制和管理，并尽可能简化工艺流程。

4.1.2.2　配料计算的依据

配料计算的依据是物料平衡。任何化学反应的物料平衡是：反应物的量应等于生成物的量。随着温度的升高，生料煅烧成熟料经历着生料干燥蒸发物理水、黏土矿物分解放出结晶水、有机物质的分解挥发、碳酸盐分解放出二氧化碳、液相出现使熟料烧成。因为有水分、二氧化碳以及挥发物的逸出，所以计算时必须采用统一基准。

(1) 干燥基准　物料中的物理水分蒸发后处于干燥状态，以干燥状态质量所表示的计量单位，称为干燥基准，简称干基。干基用于计算干燥原料的配合比和干燥原料的化学成分。如果不考虑生产损失，则干燥原料的质量等于生料的质量，即

$$干石灰石 + 干黏土 + 干铁粉 = 干生料$$

(2) 灼烧基准　去掉烧失量（结晶水、二氧化碳与挥发物质等）以后，生料处于灼烧状态。以灼烧状态质量所表示的计算单位，称为灼烧基准。灼烧基准用于计算灼烧原料的配合比和熟料的化学成分。如不考虑生产损失，在采用有灰分掺入的煤作燃料时，则灼烧生料与掺入熟料中的煤灰的质量之和应等于熟料的质量，即

$$灼烧生料 + 煤灰（掺入熟料中的） = 熟料$$

(3) 湿基准　用含水物料作计算基准时称为湿基准，简称湿基。

各基准之间的换算如下。

已知某物质干基化学成分与烧失量，则该物料的灼烧基成分（%）为

$$灼烧基成分 = \frac{A}{100-L} \times 100\% \tag{4.1}$$

物料的干燥基用量与灼烧基用量可按下式换算

$$灼烧基用量 = \frac{(100-L) \times 干基用量}{100} \tag{4.2}$$

$$干基用量 = \frac{100 \times 灼烧基用量}{100-L} \tag{4.3}$$

$$湿基成分 = \frac{100 \times 干基成分}{100-w} \tag{4.4}$$

式中　A——干基物料成分，%；

　　　L——干基物料烧失量，%；

　　　w——物料水分含量，%。

4.1.2.3　配料方案的选择

配料方案，即熟料的矿物组成或熟料的三率值。配料方案的选择，实质上就是选择合理的熟料矿物组成，也就是对熟料三率值 KH、n、p 值的确定。

确定配料方案，应根据水泥品种、原料与燃料品质、生料质量及易烧性、熟料煅烧工艺与设备等进行综合考虑。

不同品种的水泥，其用途和特性也不同，所要求的熟料矿物组成也不同，因而熟料率值就不同。例如用于紧急施工或生产预制构件的快硬硅酸盐水泥，需要较高的早期强度，应提

高熟料中硅酸三钙与铝酸三钙的含量；又如生产低热水泥，则应降低熟料中的硅酸三钙与铝酸三钙的含量。

原料和燃料的品质，对熟料组成的选择有很大影响。熟料率值的选取应与原料化学组成相适应。要综合考虑原料中四种主要氧化物的相对含量，尽量减少校正原料的品种，以简化工艺流程，便于生产控制。如石灰石品位低而黏土氧化硅含量又不高，则无法提高 KH 和 n 值，而应适当降低 KH 值以适应原料的实际情况。又如燃料煤质量差，灰分高，发热量低，一般烧成温度低，因而熟料的 KH 值不宜选择过高。

熟料率值的选取要与生料成分的均匀性、细度及易烧性相适应。生料成分均匀性差或粒度较粗时，选取 KH 值低一些，否则熟料中的游离氧化钙会增加，熟料质量变差。生料易烧性好，可以选择较高石灰饱和系数、高硅率、高铝率（或低铝率）的配料方案；反之，只能配低一些。

由于生产窑型和生产方法的不同，即使生产同一种水泥，所选的率值也应该有所不同。对于湿法窑、新型干法窑，由于生料均匀性较好，生料预烧性好，烧成带物料反应较一致，因此 KH 值可适当高些。预分解窑的生料预烧性好，分解率高，窑内热工制度稳定，窑内气流温度高，为了有利于挂窑皮和防止结皮、堵塞、结大块，目前趋向于低液相量的配料方案。中国大型预分解窑大多采用高硅率、高铝率、中饱和比的配料方案。如宁国水泥厂的配料方案中 $KH=0.87\sim0.89$，$n=2.3\sim2.5$，$p=1.4\sim1.6$；而冀东水泥厂的配料方案曾是 $KH=0.87\sim0.88$，$n=2.5$，$p=1.6$。立窑煅烧、通风都不均匀，因此，不掺加矿化剂时熟料的 KH 值要适当低些。

在实际生产中，由于总有生产损失，且飞灰的化学成分不可能等于生料成分，煤灰的掺入量也并不相同。因此，在生产中应以生熟料成分的差别进行统计分析，对配料方案进行校正。

熟料中的煤灰掺入量可按下式计算：

$$G_A = \frac{qA^yS}{Q^y\times100} = \frac{PA^yS}{100} \tag{4.5}$$

式中　G_A——熟料中煤灰掺入量，%；

q——单位熟料热耗，kJ/(kg 熟料)；

Q^y——煤的应用基低热值，kJ/(kg 煤)；

A^y——煤的应用基灰分含量，%；

S——煤灰沉落率，%；

P——煤耗，kg/(kg 熟料)。

煤灰沉落率因窑型而异，见表 4.1。

表 4.1　不同窑型的煤灰沉落率　　　　　　　　　　　　　　　单位：%

窑　型	无电收尘	有电收尘①	窑　型	无电收尘	有电收尘①
湿法长窑($L/D=30\sim50$)有链条	100	100	窑外分解窑	90	100
湿法短窑($L/D<30$)有链条	80	100	立波尔窑	80	100
湿法短窑带料浆蒸发机	70	100	立窑	100	100
干法短窑带立筒、旋风预热器	90	100			

① 电收尘窑灰不入窑者，按无电收尘器者计算。

4.1.2.4　配料计算方法

生料配料计算方法很多，有代数法、图解法、尝试误差法（包括递减试凑法）、矿物组成法、最小二乘法等。随着计算机技术的发展，计算机配料已代替了人工计算，使计算过程更简单，计算结果更准确。下面主要介绍应用较广泛的尝试误差法（包括递减试凑法）及其用计算机编程的计算方法。

（1）尝试误差法　这种计算方法很多，但原理都相同。其中一种方法是从熟料化学成分中依次递减假定配合比的原料成分，试凑至符合要求为止，又称递减试凑法。另一种方法是先按假定的原料配合比计算熟料组成，若计算结果不符合要求，则调整配合比重新计算，直到符合要求为止。现举例如下。

【例 4.1】 试以尝试误差法计算原料的配比。

已知原燃材料的有关分析数据见表 4.2 及表 4.3，假设用窑外分解窑以四种原料配合进行生产，要求熟料的三率值为：$KH=0.90\pm0.02$，$SM=2.6\pm0.1$，$IM=1.7\pm0.1$，单位熟料热耗为 3053kJ/(kg 熟料)［730kcal/(kg 熟料)］，试计算原料的配合比。

表 4.2　原料与煤灰的化学成分　　　　　　　　　　　　单位：%

名　称	Loss	SiO_2	Al_2O_3	Fe_2O_3	CaO	MgO	SO_3	K_2O	Na_2O	Cl^-	总和
石灰石	42.86	1.68	0.60	0.39	51.62	2.21	0.05	0.25	0.03	0.019	99.71
砂页岩	2.72	89.59	2.82	1.67	1.77	0.74	0.07	0.36	0.06	0.015	99.82
粉煤灰	3.70	47.57	28.14	8.95	4.18	0.52	0.50	1.13	0.21	—	94.90
铁矿石	2.65	49.96	5.51	32.51	2.56	1.95	—	—	0.45	—	95.59
煤灰	—	52.55	28.78	6.30	6.49	1.45	2.20	1.00	0.44	—	99.21

表 4.3　原煤的工业分析　　　　　　　　　　　　　　单位：%

M^y	V^y	A^y	FC^y	$Q_{net}^y/(kJ/kg)$
1.70	28.00	26.10	44.20	22998

表 4.2 中化学分析数据总和往往不等于 100%，这是由于某些物质没有分析测定，因而通常小于 100%；但不必换算为 100%。此时，可以加上其他一项补足为 100%。有时，分析总和大于 100%，除了没有分析测定的物质以外，大都是由于该种原燃材料等，特别是一些工业废渣，含有一些低价氧化物，如 FeO 甚至 Fe 等，经分析时灼烧后，被氧化为 Fe_2O_3 等增加了质量所致，这与熟料煅烧过程相一致，因此，也可以不必换算。

解： ① 确定熟料组成　根据题意，已知熟料率值为：$KH=0.90$，$SM=2.6$，$IM=1.7$。

② 计算煤灰掺入量　根据式（4.5）得：

$$G_A=\frac{qA^yS}{Q^y\times100}=\frac{3053\times26.10\%\times100}{22998\times100}=3.46\%$$

③ 计算干燥原料配合比　通常，四组分配料为：石灰石配合比例 80% 左右；砂页岩（砂岩）10% 左右；铁矿石 4% 左右；粉煤灰 10% 左右。

据此，设定干燥原料配合比为：石灰石 81%，砂岩 9%，铁矿石 3.5%，粉煤灰 6.5%，以此计算生料的化学成分。

单位：%

名　称	Loss	SiO_2	Al_2O_3	Fe_2O_3	CaO	MgO	SO_3	K_2O	Na_2O	Cl^-
石灰石	34.72	1.36	0.49	0.32	41.81	1.79	0.04	0.20	0.02	0.0154
砂页岩	0.24	8.06	0.25	0.15	0.16	0.07	0.006	0.0324	0.0054	0.0014
粉煤灰	0.24	3.09	1.83	0.58	0.27	0.038	0.0325	0.0735	0.0137	0.0000
铁矿石	0.09	1.75	0.19	1.138	0.09	0.07	0.0000	0.0000	0.0158	0.0000
生料	35.29	14.26	2.76	2.19	42.33	1.96	0.0793	0.3084	0.0591	0.0167
灼烧生料	—	22.05	4.27	3.38	65.42	3.03	0.1226	0.4765	0.0913	0.0259

煤灰掺入量 $G_A=3.46\%$，则灼烧生料配合比为（100－3.46）%＝96.54%。按此计算熟

料的化学成分。

名　　称	配合比	SiO₂	Al₂O₃	Fe₂O₃	CaO	MgO	SO₃	K₂O	Na₂O	Cl⁻
灼烧生料	96.54	21.28	4.12	3.26	63.16	2.92	0.1183	0.4600	0.0882	0.0250
煤灰	3.46	1.82	1.00	0.22	0.22	0.05	0.0762	0.0346	0.0152	0.0000
熟料	100	23.10	5.12	3.48	63.38	2.97	0.1945	0.4947	0.1034	0.0250

则熟料的率值计算如下：

$$KH = [w(CaO) - 1.65w(Al_2O_3) - 0.35w(Fe_2O_3) - 0.7w(SO_3)]/2.8w(SiO_2)$$

$$= \frac{63.38\% - 1.65 \times 5.12\% - 0.35 \times 3.48\% - 0.7 \times 0.1945\%}{2.8 \times 23.10\%}$$

$$= 0.83$$

$$SM = \frac{S_c}{A_c + F_c} = \frac{23.10\%}{5.12\% + 3.48\%} = 2.69$$

$$IM = \frac{A_c}{F_c} = \frac{5.12\%}{3.48\%} = 1.47$$

式中　S_c、A_c、F_e——分别代表熟料中各氧化物的含量(%)。

由上述计算结果可知，KH 值过低，SM 值较接近，IM 值较低。为此，应增加石灰石配合比例，减少铁矿石，增加粉煤灰量，又因粉煤灰中含有大量 SiO₂，为保证 SM 值相对恒定，应适当减少砂岩的量。根据经验统计，每增减1%石灰石（相应减增适当砂岩），约增减 $KH = 0.05$。据此，调整原料配合比为：石灰石82.3%，砂岩8.1%，铁矿石2.6%，粉煤灰7%。重新计算结果如下：

名　　称	Loss	SiO₂	Al₂O₃	Fe₂O₃	CaO	MgO	SO₃	K₂O	Na₂O	Cl⁻
石灰石	35.27	1.38	0.49	0.32	42.48	1.82	0.0412	0.2058	0.0247	0.0156
砂页岩	0.22	7.26	0.23	0.14	0.14	0.06	0.0057	0.0292	0.0049	0.0012
粉煤灰	0.26	3.33	1.97	0.63	0.29	0.036	0.0350	0.0791	0.0147	0.0000
铁矿石	0.069	1.30	0.14	0.85	0.07	0.05	0.0000	0.0000	0.0117	0.0000
生料	35.82	13.27	2.84	1.93	42.99	1.97	0.0818	0.3140	0.0560	0.0169
灼烧生料	—	20.67	4.42	3.00	66.98	3.0632	0.1275	0.4893	0.0872	0.0263

名　　称	配合比	SiO₂	Al₂O₃	Fe₂O₃	CaO	MgO	SO₃	K₂O	Na₂O	Cl⁻
灼烧生料	96.54	19.96	4.26	2.90	64.66	2.96	0.1231	0.4723	0.0842	0.0253
煤灰	3.46	1.82	1.00	0.22	0.22	0.05	0.0762	0.0346	0.0152	0.0000
熟料	100	21.78	5.26	3.12	64.88	3.01	0.1993	0.5070	0.0994	0.0253

则熟料的率值计算如下：

$$KH = [w(CaO) - 1.65w(Al_2O_3) - 0.35w(Fe_2O_3) - 0.7w(SO_3)]/2.8w(SiO_2)$$

$$= \frac{64.88\% - 1.65 \times 5.26\% - 0.35 \times 3.12\% - 0.7 \times 0.1993\%}{2.8 \times 21.78\%}$$

$$= 0.90$$

$$SM = \frac{S_c}{A_c + F_c} = \frac{21.78\%}{5.26\% + 3.12\%} = 2.60$$

$$IM = \frac{A_c}{F_c} = \frac{5.26\%}{3.12\%} = 1.69$$

由上述计算结果可知，KH、SM 值达到预先要求，IM 值略低，但已十分接近要求值，因此，可按此配料进行生产。考虑到生产波动，熟料率值控制指标可定为：$KH = 0.90 \pm 0.02$，$SM = 2.6 \pm 0.1$，$IM = 1.7 \pm 0.1$。按上述计算结果，干燥原料配合比为：石灰石

82.3%，砂岩 8.1%，铁矿石 2.6%，粉煤灰 7%。

④ 计算湿原料的配合比　设原料操作水分为：石灰石 1%，砂岩 3%，铁矿石 4%，粉煤灰 0.5%。则湿原料质量配合比为：

$$湿石灰石 = \frac{82.3\%}{100\%-1\%} = 83.13\%$$

$$湿砂岩 = \frac{8.1\%}{100\%-3\%} = 8.35\%$$

$$湿铁矿石 = \frac{2.6\%}{100\%-4\%} = 2.71\%$$

$$湿粉煤灰 = \frac{7\%}{100\%-0.5\%} = 7.04\%$$

将上述质量比换算为百分比：

$$湿石灰石 = \frac{83.13\%}{83.13\%+8.35\%+2.71\%+7.04\%} \times 100\% = 82.12\%$$

$$湿砂岩 = \frac{8.35\%}{83.13\%+8.35\%+2.71\%+7.04\%} \times 100\% = 8.25\%$$

$$湿铁矿石 = \frac{2.71\%}{83.13\%+8.35\%+2.71\%+7.04\%} \times 100\% = 2.68\%$$

$$湿粉煤灰 = \frac{7.04\%}{83.13\%+8.35\%+2.71\%+7.04\%} \times 100\% = 6.95\%$$

【例 4.2】 试以递减试凑法计算原料的配合比。

已知原燃材料的有关分析数据见表 4.4 及表 4.5，假设用窑外分解窑以三种原料配合进行生产，要求熟料的三率值为：$KH=0.89$，$SM=2.1$，$IM=1.3$，单位熟料热耗为 3350kJ/(kg 熟料)，试计算原料的配合比。

表 4.4　原料与煤灰的化学成分　单位:%

名　称	Loss	SiO_2	Al_2O_3	Fe_2O_3	CaO	MgO	总和
石灰石	42.66	2.42	0.31	0.19	53.13	0.57	99.28
黏土	5.27	70.25	14.72	5.48	1.41	0.92	98.05
铁粉	—	34.42	11.53	48.27	3.53	0.09	97.84
煤灰	—	53.52	35.34	4.46	4.79	1.19	99.30

表 4.5　原煤的工业分析　单位:%

水分	挥发物	灰分	固定碳	热值/(kJ/kg)
0.6	22.42	28.56	49.02	20930

解：计算煤灰掺入量

$$G_A = \frac{qA^yS}{Q^y \times 100} = \frac{3350 \times 28.56\% \times 100}{20930 \times 100} = 4.57\%$$

用由熟料率值计算化学成分的公式计算要求熟料的化学成分。

设　　$\sum w = 97.5\%$

则　　$$w(Fe_2O_3) = \frac{\sum w}{(2.8KH+1)(IM+1)SM+2.65IM+1.35} = 4.50\%$$

$$w(Al_2O_3) = IM \cdot w(Fe_2O_3) = 5.85\%$$

$$w(SiO_2) = SM[w(Al_2O_3)+w(Fe_2O_3)] = 21.74\%$$

$$w(CaO) = \sum w - [w(SiO_2)+w(Al_2O_3)+w(Fe_2O_3)] = 65.41\%$$

以 100kg 熟料为基准，列表递减如下。

单位:%

计算步骤	SiO_2	Al_2O_3	Fe_2O_3	CaO	其他	备注
要求熟料组成	21.74	5.85	4.50	65.41	2.50	
−4.57kg煤灰	2.45	1.62	0.20	0.22	0.09	
差	19.29	4.23	4.30	65.19	2.41	干石灰石 $=\dfrac{65.19\%}{53.13\%}\times100kg$ [①]
−122kg石灰石	2.95	0.38	0.23	64.82	1.57	$=122.7kg$
差	16.34	3.85	4.07	0.37	0.84	干黏土 $=\dfrac{16.34\%}{70.25\%}\times100kg$ [①]
−23kg黏土	16.16	3.39	1.26	0.32	0.66	$=23.3kg$
差	0.18	0.46	2.81	0.05	0.18	干铁粉 $=\dfrac{2.81\%}{48.27\%}\times100kg$ [①]
−6kg铁粉	2.06	0.69	2.89	0.21	0.14	$=5.8kg$
差	−1.88	−0.23	−0.08	−0.16	0.04	干黏土配多了 干黏土 $=\dfrac{1.88\%}{70.25\%}\times100kg$
+2.6kg黏土	1.82	0.38	0.14	0.04	0.07	$=2.6kg$
和	−0.06	0.15	0.06	−0.12	0.11	偏差不大,不再重算

① 表中53.13%、70.25%、48.27%分别为石灰石中CaO、黏土中SiO_2与铁粉中Fe_2O_3的含量。

计算结果表明,熟料中Al_2O_3和Fe_2O_3略为偏低,但若加黏土和铁粉,则SiO_2又过多,因此不再递减计算,其他一项差别不大,说明$\sum w$设定值合适。

按上表干原料质量比换算为百分配合比:

$$干石灰石=\frac{122}{122+20.4+6.0}\times100\%=82.2\%$$

$$干黏土=\frac{20.4}{122+20.4+6.0}\times100\%=13.7\%$$

$$干铁粉=\frac{6.0}{122+20.4+6.0}\times100\%=4.1\%$$

用递减法计算出配合比后,计算生料和熟料组成过程与例4.1完全相同,故从略。

(2)用微型计算机计算 按递减法编制数学模型求解,现举例如下。

① 数学模型。熟料的三个率值及计算允许的波动范围为:

$$KH=\frac{C_c-1.65\times A_c-0.35\times F_c}{2.8\times S_c}\pm0.01 \tag{4.6}$$

$$SM=\frac{S_c}{A_c+F_c}\pm0.1 \tag{4.7}$$

$$IM=\frac{A_c}{F_c}\pm0.1 \tag{4.8}$$

式中 C_c、S_c、A_c、F_c——熟料中各氧化物的含量/%。

由三个率值的计算式[式(4.6)~式(4.8)]可得:

$$A_c=IM\times F_c \tag{4.9}$$
$$S_c=SM(A_c+F_c) \tag{4.10}$$
$$C_c=2.80KH\times S_c+1.65A_c+0.35F_c \tag{4.11}$$

由于三个率值允许在一定范围内波动,因此,符合率值要求的熟料中各成分也可在一定范围内波动。设满足上述熟料中各成分含量(%)为C_0、S_0、A_0、F_0,为便于计算和编制数学模型,令$F_0=F_c=1$,作为基准。则

$$A_0=A_c+\Delta A=IM+\Delta A \tag{4.12}$$

式中 ΔA 的推导如下：由式(4.9)，$A_c = IM \times F_c$，因为 $F_c = 1$，所以 $A_c = IM$。
两边微分得

$$dA_c = dIM$$

所以

$$\Delta A_c = \Delta IM$$

因铝率 IM 允许波动 ± 0.1，故 $\Delta A < 1 \pm 0.1$。

$$S_0 = S_c + \Delta S = SM(A_c + 1) + \Delta S \qquad (4.13)$$

式中 ΔS 可按式(4.10)推导得

$$S_c = SM(A_c + 1)$$

两边微分得

$$dS_c = SM dA_c + (A_c + 1)dSM$$

所以

$$\Delta S = SM \cdot \Delta A_c + (A_c + 1)\Delta SM$$

因为 ΔSM 允许波动 ± 0.1，所以 $\Delta S = SM \Delta A_c \pm 0.1(A_c + 1)$。

$$C_0 = C_c + \Delta C = 2.80 KH\, S_c + 1.65 A_c + 0.35 F_c + \Delta C \qquad (4.14)$$

式中 ΔC 可按式(4.11)推导得

$$C_c = 2.80 KH \cdot S_c + 1.65 A_c + 0.35 F_c$$

因为 $F_c = 1$，两边微分得

$$dC_c = 2.80 KH \cdot dS_c + 2.80 S_c \cdot dKH + 1.65 dA_c$$

所以

$$\Delta C = 2.80 KH \cdot \Delta S_c + 2.80 S_c \cdot \Delta KH + 1.65 \Delta A_c$$

因为 ΔKH 允许波动 ± 0.01，所以

$$\Delta C = 2.80 KH \cdot \Delta S_c + 0.028 S_c \cdot \Delta KH + 1.65 \Delta A_c$$

设石灰石：黏土：铁粉：煤灰 $= X : Y : Z : K$，现以 C_0、S_0、A_0、F_0 为目标函数，求解 X、Y、Z。建立方程组：

$$\begin{cases} C_0 = C_1 X + C_2 Y + C_3 Z + C_4 K \\ S_0 = S_1 X + S_2 Y + S_3 Z + S_4 K \\ A_0 = A_1 X + A_2 Y + A_3 Z + A_4 K \\ F_0 = F_1 X + F_2 Y + F_3 Z + F_4 K \end{cases} \qquad (4.15)$$

式中 C_1、C_2、C_3、C_4、S_1、S_2、S_3、S_4、A_1、A_2、A_3、A_4、F_1、F_2、F_3、F_4 分别代表石灰石、黏土、铁粉、煤灰中的 CaO、SiO_2、Al_2O_3、Fe_2O_3 的含量。设 G_A 为煤灰掺入量，[见式(4.5)]，生料烧失量假定为 35%（波动一些，对计算结果影响很小），则

$$\frac{100K}{(X+Y+Z)(100-35)} = \frac{G_A}{100-G_A} \qquad (4.16)$$

$$K = \frac{G_A}{100-G_A} \times \frac{65}{100}(X+Y+Z) \qquad (4.17)$$

代入方程组(4.15)，得

$$\begin{cases} C_0 = \left(C_1 + \dfrac{0.65 C_4 G_A}{100-G_A}\right)X + \left(C_2 + \dfrac{0.65 C_4 G_A}{100-G_A}\right)Y + \left(C_3 + \dfrac{0.65 C_4 G_A}{100-G_A}\right)Z \\[3mm] S_0 = \left(S_1 + \dfrac{0.65 S_4 G_A}{100-G_A}\right)X + \left(S_2 + \dfrac{0.65 S_4 G_A}{100-G_A}\right)Y + \left(S_3 + \dfrac{0.65 S_4 G_A}{100-G_A}\right)Z \\[3mm] A_0 = \left(A_1 + \dfrac{0.65 A_4 G_A}{100-G_A}\right)X + \left(A_2 + \dfrac{0.65 A_4 G_A}{100-G_A}\right)Y + \left(A_3 + \dfrac{0.65 A_4 G_A}{100-G_A}\right)Z \\[3mm] F_0 = \left(F_1 + \dfrac{0.65 F_4 G_A}{100-G_A}\right)X + \left(F_2 + \dfrac{0.65 F_4 G_A}{100-G_A}\right)Y + \left(F_3 + \dfrac{0.65 F_4 G_A}{100-G_A}\right)Z \end{cases} \qquad (4.18)$$

采用递减法求解三元线性非齐次方程组(4.18)。

② 符号说明和方框图：

Q——热耗，kJ/(kg 熟料)；

E——煤的灰分，%；

H——煤的热值，kJ/(kg 煤)；

L——煤灰沉落率，%。

配料组分和原料成分代号见表 4.6。

表 4.6　配料组分和原料成分代号

组　　分	氧　化　物			
	CaO	SiO₂	Al₂O₃	Fe₂O₃
	原　料　成　分			
U(石灰石)	B_{11}	B_{12}	B_{13}	B_{14}
V(黏土)	B_{21}	B_{22}	B_{23}	B_{24}
W(铁粉)	B_{31}	B_{32}	B_{33}	B_{34}
余量	M_1	M_2	M_3	O
灰分	A_1	A_2	A_3	A_4
标准熟料成分	C_1	C_2	C_3	C_4

方框图见例 4.3。

【例 4.3】 以例 4.2 的数据进行配料计算。

解：计算程序从略，计算结果如下（干基配合比）：石灰石 82.25%，黏土 13.65%，铁粉 4.10%。

按上述配比校验的三率值为：$KH=0.898$，$SM=2.13$，$IM=1.27$。三率值与目标值的偏差分别为+0.08、+0.03、−0.03，均在控制范围内。

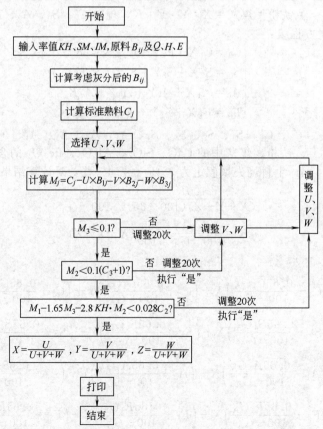

4.2　生料粉磨工艺技术

粉磨是将小块状（粒状）物料碎裂成细粉（100μm 以下）的过程。所谓生料粉磨，就是将原料配合后粉磨成生料的工艺。合理的粉磨流程及设备、合适的粉磨产品的细度，对保证生料质量、产量，提高熟料产量与质量、降低单位产品电耗及便于操作管理等都具有十分重要的意义。

4.2.1　粉磨流程及特点

按一定粉磨流程配置的主机和辅机组成的系统称做粉磨系统。可根据入磨物料的性能、产品种类、产品细度、产量、电耗、投资以及是否便于操作与维护等因素，通过进行经济技术的比较选择适当的粉磨系统。

根据生产方法不同，生料粉磨流程可分为湿法和干法两大类，而无论是湿法还是干法都有开路和闭路系统之分。在粉磨过程中，当物料一次通过磨机后即为产品时，称为开路系统，又称开流；当物料出磨以后经过分级设备选出产品，粗料返回磨机内再磨称为闭路系统，又称圈流。

（1）湿法生料粉磨系统

① 开路粉磨　石灰质原料、铁质校正原料、经淘制的黏土质泥浆以及适量的水共同入磨制成生料浆为一级开路磨系统。在开路管磨机前增加一台短粗的球磨机或棒球磨变成一种新的开路多仓磨，称二级开路粉磨系统。其中应用最广的是一级开路粉磨系统，简称开路粉磨。其典型流程可用图 4.1 表示。

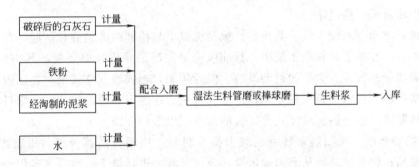

图 4.1　湿法开路粉磨流程框图

开路管磨流程简单，操作方便，但电耗较高；开路棒球磨同样具有流程简单的优点，而电耗较低，对原料适应性强，是湿法生料粉磨系统的主要形式。

② 闭路粉磨　弧形筛等分级设备与磨机组成闭路生产系统后，同开路系统相比，不仅可以大幅度提高产量，降低电耗，且由于料浆水分较低，不需进一步浓缩，但流程相对复杂。弧形筛闭路系统一般作为现有开路系统实现增产的技术措施来考虑。

闭路粉磨系统中出磨的生料浆要经过分级，粗粒级料再回磨粉磨。利用弧形筛分级的流程如图 4.2 所示。

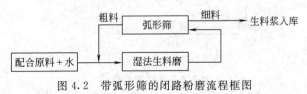

图 4.2　带弧形筛的闭路粉磨流程框图

（2）普通干法生料粉磨系统 干法生料粉磨时，应对含有水分的原料进行烘干。物料经过单独烘干设备烘干后再入磨粉磨，称为普通干法粉磨，分开路管磨和闭路管磨两种；同时进行烘干和粉磨的系统称为烘干兼粉磨系统（通常为闭路生产）。

① 开路管磨 开路管磨流程简单，物料经烘干后进入管磨机，粉磨后成为生料。但其粉磨效率特别低，它与湿法开路相比，流速慢，物料在磨内过粉磨多，缓冲作用大，产量低。此外它对水分敏感性大，一旦入磨物料水分较高，产量便大幅度下降。据一般经验，入磨物料的综合水分应小于 1.5%，否则操作条件将严重恶化。开路管磨在一些立窑水泥厂可见，但国外很少应用，国内也不再发展此种系统。

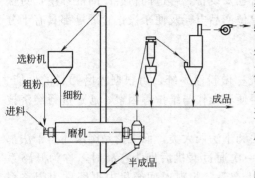

图 4.3 一级闭路粉磨系统

开路管磨的流程与湿法开路系统相比，只是磨头不加水，其余流程相同。

② 闭路管磨 国内一些老的大中型水泥厂大量应用着一级闭路长磨系统，不少立窑水泥厂采用一级闭路长磨，如图 4.3 所示。

闭路管磨较开路管磨而言，在产品细度相同的情况下，干法开路改成闭路后可增产15%～60%。同时可消除过粉磨现象，产品细度波动小，颗粒组成合理，细度可通过调节分级设备的方法来控制，比较方便。但是闭路系统流程较复杂，设备多，投资也较大，操作、维护、管理相对较开路复杂。

（3）烘干兼粉磨系统 烘干兼粉磨系统是将烘干与粉磨两者结合在一起，在粉磨过程中同时进行烘干。在烘干兼粉磨系统中，目前应用最广泛的是钢球磨系统，其中包括风扫磨、提升循环磨和带预破碎兼烘干的粉磨系统。但近年来，辊式磨（立式磨）在国内外得到了较快发展，挤压粉磨技术（辊压机）也日益受到重视。在烘干热源的供应上，则日益广泛地利用悬浮预热器窑、预分解窑或篦式冷却机的废气，以节约能源。

① 风扫磨系统 风扫磨系统是借气力提升料粉，用粗分离器分选，粗粉再回磨粉磨，细粉作为成品；物料被热风从磨内抽出及在分离过程中进行烘干。该系统多用于煤粉的烘干兼粉磨，有些水泥厂也把它用于烘干粉磨生料。其工艺流程图如图 4.4 所示。

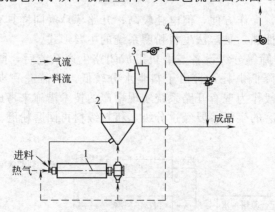

图 4.4 风扫磨系统图
1—磨机；2—粗粉分离器；3—细粉分离器；4—收尘器

风扫磨可适用于原料平均水分达 8％的物料的粉磨，若单独设热源，可烘干含水 15％的原料。其喂料粒度一般宜小于 15mm，大型风扫磨可达 25mm。近年来，风扫磨重新得到发展，并且日趋大型化，目前已投产的最大风扫磨已达 $\phi5.8m×14.7m$，电机功率 5200kW，生料产量 350t/h，可处理水分高达 15％的原料。

② 尾卸提升循环磨系统　尾卸提升循环磨与风扫磨的基本区别在于入磨物料通过烘干仓到粉磨仓的尾端用机械方式卸出，用提升机送入选粉机分选，粗粉再回磨粉磨，烘干废气经磨尾抽出，通过分离器、收尘器排出，工艺流程图如图 4.5 所示。

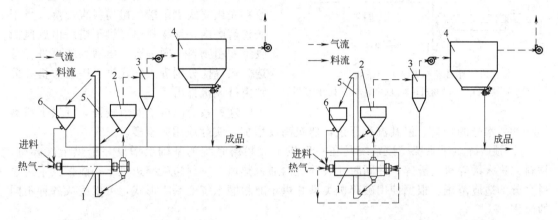

图 4.5　尾卸提升循环磨系统
1—磨机；2—粗粉分离器；3—细粉分离器；
4—收尘器；5—提升机；6—选粉机

图 4.6　中卸提升循环磨系统
1—磨机；2—粗粉分离器；3—细粉分离器；
4—收尘器；5—提升机；6—选粉机

这种系统的烘干能力较差，用窑尾低温废气仅能烘干 4％～5％水分的物料，如另设高温热源，可烘干 7％～8％水分的物料。当原料水分较低时，也可不设烘干仓。粉磨仓有单仓和双仓两种，如果粉磨仓为单仓，一般要求入磨物料粒度小于 15mm，双仓磨的入磨物料粒度则可达 25mm。由于系统采用提升循环，选粉机分选，选粉效率较高，电耗比风扫磨约低 10％。

③ 中卸提升循环磨系统　中卸提升循环磨从烘干作用来看是风扫磨和尾卸提升循环磨的结合，从粉磨作用来看相当于两级闭路系统。其工艺流程图如图 4.6 所示。

喂入磨内的物料经烘干仓进入粗磨仓，从磨机中部卸出，由提升机送入选粉机。选粉机回料大部分回入细磨仓，小部分回入粗磨仓。入粗磨仓的回料可改善冷料的流动性，同时也便于磨内的物料平衡。中卸磨粗磨和细磨分开，有利于最佳配球，对原料的硬度和粒度适应性较好，入磨粒度可达 25～30mm，磨内过粉碎少，粉磨效率较高。

这种系统具有较强的烘干能力，可以通入大量热风，大部分热风（80％～90％）从磨头进入，小部分从磨尾进入。利用低温废气可烘干物料的水分为 6％～7％，如另设高温热源可烘干含水分 12％～14％的物料。

该系统的主要缺点是密封困难、漏风大、流程复杂。为了简化流程，近年来发展了组合式选粉机，将粗分离器和选粉机合二为一，它也可以用于尾卸式提升循环磨系统。中国柳州水泥厂从丹麦史密斯公司引进的 3200t/d 熟料工艺线配套的中卸磨就是这种系统。

④ 选粉烘干系统　选粉烘干系统的烘干热气体进入选粉机而不进磨，其流程如图 4.7 所示。由于选粉机内进入的热气体量不能太大，故能烘干的原料水分有限，一般只能烘干 3％～4％的水分；大型系统只能烘干 2％左右的水分，所以它适应性较小。

为了提高烘干能力，也有在选粉机和磨机同时通入热气体的。冀东水泥厂引进的

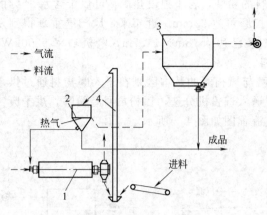

图 4.7　选粉烘干系统
1—磨机；2—选粉机；3—收尘器；4—提升机

4000t/d 熟料工艺线配套生料粉磨就是这种系统，实质上它已经是磨内、磨外同时烘干的系统了。

⑤ 带立式烘干塔的粉磨系统　为扩大对水分的适应范围，一种非常简单的办法就是在磨前设置一个立式烘干塔，构成磨内、磨外同时烘干的系统。图 4.8 为淮海水泥厂 3000t/d 熟料工艺线配套的生料粉磨系统。原料先入立式烘干塔，粗物料直接落入烘干兼粉磨磨内，细物料通过烘干塔后由旋风筒收集和粗物料一同进磨，出磨物料再进行分选。热气体分别进入立式烘干塔和磨机并分别由排风机排出。

这种系统的烘干能力较强，可烘干粉磨 7%～8% 水分的物料。但其流程复杂，建筑高度增加，实际应用并不多。

⑥ 预破碎烘干系统　该系统是在一般烘干兼粉磨系统的基础上增设一个烘干破碎机。物料先进入破碎机内破碎，并同时在破碎机内通入热风，物料边破碎边烘干，故扩大了对原料水分的适应范围。根据使用破碎机类型和烘干兼粉磨系统的基本形式，可以组成各种不同的流程。

图 4.9 为洪堡公司带预破碎的坦登（Tanden）磨烘干粉磨系统。该系统进破碎机物料粒度可达 100mm，破碎后的物料与磨机的出料一起由气力提升至分离器分选，分离器回料的水分一般小于 2%。这种系统保留了风扫磨烘干能力大的优点，又采用了边破碎边烘干，烘干效率较高。如采用高温热气体可烘干 15% 以上水分的物料。但该系统遇硬质、磨蚀性大的物料时，破碎机锤头磨损大，因检修将影响系统运转率，而且系统复杂。

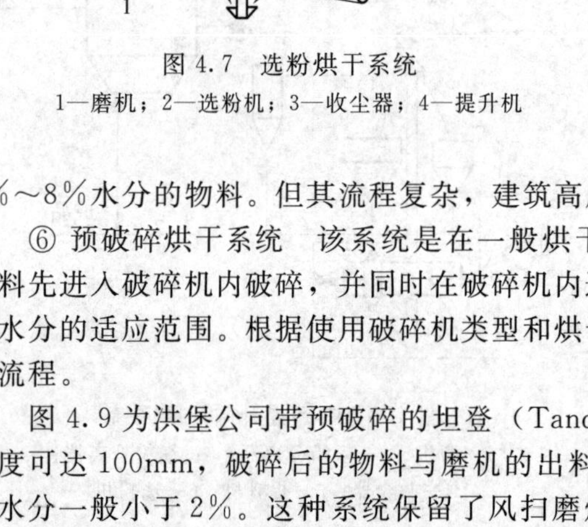

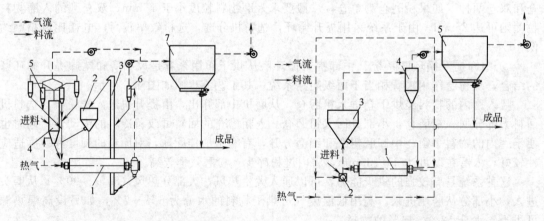

图 4.8　带立式烘干塔的尾卸磨系统
1—磨机；2—选粉机；3—提升机；4—烘干塔；
5,6—旋风筒；7—收尘器

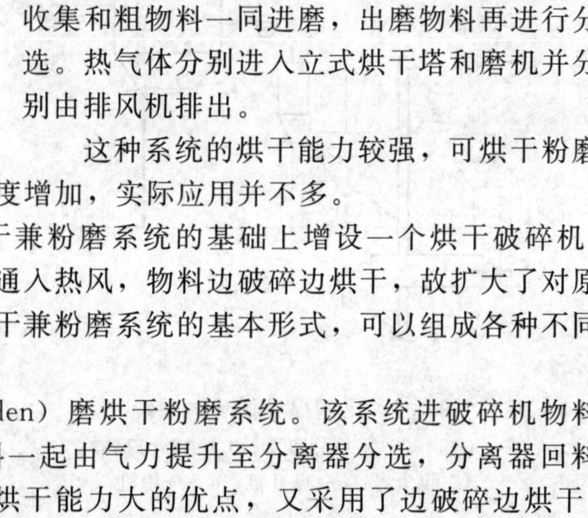

图 4.9　坦登磨系统
1—磨机；2—破碎机；3—粗粉分离器；
4—旋风筒；5—收尘器

（4）立式磨系统　立式磨又称辊式磨，属于烘干兼粉磨系统一类，但其粉磨机理和球磨机有着明显的区别，它集中碎、粉磨、烘干、选粉和输送多种功能于一体，是一种高效节能的粉磨设备。其种类多达 10 余种，在美国、日本、德国等国家均有较广泛的应用，西欧水泥工业占 50% 以上的新建水泥厂采用了立式磨，日本有 35% 以上的水泥原料用立式磨粉磨;中国较早的福建顺昌水泥厂、广东云浮水泥厂等均有应用实例,20世纪90年代后期中国新建水泥厂中大部分采用该系统粉磨生料,如中国最大的水泥生产单位海螺集团多条5000t/d熟料生产线、4000t/d熟料生产线、10000t/d熟料生产线等均应用该粉磨系统。

该系统与球磨系统相比,电耗可下降10%~25%;烘干能力大,可烘干水分6%~8%的物料,如采用热风炉供热风可烘干15%~20%水分的物料;大型磨入磨粒度可高达100~150mm,可节省二级破碎系统,节省投资;产品细度调节方便,产品粒度均齐;噪声低,占地面积小。但不适应磨蚀性大的物料的粉磨,否则设备零部件磨损大,检修量大,影响运转率。

立式磨生料粉磨流程有多种,具体采用哪种工艺流程应根据工厂的具体条件,经过分析、比较、综合考虑决定(流程详细情况见4.3节)。图4.10所示为某厂6000t/d熟料生产线粉磨生料的工艺流程图。

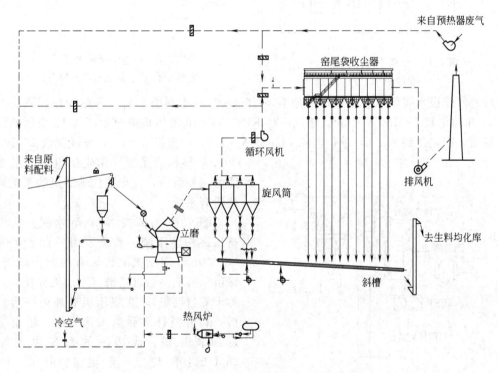

图4.10 某厂 ATOX52.5 立式磨工艺流程图

(5) 挤压粉磨技术在生料粉磨中的应用 挤压粉磨技术简称挤压磨,也称辊压机,是20世纪80年代中期发展起来的一种新型粉磨设备与技术。开始它主要用于粉磨熟料,之后又推广到生料粉磨。它的挤压粉碎效果与传统粉磨方式相比,显示出较大的优越性。目前国内外应用实例概述如下。

① 混合粉磨系统 选粉机选出的粗料一部分返回到磨机,另一部分返回辊压机的系统称为混合粉磨系统。新疆水泥厂2000t/d生产线扩建工程的生料粉磨即采用辊压机混合粉磨系统(图4.11)。系统配一台 $\phi1150mm\times1000mm$ 辊压机、一台 $\phi3.8m\times9.0m$ 单仓球磨、一台打散机和一台 $\phi4.4m$ 旋风式选粉机,选粉机和磨内通热风。当原料水分为2%~5%、进料粒度<25mm时,系统可实现生产能力160t/h、单位生料电耗18.5kW·h/t的目标,较普通球磨系统节电5~6kW·h/t。

② 预粉磨系统 如图 4.12 所示,在球磨机之前加一台辊压机对物料施行预粉磨叫预粉磨系统。辊压机可以加在开路球磨之前,也可以加在闭路球磨之前。这种系统的增产数值一般为 25%～30%,节能 15%～28%,适用于老厂改造。

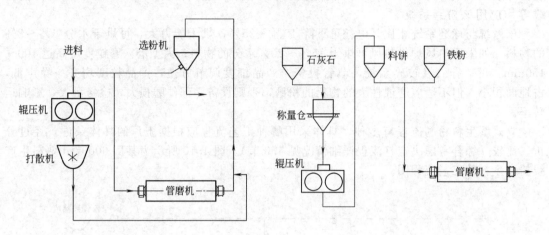

图 4.11 新疆水泥厂混合
粉磨系统

图 4.12 牡丹江建设水泥厂
生料粉磨工艺系统工艺流程图

牡丹江建设水泥厂原料粉磨车间原有 $\phi2.6m \times 13m$ 生料磨一台,开路操作,系统产量 47t/h,单位电耗 19.15kW·h/t。增加一台 RPV100—40 辊压机组成如图 4.12 所示的预粉磨系统后,产量达到 85t/h,单位电耗 14.82kW·h/t,产量提高 80%,电耗降低 22.60%。

③ 终粉磨系统 用辊压机作为最终粉磨的主要设备,完全取代球磨机的系统称为终粉磨系统。

图 4.13 为挪威 Norcem 水泥公司生料挤压终粉磨系统。系统采用一台 $\phi2000mm \times 1000mm$ 辊压机取代原有的四台球磨机,保留原有的一台气落磨(干法无介质磨,又称干式自磨机),在辊压机后加设一台打散机,料饼经打散后送入选粉机,粗粉全部返回辊压机。改造后的系统生产能力 265t/h,单位产量电耗由原来的 25.15kW·h/t 降至 19.65kW·h/t,节电 5.5kW·h/t,同时改善了生料质量。但当物料湿而黏时,系统效果明显下降。

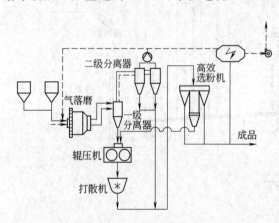

图 4.13 挪威 Norcem 水泥公司生料挤压
终粉磨系统

影响辊压机工作效果的因素是多方面的,如系统形式与匹配、设备自身性能、操作、原料的性能等。其中对原料性能而言,一般认为物料中含 2%～3% 的水分较为理想,水分再高则影响挤压效果;黏湿性的塑性物料如黏土尽量从辊压机之后喂入粉磨系统;物料粒度宜控制在辊压机辊间隙的 2.5 倍以内,不宜达到甚至超过 3 倍,否则严重影响产量、效率和设备工作的稳定性。对喂料而言,应保持连续、均匀,一般是在辊压机上方设立料仓维持一定高度的料柱,使辊间始终充满物料并形成一定料压。

4.2.2 生料粉磨系统的发展特点

近年来,国内外生料粉磨系统发展的主要特点是干法生料粉磨技术迅速发展,许多新技术和新设备应运而生，并不断得到改进，以适应新型干法水泥生产技术迅速发展的要求。其特点可以概括如下。

（1）利用废气进行磨内物料的烘干　随着新型干法水泥生产技术的发展，窑尾系统废气的低温余热用作烘干物料的热源，各种烘干兼粉磨的组合系统如预破碎烘干系统、风扫磨系统、中卸和尾卸提升循环磨系统、立式磨、选粉烘干与磨机组合烘干系统都得到了很大发展和广泛应用，其发展趋势是物料的烘干与粉磨作业一体化。

（2）粉磨设备日趋大型化　为使窑磨配套，简化工艺流程，磨机及其配套的选粉、输送、收尘等设备日益大型化，如钢球磨直径已达 5.8m 以上，产量达 350t/h；立式磨系列中的磨盘直径已达 6.6m，电机功率 5600kW，产量 600t/h。

（3）新型闭路粉磨系统的应用　新型磨机、高效选粉机等及由它们组合成的各种新型闭路粉磨系统，大大提高了粉磨效率，提高了粉磨功的有效利用，水泥生产综合能耗进一步下降。

（4）磨机系统操作自动化　配料、喂料、系统控制等广泛应用自动调节回路电子计算机控制生产过程，用以代替人工操作，使大型设备、复杂系统稳定高产成为可能。

（5）新型优质耐磨材料的广泛应用　各种新型优质耐磨材料、锁风装置、密封材料、大型专用驱动装置等的广泛应用，为主机安全运转、高效运转提供了保证。

4.2.3　生料的粉磨细度及颗粒分布要求

生料粉磨的目的在于使各配合原料成为一定粒度的产品，最终满足熟料煅烧的要求。熟料煅烧过程中，生料颗粒越细，其比表面积越大，各组分间接触面积越大，反应进行越快、越完全，有利于提高熟料的产量和质量。故生料必须粉磨到一定细度。但当生料细度超过一定程度（比表面积大于 500m²/kg）时，细度对熟料煅烧及质量的积极影响并不显著，且随粉磨产品细度越细，磨机产量越低，粉磨电耗则明显升高。因此，实际生产中，应结合磨机的产量、电耗及对熟料煅烧及质量的影响，进行综合的技术经济分析，确定合理的生料细度控制范围。

需要指出的是，由于粉磨产品的粒度是粗细不均匀的，它们的反应速率也不同。因此，应控制生料中的粗粒含量。试验表明，当生料细度在 0.2mm 方孔筛筛余大于 1.4% 时，熟料中 f-CaO 含量显著增加。在某特定的生产条件下，测得生料颗粒粗细程度与熟料中 f-CaO 含量的关系见表 4.7 和表 4.8。

表 4.7　生料 0.2mm 方孔筛筛余量对熟料 f-CaO 含量的影响

0.2mm 筛余量/%	0.9	1.40	2.42	3.06
$w(f\text{-CaO})$/%	0.76	0.84	1.57	2.24

表 4.8　生料 0.08mm 方孔筛筛余量对熟料 f-CaO 含量的影响

0.08mm 筛余量/%	5.1	9.3	10.7	11.6	12.5	13.5
$w(f\text{-CaO})$/%	0.44	0.67	0.94	1.04	1.08	2.15

合理的生料粉磨细度包括两方面：一是使生料的平均细度控制在一定范围内；二是要使颗粒大小均匀，尽量避免粗颗粒。一般情况下，干法生料的细度控制在 0.2mm 方孔筛筛余量小于 1.0%～1.5%，0.08mm 方孔筛筛余量 8%～12%；湿法粉磨时其细度控制在 0.08mm 方孔筛筛余量 12%～16%。当生料中含有石英、方解石（一般小于 4.0%）时，或生料的 KH 值、n 值偏高时，生料的细度应稍细些，用 0.2mm 方孔筛筛余量应控制在小于

0.5%～1.0%。

4.3 立式磨在生料粉磨中的应用

4.3.1 立式磨的发展历史

立式磨（辊式磨）是根据料床粉磨原理，通过相对运动的磨辊、磨盘碾磨装置来粉磨物料的机械。随着技术的进步，辊式磨经历了几次变革。

20世纪50年代以前磨机规格较小，一般用于粉磨非硅质物料，如石灰石、煤等。60年代规格扩大，推广到水泥生料的粉磨。70年代液压加载代替了弹簧加载，在水泥生料粉磨方面得到了广泛应用。80年代出现了粉磨水泥熟料的辊式磨以及作为预粉磨设备的辊式磨。

自20世纪60年代以来，水泥工业窑外分解技术的成功应用和推广，窑磨能力匹配以及利用窑尾废气作为烘干兼粉磨热源的要求，使辊式磨相应地得到了迅速的发展。至今，辊式磨已经成为水泥生料粉磨的主导系统。世界上已有多家著名的水泥机械制造公司开发出各种型式的辊式磨。其中主要的有德国的 Loesche、Pfeiffer、Krupp Polysius、O&K，美国的 Fuller、Raymond，丹麦的 FLS，日本的 UBe、KHI、IHI、Kobe、Steel 等。迄今7000t/d级水泥熟料工艺线配套的辊式磨已经投产。如 Polysius 公司的60/29辊式磨1991年在韩国投产，磨机生产能力580t/h，电机配用功率4250kW。Fuller-Loesche 59：42辊式磨已于1994年年底在印度尼西亚投产，生产能力570t/h，电机功率4000kW。UBe-Loesche 50：42辊式磨，磨机生产能力550t/h，电机配用功率4100kW，早在1983年就于日本 Oseka 水泥公司7200t/d工艺线上投运。正在制造的最大辊磨为 LM63：40，5600kW。

在中国，目前也有天津水泥工业设计研究院（简称天津院）开发的 TRM 型、合肥水泥工业研究院（简称合肥院）开发的 HRM 型、沈阳重型冶矿机器有限公司（简称沈重）从德国引进的 MPS 磨及朝阳重型机器有限公司（简称朝重）等引进的 RM 磨等辊式磨。

4.3.2 立式磨系统

辊式磨的流程就气体通过系统的方式来分，主要是有无中间旋风筒，有没有循环风。图4.14是两种最典型的流程。其中（a）没有旋风筒，没有循环风，要求磨机用风量和窑排风量一致。窑尾废气全部通过，当停磨时，则旁路入电收尘器。如磨机需风量少，则在增湿塔或磨中喷水以降温。如磨机需风量大，则掺入冷风。如烘干热量不够，则增加辅助热风。该流程系统阻力小，但对收尘器要求能适应高的粉尘浓度。流程（b）适用于磨机需风量较大的情况，增加了循环风，其优点是减少收尘风量，降低了入收尘器的浓度，对收尘器的要求降低；缺点是系统较复杂，并且阻力增加。

辊式磨的流程就物料流动的方式来分，可分成风扫式和部分外循环的半风扫式。

半风扫式流程图如图4.15所示。物料除一部分由气力提升至内部选粉机分选外，部分物料穿过风环落至机外，由提升机提升到磨机上部与新喂料一起喂入辊磨机。该流程的特点是更适用于硬质物料或易磨性差别大的情况。此时，循环量大，吐渣多，用提升机循环可降低风环处风速以降低电耗。

4.3.3 立式磨的特点

（1）辊式磨的优点 辊式磨和球磨相比具有以下优点。

① 粉磨效率高 粉磨能耗大大降低，辊式磨与球磨相比，粉磨电耗仅为球磨的50%～60%；整个粉磨系统的单位生料电耗为球磨的75%～90%，随原料水分不同而变化，水分大、节省得多。

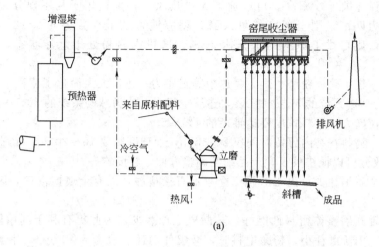

(a)

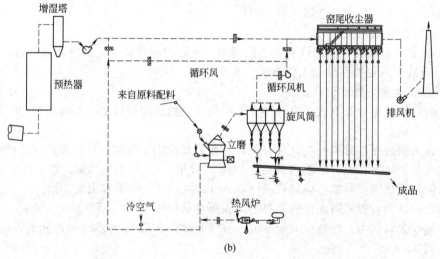

(b)

图 4.14　辊式磨典型流程图

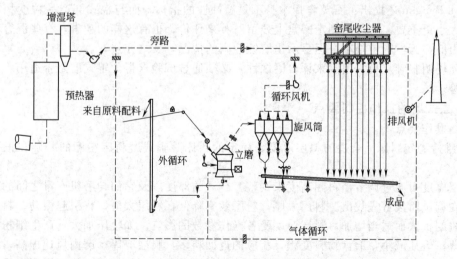

图 4.15　半风扫式流程图

② 烘干能力强 烘干效率高。可以通入大量热风，特别适用于利用预分解窑尾低温废气。如窑磨能力匹配，则全部废气可入磨，相应地可烘干水分为 6%～8%。如应用热风炉供高温风，则可烘干原料的水分达 20%。磨机内料粉处于悬浮状态，热交换条件好。

③ 系统简单 集中碎、粉磨、烘干、选粉等工序为一体，大大简化了流程。便于布置，占地面积小，约为球磨系统的 50%～70%，建筑空间小，约为球磨系统的 50%～60%。

④ 入磨物料粒度大 进料粒度可达辊径的 4%～5%。

⑤ 控制方便 物料在磨内停留时间仅 2～3min，而球磨则要 15～20min。因此操作制度易于改变，化学成分可以很快校正，产品细度调整方便，粒度均齐。

⑥ 噪声低，金属消耗少 由于磨辊、磨盘不直接接触，没有金属撞击声，因此噪声比球磨低 10dB 以上。

⑦ 漏风少 辊式磨整体密封性能好，其漏风比球磨少，为此更有利于利用低温废气。

⑧ 运转率高 由于磨耗小，粉磨生料时，磨损件消耗一般为 6～12g/t。辊套、衬板寿命可达 8000h 以上，故设备运转率高，可达 90%。

(2) 辊式磨的缺点

① 不适宜粉磨磨蚀性大的物料，否则磨辊、磨盘衬板磨损大，影响产品质量。

② 衬板磨损后更换和维修工作量大，难度也大。

③ 操作技术水平要求较高。

辊式磨的缺点主要是不适于磨蚀性大的物料。一般认为衬板使用寿命在 6000h 以上，则选用辊式磨合适。

一般认为磨蚀性与游离石英含量有关，一些公司给出了游离石英的参考性指标。

法埃夫公司认为：原料中游离石英（90μm）含量＞7% 时不宜用辊式磨。

史密斯公司认为：原料中游离石英（45μm）含量＞5% 时不宜用辊式磨。

宇部公司认为：辊式磨允许的原料游离石英含量应小于 4%～5%。

伯力休斯公司认为：原料中大于 90μm 的石英颗粒含量大于 5%～6% 就不宜用辊式磨，最近放宽到 10%。

福勒公司认为：原料中游离石英含量超过 8% 就不宜用辊式磨。最近已有所放宽。

以上指标差别较大，主要是各公司采用的耐磨件材料不尽相同。

J. M. Brugan 还提出：石英含量本身不是磨蚀性的指标，而与辊式磨产品粒度相当的天然颗粒大小更重要。一般用测定磨盘上残留石英来评价。也有这样的趣事，有些混合料中石英含量很低，天然颗粒很小，但显示出磨蚀性高的情况，反之亦然。

由此说明很难从单一因素来评价磨蚀性，必须通过试验求得。辊式磨是否适用，一定要通过试验。

4.3.4 立式磨的操作控制要点

(1) 操作要点

① 维持稳定料床 合适的料层厚度、稳定的料床是辊式磨料床粉磨的基础和正常运转的关键。

料层厚度可通过调节挡料圈高度来调整，合适的厚度以及它们与磨机产量之间的对应关系，应在调试阶段首先找出。料层太厚，粉磨效率降低；料层太薄，将引起振动。料层厚度应随磨机的扩大而适当增加。料层厚度受各操作参数的影响。如辊压加大，产生细粉多，料层将变薄；辊压减小，磨盘物料变粗，相应的返回料多，料层变厚。磨内风速提高，增加内部循环，料层增厚；降低风速，减少内部循环，料层减薄。一般辊式磨经磨辊压实后的料床厚度不宜小于 40～50mm。

料床厚度与物料性能密切相关。有些物料如太干、太细，内摩擦系数较小，从而流动性好，难以形成正常的料层，或者料层很不稳定，造成操作困难，严重振动。碰到这种情况可适当提高挡料圈高度、降低辊压。但根本的解决办法是增加磨内喷水，以增加物料的黏性，降低流动性。一般喷水量为 2%～3%，有时需提高到 6%～7%，此时为控制出磨物料的水分，可减少窑尾增湿塔的喷水量，提高入磨气体热焓。

② 寻求适宜的辊压　辊式磨是借助于对料床施以高压而粉碎的，压力增加产量增加，但达到某一临界值后不再变化。由于辊式磨是多次逐级循环粉磨，实际辊压远小于临界值。压力增加需用功率增加，因此对于单位能耗来说有一个经济压力问题。适宜的辊压要兼顾产量和能耗。该值决定于物料性质、粒度以及喂料量。对于某个具体工厂的原料，应找出适宜的使用压力以及压力与生产能力之间的对应关系。操作中遵循料流大则辊压高的配合，并尽可能保持稳定，否则不仅影响粉磨效果，还可能使料层波动，带来吐渣、振动等麻烦。

一般实际操作压力在正常负荷情况下，可以在操作最大限压的 70%～90% 之间。调试阶段低负荷下操作，相应的还要降低。

③ 控制合理的风速　辊式磨系统主要靠气流带动物料循环。风扫式系统风环处风速高达 60～90m/s；半风扫式风速可降至 40～50m/s。合理的风速可以形成良好的内部循环，使盘上料层适当、稳定，粉磨效率高。在生产过程中，当风环面积已确定时，风速由风量决定。合理的风量应和喂料量相联系，如喂料量大，风量应增大；喂料量少，风量要减小。料大风小会造成吐渣多、料层逐渐变薄、磨机振动，此时适当加大风量，将使料层变厚，有利于粉磨；料小风大，也有可能料被过多扫出，料床过薄，发生振动，此时适当降低风量，有利于稳定生产。但这种情况在正常负荷情况下一般不会出现，因为风机风量已限定了，不可能过大；而在调试期间，低负荷运转时可能发生。

风机的风量受系统阻力的影响，可通过调节风机阀门来调整。磨机的差压、进磨负压、出磨负压均能反映出风量的大小。差压大、负压大均表示风速大、风量大；差压小、负压小则相应的风速小、风量小。因此保证这些参数的稳定也就控制了风量的稳定。风量的稳定也在一定程度上保证了料床的稳定。

磨机的差压也反映了磨内料流的大小，在一定风量的基础上，料流大、浓度高，压降大；料流小、浓度小，压降小。因此可以由控制磨机的差压的方法来调节磨机的喂料。

④ 调节一定的出磨气温　辊式磨是烘干兼粉磨系统，出磨气温是衡量烘干作业是否正常的综合性指标。如温度太低，说明烘干能力不足，成品水分大，粉磨效率及选粉效率低，可能造成收尘系统冷凝；如温度太高，表示烟气降温增湿不够，也会影响收尘效果。一般控制出磨气温为 80～90℃。

(2) 异常情况分析　辊式磨操作在正常情况下是很稳定的，但失控后将会大量吐渣或剧烈振动。

① 大量吐渣可能发生的情况是：

料干、粒细、流速快、盘上留不住料，改进措施可以喷水增加料流黏性和阻力，适当提高挡料圈高度。

料大、粒粗、压力低、压不碎，解决办法是适当加压。

风速小、风量少、吹不起，此时应加大风量。

② 剧烈振动的可能原因如下。

硬质异物进入：磨内发生突发性振动。应严格执行除铁。

落料点不当：偏在一边，可能引起周期性振动。应将料从磨盘中心喂入。

粒度变化：粒度过大，大小变化频繁，造成磨辊振荡。应控制合适的喂料。

料流不稳：喂料时多时少、水分时大时小，使得辊压配风难以适应，促使磨辊跳动。应尽量使料流稳定。

料层太薄：料干、粒细引起跑料形不成料层，缓冲太小，剧烈振动。应改进物料流动阻力。

料层逐渐变薄：风料不平衡，通风小，吐渣增多，循环料少；料压不平衡，料大压力小，粉磨效率下降，吐渣多而循环料少。这些均会造成料层慢慢变薄而引起振动。改进措施：应调整合适的工艺参数。

液压系统刚性太强，蓄能器不起作用。可适当降低蓄能器充气压力。

（3）控制策略　辊式磨系统的具体控制方案很多，详见本章4.4节。

4.4　生料粉磨系统的调节控制

为了提高粉磨效率，保证粉磨产品质量合格稳定、产量高，在现代水泥生料的粉磨系统中已越来越广泛地应用各种先进的自动化检测仪表和微机来进行自动控制。控制项目有：物料配比控制；磨机负荷控制；各部位气温、压力（压差）控制；立磨的振动控制；成品细度控制；粉磨系统机电设备启停顺序控制等。生产厂各有不同的控制项目和控制方式，这里介绍常见的几种。

4.4.1　物料配比控制

物料配比控制是由微机根据各种原料的分析数据和半成品熟料的目标值进行自动配方计算，得出各种物料的配比。再通过生料成分（或入磨前的混合料）分析，准确及时地调节入磨物料配比（通过调节各喂料机的速度实现），保证产品的化学成分符合规定要求。

4.4.2　磨机负荷自动控制

（1）用"电耳"控制磨机的喂料（管磨系统）　单独用电耳控制磨机的喂料，由于磁阻式电耳的引进和生产，这种简单的控制方法也可以达到较好的效果。图4.16表示了这种控制系统。它控制磨机的喂料使之正比于磨音，随着磨音的增大或减小，增加或减少磨机的喂料量。即磨音减弱时，意味着磨机的物料填充率过高，要减少喂料量；反之增加喂料量。称量喂料装置采用电子皮带秤，它由直流电机拖动，通过皮带速度和负荷传感器的信号求得喂料量，用调节电机转速的方法改变喂料量。

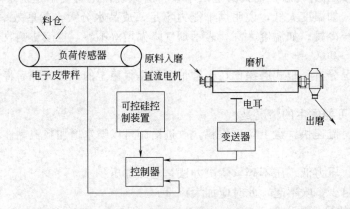

图4.16　利用磨音进行控制

（2）提升机功率为主、磨音为辅的控制方式（管磨系统）　提升机拖动电机的功率减小时，就增加磨机的喂料量和增加磨机卸料量，使提升机功率消耗增加到整定值。若提升机功率增加了，则调整过程与上述情况相反。图 4.17（去掉流量计）表示了这种控制系统，图中电耳控制回路起监控作用。这是由于这种粉磨回路具有较长的时滞，所以要安装一台电耳，监视粗磨仓的物料填充率，防止粗磨仓喂料过大。电耳一旦发现磨内填充率超出某一数值，如磨音信号设定值的 15%～20%，则自动切断提升机功率控制回路，接通电耳控制回路，待磨音正常后，系统又自动切换到提升机功率控制回路。由于系统滞后时间较长，选用的调节器（控制器）要充分考虑这一工艺特点。

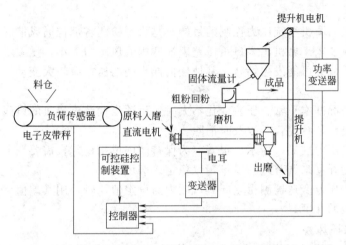

图 4.17　用粗粉回粉量、提升机功率、磨音信号控制磨机喂料

（3）磨音为主、提升机功率为辅的串级控制方式（管磨系统）　在这种控制方式中，若电耳信号减弱，磨内填充串增高，说明原料易磨性变化，这时应减少喂料量。但电耳调节器的输出同时又送到提升机功率回路的调节器，使该调节器的输出略有增加，主副调节器的输出通过乘法器相乘后输出。总的输出还是要减少，但比电耳单独作用要弱一些，这样做的目的是使调节作用平稳一些。

（4）喂料量加粗粉回粉量等于常数的控制方式（管磨系统）　这种控制方式采用较多。当原料易磨性变差时，回粉量就增加，这时若不减少喂料量，将导致"闷磨"，保证不了磨内适当的填充率；反之，将降低磨内填充率，使磨机的生产能力得不到充分利用，增加电耗。这里要注意的是，回粉的粗粉与原料的易磨性是不一样的，所以，并不是回粉量增加多少，喂料量就减少多少，而是要对回粉量和喂料量分别考虑系数后再相加。当磨机发生"闷磨"时，控制装置应不考虑回粉量的下降，而自动采取措施，使喂料量下降，直到磨机恢复正常，再转入正常控制。

还有喂料量等于常数等控制方式。

（5）控制磨机进出口压差以调节磨机喂料量（辊式磨系统）磨机进出口压差的变化是反映磨内负荷量变化的最敏感的参数。在一定的风速风量条件下，压差增加，说明料床增厚，磨内负荷加大；反之，磨内负荷下降。

在实际生产中，通过稳定压差来调节喂料量以稳定磨内负荷，实现磨机平稳运行。

控制原理：用压差变送器测得立磨出入口之间气体压差与设定值比较，用两者差值为依据自动调节配料站各喂料机及输送皮带的速度，以稳定磨内负荷。

4.4.3　温度控制

磨机系统温度控制的目的，是为了保持良好的烘干及粉磨作业，保证成品水分达到规定要求。出磨气温低烘干效果不好，且会引起收尘器结露；但温度太高会影响设备安全运行，降低热效率。

烘干粉磨磨机系统的温度控制，大都采用单回路自动调节系统。对磨机成品水分的控制可有两种方法：一种是根据原料及成品水分，通过调节系统排风机的入风口挡板或入磨热风门开度，改变入磨热风量；另一种是通过改变冷风门（或循环风挡板），调节入磨热风温度，控制烘干作业。

磨机出口气体温度控制原理：用热电偶测出磨机出口气体温度与目标值比较，由其差值来调节冷风门（或循环风挡板）开度（当用热风炉时则调节喂煤秤的喂料量）。

4.4.4 压力控制

（1）管磨系统 磨机系统压力控制的目的，是为了检测各部位通风情况，及时调节，满足烘干及粉磨作业要求。磨机出入口负压差表征磨内通风阻力大小，压差增大表明磨内可能负荷过大或隔仓板篦缝可能发生堵塞。其他任何两点间的压差有较大变动，都表明两点间阻力的变化。

一般在生产情况基本正常、压差变化不大时，可适当调节排风机的风门；压差变动过大时，则需及时检查设备状况，予以及时消除。

（2）立磨入口压力控制、指示、报警 为保持磨内风量稳定，需要调节循环风风门或磨机入口热风挡板的开度来调节入磨风量，以稳定入磨风压。

控制原理：由压差变送器测得立磨入口压力与设定值比较，用其差值调节循环风风门或磨机入口热风挡板的开度。

4.4.5 控制磨内通风量

风量不足，磨细的料不能及时带出，致使料床增厚，排渣量增多，产量降低；风量过大，料床过薄，也影响设备的操作。

一般可用出旋风筒气体的流量或负压来控制磨机主排风机的进风阀门或转速，使磨机风量稳定。

控制原理：由压差变送器测得旋风筒出口压力，并换算成流量与设定值比较，用其差值调节排风机转速或入口风门。

4.4.6 根据出磨气温来调节喷水量或辅助热风温度

如入磨物料水分变小，烘干需热容量较小，在入磨空气温度、风量不变的条件下，出磨气温将上升，此时应调节喷水量以维持不变。在另一种情况如粉磨物料水分较大，除了应用窑尾废气外还需补充热源时，则应以出磨气温来控制热风炉温度或热风量以维持出磨气温稳定。减少入磨热量也可采用根据出磨气温调节冷风阀开度，使冷风增加，相应的热风减少，使混合入磨风温降低的办法来达到。

4.4.7 控制粉磨液压

磨机拉紧装置向磨辊施加的压力称为粉磨液压。粉磨液压加上磨辊自身的重压为研磨压力。研磨压力是稳定磨机运行的重要因素，也是影响主机输入功率、产量和粉磨效率的主要因素。在磨机运转过程中，根据原料粒度和易磨性调整粉磨液压，使磨机的振动和磨耗达到最低值。

4.4.8 控制出磨生料细度

生料细度受分离器转速、系统风量、磨内负荷量等因素的影响。后两者一般不变动，细度的调整一般只是调节分离器的转速，且只能逐步进行。

4.4.9 选择合理的挡抖圈高度

挡料圈高度太大时，磨盘周边积料量太多，阻力大，磨盘上的碎粉不能及时分离，引起磨辊压力大，主电动机电流高，电耗上升；挡料圈高度太低时，磨盘上的物料少，风环的负担过重。

4.4.10　搞好辊式磨密封，提高入磨气体负压值

磨内气体负压值大可有效防止吐渣。为保证磨内气体负压足够，首先，需及时清除排渣口的集料，保证排渣口畅通，并减少排渣口漏风；其次，需定时更新磨辊与筒体间的密封材料，尽量保证辊式磨密封风机正常工作，保证辅机安全运转，以减少辊式磨和排风机的频繁开停和空转。

4.4.11　开车喂料程序控制

对磨机启动时的喂料程序控制的目的，是为了避免磨机启动时，由于喂料不当发生磨满堵塞。该程序控制可以保证对磨机的喂料量均匀地进行、按一定程序逐步加大，实现最优操作。控制办法是在磨机启动后，检测出它的负荷值，用计算机按一定数学模型运算处理，向喂料调节器送出喂料量的目标值，使之逐步增大喂料量，直至磨机进入正常状态为止。

4.4.12　料仓料位指示控制

控制原理：由荷重传感器测出的料仓的料量与设定值相比较，用其差值调节预均化堆场取料机取料速度，以保持料仓料量稳定。

4.4.13　增湿塔出口气体温度控制

控制原理：由热电阻测出增湿塔出口气体温度与设定值相比较，用其差值调节回水阀开度，以保持出口气体温度稳定。

生料磨机系统的控制还包括启动联锁、停机联锁、设备安全联锁、磨机振动报警、齿轮油温油压油量报警、传动轴轴承温度报警、止推轴承温度报警、磨电机轴承温度报警、研磨压力报警等，这保证了安全生产和优质高产。

学习小结

本章主要介绍了配料计算的有关知识、常见的生料粉磨系统特点及应用、立式磨系统在生料粉磨生产中的应用、生料粉磨生产控制知识等内容。这部分内容在水泥生产中占有重要地位。原料的配料内容多，计算过程复杂，学生学习时应通过实际配料计算来巩固和掌握有关知识；了解并熟悉各种粉磨流程；掌握辊式磨即立式磨的特点、操作控制要点等；理解生料粉磨系统中各控制项目及原理，并掌握磨机负荷控制。为加深对理论知识的理解和掌握，建议学生学习本章内容时尽量多联系生产实际，有条件的情况下，有些内容可在生产现场学习，或者在生产实习中进行实训。

复习思考题

1. 配料计算的原则和依据是什么？
2. 简述尝试误差法配料计算的步骤。
3. 尝试用计算机在 Excel 中编程进行配料计算。
4. 比较各种粉磨系统的特点。
5. 立式磨有哪几种工艺流程？各自的特点是什么？
6. 简述立式磨的优缺点。
7. 简述立式磨的控制要点。
8. 磨机负荷自动控制有哪些？自动控制还有哪些内容？

第 5 章　生料均化技术

【学习要点】　理解生料均化的意义及均化在生料制备过程中的重要地位；掌握生料均化的基本原理；了解生料均化的主要设备；掌握生料均化工艺；掌握生料易烧性指数和易烧性系数的应用；掌握均化过程的基本参数的应用；掌握生料均化度的表示方法及计算；掌握生料均化的主要设备及工艺；能进行入窑生料的合理调配。

物料均化是水泥干法生产中很重要的工艺环节，它对提高水泥熟料产量、质量和确保水泥质量的稳定，有着举足轻重的作用。

早期水泥生产是采用立窑干法工艺，随着生产规模的扩大，先后出现了干法和湿法回转窑工艺。在物料均化问题没有获得很好解决以前，能烧制高质量熟料的湿法生产工艺发展迅速。20 世纪 50 年代，间歇式分区充气均化库的出现，使生料粉均化度接近或达到料浆的均化度，基本解决了生料均化问题，为生料均化工艺的变革奠定了基础，同时也促进了干法工艺的发展。随着悬浮预热器窑在国际上的普遍应用，干法工艺在水泥工业中又重新处于主导地位。

窑外分解技术的成功应用，使干法生产工艺发生了新的变革，不但窑产量成倍增长，而且最先进窑的熟料热耗只有湿法工艺的一半。许多带分解炉的现代大型干法旋转窑的运转实践说明，窑型越大，生料均化度对熟料产量质量和窑热工制度稳定的影响也越大，因此对生料均化度的要求也越高。随着原料预均化技术的出现和 X 射线荧光分析仪-电子计算机控制系统在配料上的应用，又促进了各种连续式均化库的研制和发展。

5.1　生料均化的基本原理

5.1.1　生料均化的意义

为了制成成分均齐而又合格的水泥生料，首先要对原料进行必要的预均化。但即使原料预均化得十分均匀，由于在配料过程中的设备误差、各种人为因素及物料在粉磨过程中的某些离析现象，出磨生料仍会有一定的波动，因此，必须通过均化进行调整，以满足入窑生料的控制指标。如 $CaCO_3$ 含量波动±10%的石灰石，均化后可缩小至±1%。

生料均化得好，不仅可以提高熟料的质量，而且对稳定窑的热工制度、提高窑的运转率、提高产量、降低能耗大有好处。

（1）生料均化程度对易烧性的影响　生料易烧性是指生料在窑内煅烧成熟料的相对难易程度。生产实践证明，生料易烧性不仅直接影响熟料的质量和窑的运转率，而且还关系到燃料的消耗量。在生产工艺一定、主要设备相同的条件下，影响生料易烧性的因素有生料化学组成、物理性能及其均化程度。在配比恒定和物理性能稳定的情况下，生料均化程度是影响其易烧性的重要原因，因为入窑生料成分（主要指 $CaCO_3$）的较大波动，实际上就是生料各部分化学组成发生了较大变化。

用生料易烧性指数或生料易烧性系数表示生料的易烧程度，生料易烧性指数或系数越大，生料越难烧。

$$易烧性指数 = \frac{w(C_3S)}{w(C_3A) + w(C_4AF)} \tag{5.1}$$

式（5.1）指出，较高的 $w(C_3S)$ 或较低的 $w(C_3A)$、$w(C_4AF)$ 都会使生料易烧性变差。

$$易烧性系数 = \frac{100w(CaO)}{2.8w(SiO_2) + 1.1w(Al_2O_3) + 0.7w(Fe_2O_3)} +$$
$$\frac{10w(SiO_2)}{w(Al_2O_3) + w(Fe_2O_3)} - 3w(MgO) + w(R_2O) \tag{5.2}$$

如果生料中 $w(R_2O) + w(MgO) < 1\%$，可以不考虑它们对生料易烧性的影响，则 $3w(MgO)$ 和 $w(R_2O)$ 项略去。

生料中某组分（特别是 $CaCO_3$）含量波动较大，不但使其易烧性不稳定，而且影响窑的正常运转和熟料质量。操作实践证实，易烧性系数改变 1.0 时，不会造成易烧性的重大变化；当易燃性系数变动大于 2.0 时，可以清楚地看到反应；当易燃性系数变动超过 3.0 时，看火人员必须调整燃料用量来做好烧成带，对付易烧性大变化的准备。因此，为确保生料具有稳定的、良好的易烧性，提高熟料质量，除选择制定合理的配料方案和烧成制度外，还应尽量提高生料的均化程度。

（2）生料均化程度对熟料产量和质量的影响　生料在窑内煅烧成熟料的过程是典型的物理化学反应过程。一般熟料的形成过程可分为三个阶段：第一阶段反应在温度升高时发生；第二阶段反应在恒温时发生；第三阶段反应在温度降低时发生。其中很重要的第一阶段反应，也就是生料中各化学组分（特别是 CaO）之间的反应，取决于生料颗粒之间的接触机会和细度，而"颗粒接触机会"就是由生料的均化程度所决定。当均化好的生料在合理的热工制度下进行煅烧时，由于各化学组分间的接触机会几乎相等，故熟料质量好；反之，均化不好的生料，影响熟料质量，减少产量，给烧成带来困难，使窑运转不稳定，并引起窑皮脱落等内部扰动，缩短窑的运转周期和增加窑衬材料的消耗。若均化效果不好，熟料质量通常会比湿法低半个强度等级，产量平均下降 7% 左右。所以，生料均化程度是影响生料易烧性的稳定和熟料产量和质量的关键。在干法水泥厂中生料均化是不可缺少的重要工艺环节。

（3）生料均化在生料制备过程中的重要地位　水泥工业生料制备过程，包括矿山开采、原料预均化、生料粉磨和生料均化四个环节，这四个环节也是生料制备的"均化链"。其中生料均化年平均均化周期较短，均化效果较好，又是生料入窑前的最后一个均化环节，特别是悬浮预热和预分解技术诞生以来，在同湿法生产模式竞争中，"均化链"的不断完善支撑着新型干法生产的发展和大型化，保证生产"均衡稳定"进行，其功不可没。因此，在新型干法水泥生产的生料制备过程"均化链"中，生料均化占有最重要的地位。有关专家对此作了归纳，见表 5.1。

表 5.1　生料制备系统各环节的功能和工作量

生料制备系统	平均均化周期① /h	碳酸钙标准偏差		均化效果 S_1/S_2	完成均化工作量 /%
		进料 S_1/%	出料 S_2/%		
矿山开采	8～168		±2～±10		<10
原料预均化	2～8	±10	±1～±2	7～10	35～40
生料粉磨	1～10	±1～±2	±1～±2	1～2	0～15
生料均化	0.5～4	±1～±2	±0.01～±0.2	7～15	约40

① 平均均化周期，就是各环节的生料累计平均值达到允许的目标值时所需的运转时间。

5.1.2　生料均化的基本原理

生料均化原理主要是采用空气搅拌及重力作用下产生的"漏斗效应"，使生料粉向下降落时切割尽量多层料面予以混合。同时，在不同流化空气的作用下，使沿库内平行料面发生大小不同的流化膨胀作用，有的区域卸料，有的区域流化，从而使库内料面产生径向倾斜，进行径向混合均化。

目前，水泥工业所用的生料均化库，为应用普遍的多料流库的研发，主要在于在保证满意的均化效果（H）的同时，力求节约电能消耗。例如：间歇式均化库虽然均化效果（H）高，但耗电量大，且多库间歇作业。因此，无论哪种形式的多料流均化库都是尽量发挥重力均化作用，利用多料流使库内生料产生众多漏斗流，同时产生径向倾斜料面运动，提高均化效果。

此外，在力求弱化空气搅拌以节约电力消耗的同时，许多多料流库也设置容积大小不等的卸料小仓，使生料库内已经过漏斗流及径向混合流均化的生料再卸入库内或库下的小仓内，进入小仓内的物料再进行空气搅拌，而卸出运走。

同时，还应注意平时的操作、管理和维修。高新技术的应用对用户提出了相应的现代化管理概念，再好的装备不按其规定的要求运作，也就不能发挥其应有的作用和效果。

5.1.3 均化过程的基本参数

粉状物料均化过程的基本参数包括均化度、均化效率和均化过程操作参数。

5.1.3.1 均化度

多种（两种以上）单一物料相互混合后的均匀程度称为这种混合物的均化度（M）。均化度是衡量物料均化质量的一个重要参数。

硅酸盐水泥生料中因 $CaCO_3$ 含量占 75％以上，所以生料均化度主要用 $CaCO_3$ 在生料中分布的均匀程度来表示（有时也增加 Fe_2O_3 含量的检测）。生产中常用极差法、标准偏差法和频谱法来表示生料均化度及其波动情况。

（1）生料均化度的极差表示法及其计算　一组测定值中最大值与最小值之差称为极差，用下式表示：

$$R = \max\{x_1, x_2, \cdots, x_n\} - \min\{x_1, x_2, \cdots, x_n\} \tag{5.3}$$

式中　　　　　　　　R——极差；

$\max\{x_1, x_2, \cdots, x_n\}$——最大值；

$\min\{x_1, x_2, \cdots, x_n\}$——最小值。

式（5.3）说明，极差大则表示一组测定值的波动大。但这种方法没有充分利用该组测定值所提供的全部数据，而且没有与平均值联系起来，因而反映实际情况的精确度较差。但由于其计算方便、直观，故被许多厂所采用，也就是所说的"生料成分最大波动值"。

"生料成分最大波动值"常用以下三种表示方法，即生料碳酸钙滴定值（T_C）最大波动值[记作 $\Delta T(\%)$]、生料氧化钙（CaO）最大波动值[记作 $\Delta w(CaO)(\%)$]、生料石灰饱和系数（KH）最大改变量（记作 ΔKH）。

① 生料 T_C 最大波动值 $[\Delta T(\%)]$ 的计算　首先测出均化前后各生料试样的 T_C：

均化前——$T_1', T_2', \cdots, T_n'$；

均化后——$T_1, T_2, \cdots, T_n$。

然后根据上述测定结果，再分别计算均化前生料 T_C 平均值（记作 $T^{前平}$）和均化后生料 T_C 实测平均值（记作 $T^{实平}$），即

$$T^{前平} = \frac{T_1' + T_2' + \cdots + T_n'}{n'} \tag{5.4}$$

$$T^{实平} = \frac{T_1 + T_2 + \cdots + T_n}{n} \tag{5.5}$$

由于均化前库内各点生料成分极不均匀，波动很大，故 $T^{前平}$ 不能作为全库 T_C 的真实平

均值（记作 $T^{真平}$）。均化后，由于库内各点生料成分基本趋于均匀，故随取样点位置的改变，生料 T_C 的变化很小。即使取样点有限，它的实测平均值也可以近似地作为全库生料 T_C 的真实平均值，即 $T^{实平} \approx T^{真平}$。

设未经均化的入库生料各试样中 T_C 最大值和最小值分别为 $T^{前大}$ 和 $T^{前小}$，则入库生料 T_C 最大波动值（$\Delta T^{前}_{最大}$）为：

$$\Delta T^{前}_{最大} = \left\{ \begin{matrix} +(T^{前大} - T^{实平}) \\ -(T^{实平} - T^{前小}) \end{matrix} \right\} \tag{5.6}$$

同样，均化后生料 T_C 最大波动值（$\Delta T^{后}_{最大}$）为：

$$\Delta T^{后}_{最大} = \left\{ \begin{matrix} +(T^{后大} - T^{实平}) \\ -(T^{实平} - T^{后小}) \end{matrix} \right\} \tag{5.7}$$

如果均化后生料 T_C 实测平均值 $T^{实平}$ 和最大波动值 $\Delta T^{后}_{最大}$ 都合格，此生料可供入窑煅烧。

【例 5.1】 某厂一次均化结果的测定数据见表 5.2，试计算均化前后生料 T_C 最大波动范围 $\Delta T^{前}_{最大}$ 和 $\Delta T^{后}_{最大}$。

表 5.2 均化结果测定

均化前 T_C/%									
74.25	77.00	76.25	71.88	76.38	70.88	71.25	71.25	70.75	72.50
71.75	74.50	74.00	76.75	73.38	70.75	83.13	87.50		

均化后 T_C/%									
74.75	74.75	74.88	75.13	74.63	75.00	75.00	75.00	75.00	75.00
74.75	74.88	75.00	75.00	75.00	75.00				

解： 计算分两步进行。

a. 计算生料 T_C 实测平均值：

$$T^{实平} = \frac{T_1 + T_2 + \cdots + T_{16}}{16}$$

$$= \frac{74.75\% + 74.75\% + \cdots + 75.00\%}{16}$$

$$= 74.92\%$$

b. 计算均化前后生料 T_C 最大波动范围 均化前后生料 T_C 最大值和最小值分别为：$T^{前大} = 87.50\%$；$T^{前小} = 70.75\%$；$T^{后大} = 75.13\%$；$T^{后小} = 74.63\%$。由此计算出均化前后生料 T_C 最大波动值分别为：

$$\Delta T^{前}_{最大} = \left\{ \begin{matrix} +(87.50\% - 74.92\%) \\ -(74.92\% - 70.75\%) \end{matrix} \right\} = \left\{ \begin{matrix} 12.58\% \\ -4.17\% \end{matrix} \right\}$$

$$\Delta T^{后}_{最大} = \left\{ \begin{matrix} +(75.13\% - 74.92\%) \\ -(74.92\% - 74.63\%) \end{matrix} \right\} = \left\{ \begin{matrix} 0.21\% \\ -0.29\% \end{matrix} \right\}$$

结论：经 60min 空气均化后，生料 T_C 最大波动范围由（$+12.58\%$，-4.17%）缩小到（$+0.21\%$，-0.29%）。

② 生料氧化钙最大波动值 [$\Delta w(CaO)$（%）] 计算及其与 T_C 最大波动值 [$\Delta T(\%)$] 的关系 设生料化学组成百分数分别为：氧化钙—$w(CaO)$、氧化硅—$w(SiO_2)$、氧化铝—$w(Al_2O_3)$、氧化铁—$w(Fe_2O_3)$、三氧化硫及其他—$w(SO_3)$、烧失量（设全部为 CO_2）—$w_失$，%。则均化后生料氧化钙最大波动值 $\Delta w(CaO)$（%）可用下式表达：

$$\Delta w(CaO)_{最大}^{后} = \left\{ \begin{array}{l} +\left(\dfrac{w_{CaO}^{后大}}{100\%-w_{失}^{后大}} - \dfrac{w_{CaO}^{实平}}{100\%-w_{失}^{实平}}\right) \\ -\left(\dfrac{w_{CaO}^{实平}}{100\%-w_{失}^{实平}} - \dfrac{w_{CaO}^{后小}}{100\%-w_{失}^{后小}}\right) \end{array} \right\} \tag{5.8}$$

由于均化后生料成分基本均匀，因此在较小波动范围的各组生料试样烧失量几乎相等，即 $w_{失}^{后大(小)} \approx w_{失}^{实平}$，故 $\Delta w(CaO)_{最大}^{后}$ 表达式可简化为：

$$\Delta w(CaO)_{最大}^{后} = \left\{ \begin{array}{l} +\left(\dfrac{w_{CaO}^{后大}-w_{CaO}^{实平}}{100\%-w_{失}^{后大}}\right) \\ -\left(\dfrac{w_{CaO}^{实平}-w_{CaO}^{后小}}{100\%-w_{失}^{实平}}\right) \end{array} \right\} \tag{5.9}$$

根据化学反应式 $CaCO_3 \xlongequal{\quad} CaO + CO_2 \uparrow$，生料中 CaO 含量与生料 T_C 的关系为：

$$w(CaO) = \frac{56}{100}T_C = 0.56T_C \tag{5.10}$$

将式(5.10)代入式(5.9)可得

$$\Delta w(CaO)_{最大}^{后} = \left\{ \begin{array}{l} +\dfrac{0.56T_C^{后大}-0.56T_C^{实平}}{100\%-w_{失}^{后大}} \\ -\dfrac{0.56T_C^{实平}-0.56T_C^{后小}}{100\%-w_{失}^{实平}} \end{array} \right\} = \pm\frac{0.56\Delta T_{最大}^{后}}{100\%-w_{失}^{实平}} \tag{5.11}$$

硅酸盐水泥生料烧失量一般为 $34\% \sim 37\%$，所以式(5.11)可进一步简化为：

$$\Delta w(CaO)_{最大}^{后} = \pm(0.84 \sim 0.89)\Delta T_{最大}^{后} \tag{5.12}$$

均化生料烧失量在通常范围内的变化对 $\Delta w(CaO)_{最大}^{后}$ 影响不大，故式(5.12)可进一步简化为：

$$\Delta w(CaO)_{最大}^{后} = \pm 0.89\Delta T_{最大}^{后} \tag{5.13}$$

【例 5.2】 例 5.1 中，经 60min 空气均化后，生料 T_C 最大波动值 $\Delta T_{最大}^{后} = \pm 0.29\%$，试求 $\Delta w(CaO)_{最大}^{后}$。

解： $\Delta w(CaO)_{最大}^{后} = \pm 0.89\Delta T_{最大}^{后} = \pm 0.89 \times 0.29\% = \pm 0.26\%$

③ 生料石灰饱和系数 KH 最大改变量 $\Delta KH_{最大}^{后}$ 的计算及其与 $\Delta T_{最大}^{后}$ 的关系 根据上述均化后生料主要氧化物的实测平均值和一组试样中 CaO 含量波动最大的某个样品所含主要氧化物的实测值，可得均化前后生料石灰饱和系数最大改变量 $\Delta KH_{最大}^{后}$ 及其与 $\Delta T_{最大}^{后}$ 的关系式为：

$$\Delta KH_{最大}^{后} = \frac{\Delta w(CaO)_{最大}^{后}}{2.8w(SiO_2)^{实平}} \tag{5.14}$$

$$\Delta KH_{最大}^{后} = \pm\frac{0.89\Delta T_{最大}^{后}}{2.8w(SiO_2)^{实平}} = \pm 0.32 \times \frac{\Delta T_{最大}^{后}}{w(SiO_2)^{实平}} \tag{5.15}$$

式中　$\Delta w(CaO)_{最大}^{后}$——均化后生料氧化钙最大波动值；

　　$w(SiO_2)^{实平}$——均化后合格生料中 SiO_2 含量的实测平均值，%，如该生料符合入窑要求，此值可用配料计算中 SiO_2 含量的理论值代替；

$\Delta T^{后}_{最大}$——均化后合格生料 T_C 的最大波动值，%；

$\Delta KH^{后}_{最大}$——均化前后生料石灰饱和系数最大改变量。

【例 5.3】　某生料化学组成见表 5.3，经 60min 空气均化后，生料 T_C 最大波动值 $\Delta T^{后}_{最大}=\pm 0.3\%$。求其石灰饱和系数最大改变量 $\Delta KH^{后}_{最大}$。

表 5.3　某生料化学组成　　　　　　　　　　　　　单位：%

CaO（包括 MgO）	SiO_2	Al_2O_3	Fe_2O_3	烧失量	其他（包括微量 SO_3）	$\Delta T^{后}_{最大}$
42.67	12.50	5.50	0.86	36.91	0.56	±0.3
67.64	19.81	8.71	0.94	—	0.90	$KH=0.9$

解：$\Delta w(\mathrm{CaO})^{后}_{最大}=0.56\,\dfrac{\Delta T^{后}_{最大}}{1-w^{实平}_{失}}=\pm\dfrac{0.56\times0.3\%}{1-36.91\%}=\pm0.27\%$

$$\Delta KH^{后}_{最大}=\frac{\Delta w(\mathrm{CaO})^{后}_{最大}}{2.8w(\mathrm{SiO_2})^{实平}}=\pm\frac{0.27\%}{2.8\times12.50\%}=\pm0.008$$

（2）生料均化度的标准偏差表示法及其计算　　通过从库中多次取等量试样做某组分（如 $CaCO_3$）的含量分析，就能计算出 T_C 偏离平均值的平均偏差，常用标准偏差 S_T 表示。

$$S_T=\sqrt{\frac{1}{n-1}\sum(T_i-T^{实平})^2}=\sqrt{\frac{\sum\Delta T_i^2}{n-1}} \tag{5.16}$$

式中　S_T——生料 T_C 标准偏差；

ΔT_i——生料 T_C 偏离实测平均值的偏差（$i=1,2,\cdots,n$）；

T_i——一组生料试样中的任一 T_C 数值（$i=1,2,\cdots,n$）；

$T^{实平}$——均化后生料 T_C 实测平均值；

n——一组生料试样的样品个数。

标准偏差不仅反映了数据围绕平均值的波动情况，而且便于比较多个数据的不同分散程度。S_T 越大，分散越大；S_T 越小，分散越小。S_T 比极差 R 反映问题精确，但计算比极差要复杂些。图 5.1 为标准偏差频率特性曲线。

曲线横坐标 x 为偏差，纵坐标 y 为某一偏差出现的频率。从图 5.1 中可以看出，偏差为零（即 $x=0$）时频率最大，而随着偏差的加大，频率逐渐降低。图 5.1 中有两条正态分布曲线 1 和曲线 2。两条曲线的算术平均值可以相等，但 S_T 不等。曲线 1 的标准偏差 S_1 较大，故曲线较"胖"。曲线 2 的标准偏差 S_2 较小，故曲线较"瘦"。测定值偏离平均值的波动较小，生料成分较均匀。如果用这两条曲线分别表示均化前后的情况，则曲线 1 可代表均化前生料成分的波动，曲线 2 可代表均化后生料成分的波动。

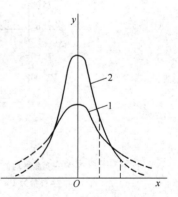

图 5.1　标准偏差频率特性曲线

根据测定经验，类似生料成分这样的测定值偏差具有以下特征：

① 偏差愈小，出现的机会愈多，故偏差出现的频率与偏差的大小有关。

② 大小相等、符号相反的正负偏差的数目近乎相等，故频率曲线对称于 y 轴。

③ 极大的正偏差和负偏差出现的次数非常少，因此大偏差的频率也最小。

【例 5.4】 某均化库均化前后两组生料测定值见表 5.4。

表 5.4 均化前后两组生料测定值

均化前 $T_C / \%$	均化后 $T_C / \%$
71.25,77.00,76.25,71.88,76.38,70.88,71.25,71.25,70.75, 72.50,71.75,74.50,74.00,76.25,73.38,70.75,83.13,87.50	74.75,74.75,74.88,75.13,74.63,75.00,75.00,75.00, 75.00,75.00,74.75,74.88,75.00,75.00,75.00
$T_{前平}=74.48\%$,$T_{max}=87.50\%$,$T_{min}=70.75\%$ $n=18$,$S_{T前}=4.493\%$,$R_{前}=16.75\%$	$T_{后平}=T_{实平}=74.92\%$,$T_{max}=75.13\%$,$T_{min}=74.63\%$ $n=15$,$S_{T后}=0.1387\%$,$R_{后}=0.5000\%$
$2S_{T前}=8.986\%$,$3S_{T前}=13.479\%$	$2S_{T后}=0.2774\%$,$3S_{T后}=0.4161\%$
该组测定值在±4.5%范围内为 68.3% 该组测定值在±9.0%范围内为 95.4% 该组测定值在±13.5%范围内为 99.7%	该组测定值在±0.14%范围内为 68.3% 该组测定值在±0.28%范围内为 95.4% 该组测定值在±0.42%范围内为 99.7%

由上述举例可知，如果控制均化后生料成分在±0.28%范围内，则合格率为 95.4%。如果要求合格率接近 100%，则控制范围需放宽到±0.42%。因此，只要测定值的偏差分布符合正态分布定律，就可根据测定值计算出标准偏差，并可按合格率要求来确定允许的偏差范围。

应当指出，应用"标准偏差"的先决条件是测定值必须是大量而又互相独立的随机数值（遵守正态分布或其他特性分布）。入库生料成分的波动实际上是一个动态的过程，是时间的函数，而不具有随机性。因此，应用"标准偏差"表示入库生料成分波动情况并不完全正确。但是，对于均化后出库生料是可以用"标准偏差"来表示其波动情况的。

（3）生料均化度的频谱表示法 在上述极差表示法中，若以各取样点所代表的生料量为横坐标，以各相应点所测的生料 T_C 为纵坐标，绘制成如图 5.2 所示的波动曲线，该曲线既可表示实际平均偏差，又能看出成分波动变化的全过程，有利于了解波动周期的规律性，找出不符合工艺指标的时间间隔或区段。因此，频谱法常用于表示库内生料均化度的分布情况和对连续式均化系统均化质量的评价。

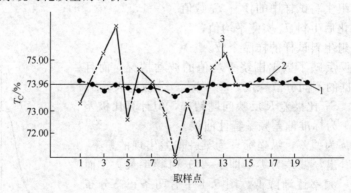

图 5.2 生料均化度的频谱表示法

1—实测平均值（T_C=73.96%）；2—均化后波动曲线（每个取样点代表的
生料量为 15t）；3—均化后波动曲线（每个取样点代表的生料量为 13t）

5.1.3.2 均化效率

均化效率是衡量各类型均化库性能的重要依据之一。均化前后被均化物料中某组分（如生料 T_C 值）差之比，就称为该均化库在某段时间 t 内的均化效率（H_t），即

$$H_t = \frac{S_0}{S_t} \tag{5.17}$$

均化时间与均化效率的关系为：

$$\frac{1}{H_t}=\frac{S_t}{S_0}=\mathrm{e}^{-kt} \tag{5.18}$$

式中　H_t——均化时间为 t 时的均化效率；

　　　t——均化时间；

　　　S_t——均化时间为 t 时，被均化物料中某组分含量的标准偏差；

　　　S_0——均化初始状态时，被均化物料中某组分含量的标准偏差；

　　　k——均化常数。

生产实践证明，粉磨均化初期均化效率很高，随均化时间的延长，均化效率逐渐降低，一定时间后，效率不再提高。因此，不同均化库在进行均化效率对比时，要求：① 有相同的均化时间；② 被均化物料有相似的物理化学性能（例如水分、细度、被均化成分的含量等）；③ 经足够多的入库粉料试样分析，各对比库有相近似的波动曲线和标准偏差。

例如，某生料均化库在均化时间为 20min、40min 和 60min 时均化效率分别为 5.26、7.34 和 8.60。当均化时间由 20min 增加到 40min 时，时间增加一倍，而均化效率仅增加 0.4 倍；当均化时间由 20min 增加到 60min 时，时间增加两倍，而均化效率仅增加 0.63 倍，见表 5.5。

表 5.5　均化效率与均化时间的关系

均化时间/min	20	40	60	均化时间/min	20	40	60
均化效率 H_t	5.26	7.34	8.60	均化时间增长率/%	100	200	300
$1/H_t$	0.19	0.14	0.12	均化效率增长率/%	100	140	163

若将表 5.5 中数据绘制成曲线（图 5.3）更一目了然。均化初期，随均化时间的延长，均化效率明显提高；均化后期，随均化时间的延长，均化效率的提高极其缓慢。按曲线增加趋势估计，均化时间延长到 80～100min 时，均化效率不再提高。

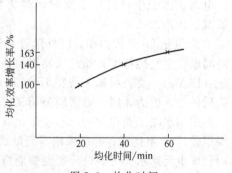

图 5.3　均化时间

5.1.3.3　均化过程操作参数

均化空气消耗量、均化空气压力和均化时间是均化过程操作的三个主要参数。

（1）均化空气消耗量　均化所需压缩空气量与库底充气面积成正比。另外，生料性质、透气性材料性能、操作方法、库底结构和充气箱安装质量等都是影响耗气量的因素。因此，欲从理论上得到准确的计算结果较为困难，通常根据试验和生产实践总结出的下列经验人工进行计算：

$$Q=(1.2\sim1.5)F \tag{5.19}$$

式中　Q——单位时间压缩空气消耗量，m^3/min；

1.2～1.5——每分钟每平方米充气面积所需压缩空气体积，$m^3/(m^2 \cdot min)$；

　　　F——均化库库底有效充气面积，m^2。

（2）均化空气压力　均化库正常工作时所需最低空气压力应能克服系统管路阻力（包括透气层阻力）和气体通过流态化料层时的阻力。

由于流态化生料具有类似液体的性质，因此料层中任一点的正压力与其料层深度成正比。当贯穿料层的压力等于料柱质量时，整个料层开始处于流态化状态。此时所需最低空气压力等于单位库底面积所承受的生料质量加上管路系统阻力（包括透气层阻力），即：

$$p=\gamma H+\Delta p' \tag{5.20}$$

式中 p——所需均化压缩空气压力，Pa；

γ——流态化生料容重，kg/m^3，取 $1.1 \times 10^3 kg/m^3$；

H——流态化料层高度，m；

$\Delta p'$——充气箱透气层和管路系统总阻力，Pa。

另外，也可用下列经验公式计算均化压力：

$$p = (1500 \sim 2000)H \qquad (5.21)$$

式中 p——均化空气压力，Pa；

$1500 \sim 2000$——库内每米流态化料柱处于动平衡时所需克服的系统总阻力（均化库内外管道和充气箱透气层阻力以及料层压力等），Pa/m；

H——库内流态化料柱高，m。

（3）均化时间 实践证明，在正常情况下，对生料粉进行 $1 \sim 2h$ 的空气均化，生料 T_C 最大波动值可达小于 $\pm 0.5\%$（甚至 $\pm 0.25\%$）的水平。如遇暂时性特殊情况（充气箱损坏、生料水分大、生料成分波动特大），可适当延长均化时间。

5.2 生料均化的主要设施

5.2.1 生料均化库的发展

20 世纪 50 年代以前，水泥工业均化生料的方法主要依靠机械倒库，不仅动力消耗大，而且均化效果不好。在矿山供应高品位矿石质量比较好的条件下，为了使入窑的生料碳酸钙成分波动在 $\pm 0.5\%$ 内的合格率达到 60% 以上，每吨生料要多消耗 $3.6 \sim 7.2MJ$ 的电力。由于生料浆易于搅匀，湿法窑能生产质量较好的水泥，当时很多国家积极地发展湿法生产。

20 世纪 50 年代初期，国外随着悬浮预热器的出现，建立在生料粉流态化技术基础之上的间歇式空气搅拌库开始迅速发展；60 年代，双层库出现；70 年代德国缪勒（Möller）、伊堡（IBAU）、克拉得斯·彼特斯（Claudius Peters）等公司研究开发了多种连续式均化库，随后伊堡、伯力休斯、史密斯公司又研发了多料流式均化库。

中国水泥工业在 20 世纪 50 年代以前，干法厂生料均化大多采用多库搭配方式，均化效果很差；70 年代邯郸等厂采用了间歇式空气搅拌库；80 年代淮海厂曾采用双层库；连续式均化库由天津水泥工业设计研究院前身邯郸设计所于 70 年代末期研发成功，80 年代首先在江西厂 2000t/d 新型干法生产线上应用；同时，在 80 年代初期投产的冀东、宁国等厂引进了连续式及多料流式均化库。自 90 年代以来，为了同大型预分解窑生产线配套，天津、南京等设计部门均研发了各具特点的多料流式均化库用于 $2000 \sim 5000t/d$ 生产线。

5.2.2 生料粉气力搅拌的基本部件

生料粉气力搅拌法的基本部件是设在搅拌库底的各种形式充气装置，这些装置已导致现有的各种均化法的发展。

充气装置的主要部件为多孔透气陶瓷板（图 5.4），空气通过多孔板进入生料粉中，这些空气细流使生料粉流态化。充气板是半可透性的，这是由于空气只能穿过多孔板向上流动，而当停止充气时，生料粉不能通过多孔板向下落。

充气板的尺寸一般为（250mm×250mm）～（250mm×400mm），厚 $20 \sim 30mm$，气孔直径为 $0.07 \sim 0.09mm$，透气率约为 $0.5m^3/(m^2 \cdot min)$。陶瓷板的抗挠强度为 $40kgf/cm^2$，抗压强度为 $60kgf/cm^2$。此外，还有水泥多孔板、各种结构的多微孔铸造金属板等钢性透气层和纤维材料制成的柔性透气层作为充气装置。

以前，国内一些干法水泥厂的均化库常采用陶瓷多孔板和水泥多孔板，现在的均化库已

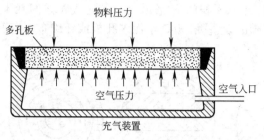

图 5.4　充气装置

很少采用。

陶瓷（或水泥）多孔板的主要缺点：

① 多孔板易堵塞破损，经常影响均化效果，严重时必须停产检修；

② 多孔板无再生性，常年维修费用大；

③ 一次使用年限不能超过 2～3 年，否则生料均化度将有明显下降。

柔性透气层的优点：

① 柔性透气层的透气性能好，无堵塞破损现象，再生性强，使用寿命长，常年维修费用低；

② 化纤过滤布的吸湿性差，因此，当生料水分为 1%～1.2% 时均化库也能长期正常工作；

③ 操作简单，长期使用稳定可靠。

一切均化法的共同特点是向装在库底的充气装置送入压缩空气，首先使生料粉松动，然后只在库底的一部分加强充气，使之形成剧烈的涡流。根据均化方法的不同，搅拌库底部的充气面积占整个库底面积的 55%～75%。

5.2.3　生料均化库的主要设施

5.2.3.1　间歇式均化库

间歇式均化库是水泥工业最早利用的均化库，这种均化库由于动力消耗大等原因，已逐步被淘汰。但其基本原理及利用高压空气充分搅拌生料的作用已被许多新型连续式均化库移植、改进和吸纳。

这种均化库一般为圆柱形钢筋混凝土结构，库底铺设一充气箱。充气箱按一定次序排列组成若干充气区。工作时，根据需要经自动配气装置或人工控制，向各充气区轮流通往不同压力或不同流量的净化（除去油污水分）压缩空气。

间歇式均化库的均化原理是：当压缩空气通入库底充气箱经透气层进入料层时，使库内粉料体积膨胀，呈流态化，再按一定规律改变各区进气压力（或进气量），则流态化粉料在库内也按同样规律产生上下翻滚的对流运动。经 1～2h 的混合均化，可以使全库粉料得到充分掺和的机会，最终达到成分均匀的目的。

这种库库容一般较小，个数较多。由于搅拌是一库一库间歇进行，故又称间歇式空气搅拌均化库。

由于间歇搅拌，一般设有两个以上的搅拌库和一个大容积的储存库。一个搅拌库在入料到一定数量后开始搅拌，完成搅拌作业后即输送到储存库去。这时，出磨生料改入另一个搅拌库，如此循环作业。一般每库搅拌时间需 1h 左右，搅拌气压为 200～250kPa，每吨生料需压缩空气 10～20m³，电耗 2.9～3.2MJ，均化效果可达 10～15。

库底设有各种形式的充气装置，透气部件可选陶瓷多孔板或涤纶、尼龙等化纤织物。

库底分区方法有扇形、条形和环形三种，如图 5.5 所示。扇形分区法首先由美国富勒（Fuller）公司设计，故称富勒均化系统。库底被等分成 4～8 块扇形区，每区由若干充气箱组成，充气面积至少占库底总面积的 60% 以上。各充气箱之间互不相通，压缩空气经导气管通往箱内。透气层可选用陶瓷多孔板、水泥多孔板或纤维布。扇形分区法适用于中心卸料的空气均化库。

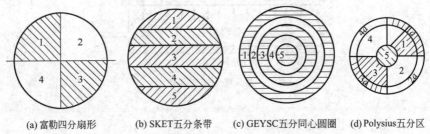

(a) 富勒四分扇形　　(b) SKET五分条带　　(c) GEYSC五分同心圆圈　　(d) Polysius五分区

图 5.5　空气搅拌均化库库底各种分区方式

条形分区法是由德国 SKET 公司设计的。均化库库底分成若干条形区，相间各区分别组成两组。工作时，轮流向各组通入压缩空气，其均化原理同扇形分区法。条形分区法可用于中心卸料的空气均化库。

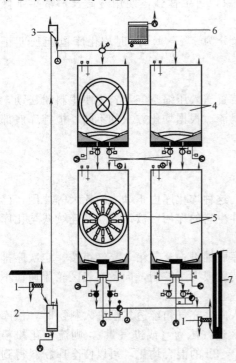

图 5.6　不连续均化装置

1—取样器；2—气力垂直输送机；3—缓冲仓；4—均化仓；5—储存仓；6—收尘器；7—斗式提升机

环形分区法是由盖塞（Geyser）公司设计，故称盖塞均化系统。库底充气区分成若干同心圆环区，各环形区透气面积均相等。环形分区法适用于库中心卸料的均化库。

双层式均化库是间歇式空气搅拌库的一种，它是为了缩短搅拌后的生料出料时间、简化流程而研发的。一般上层是多个空气搅拌库，下层为储存库，如图 5.6 和图 5.7 所示。双层库在 20 世纪 60 年代研发后，70 年代在国外应用较多。但是由于双层库高度一般为 60~70m，土建造价高，上下操作不方便，在 80 年代随着连续式均化库的出现而逐步被取代。

5.2.3.2　连续式均化库

随着水泥厂设备向大型化、自动化发展，以及原料预均化堆场的广泛使用，国外从 20 世纪 60 年代开始研究采用连续式生料均化库。

连续式生料均化库是干法水泥厂的生产工艺环节之一，它既是生料均化装置，又是生料磨和窑之间的缓冲、储存装置。连续式生料均化库可以只设一座生料库，也可以由几座并联或串联的生料库组成。它的主要工艺特点是使生料均化作业连续化，即在化学成分波动较大的出磨生料进库的同时，可从库底或库侧不断卸出成分均匀的生料供窑使用。

各种连续式生料均化库库底都设置不同类型的充气装置，并结合库底的特殊结构使生料在库内产生重力混合、气力均化和机械混合等各种均化作用。依靠这些均化作用，使出库生料达到要求的均化度。

由于连续式均化库只是将出磨或入库生料成分波动范围缩小，而不能起再校正、调配的作用，所以欲使出库生料成分符合控制指标，首先必须严格控制出磨（或入库）生料成分，并要保证入库生料在一定时间内的平均成分符合要求。

某些连续式生料均化库要求入库生料成分的绝对波动值不能过大，因为它将影响出库生料成分的波动，这是连续式均化库的主要弱点。采用这种均化库时，对生产过程中质量控制的要求较为严格。

欲使任何一种连续式生料均化库达到预期的均化效果，必须具备下述两个先决条件：

① 对矿山实行计划开采，不同质量的原料搭配使用，当原料化学成分波动较大时，应采用原料预均化堆场；

② 严格控制生料磨头配料计量的准确度，并要保证出磨生料成分的波动周期小于规定值。

连续式均化库以德国研究最早，并在欧洲得到广泛使用。国内自 1978 年起开始研究混合室均化库（连续式生料均化库的一种），于 1979 年在湖北鄂城水泥厂建成两座 $\phi 10m \times 20.5m$ 混合室均化库，生产试验证明其均化效果良好，于 1980 年通过技术鉴定后在国内推广使用。

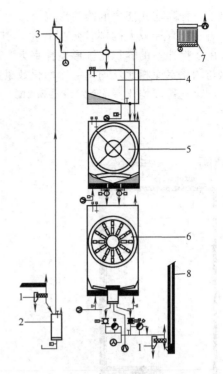

图 5.7　带前置仓的不连续均化法
1—取样器；2—气力垂直输送机；3—缓冲仓；4—前置仓；5—均化仓；6—储存仓；7—收尘器；8—斗式提升机

连续式生料均化库具有以下优点：

① 工艺流程简单，占地少，布置紧凑；

② 操作控制方便，岗位工人少，并易于实现自动控制；

③ 基建投资省，比间歇式空气搅拌库可节省投资 20% 左右；

④ 耗电较少，操作维修费用低。

连续式生料均化库的主要缺点是：当出磨生料成分发生偶然的大幅度波动时，会引起出库生料成分瞬时波动偏大，而且这种情况难以事先进行纠正。

多流式均化库也是连续式均化库的一种，是目前使用比较广泛的库型。其原理是侧重于库内的重力混合作用，而基本不用或减小气力均化作用，以简化设备和节省电力。

连续式生料均化库有多种结构型号，以下重点介绍使用较广或发展较快的几种。

（1）彼得斯混合室库　克拉得斯·彼得斯（Claudius Peters）公司是德国最早采用连续式生料均化库的公司之一，主要有两种形式。

① 彼得斯锥形混合室均化库（简称混合室库）　如图 5.8 所示，在大库的中心下部有一个圆锥形搅拌室。出磨生料经库顶生料分配器和放射状布置的小斜槽被送入库中。库底部设置的混合室环形区呈圆锥形斜面，向库中心倾斜（斜度一般为 13% 左右）。环形区内分 8～12 个小区，每个区装有充气装置，并由空气分配阀轮流充气，使生料膨松活化，向中央的混合室流动。这样，当每个活化生料区向下卸料时，都产生"漏斗效应"，使向下流出的生料能够切割库内已平铺的所有料层，依靠重力进行均化。进入混合室的生料则由空气进行搅拌均化。

② 彼得斯圆柱形混合室均化库　彼得斯公司根据锥形混合室库的使用经验，于 1976 年

提出了一种高均化能力的圆柱形混合室库（简称均化室库）。如图 5.9 所示，在大库中间底部装有一个直径较大的圆柱形搅拌室，其他部分构造与锥形混合室库相同，均化原理也相同。由于搅拌室的容积比锥形搅拌室大 2 倍以上，所以能显著提高室内气力均化效果。混合室库与均化室库相比，均化室库均化效果好于混合室库，前者 H 为 10～15，后者 H 为 8～10；均化电耗，均化室库为 1.8～2.2MJ/t，混合室库为 0.54～1.08MJ/t。

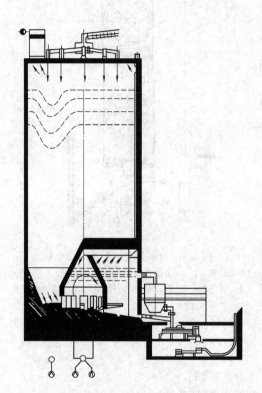

图 5.8　Claudius Peters 公司的混合室均化库

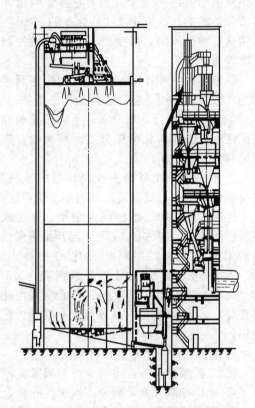

图 5.9　Claudius Peters 公司的均化室均化库

　　混合室库与均化室库由于库内结构较复杂、充气装置及空气搅拌室维修困难，生料卸空率低，电耗较大等缺点，目前，已逐渐被多料流式均化库所代替。

　　(2) 多料流式均化库　多料流式均化库是目前使用比较广泛的库型。其均化原理侧重于库内的重力混合作用，而基本不用或减小气力均化作用，以简化设备和节省电力。在混合室库或均化室库内，仅设有一个轮流充气区，向搅拌仓内混合进料，而多料流式均化库则有多处平行的料流，漏斗料柱以不同流量卸料，在产生纵向重力混合作用的同时，还进行了径向的混合，因此一般单库也能使均化效果 H 达到 7。同时，也有许多类型多料流库在库底增加了一个小型搅拌仓（一般 100m³ 左右），使经过库内重力切割料层均化后的物料，在进入小仓后再经搅拌后卸料，以增加均化效果。一般 60kPa 压力的空气即可满足搅拌要求，故动力消耗不大。目前，多料流式均化库已得到广泛推广应用。

　　① IBAU 型中心室均化库　这种均化库由德国制造，其结构形式如图 5.10 所示。生料入库装置类似混合室均化库，由分料器和辐射形空气斜槽将生料基本平行地铺入库内。

　　库底中心有一个大圆锥体，通过它将库内生料质量传到库壁上。圆锥周围的环形空间被分成向库中心倾斜的 6～8 个区，每区都装有充气箱。充气时生料首先被送至一条径向布置的充气箱上，再通过圆锥体下部的出料口，经斜槽进入库底部中央的搅拌仓中。

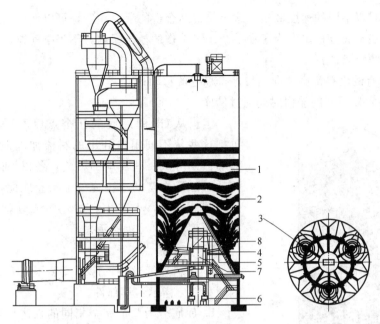

图 5.10　IBAU 型中心室均化库
1—物料层；2—漏斗；3—充气区；4—阀门；5—流量控制阀；
6—空气压缩机；7—中央斗；8—收尘器

　　这种库的均化机理与混合室库相似，当某一区充气时，该区上部物料下落形成一漏斗状料流，料流下部横断面上包含好几层不同时间的料层。因此，当生料从库顶达到库底时，依靠重力发生混合作用。当生料进入搅拌仓后，又依靠连续空气搅拌得到气力均化。最后均化后的生料从搅拌仓下部卸出。

　　IBAU 型中心室均化库有以下特点。

　　a. 库底被分成的 6～8 个充气区，每个区有一个流量控制阀门，并为它配置了空气阀来控制卸料量。

　　b. 充气部件的更换可以在设备运行时进行，在检修或者检查时，断流闸门保证不让生料进入充气部件，有了这样的装置，必须设置的备用库就可以省掉。因为即使在维修时，搅拌和均化作用也可以继续而不受干扰。

　　c. 中央料仓上面的收尘器，可防止设备运行时产生的任何粉尘污染，装在锥体内的充气系统每小时作 8～10 次空气转换，为操作和维修提供了良好条件。所有的设备项目，包括库内部的充气部件都安装在锥体下面。这样，维护人员可以很容易和安全地对它们进行维护。

　　d. 均化后的生料，通过密闭的空气输送斜槽喂入称重斗中。该称重斗位于库内锥体下的中央并支承在三个测力传感器上，传感器连接在生料自动喂料系统上。

　　e. 窑的连续运行所需要的生料，经过由生料自动喂料系统控制的流量控制闸门进行喂料，生料由空气输送斜槽送到气力提升泵内。

　　这种均化库的主要优点是：均化电耗较低，一般为 0.36～0.72MJ/t；库内物料卸空率较高。主要缺点是：施工复杂，造价较高，而且由于搅拌仓的容积较小，所以均化效果不够理想，一般单库可达 7，双库并联可达 10。所以该库适用于有预均化堆场，而且出磨生料 T_C 波动较小的水泥厂。

　　② CF 型控制流式均化库　F. L. 史密斯公司开发的控制流均化库，简称 CF 库（Controlled Flow）。CF 库生料入库方式为单点进料，这同其他均化库是不同的。物料从库底的

若干出料口同时以不同的速度卸出。这个装置结合窑的喂料装置，可以保证用较小的动力消耗来达到窑的喂料成分稳定。为了在一个连续工作的径流库内，不用空气搅拌而达到高度均匀，必须具备两个条件：

a. 库内所有的生料都必须向出口保持稳定的移动；

b. 生料必须以不同的滞留时间通过储库。

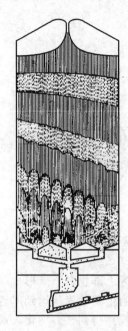

图 5.11　CF 均化库操作
原理示意图

生料从 CF 库库底的几个点以不同的速度卸出，再把这些从不同出口卸出的料流加以混合。事实上，储库被划分成一些流动的料流，各以不同的流速平行移动，随后在窑的小型充气喂料仓或搅拌仓内作最后的搅拌。这样，入窑生料的化学成分就得到了稳定。操作原理如图 5.11 所示。

CF 库的特点如下：

a. 物料连续进料，库顶安装了人孔、过压阀、低压阀和料位指示器等部件。

b. 库底分为 7 个完全相同的六边形卸料区，每个区的中心设置了一个卸料口，上边由减压锥覆盖。

c. 卸料口下部与卸料阀及空气斜槽相连，将生料送到库底中央的小混合室中。库底小混合室由负荷传感器支承，以此控制料位及卸料的开停。

d. 每个六边形卸料区又被划分成 6 块三角形小扇面。这样，库底由 42 块小扇面组成，所有这些小扇面都装有充气装置，是独立的区域，都由设定的计算机软件控制，使库内卸料形成的 42 个漏斗流按不同流量卸出。物料卸出的过程中，产生重力纵向均化的同时，也产生径向混合均化。一般保持 3 个卸料区同时卸料，进入库下小型混合室后的生料也有搅拌混合作用。

e. 由于依靠充气和重力卸料，物料在库内实现纵向及径向混合均化，各个卸料区可控制不同流速，再加上小混合室的空气搅拌。因此，均化效果较高，一般可达 10～16，电耗为 0.72～1.08MJ/t，生料卸空率也较高。

CF 库的缺点是：库内结构比较复杂，充气管路多，虽然自动化水平高，但维修比较困难。

③ MF 型多料流式均化库。德国伯力休斯公司在 20 世纪 70 年代制造了多料流式均化库 Polysius Muhiflow Silo，简称 MF 库，如图 5.12 所示。库顶设有生料分配器及输送斜槽，以进行库内水平铺料。库底为锥形，略向中心倾斜。库底设有一个容积较小的中心室，其上部与库底的连接处四周开有许多入料孔。

中心室与均化库壁之间的库底分为 10～16 个充气区。每区装设 2～3 条装有充气箱的卸料通道。通道上沿径向铺有若干块盖板，形成 4～5 个卸料孔。卸料时，充气装置向两个相对区轮流充气，以使上方出现多个漏斗凹陷，漏斗沿直径排成一列，这样随着充气变换而使漏斗物料旋转，从而使物料在库内不但产生重力混合，同时产生径向混合，增加均化效果。

生料从库顶料面到达卸料通道时，已经得到较充分的重力混合，再经过卸料通道和库下中心室搅拌时，又获得较好的气力均化。MF 库单库使用时，均化效果 H 可达 7 以上，两库并联时可达 10。由于主要依靠重力混合，中心室很小，故电耗较低，一般为 $0.43\sim0.58\mathrm{MJ/t}$。

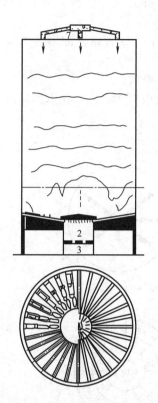

图 5.12　伯力休斯多料流式均化库示意图

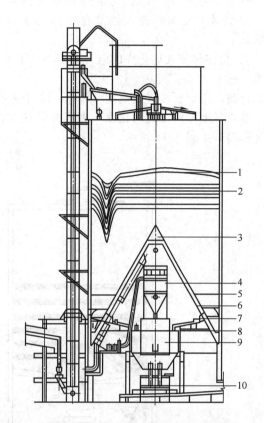

图 5.13　TP 型多料流式均化库

1—物料层；2—漏斗；3—库底中心锥；4—收尘器；5—钢制减压锥；6—充气管道；7—气动流量控制阀；8—电动流量控制阀；9—套筒式生料计量仓；10—固体流量计

20 世纪 80 年代以后，MF 库又吸取 IBAU 和 CF 库的经验，库底设置一个大型圆锥，每个卸料口上部亦设置减压锥。这样可使土建结构更合理，又可减轻卸料口的料压，改善物料流动状况。

④ TP 型多料流式均化库　中国天津 TP 库是在总结引进的混合室、IBAU 型均化库实践经验的基础上研发的一种库型，如图 5.13 所示。

这种库吸取了 IBAU 型和 MF 型库切向流库的经验，在库底部设置大型圆锥结构，使土建结构更加合理，同时将原设在库内的混合搅拌室移到库外，减少库内充气面积。

圆壁与圆锥体周围的环形空间分 6 个卸料大区、12 个充气小区，每个充气小区向卸料口倾斜，斜面上装设充气箱，各区轮流充气。当某区充气时，上部形成漏斗流，同时切割多层料面，库内生料流同时有径向混合作用。

这种库有以下特点：

a. 在库顶采用溢流式生料分配器，向空气输送斜槽分配生料，入库后进行水平铺料。溢流式分配器分为内筒和外筒。内筒壁开有多个圆形孔洞；在外筒底部较高处开有 6 个出料口，与输送斜槽相连，将生料输送入库。

b. 在库底卸料区上部设置减压锥，以降低卸料区的压力。生料由库中心的两个对称卸料口卸出。

c. 出库生料可经手动、气动、电动流量控制阀将生料输送到计量小仓。小仓集混料、称量、喂料于一体。这个带称重传感器的小仓也由内、外筒组成。内筒壁开有孔洞；根据通管原理，进入计量仓外筒的生料与内筒生料会产生交换，并在内仓经搅拌后卸出。

TP型多料流式均化库的电耗为 0.90MJ/t，入窑生料 CaO 含量标准偏差<0.25，均化效果 3～5，卸空率可达 98％～99％。

目前，正研制改进提高型 TP 库，以适应更高的均化要求。

⑤ NC 型多料流式均化库　中国南京 NC 库是在吸收引进 MF 型均化库的基础上研发的一种库型，如图 5.14 所示。

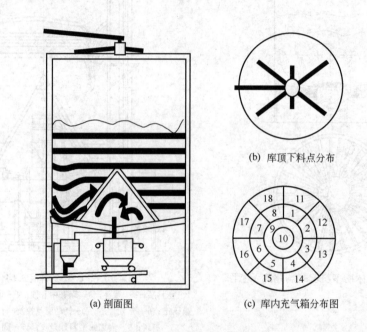

(a) 剖面图　　　　　(b) 库顶下料点分布　　　　　(c) 库内充气箱分布图

图 5.14　NC 型均化库结构原理图

库顶多点下料，平铺生料。根据各个半径卸料点数量多少，确定半径大小，以保证流量平衡。各个下料点的最远作用点与该下料点距离相同，保证生料磨层在平面上对称分布。

库内设有锥形中心室，库底共分 18 个区，中心室内为 1～10 区，中心室与库壁的环形区为 11～18 区。生料从外环区进入中心室，再从中心室卸入库下称重小仓。NC 库充气制度与 MF 库不同，在向中心室进料时，外环区充气箱仅对 11～18 区中的一个区充气，会对更多料层起强烈的切割作用。物料进入中心仓后，在减压锥的减压作用下，中心区 1～8 区也轮流充气，并同外环区充气相对应，使进入中心区生料能够迅速膨胀、活化及混合均化。9～10 区一直充气，进行活化卸料。卸料主要通过一根溢流管进行，保证物料不会在中心仓发生短路。

库内中心仓未设料位计，而是通过充气管道上的压力测量反映中心仓内料位状况。实践证明这种方法可靠、有效。

NC 型多料流式均化库的电耗为 0.86MJ/t，入窑生料 CaO 含量标准偏差<0.2，均化效果≥8，生料卸空率也较高。

5.2.3.3　各种类型均化库的比较

各种类型均化库的综合比较,见表5.6。

表 5.6　各种类型均化库的综合比较

均化库种类	间歇式均化库		混合室均化库		多料流式均化库				
均化库名称	双层均化库	串联操作均化库	彼得斯混合室库	彼得斯混化室库	IBAU 中心室库	伯力休斯 MF 库	史密斯 CF 库	天津 TP 库	南京 NC 库
均化空气压力/kPa	200～250	200～250	60～80	60～80	60～80	60～80	50～80	60～80	60～80
均化空气量/[m³/(t生料)]	9～15	16～29	10～15	18～25	7～10	7～10	7～12	7～10	7～10
均化电耗/[MJ/(t生料)]	1.44～2.34	2.52～4.32	0.54～1.08	1.80～2.16	0.36～0.72	0.54 左右	0.72～1.08	0.90	0.86
均化效果 H	10～15	8～10	5～9	11～15	7～10	7～10	10～16	3～8	≥8
均化方式(主要作业)	上库空气搅拌	全库空气搅拌	多点布料,漏斗效应,下部混合室空气搅拌	多点布料,漏斗效应,下部混化室空气搅拌	多点布料,库内有 6 个环形充气区,轮流卸料	多点布料,库内10～12 个充气区,多漏斗流向库底中心室卸料	单点下料,库内有42 个充气区,分 7 个卸料区,向下部混合室卸料	多点布料,有 6 个卸料大区,12 个充气小区,多漏斗流轴向及径向混料,卸入库下小仓	多点布料,有 18 个区,中心室为 1～10 区,室外环形区为 11～18 区,多漏斗流,轴向及径向混料卸入库下小仓
基建投资量(相对比较)	很高	最高	低	低	较高	较低	较高	一般	一般
操作要求(相对比较)	复杂	简单	很简单	很简单	很简单	很简单	简单	简单	简单
结构或均化库的特点(相对比较)	库高60～70m,土建费用大,管理和操作都较复杂	土建费用很大,效力不高,电力消耗最大	建设费用低,管理方便,维护容易	建设费用低,管理方便,维护容易,电耗不低	土建结构较复杂,但电耗极省,操作很简单	管理方便,电耗也很低	均化效果很好,但控制系统较复杂,基建费较高	土建结构合理,电耗较低	土建结构合理,电耗较低

5.3　生料均化的工艺技术

现代化水泥厂的生料制备及其均化系统工艺流程如图5.15所示。

它主要包括下述四道工序。

① 矿山的选择性开采　通过矿山的选择性开采,使矿石在采运过程中得到初步均化,以缩小矿石成分的长期波动范围。

② 原料预均化混合堆场　经二次破碎后的原料在预均化堆场的储存和运输过程中,完成预均化作用,消除入磨原料的低频波动。

③ 生料粉磨　这道工序的主要任务是将原料粉磨到一定细度,但是在粉磨中也可以消除某些高频波动。

④ 生料的均化和储存　为满足入窑生料对其成分和均化度的要求,必须对出磨生料继续进行均化,通过均化可以有效地消除生料成分的全部高频波动,如果有预均化堆场,它还可以消除因前后两个料堆平均成分的差异而引起的波动。

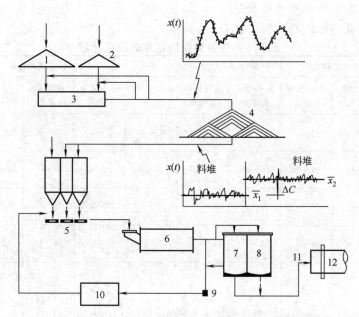

图 5.15　现代化水泥厂的生料制备及其均化系统工艺流程

1—石灰石矿；2—第二种原料；3—破碎；4—预均化堆场；5—质量喂料；

6—磨机；7—流态化生料均化库；8—备用生料储库；9—试样；

10—X-射线荧光分析仪；11—均化后入窑生料；12—回转窑

为获得成分均匀、配比准确的入窑生料，必须把上述四道工序有机地结合起来。而如何根据实际情况选择适当的均化工艺，对提高入窑生料合格率则有更大的现实意义。

大型干法水泥厂粉状物料的均化工艺流程大致可分四类，见表 5.7。

表 5.7　生料均化、调配、储存工艺分类

类别	均化库类型	生料调配方法	储存方法	原料预均化设施
1	间歇式空气均化库	X 射线荧光分析仪-计算机控制系统	储存库	原料预均化堆场
2	连续式均化库	无	有或无储存库	无
3	连续式均化库	X 射线荧光分析仪-计算机控制系统	储存库	原料预均化堆场
4	连续式均化库	带预测控制器的前馈控制系统	储存库	原料预均化堆场

下面将介绍水泥厂均化工艺实例。

5.3.1　淮海水泥厂生料均化工艺

中国淮海水泥厂为 $\phi5.8m \times 97m$ 悬浮预热器窑，日产熟料 3000t。该厂生料均化、储存工艺流程如图 5.16 所示。

均化库库底采用扇形四分区，均化库充气流程采用"一强三弱"的充气制度。

生料配比自动控制原理如图 5.17 所示。

控制系统主要组成部分包括：X 射线荧光分析仪、电子计算机、自动定量给料机、连续取样器。

该系统的主要任务是：对原料和生料进行分析（包括成分、配比控制、标准化和较准分析）；原料配比的自动控制，产量、累积偏差、球磨机动态特性、原料成分的理论分析和给料机设定值调整等的计算；分析和计算结果的自动打印。

5.3.2　国外某水泥厂生料均化工艺

某厂采用窑外分解煅烧工艺，日产熟料 3200t，自动化程度较高。

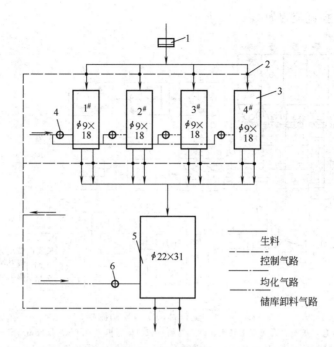

图 5.16　生料均化、储存工艺流程（单位：m）
1—生料分配器；2—滑阀；3—均化库；4,6—进气阀；5—储存库

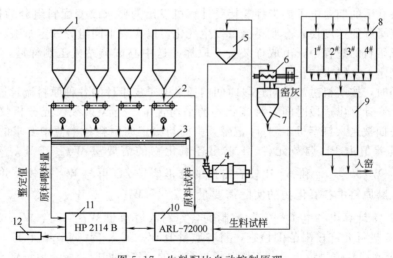

图 5.17　生料配比自动控制原理
1—原料仓；2—电子皮带秤；3—斜槽；4—生料磨（$\phi 5m \times 11.5m$）；5—选粉机
（$\phi 8m$）；6—取样器；7—生料小仓；8—均化库（$\phi 9m \times 18m$）；9—储存库
（$\phi 22m \times 31m$）；10—X-射线荧光分析仪；11—电子计算机；12—电传打字机

　　该厂设有 $300m \times 50m$ 原料预均化混合堆场。出磨生料由气力提升泵输送到连续式均化库库顶，并经多流分配器分 8 路均匀入库。均化库库底由 8 块等面积扇形充气区组成，利用每块中央一条斜槽轮流分区充气，边均化边卸料。

　　该厂生产线共设置了三个集中控制室和一个中心试验站。试验站对矿石中氧化物含量和生料配料中各氧化物组分进行自动分析。该系统包括样品制备室、全生产线共用的电子计算机和 X 射线荧光分析仪、碎石自动取样站、生料取样装置。

97

生料自动配料控制流程如图 5.18 所示。

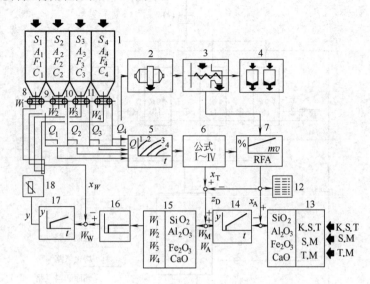

图 5.18　生料自动配料控制流程

1—磨头仓（分别装有石灰石、石灰石＋黏土、砂、铁粉）；2—球磨机（ϕ4.6m×15.5m）；3—取样装置；4—均化库；5—入磨原料流量检测（$Q_1 \sim Q_5$）；6—计算单元；7—X 射线荧光分析仪；8～11—电子皮带秤；12—打字机；13—输入控制指标；14,17—PL 调节元件；15—电子计算机；16—计算单元（允许极限范围检查）；18—电位器（图中 5、6、11、12、14、15、17、18 等单元功能由电子计算机控制）

设在磨头仓下的四台电子皮带秤 8 接受计算机发出的要求改变配料组分的控制信号后，通过调节各电子秤的速度使入磨原料流量发生变化，以实现不同组分的定量喂料。各种原料在磨内磨制成生料的过程中，由取样装置 3 取样并送中心试验站人工制样后，再由 X 射线荧光分析仪测定，余料入均化库。

取样的同时，按磨机过渡性对这段时间内通过电子皮带秤的各原料流量进行累计，然后经计算单元 6 计算出这段时间各种氧化物的平均含量。经 X 射线荧光分析仪测定的各氧化物含量，一面被送入打字机 12 打印记录，一面与给定的生料各率值中要求的各氧化物设定值比较，其差值由 PL 调节元件 14 求出各氧化物的需要量 $W_{A_{SiO_2}}$、$W_{A_{Al_2O_3}}$、$W_{A_{Fe_2O_3}}$、$W_{A_{CaO}}$。此值（W_A）与 x_T 和 x_A 比较后得出的校正信号 ZD 再与 W_A 比较，并对 W_A 进行校正，求出入磨原料中各氧化物的实际需要量 $W_{A_{SiO_2}}$、$W_{A_{Al_2O_3}}$、$W_{A_{Fe_2O_3}}$、$W_{A_{CaO}}$，根据 W_M 由电子计算机 15 计算出各电子秤实际控制的各原料入磨流量 W_1、W_2、W_3、W_4。然后经过计算单元 16 进行允许极限范围检查，将各质量值 W_W 送入 PL 调节单元 17，通过电位器 18 转换为相应的控制信号量 x_W 去调整电子皮带秤的速度，同时将 x_W 值反馈至 PL 调节单元 17，与 x_W 比较后进行自校正，最终达到自动配料、改变组分的目的。

5.3.3　冀东水泥厂生料均化工艺

冀东水泥厂是日产熟料 4000t 的大型干法水泥厂，由日本负责提供全厂工艺设备。设计中采用了德国彼得斯公司设计制造的混合室连续式生料均化库。这是中国从国外引进的第一套连续式生料均化库，于 1983 年年底投入使用。

冀东水泥厂混合室库的工艺流程如图 5.19 所示。

冀东水泥厂采用石灰石、砂土、煤矸石和铁粉四种原料配料。各种原料和熟料烧成用煤都分别设有预均化堆场，入磨原料的化学成分相当稳定。磨头配料采用在线 X 射线荧光分析仪和电子计算机自动控制，可以使出库生料 T_C 标准偏差达±0.3％。出磨生料和电收尘

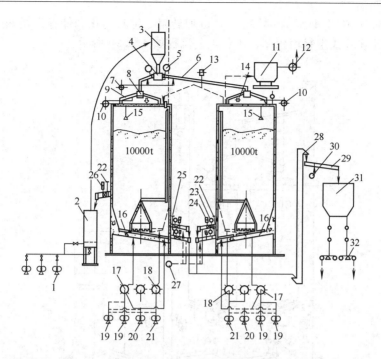

图 5.19　冀东水泥厂混合室生料均化库流程示意图

1—罗茨风机；2—气力提升泵；3—膨胀仓；4—二嘴生料分配器；5—电动闸板；6,9,29—斜槽；
7,10,27,30—鼓风机；8—八嘴生料分配器；11—袋收尘器；12—排风机；13—负压安全阀；
14—正、负压安全阀；15—重锤式连续料位计；16—充气箱；17—四嘴空气分配阀；18—六
嘴空气分配阀；19—罗茨鼓风机（强气）；20—罗茨鼓风机（环形区给气）；21—罗茨鼓
风机（弱气）；22,25—闸板阀；23—电动流量控制阀；24,26—气动流量控制阀；
28—斗式提升机；31—生料仓；32—电子皮带秤

器收下的窑灰经混合后用气力提升泵送至库顶，经生料分配器和放射状布置的小斜槽送入两个库中。也可以用电动闸板控制生料只进入一个库。

　　库底部为向中心倾斜的圆锥体，上面均匀地铺满充气箱。在库底中心处有一圆锥形混合室，其底部分为 4 个充气区。混合室外面的环形区分为 12 个小充气区。在混合室和库壁之间由一隧道接通。每个库底空间装有三台空气分配阀。每个库底安装约 220 个条形充气箱，都向库中心倾斜，采用涤纶布透气层。

　　混合室内经过搅拌后的生料入隧道，并在隧道空间中进一步均化。在隧道末端库壁处有高、低两个出料口。低位出料口紧贴充气箱，可用来卸空混合室和隧道内的生料。高位卸料口离隧道底部约 3.5m，一般情况下使用高位卸料口出料。在每个出料口外面顺序装有手动闸板、电动流量控制阀和气动流量控制阀。手动闸板供检修流量控制阀时使用；电动流量控制阀用于调节生料流量；气动流量控制阀主要用于快速打开或关闭。另外有一个库设有一个单独的库侧高位卸料口，当生料磨停车而窑继续生产时，可通过这一卸料口直接从库内卸出生料，并与电收尘器收的窑灰混合后再用提升泵送入库中。这样可避免因只向库内送窑灰而造成出库生料的化学成分波动超过规定值。

　　冀东水泥厂均化系统突出的优点是结构简单，基建投资和生料均化电耗较低，操作使用可靠，而且均化效果也较好。

5.3.4　宁国水泥厂生料均化工艺

　　宁国水泥厂是日产 4000t 熟料的大型干法水泥厂，由日本引进主要生产车间的工艺设

备，设有一台带 MFC 分解炉的 $\phi4.7m\times75m$ 回转窑。生料均化和储存采用两个德国伯力休斯公司的多点流连续式生料均化库，均化工艺流程如图 5.20 所示。

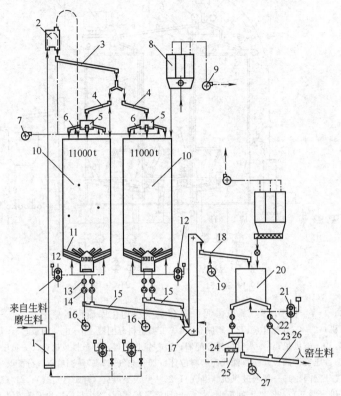

图 5.20　宁国水泥厂生料均化库流程示意图
1—气力提升泵；2—膨胀仓；3,4,15,18,26—斜槽；5—生料分配器；
6—小斜槽；7,16,19,27—鼓风机；8—袋收尘器；
9—收尘排风机；10—均化库；11—充气箱；12,21—罗茨风机；
22—回转滑阀；14—喂料滑阀；17—提升机；20—喂料仓；23—流量控制阀；
24—生料称量喂料机；25—螺旋输送机

　　生料和电收尘窑灰在斜槽内混合后，先经过生料自动取样器，再用气力提升泵送至库顶，通过生料分配器和放射状布置的小斜槽，再均匀地分布于两个均化库中。
　　库中底部向下突出一个圆柱形搅拌室，在搅拌室上部有一个锥形帽。库底板为向库中心倾斜的一个圆锥面，上面有 32 条沿径向布置的带盖板暗沟，在沟底部安装条形充气箱。在盖板上沿径向均匀布置五个入料口，盖板两侧有条形充气箱。每条暗沟的出料口和搅拌室上部接通。每座库都有一台罗茨风机向库底部的充气装置供气。搅拌室内共有 24 个充气箱，在库卸料时连续充气。而库底板上分成 16 个小区，每两条暗沟组成一个小区。采用时间继电器和电动阀门沿库圆周方向顺序充气。当某两条暗沟给气时，由于暗沟上部两侧的充气箱给气，使上部生料膨胀松动，通过盖板上的入料口进入暗沟，再由暗沟内充气箱将生料送到搅拌室。由于库横断面很大，在横断面的不同部位，生料下落速度不等，故在暗沟盖板上入料口处往往是不同时间的入库生料，利用这种时间差而产生很大的重力混合均化作用，而不同时间入库的生料在进入搅拌室时又被进一步混合均化。多点流均化库的主要特点是通过采用库内多点下料的方式而充分利用重力混合作用。如该厂一个库就有 160 个入料口，每一瞬间可以有 10 个甚至 20 个入料口的生料同时通过暗沟进入搅拌室，库内的死料区极少，同时库壁处生料运动速度比一般的均化库要快。这就使进入搅拌室内的不同生料的时间差扩大，因而入库生料的波动周期允许扩大至 10h 左右。

5.3.5　生料均化系统的前馈控制法

这种控制方法的工作原理是：为及时准确地调节各种入磨原料配比，必须对出磨生料进行连续取样，由 X 射线荧光分析仪测定其化学成分，并与入窑生料理论配比进行比较，根据差异结果及时调整入磨原料配比。因此，对生料磨而言属反馈控制，对均化库而言则属前馈控制。

反馈控制系统是由被控对象，即生料磨、自动取样系统、X 射线荧光分析仪、电子计算机或控制器以及自动定量喂料机组成的闭环反馈控制系统，如图 5.21 所示。

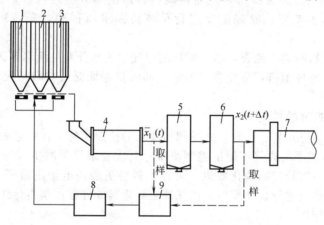

图 5.21　生料均化系统反馈-前馈控制原理
1—石灰石库；2—页岩库；3—铁粉库；4—生料库；5—均化库；6—生料储库；7—窑；8—控制器；9—X 射线荧光分析仪

一般来讲，控制系统的品质（如稳定性）在很大程度上决定于被控对象的动态特性滞后时间。例如，磨机的滞后时间主要由物料在磨内停留时间决定（球磨机或管磨机为 20～35min，立式磨为 3～5min）。因此，若采用反馈控制法，即根据出磨生料化学组成的变化调整磨头喂料配比，虽为时较晚，但一般尚能满足生产控制要求。

对生料均化库来说，其被控对象的动态特性滞后时间较长，一般可达数小时以上。显然，采用反馈控制是不适宜的。因为，根据入窑生料化学成分的实际波动值再来调整磨头喂料已无实际意义。

所谓前馈控制又称为扰动补偿控制，它能根据干扰因素的变化进行自动补偿，从而使系统输出的被控系数满足生产控制要求。如果以 1h 作为均化库控制的周期时间 Δt，生料库时间常数为 t，则自控程序为：

① 按每小时间隔对进出均化库的生料进行自动取样、分析计算；

② 根据 t 小时（h）内的生料量及其化学成分平均值 $x_1(t)$ 的变化情况，通过预测控制器预测 $t+\Delta t$ 时刻的生料化学成分预测值 $x_2(t+\Delta t)$；

③ 根据预测误差和规定的控制范围（$\Delta T \leqslant 0.1\%$），求出相应的校正信号，并送给磨头喂料电子皮带秤以调节原料配比，这样就能预先掌握未来数小时内入窑生料化学成分的波动情况。

5.4　提高生料均化效果的途径

一般来讲，影响生料均化效果常见因素有以下几方面。

5.4.1　充气装置故障及防止措施

均化库能否长期正常运转，达到预期的均化效果，充气装置系统的正常作业是关键。常见的问题有：

① 充气系统充气无力，无法进行均化；

② 多孔料发生碎裂、微孔堵塞，空气有短路，局部有堵塞，全库无效吹气；

③ 卸料口多孔材料常常发生吹掉、撕裂，造成出料不畅或无法出料事故；

④ 多孔材料被压断、挤裂从而生料倒灌，甚至进入主风管道，再返吹入其他充气箱，致使全部充气系统失效。

应采取的防止措施是：

① 保证充气箱与管道金属材料、非金属材料连接部分密封可靠；充气箱要有足够强度，保证耐久性和不变形；安装前要进行单体防漏水压试验；安装后要进行总体防漏检验；

② 防止多孔材料断裂、撕裂，防止被压缩空气中的水分及油滴堵塞微孔；

③ 充气材料要整体铺搭，避免多块搭接；同时要保证充气材料与充气箱体边缘的严密性与可靠性。

5.4.2 入库生料成分的控制

为使出库生料成分均匀、稳定，并达到所要求的控制指标，首先必须保证进库生料在一段时间（如 8h）内的平均成分不超出控制范围；其次要求尽量减少入库生料成分的大幅度波动。为保证均化库有较好的均化效果，可在生料磨头装备电子皮带秤，并通过 X 射线荧光分析仪和电子计算机进行自动配料，以保持出磨生料成分在控制指标线上下的小范围内波动，而且波动周期较短。

(1) 入库物料物理性能的影响及防止措施　入库生料含水量对均化效果有显著的影响，一般要保持在 0.5% 以下，最大不应超过 1%，否则会因物料的黏附力增强、流动性变差而影响均化效果。生产中要严格控制烘干原料和出磨生料的水分。

(2) 压缩空气质量的影响及防止措施　压缩空气压力不足以及含水量大等，都将会影响均化效果。为提高压缩空气质量应采取的防止措施有：

① 管理好空气过滤装置，防止压缩空气中水分含量过大或含有微粒，造成充气材料堵塞；

② 应配备多台空压机就近供气，防止管道过长，阻力大，影响供气效果；

③ 风源的风量、风压要力求稳定，满足均化需要。

(3) 其他机电设备故障的影响及防止措施　均化库机电设备常见的故障有：库顶喂料系统堵塞、库底下料器卡死、库底空气分配阀磨损、压缩空气主管道弯曲部分磨坏、库底充气系统控制执行机构不能正常工作等。一般的防止措施有：

① 加强管理，定期检查、维修；

② 保证生料水分<1%；

③ 防止铁质碎片混入均化系统，造成卡死或堵塞设备；

④ 风机不要经常开停，保证必要的冷却；

⑤ 管道弯曲部分用耐磨硬质材料制成或用硬质合金堆焊，提高耐磨性能。

(4) 影响间歇式均化库均化效果的其他因素及防止措施　足够的均化空气量、均化空气压力以及稳定的充气制度是确保生料均化质量的关键。

生产中为确保生料均化质量，最好设有专用的均化气源，如无条件应通过有关规定保证送气稳定、充足。充气制度的紊乱也会影响均化效果。因此，均化库的充气必须按设计程序进行，并经常检查各阀门的启闭是否灵活、严密。

① 入磨原料成分总平均值稳定以及出磨生料合格率　化验室虽然规定了生料配比方案，但是由于多种因素的影响，往往使出磨生料成分总平均值和均化后生料成分实测平均值不在

规定的控制范围内。为提高出磨生料合格率，必须严格控制入磨原料成分的波动和确保磨头配料的准确。

②　入库生料成分的合理调配　实际生产中，由于各种客观因素的影响，有时出磨生料 T_C 和 Fe_2O_3 的总平均值是不可能完全达到控制指标的。因此，必须在均化前进行生料成分的调配。

有时也会出现这样的情况，出磨生料总平均值符合要求，而均化后生料成分实测平均值却不在控制范围内。产生这种现象的主要原因是：

①　矿山原料成分的突然波动，在没有连续样的情况下瞬时样的代表性差；

②　由于磨机运转波动，致使各测定数据所代表的生料流量不等，故生料成分算术平均值不能反映其真实含量。

遇到这种特殊情况，必须重配重搅。若库容允许，可加入适量校正料；反之，就要根据计算先卸出部分不合格生料，再加入适量校正料后复搅，复搅时间应稍加延长。

针对上述原因，在原料成分波动大时，应加强出磨样的测定，尽可能保证具有代表性。如遇磨机运转不正常，则应准确掌握开停次数和时间，对配库平均值数作适当调整，提高配库合格率。

（5）影响连续式均化库均化效果的其他因素及防止措施

①　入库生料水分。以混合室库为例，当环形区充气时，库内上部生料能均匀下落，积极活动区范围较大，不积极活动区（料面下降到这一区域时，该区生料才向下移动）较小，如图 5.22 所示。

当生料水分较高时，生料颗粒的黏附力增强，流动性变差。因此，向环形区充气时，积极活动区缩小，不积极活动区和死料区范围扩大，其结果是生料的重力混合作用降低。另外，水分高的生料易团聚在一起，从而使搅拌室内的气力均化效果也明显变差。为确保生料水分低于 0.5%（最大不宜超过 1%），生产中要严格控制烘干原料和出磨生料的水分。

②　库内最低料面高度的控制。当混合室库内料位太低时，大部分生料进库后很快出库，其结果是重力混合作用明显减弱，均化效果降低。当库内料面低于搅拌室料面时，由于部分空气经环形区短路排出，故室内气力均化作用又将受到干扰。为保证混合室库有良好的均化效果，一般要求库内最低料位不低于库有效直径的 0.7 倍，或库内最少存料量约为窑的一天需要量。

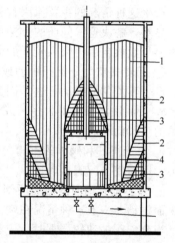

图 5.22　混合室库生料活动区域图
1—积极活动区；2—不积极活动区；
3—死料区；4—流态化区

虽然较高的料面对均化效果有利，但是为了使库壁处生料有更多的活动机会，可以限定库内料面在一定高度范围内波动。

③　搅拌室内料面高度的稳定。搅拌室内料面愈高，均化效果愈好。但要求供气设备有较高的出口静压，否则，风机的传动电机将因超负荷而跳闸。如搅拌室内料面太低，气力均化作用将减弱，均化效果不理想。当搅拌时的实际料面低于溢流管高度时，溢流管停止出料。

如果设计时确定室内料面高度为 h_1（m），则操作时应保持搅拌室内实际料面高度为 $h_1 \pm 0.5$m。当料面超过此范围时，应减少或短时间内停止环形区供风；当室内料位太低时，应增加环形区的供风量。

④ 混合室下料量。混合室库的均化效率与下料量成反比。库的设计均化效率是指在给定下料量时应能达到的最低均化效率。因此，操作时应保持在不大于设计下料量的条件下，连续稳定地向窑供料，而不宜采用向窑尾小仓间歇式供料的方法，因为这种供料方式往往使卸料能力增加 1～2 倍。

对于设有两座混合室库的水泥厂，如欲提高均化效率，可以采用两库同时进出料的工艺流程，并最好使两库库内的料面保持一定高度差。

⑤ 库顶加料装置堵塞。库顶小斜槽和生料分配器堵塞将引起入库生料提升机大量回料、冒灰，甚至使电机跳闸。堵塞的主要原因是生料水分太大，或是生料中夹有石块、铁器等大块物料，有时也可能因风机进风口过滤网堵死使出风口风压太低而造成。经常定时检查各小斜槽的输送情况，可以避免堵塞现象发生。

⑥ 库内物料下落不匀或塌方。有时库的设备运转正常，磨头配料也符合要求，但均化效率却明显下降，不能满足生产要求。出现这种情况的原因，大多是由于库顶部生料层不按环形区充气顺序均匀地分区塌落，而是个别小区向搅拌室集中供料，并在库内环形区料层上部出现几个大漏斗，入库生料通过漏斗很快即到达库底，使重力混合作用急剧恶化，总的均化效率必然明显下降。如果此时只出料不进料，库内生料漏斗扩大到一定程度时，库壁处生料大片塌落，最终填满漏斗。

产生这种情况的主要原因首先是生料水分过大，其次是停库时间超过数天以上又恢复使用。显然，解决这一问题的办法仍是限制入库生料水分，使之不超过规定范围，并将库内原有生料尽量放空后再喂入较干的生料。

⑦ 回转式空气分配阀振动或窜气。分配阀在运转中有时会发生剧烈振动，同时传动链条也产生不均匀的拖动，这是因为：

a. 黄油洗涤剂加得太多，或气温低黄油黏度大，以致在锥形阀芯和阀体间形成挤压得很紧的油膜而引起振动；

b. 由于阀芯和阀体的不均匀磨损，使阀芯的转动偏心，产生一股阀芯要拖住阀体转动的力，因而使分配阀振动；

c. 阀芯垂直轴向的端面两侧不相通，因空气进口端轴向压力引起阀芯和阀体间摩擦力过大而振动。一般这种情况在端面钻两个 $\phi 12mm$ 的孔后可以解决。

当分配阀振动较严重时，应将阀芯卸下检查。若磨损不大，可用煤油清洗后再装上，可使用黏度较小的黄油。若平均磨损较大，则应更换阀芯。

当阀芯加工精度不高和产生不均匀磨损后，阀芯与阀体之间会窜气，此时可用增加润滑黄油的方法改善阀芯与阀体间的密封，如不见效，则应对阀芯和阀体进行研磨加工或更换零件。

学习小结

本章主要介绍了生料均化的基本原理，生料均化程度对易烧性的影响、对熟料产量和质量的影响，生料均化在生料制备过程中的重要地位；均化过程的基本参数；生料均化的主要设施，生料均化库的发展，生料粉气力搅拌法的基本部件；生料均化的工艺技术；提高生料均化效果的途径，充气装置故障及防止措施，入库生料成分的控制等。生料均化对于提高水泥熟料产量、质量和确保水泥质量的稳定起着重要作用。

复习思考题

1. 生料均化的意义是什么？

2. 生料均化程度对易烧性有何影响？

3. 均化程度对熟料产量、质量有何影响？

4. 简述生料均化的基本原理。

5. 如何表示生料均化度？

6. 柔性透气层有哪些优点？

7. 连续式生料均化库要达到预期的均化效果，需具备哪两个先决条件？

8. 水泥生料制备及均化系统包括哪几道主要工序？

9. 连续式生料均化库具有什么优点？

10. IBAU 型中心室均化库有何特点？

11. 在连续工作的径流库内，不用空气搅拌而达到高度均化需必备什么条件？

12. CF 型、MF 型多料流式均化库各有何特点？

13. 提高生料均化效果的途径有哪些？

14. 影响连续式均化库均化效果的因素有哪些？防止措施有哪些？

15. 某厂一次均化结果的测定数据见下表，试计算均化前后生料 T_C 最大波动范围 $\Delta T_{最大}^{前}$ 和 $\Delta T_{最大}^{后}$。

某厂均化结果测定表

均化前 T_C/%									
74.35	76.80	76.85	72.88	75.38	72.88	73.45	71.50	70.95	74.50
71.45	75.50	74.85	76.95	74.68	70.75	82.35	85.65		
均化后 T_C/%									
74.25	75.15	74.68	75.32	74.83	75.21	74.60	75.10	75.00	75.10
74.85	74.88	75.00	75.00	75.02	75.23				

第6章 熟料煅烧技术

【学习要点】 本章主要介绍新型干法水泥生产过程中的熟料煅烧技术以及煅烧过程中的物理化学变化,以旋风筒—换热管道—分解炉—回转窑—冷却机为主线,着重介绍当代水泥工业发展的主流和最先进的煅烧工艺及设备、生产过程的控制调节等。

6.1 概述

硅酸盐水泥主要由熟料所组成。熟料的煅烧过程直接决定水泥的产量和质量、燃料与衬料的消耗以及窑的安全运转。因此,了解并研究熟料的煅烧过程是非常必要的。熟料的煅烧过程虽因煅烧窑型有所不同,但基本反应是相同的。

新型干法水泥生产,是以悬浮预热和窑外分解技术为核心,把现代科学技术和工业生产成果,广泛用于水泥生产全过程,使水泥生产具有高效、优质、低耗、符合环保要求和大型化、自动化为特征的现代水泥生产方法,也是具有现代化的水泥生产新技术和与之相适应的现代管理方法。传统的湿法、干法回转窑生产水泥熟料,生料的预热、分解和烧成过程均在窑内完成,回转窑作为烧成设备,就其能够提供断面温度分布均匀温度场并能保证物料在高温下有足够的停留时间来说,尚能满足要求,但作为传热、传质设备则不理想,对需要热量较大的预热、分解过程很不适应。而悬浮预热、窑外分解技术从根本上改变了物料的预热、分解过程的传热状态,将窑内的物料堆积状态的预热和分解过程分别移到悬浮预热器和分解炉内进行。

由于物料悬浮在气流中,与气流的接触面积大幅度增加,因此传热极快、效率高,可同时将物料在悬浮态下均匀混合,并将燃料燃烧的热及时传给物料,使之迅速分解。因此传热、传质均很迅速,大幅度提高了生产效率和热效率,目前世界上最大的规模已经达到日产万吨以上,我国日产万吨的熟料生产线也已经在海螺集团投入生产,见表6.1。

表 6.1 国内外 7000~12000t/d 预分解窑情况统计

序号	熟料产量 /(t/d)	窑规格 /m	单位容积产量 /(t/m³)	烧成热耗 /(kJ/kg)	预热器、分解炉 配备情况	备注
1	12000	$\phi 6.2 \times 105$	4.48	2864	5 级 4 列双炉 Prepol-AS	美国
2	10000	$\phi 6 \times 105$	3.92	2948	5 级 3 列双炉 SLC 型	韩国
3	10000	$\phi 5.6 \times 87$	3.96		6 级双列单炉带预燃室的 Prepol 型	中国海螺
4	9100	$\phi 5.8 \times 94$	4.29		5 级 NMFC3 型	韩国
5	9000	$\phi 6 \times 96$	3.89	2990	5 级 3 列双炉 SLC 型	泰国
6	8600	$\phi 6 \times 88$	4.07	2947	5 级双列单炉 RSP	中国台湾
7	8500	$\phi 5.6/6 \times 8.7$		2947	6 级双列单炉带预燃室的 Prepol 型	泰国
8	7800	$\phi 5.6 \times 84$	4.44	3024	4 级 SLC 型	印度尼西亚

序号	熟料产量 /(t/d)	窑规格 /m	单位容积产量 /(t/m³)	烧成热耗 /(kJ/kg)	预热器、分解炉 配备情况	备注
9	7600	$\phi5.6\times87$	4.18	2889	6 级 Dopol^R 型	韩国
10	7500	$\phi5.6\times82$	4.37		5 级 Pyroclon 型	泰国
11	7500	$\phi5.6\times87$	4.12	2947	6 级双列单炉带预燃室的 Prepol 型	泰国
12	7200	$\phi5.6\times87$	3.96	2969	6 级双列单炉带预燃室的 Prepol 型	大宇
13	7000	$\phi5.6\times82$	4.08		5 级双列双 Pyrolon7950 炉	沙特阿拉伯

预分解窑的关键技术装备有旋风筒、换热管道、分解炉、回转窑、冷却机（简称筒—管—炉—窑—机）等。这五组关键技术装备五位一体，彼此关联，互相制约，形成了一个完整的熟料煅烧的热工体系，分别承担着水泥熟料煅烧过程的预热、分解、烧成、冷却任务，如图 6.1 所示。

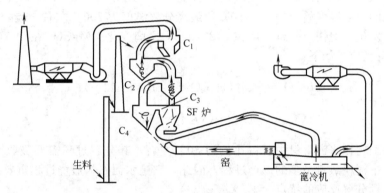

图 6.1　SF 窑工艺流程

6.2　生料在煅烧过程中的物理化学变化

生料在加热过程中，依次发生干燥、黏土矿物脱水、碳酸盐分解、固相反应、熟料烧结及熟料冷却结晶等重要的物理化学反应。这些反应过程的反应温度、反应速度及反应产物不仅受原料的化学成分和矿物组成的影响，还受反应时的物理因素诸如生料粒径、均化程度、气固相接触程度等的影响。

6.2.1　干燥

排除生料中自由水分的工艺过程称为干燥。

预分解窑生产过程中，虽然在生料制备过程采用了烘干兼粉磨技术，但生料中还有不超过 1.0% 的水。自由水分的蒸发温度一般为 27~150℃。由于加热，物料温度不断升高，自由水分不断被蒸发直至全部排除，自由水分蒸发热耗十分巨大。每千克水蒸发潜热高达 2257kJ（在 100℃下）。

6.2.2　脱水

脱水是指黏土矿物分解放出化合水。

黏土矿物的化合水有两种：一种是以 OH^- 状态存在于晶体结构中，称为晶体配位水（也称结构水）；另一种是以水分子状态吸附于晶层结构间，称为晶层间水或层间吸附水。所有的黏土都含有配位水；多水高岭土、蒙脱石还含有层间水；伊利石的层间水因风化程度而异。层间水在 100℃ 左右即可排除，而配位水则必须高达 400~600℃ 才能脱去。

黏土中的主要矿物高岭土发生脱水分解反应，如下式所示：

$$Al_2O_3 \cdot 2SiO_2 \cdot 2H_2O \longrightarrow Al_2O_3 \cdot 2SiO_2 + 2H_2O\uparrow$$

高岭土　　　　　　无水铝硅酸盐　　　水蒸气

（偏高岭土）

$$Al_2O_3 \cdot 2SiO_2 \longrightarrow Al_2O_3 + 2SiO_2$$

高岭土进行脱水分解反应属吸热过程。高岭土在失去化合水的同时，本身晶体结构遭到破坏，生成了非晶质的无定形偏高岭土（脱水高岭土），由于偏高岭土中存在着因 OH⁻ 跑出后留下的空位，故可以把它看成是无定形的 SiO_2 和 Al_2O_3，这些无定形物具有较高活性。

蒙脱石、伊利石脱水后仍具有晶体结构，因而它们的活性较高岭土差。多数黏土矿物在脱水过程中均伴随着体积收缩，但伊利石在脱水过程中伴随体积膨胀。

6.2.3　碳酸盐分解

生料中的碳酸钙和夹杂的少量碳酸镁在煅烧过程中分解并放出 CO_2 的过程称为碳酸盐分解。碳酸镁的分解温度始于 402~480℃，最高分解温度为 700℃ 左右；碳酸钙在 600℃ 时就有微弱分解发生，但快速分解温度在 812~928℃ 之间变化。$MgCO_3$ 在 590℃、$CaCO_3$ 在 890℃ 时的分解反应式如下：

$$MgCO_3 \Longrightarrow MgO + CO_2\uparrow - (1047 \sim 1214)J/g$$

$$CaCO_3 \Longrightarrow CaO + CO_2\uparrow - 1645J/g$$

其中，碳酸钙在水泥生料中所占比例为 80% 左右，其分解过程需要吸收大量的热，是熟料煅烧过程中消耗热量最多的一个过程，因此，它是水泥熟料煅烧过程重要的一环。

（1）碳酸钙分解反应的特点

① 可逆反应　碳酸钙的分解过程受系统温度、周围介质中 CO_2 的分压影响较大。升高温度并供给足够的热量，及时排出周围介质中的 CO_2 使其分压降低，均有利于分解反应的顺利进行；反之，如果让反应在密闭的容器中于一定温度下进行，随着碳酸钙的不断分解，周围介质中的 CO_2 分压不断增加，分解速率将逐渐变慢，直到反应停止。

② 强吸热反应　纯碳酸钙在 890℃ 时分解吸收热量为 1645J/g，是熟料形成过程中消耗热量最多的一个工艺过程。分解所需总热量约占预分解窑的二分之一。因此，为保证碳酸钙分解反应能完全进行，必须供给足够的热量。

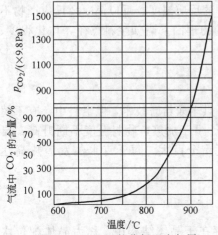

图 6.2　$CaCO_3$ 的分解温度与周围介质中 CO_2 分压的关系

③ 烧失量大　每 100kg 的纯 $CaCO_3$ 分解后排出挥发性 CO_2 气体 44kg，烧失量占 44%。但实际生产中，石灰石并非纯净的 $CaCO_3$，故烧失量不等于 44%，而大多数石灰质原料烧失量在 40% 左右，其大小与石灰质原料的品质有关。

④ 分解温度与 CO_2 分压和矿物结晶程度有关　在常压（101325Pa）和分解出的 CO_2 分压达 1atm（即平衡分解压力为 101325Pa）的环境中，纯碳酸钙的分解温度为 800℃。平衡分压增大，分解温度增高，环境 CO_2 的浓度和压力对碳酸钙分解温度的影响如图 6.2 所示。

石灰石中的伴生矿物和杂质一般有降低分解温度的作用。方解石的结晶程度高，晶粒粗大，则分解温度高；相反，微晶或隐晶质矿物的分解温度低。正是由于这些纯度、结构的差异，不同研究者所研究得到的碳酸钙的分解温度也略有差异。

（2）碳酸钙的分解过程　一颗正在分解的 $CaCO_3$ 颗粒，颗粒表面首先受热，达到分解温度后进行分解，排出 CO_2，随着过程的进行，表面层变为 CaO，分解反应逐步向颗粒内部推进。颗粒内部的分解反应可分为下列 5 个过程：

① 热气流向颗粒表面传进分解所需要的热量 Q_i；

② 热量以传导方式由表面向分解面传递；

③ 在一定温度下碳酸钙吸收热量，进行分解并放出 CO_2；

④ 分解放出的 CO_2 穿过 CaO 层，向表面扩散传质；

⑤ 表面的 CO_2 向周围气流介质扩散。

在这 5 个过程中，有 4 个是物理传热传递过程，唯独碳酸钙吸收热量分解放出 CO_2 的过程是一个化学反应过程。在颗粒开始分解与分解面向颗粒内部深入时，各过程对分解的影响程度不同，哪个过程最慢，哪个便是主控过程，即碳酸钙的分解速率受控于其中最慢的一个过程。

研究表明，当粒径约等于 1.0cm 时，整个分解过程阻力最大的主要是热气流向颗粒表面、分解面传热及 CO_2 的扩散过程，即传热和传导过程占主导地位，而化学过程占次要地位；当粒径大约为 0.2cm 时，传热、传质的物理过程与分解反应化学过程具有同样重要的地位；当碳酸钙颗粒尺寸小于 $30\mu m$ 时，颗粒的比表面积很大，其传热、传质面积也同样很大，而传热、传质的距离则缩小，即传热、传质非常快，化学反应过程成为相对较慢的过程，因而，分解速率或者分解所需的时间将决定于化学反应所需时间，即反应生成 CO_2 是整个碳酸钙分解过程中的速率控制过程。

在悬浮预热器和分解炉内，由于生料悬浮于气流中，基本上可以看作是单颗粒，其传热系数较大，特别是传热面积非常大，分解过程的速率受化学反应过程所控制。测定计算表明，此种状态下生料颗粒的传热系数比回转窑高 2.5～10 倍；而传热面积比回转窑大 1300～4000 倍，比立窑和立波尔窑加热机大 100～450 倍。因此，回转窑内碳酸钙的分解在 800～1100℃温度下，通常需要 15min 以上，而在分解炉（物料温度 850℃左右）内，只需几秒钟即可使碳酸钙分解率达到 85%～95%。

（3）影响碳酸钙分解速率的因素

① 石灰质原料的特性　以最常见的石灰石为例。当石灰石中伴生有其他矿物和杂质时，一般具有降低分解温度的作用，这是由于石灰石中的 SiO_2、Al_2O_3、Fe_2O_3 等增强了方解石的分解活力所致，但各种不同的伴生矿物和杂质对分解的影响是有差异的。方解石晶体越小，所形成的 CaO 缺陷结构的浓度越大，反应性越好，相对分解速率越高。一般来说，石灰石分解的活化能在 125.6～251.2kJ/mol 之间，当伴生有杂质且晶体细小时，其活化能将降低，一般在 190kJ/mol 以下。石灰石分解活化能越低，CaO 的化合作用越强，$\beta\text{-}C_2S$ 等的形成速率越快。

② 生料细度和颗粒级配　生料粉磨得细，且颗粒均匀、粗粒少，生料比表面积增加，使传热和传质速度加快，有利于分解反应进行。

③ 生料悬浮分散程度　生料悬浮分散差，相对地增大了颗粒尺寸，减少了传热面积，降低了碳酸钙的分解速率。因此，生料悬浮分散程度是决定分解速率的一个非常重要的因素。这也是在悬浮预热器和分解炉内的碳酸钙分解速率较回转窑、立波尔窑内快的主要原因之一。

④ 温度　提高反应温度，分解反应的速率加快，分解时间缩短。但应注意温度过高，

将增加废气温度和热耗，预热和分解炉结皮、堵塞的可能性也大。

⑤ 系统中 CO_2 分压　通风良好，CO_2 分压较低，有利于 CO_2 的扩散和加速碳酸钙的分解。当窑内通风不畅时，CO_2 不能及时排出，废气中 CO_2 含量增加，不仅影响燃料的燃烧而使窑温降低，而且使分解速率减慢。

⑥ 生料中黏土质组分的性质　如果黏土质原料的主导矿物是高岭土，由于其活性大，在 800℃ 下能和氧化钙（或直接与碳酸钙）进行固相反应，生成低钙矿物，可以促进碳酸钙的分解过程；反之，如果黏土主导矿物是活性差的蒙脱石和伊利石，则 $CaCO_3$ 的分解速度就慢。

6.2.4　固相反应

通常在碳酸钙分解的同时，分解产物 CaO 与生料中的 SiO_2、Fe_2O_3、Al_2O_3 等通过质点的相互扩散而进行固相反应，形成熟料矿物。固相反应的过程比较复杂，其过程大致如下：

$$约\ 800℃ \quad CaO + Al_2O_3 \longrightarrow CaO \cdot Al_2O_3 \quad (CA)$$
$$CaO + Fe_2O_3 \longrightarrow CaO \cdot Fe_2O_3 \quad (CF)$$
$$2CaO + SiO_2 \longrightarrow 2CaO \cdot SiO_2 \quad (C_2S\ 开始形成)$$
$$800 \sim 900℃ \quad 7(CaO \cdot Al_2O_3) + 5CaO \longrightarrow 12CaO \cdot 7Al_2O_3 \quad (C_{12}A_7)$$
$$900 \sim 1100℃ \quad 2CaO + Al_2O_3 + SiO_2 \longrightarrow 2CaO \cdot Al_2O_3 \cdot SiO_2 \quad (C_2AS\ 形成后又分解)$$
$$12CaO \cdot 7Al_2O_3 + 9CaO \longrightarrow 7(3CaO \cdot Al_2O_3) \quad (C_3A\ 开始形成)$$
$$7(2CaO \cdot Fe_2O_3) + 2CaO + 12CaO \cdot 7Al_2O_3 \longrightarrow 7(4CaO \cdot Al_2O_3 \cdot Fe_2O_3) \quad (C_4AF\ 开始形成)$$

1100~1200℃　大量形成 C_3A 和 C_4AF，C_2S 含量达最大值

由此可见，水泥熟料矿物 C_3A 和 C_4AF、C_2S 的形成是一个复杂的多级反应，反应过程是交叉进行的。水泥熟料矿物的固相反应是放热反应，固相反应的放热量约为 $420 \sim 500J/g$。

由于固体原子、分子或离子之间具有很大的作用力，因而固相反应的反应活性较低，反应速率较慢。通常固相反应总是发生在两组分界面上，为非均相反应。对于粒状物料而言，反应首先是通过颗粒间的接触点或面进行，随后是反应物通过产物层进行扩散迁移，因此，固相反应一般包括界面上的反应和物质迁移两个过程。温度较低时，固态物质化学活性较低，扩散、迁移很慢，故固相反应通常需要在较高温度下进行。

影响固相反应的主要因素主要有以下几点。

① 生料细度及均匀程度　由于固相反应是固体物质表面相互接触而进行的反应，当生料细度较细时颗粒表面积就大，使组分之间接触面积增加，同时表面能也加大了，使反应和扩散能力增强，固相反应速率也就加快。

例如，当生料中粒度大于 0.2mm 的颗粒占 4.6% 时，烧成温度为 1400℃，熟料中未化合的游离氧化钙含量达 4.7%；当生料中 0.2mm 的颗粒减少到 0.6% 时，在同样温度下，熟料中游离氧化钙减少到 1.5% 以下。

在实际生产中，往往不可能控制均等的物料粒径。由于物料反应速率与物料颗粒尺寸的平方成反比，因而，即使有少量较大尺寸的颗粒，都可显著延缓反应过程的完成。故生产上宜使物料的颗粒分布控制在较窄的范围内，特别要控制 0.2mm 以上的粗粒。

应该指出，从固相反应机理说明，生料粉磨得越细，反应速度越快。但粉磨越细，磨机产量越低，电耗越高。因而粉磨细度应视原料种类不同以及粉磨、煅烧设备性能的差别而有所不同，以达优质、高产、低消耗的综合经济效益为宜。通常粉磨硅酸盐水泥的生料，应控制 0.2mm（900 孔/cm²）以上粗粒在 $1.0\% \sim 1.5\%$ 以下，此时 0.08mm 以上粗粒控制在

8%～12%，最高在15%以下；或者使生料中0.2mm以上粗粒为0.5%左右，则0.08mm方孔筛筛余量可放宽到15%以上，甚至可以达到20%以上。

生料的均匀混合使生料各组分之间充分接触，有利固相反应的进行。

② 原料性质　当原料中含有结晶SiO_2（如燧石、石英砂）和结晶方解石时，由于破坏其晶格困难，晶体内的分子很难离开晶体而参加反应，所以使固体反应的速率明显降低，特别是原料中含有粗颗粒石英砂时，其影响更大。因此，在原料选择时，力求避免采用粗晶石英，如不得已而必须使用时，可将其单独粉磨，务求配制粉磨能耗最低但反应活性最佳的生料颗粒级配。

③ 温度　提高反应温度，质点能量增加，增加了质点的扩散速率和化学反应速率，可加速固相反应。

6.2.5　熟料烧结

当物料温度升高到最低共熔温度后，固相反应形成的铝酸钙和铁铝酸钙熔剂性矿物及氧化镁、碱等熔融成液相。在高温液相作用下，固相硅酸二钙和氧化钙都逐步溶解于液相中，硅酸二钙吸收氧化钙形成硅酸盐水泥的主要矿物——硅酸三钙，其反应式如下：

$$C_2S + CaO \longrightarrow C_3S$$

随着温度的升高和时间延长，液相量增加，液相黏度降低，氧化钙、硅酸二钙不断溶解、扩散，硅酸三钙晶核不断形成，并逐渐发育、长大，最终形成几十微米大小、发育良好的阿利特晶体。与此同时，晶体不断重排、收缩、密实化，物料逐渐由疏松状态转变为色泽灰黑、结构致密的熟料称以上过程为熟料的烧结过程，简称熟料烧结。

在配合生料适当，生料成分稳定的条件下，硅酸盐水泥熟料在1250～1280℃开始出现液相，1300℃左右时CaO和C_2S溶入液相中开始大量生成C_3S，这一过程也称为石灰吸收过程。一直到1450℃液相量继续增加，游离氧化钙被充分吸收。故通常把1300～1450～1300℃称为熟料的烧结温度。在此温度范围内大致需要10～20min完成熟料烧结过程。

由上述过程可知，熟料的烧结在很大程度上取决于液相含量及其物理化学性质。因此，影响熟料烧结过程的因素有：液相出现的温度、液相量、液相黏度、液相表面张力和氧化钙、硅酸二钙溶于液相的速率，控制并努力改善它们的性质至关重要。

（1）最低共熔温度　液相出现的温度决定于物料在加热过程中的最低共熔温度。而最低共熔温度决定于系统组分的性质与数目。表6.2列出了一些系统的最低共熔温度。

表6.2　一些系统的最低共熔温度

系　　统	最低共熔温度/℃	系　　统	最低共熔温度/℃
$C_3S-C_2S-C_3A$	1455	$C_3S-C_2S-C_3A-C_4AF$	1338
$C_3S-C_2S-C_3A-Na_2O$	1430	$C_3S-C_2S-C_3A-Na_2O-Fe_2O_3$	1315
$C_3S-C_2S-C_3A-MgO$	1375	$C_3S-C_2S-C_3A-Fe_2O_3-MgO$	1300
$C_3S-C_2S-C_3A-Na_2O-MgO$	1365	$C_3S-C_2S-C_3A-Na_2O-MgO-Fe_2O_3$	1280

由表6.2可知，系统组分数目越多，其最低共熔温度越低，即液相初始出现的温度越低。硅酸盐水泥熟料由于含有氧化镁、氧化钠、氧化钾、二氧化硫、氧化钛、氧化磷等次要氧化物，因此，其最低共熔温度为1280℃左右，适量的矿化剂与其他微量元素等降低最低共熔温度，使熟料烧结时的液相提前出现。如掺加矿化剂后最低共熔温度约1250℃，即1250℃开始出现液相。

（2）液相量　如前所述，熟料的烧结必须要有一定数量的液相。液相是硅酸三钙形成的必要条件，适宜的液相量有利于C_3S的形成，并保证熟料的质量。液相量太少，不利于C_3S的形成；而过多的液相易使熟料结大块，给煅烧操作带来困难。

液相量与组分的性质、含量及熟料烧结温度等有关。因此，不同的生料成分与煅烧温度等对液相量有很大影响。一般水泥熟料烧成阶段的液相量大约为 20%～30%。

① 液相量与煅烧温度、组分含量有关，根据硅酸盐物理化学原理，不同温度下形成的液相量可按下式计算。

a. 煅烧温度为 1338℃时：

$$IM>1.38 \qquad\qquad L=6.1F \qquad\qquad\qquad (6.1)$$

$$IM<1.38 \qquad\qquad L=8.2A-5.22F \qquad\qquad (6.2)$$

b. 煅烧温度为 1400℃和 1450℃时：

$$1400℃ \qquad\qquad L=2.95A+2.5F+M+R \qquad (6.3)$$

$$1500℃ \qquad\qquad L=3.0A+2.2F+M+R \qquad (6.4)$$

式中　L——液相量，%；

　　　F——熟料中 Fe_2O_3 的含量，%；

　　　A——熟料中 Al_2O_3 的含量，%；

　　　M——MgO 的含量，%；

　　　R——Na_2O+K_2O 的含量，%。

② 液相量随熟料中铝率的变化而变化，一般硅酸盐水泥在煅烧阶段的液相量随铝率和温度的变化情况，见表 6.3。

表 6.3　煅烧阶段的液相量随铝率和温度的变化情况

温度/℃	$IM=w(Al_2O_3)/w(Fe_2O_3)$		
	2.0	1.25	0.64
1338	18.3	21.1	0
1400	24.3	23.6	22.4
1450	24.8	24.0	22.9

生产中，应合理设计熟料的化学成分与率值，控制煅烧温度在一个适当的范围内。这个范围大体上是在出现烧结所必需的最少的液相量时的温度与出现结大块时的温度之间，即通常所说的烧结范围。就硅酸盐水泥而言，烧结范围约为 150℃。当系统液相量随温度升高而缓慢增加时，其烧结范围就较宽；反之，其烧结范围就窄。例如，硅酸盐水泥中含铁量较低，该系统的烧结范围就较宽；若含铁量较高，其烧结范围就较窄。过窄的烧结范围对煅烧操作的控制是不利的。

(3) 液相黏度　液相黏度对硅酸三钙的形成影响较大。黏度小，液相中质点的扩散速率增加，有利于硅酸三钙的形成。而液相的黏度又随温度与组成（包括少量氧化物）而变化。提高温度，液相内部质点动能增加，削弱了相互间作用力，因而降低了液相黏度。

改变液相组成时，随着液相中离子状态和相互作用的变化，液相黏度相应发生改变。由于 Al^{3+} 半径为 $0.057\mu m$，Fe^{3+} 半径为 $0.067\mu m$，因而 Al^{3+} 趋向于构成紧密堆积的四面体并与 4 个 O^{2-} 配位，价键较强，黏滞流动中不易断裂，从而黏度高；Fe^{3+} 趋向于构成疏松的八面体以六配位存在，其价键较弱，黏滞流动中易于断裂，因而黏度较低。故提高铝率时，液相黏度增大，而降低铝率则液相黏度减小。

MgO、SO_3 的存在可使液相黏度降低。而碱的作用与其形态、性质有关，Na_2O、K_2O 使液相黏度增大，而 Na_2SO_4 或 K_2SO_4 则使液相黏度降低。此外，引入适量的微量组分如氟化物，特别是石膏、萤石这类复合组分可降低液相黏度，但微量组分间的含量配合不当或加入量过多反而使液相变稠，不利于熟料烧结。

（4）液相的表面张力　液相的表面张力越小，越易润湿固相物质或熟料颗粒，有利于固液反应，促进 C_3S 的形成。液相的表面张力与液相温度、组成和结构有关。液相表面张力随温度的升高而降低。液相中有镁、碱、硫等物质存在时，可降低液相的表面张力，从而促进熟料烧结。

（5）氧化钙和硅酸二钙溶于液相的速率　C_3S 的形成过程也可以视为 CaO 和 C_2S 在液相中的溶解过程。CaO 和 C_2S 的溶解速率越大，C_3S 的成核与发育越快。因此，要加速 C_3S 的形成实际上就是提高 CaO 与 C_2S 的溶解速率，而这个速率大小受 CaO 颗粒大小和液相黏度所控制。表 6.4 为实验室条件下，不同粒径 CaO 在不同温度下完全溶于液相所需的时间。

表 6.4　不同粒径 CaO 溶于液相所需的时间

温度/℃	时间/min			
	0.1mm	0.05mm	0.025mm	0.001mm
1340	11.5	59	25	12
1375	28	14	6	4
1400	15	5.5	3	1.5
1450	5	2.3	1	0.5
1500	1.8	1.7		

6.2.6　熟料冷却

（1）熟料冷却过程及目的　熟料烧结过程完成之后，C_3S 的生成反应结束，熟料从烧成温度开始下降至常温，熔体晶化、凝固，熟料颗粒结构形成，并伴随熟料矿物相变的过程称为熟料的冷却。熟料的冷却是熟料煅烧中一系列物理化学变化过程之一，冷却的目的在于：改善熟料质量与易磨性；降低熟料温度，便于熟料的运输、储存和粉磨；部分回收熟料出窑带走的热量，预热二次、三次空气，从而降低熟料热耗，提高热利用率。

（2）熟料冷却速率对熟料质量的影响　熟料冷却的速率影响着熟料的矿物组成、结构以及易磨性。冷却速率不同，所得到的熟料矿物组成与性能也会不同。当熟料缓慢地冷却时，熟料熔体中的离子扩散足以保证固液相间反应充分进行（即平衡冷却），熟料中的所有成分几乎都形成晶体并促使熟料晶体长大，部分矿物晶体顺利进行相变。当熟料冷却速率很快（即急冷或称淬冷）时，在高温下形成的熟料熔体来不及结晶而冷却成玻璃相，并且因急冷阻止了晶体的长大与相变。

实验研究表明，当以 4～5℃/min 的缓慢降温速率对熟料冷却时，熟料中的 C_3A、C_4AF 呈结晶态，MgO 形成晶体尺寸可达 $60\mu m$ 的方镁石。如果把含 1% 30～60μm 方镁石晶体的水泥与含 4% 5μm 方镁石的水泥分别在压蒸釜中试验，可发现它们呈现的膨胀率相近，即方镁石晶体大小影响水泥的安定性。更为值得注意的是，缓慢冷却条件下，C_3S 在1250℃以下易分解成 C_2S 和二次游离氧化钙，结果是降低水硬性，当伴随有还原气氛时，上述分解过程加速；而 $\beta\text{-}C_2S$ 也易转化成 $\gamma\text{-}C_2S$，最终造成熟料粉化并降低水硬性。

如果以 18～20℃/min 的急速降温速率对熟料进行冷却，则可以发现上述 C_3S 的分解、C_2S 的转化、过大的方镁石晶体及全部的 C_3A 和 C_4AF 结晶态不复存在，即急速降温（急冷）优于缓慢冷却（慢冷）。

（3）急冷对改善熟料质量的作用

① 防止或减少 C_3S 的分解　当急速冷却时，温度迅速从烧成温度开始下降并越过 C_3S 的分解温度，使 C_3S 来不及分解而呈介稳状态保存下来，避免或减少了因 C_3S 分解成 C_2S 和二次游离 CaO 而使水硬性降低的可能性。同时因急冷使 C_3S 晶体细小，从而产生较高的熟料强度。

② 避免 $\beta\text{-}C_2S$ 转变成 $\gamma\text{-}C_2S$　如前所述，C_2S 有 α、α'、β、γ 四种结晶形态，其中高温型的 $\alpha\text{-}C_2S$ 要转变成水硬性的 $\beta\text{-}C_2S$，并有趋势最终转变成几乎没有水硬性的 $\gamma\text{-}C_2S$，造成熟料粉化现象。

当熟料急冷时，可以迅速地越过晶型转变温度使 $\beta\text{-}C_2S$ 来不及转变成 $\gamma\text{-}C_2S$ 而以介稳状态保持下来。同时，由于急冷时玻璃体增多，这些玻璃体包裹住 $\beta\text{-}C_2S$ 晶体使其稳定下来，因而避免或减少了 $\beta\text{-}C_2S$ 转化成 $\gamma\text{-}C_2S$，提高了熟料的水硬性，增强了熟料的长期强度。

③ 改善了水泥安定性　急冷可以使熟料液相中的 MgO 来不及结晶，即使结晶也来不及长大，因此，MgO 便凝固于玻璃体中或以细小的晶体析出。凝固于玻璃体中的 MgO 易于水化，不会影响安定性。即使有少量的细小方镁石结晶体，其水化相对于较大尺寸的方镁石晶体较快，即安定性不良的危害性小，尤其当熟料中 MgO 含量较高时，急冷可以克服其含量较高带来的不利影响，达到改善水泥安定性的目的。

④ 使熟料中 C_3A 晶体减少，提高水泥的抗硫酸盐性能　急冷可使 C_3A 来不及结晶而存在于玻璃体中，或结晶细小。研究表明，呈玻璃态的 C_3A 很少会受到硫酸钠或硫酸镁的侵蚀，因此，急冷有利于提高水泥的抗硫酸盐性能。

⑤ 改善熟料易磨性　急冷时熟料矿物晶体细小，粉磨时能耗低。急冷使熟料形成较多的玻璃体，这些玻璃体由于种种体积效应在颗粒内部不均衡地发生，造成熟料产生较大的内应力，所以急冷可显著地改善熟料的易磨性。

⑥ 可克服水泥瞬凝或快凝　由于急冷使 C_3A 呈玻璃体存在，通常水泥不易发生瞬凝现象，凝结时间易于控制。

由此可见，熟料的冷却过程对熟料质量、节约能源及生产过程有着重要的作用。生产中，如何使熟料快速冷却和尽可能多地回收余热，一直是水泥熟料生产过程中的一个重要课题，也是研究和发展熟料冷却装置的重要依据。从设备上和操作上设法加速熟料冷却已成为水泥生产中的重要环节。对回转窑而言，主要是利用熟料冷却机如篦式冷却机、单筒冷却机、多筒冷却机或立筒式冷却机、重力式冷却机等对熟料进行强制性冷却，回收余热。

6.3　悬浮预热技术

6.3.1　悬浮预热技术

悬浮预热技术是指低温粉状物料均匀分散在高温气流之中，在悬浮状态下进行热交换，使物料得到迅速加热升温的技术。

6.3.2　悬浮预热技术的优越性

悬浮预热技术的突破，从根本上改变了物料预热过程的传热状态，将窑内物料堆积态的预热和分解过程，分别移到悬浮预热器和分解炉内在悬浮状态下进行。由于物料悬浮在热气流中，与气流的接触面积大幅度增加，因此传热速率极快，传热效率很高。同时，生料粉与燃料在悬浮态下均匀混合，燃料燃烧产生的热及时传给物料，使之迅速分解。所以，由于传热、传质迅速，大幅度提高了生产效率和热效率。

6.3.3　悬浮预热器的构成及功能

目前在预分解窑系统中使用的悬浮预热器主要是旋风预热器，构成旋风预热器的热交换单元主要是旋风筒及各级旋风筒之间的连接管道（换热管道），如图 6.3 所示。

悬浮预热器的主要功能在于充分利用回转窑及分解炉内排出的高温气流预热生料，使生料在预热器单元进行干燥、黏土矿物的脱水分解，为碳酸钙的分解以及熟料的烧成创造良好的条件。因此悬浮预热器必须具备使气、固两相能充分分散均布、迅速换热、高效分离三个功能。

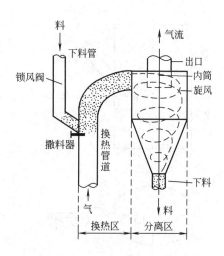

图 6.3　旋风筒功能结构示意图

6.3.4　旋风预热器

旋风预热器是由旋风筒和连接管道组成的热交换器，是主要的预热设备。现在一般为五级预热器，也有六级预热器。换热管道是旋风预热器系统中的重要装备，它不但承担着上下两级旋风筒间的连接和气固流的输送任务，同时承担着物料分散、均布、锁风和气、固两相间的换热任务，所以，换热管道除管道本身外还装设有下料管、撒料器、锁风阀等装备，它们同旋风筒一起组合成一个换热单元。

旋风筒的作用主要是气固分离，传热只占 6%～12.5%。含尘气流在旋风筒内做旋转运动时，气流主要受离心力、器壁的摩擦力的作用；粉尘主要受离心力、壁的摩擦力和气流的阻力作用。此外，两者还同时受到含尘气流从旋风筒上部连续挤压而产生的向下推力作用，这个推力则是含尘气流旋转向下运动的原因。由此可见，含尘气流中的气流和粉尘的受力状况基本相同。但是由于两者物理特性不同，致使两者在受力状况基本相同的条件下，得到不同的运动效果，从而使得含尘气流最后得到分离。旋风筒分离效率的高低，对系统的传热速率和热效率有重要影响。旋风筒的分离效率越低，生料在系统内、外循环量就越高。系统内生料循环量等于喂料量时，废气温度将升高 38℃。外循环量增加，就会增加收尘设备的负荷，降低热效率。最高一级旋风筒的分离效率决定着预热器系统的粉尘排出量，提高它的分离效率是降低外部循环的有效措施，因此一级旋风筒一般为并联的双旋风筒。

由于在换热管道中，生料尘粒与热气流之间的温差及相对速度都较大，生料粉被气流吹起悬浮，热交换剧烈，因此理论计算及实践均证明，生料与气流的热交换主要（约 80% 以上）在连接管道内进行。因此，对管道的设计十分重要。如果管道风速太低，虽然热交换时间延长，但影响传热效率，甚至会使生料难以悬浮而沉降积聚，并且使管道面积过大；风速过高，则增大系统阻力，增加电耗，并影响旋风筒的分离效率。因此，正确确定换热管道尺寸，必须首先确定合适的管道风速。管道风速的确定，可根据生料粒径、悬浮速率以及工况等因素进行理论计算。由于影响因素复杂，许多因素的考虑也不能完全符合实际，故计算后也常需要以实验数据或经验数据予以修正。各国设计或制造单位，一般根据实践经验数据选定各部换热管道风速，作为管道尺寸设计的基础。各种类型的旋风预热器的换热管道风速，一般选用 12～18m/s。

为了使生料能够充分地分散悬浮于管道内的气流中，加速气、固之间的传热，必须采取以下措施。

① 在生料进入每级预热器的上升管道处，管道内应有物料分散装置，一般采用板式撒料器（图 6.4）和箱式撒料器。撒料装置的作用在于防止下料管下行物料进入换热管道时的向下冲料，并促使下冲物料冲至下料板后飞溅、分散。装置虽小，但作用极大。

② 选择生料进入管道的合适方位，使生料逆气流方向进入管道，以提高气、固相的相对速度和生料在管道内的停留时间。

③ 两级旋风筒之间的管道必须有足够的长度，以保证生料悬浮起来，并在管道内有足

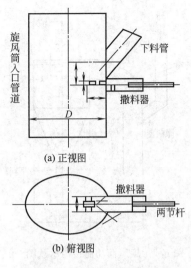

图 6.4 板式撒料器示意图

够的停留运行距离，充分发挥管道传热的优势。

④ 旋风筒下料管道上设有锁风翻板排灰阀，要求结构合理、轻便灵活不漏风，生料能连续卸出，有料封作用。锁风翻板排灰阀（简称锁风阀）是预热器系统的重要附属设备。它装设于上级旋风筒下料管与下级旋风筒出口的换热管道入料口之间的适当部位。其作用在于保持下料管经常处于密封状态，既保持下料均匀畅通，又能密封物料不能填充下料管空间，最大限度地防止上级旋风筒与下级旋风筒出口换热管道间由于压差容易产生的气流短路、漏风，做到换热管道中的气流及下料管中的物料"气走气路、料走料路"，各行其路。这样，既有利于防止换热管道中的热气流经下料管上窜至上级旋风筒下料口，引起已经收集的物料再次飞扬，降低分离效率；又能防止换热管道中的热气流未经与物料换热，而经由上级旋风筒底部窜入旋风筒内，造成不必要的热损失。

6.4 预分解技术

6.4.1 预分解技术

预分解（或称窑外分解）技术是指将已经过悬浮预热后的水泥生料，在达到分解温度前，进入到分解炉内与进入炉内的燃料混合，在悬浮状态下迅速吸收燃料燃烧热，使生料中的碳酸钙迅速分解成氧化钙的技术。预分解技术发明后，熟料煅烧所需的 60% 左右的燃料转移到分解炉内，并将其燃烧热迅速应用于碳酸盐分解进程，这样不仅减少了窑内燃烧带的热负荷，并且入窑生料的碳酸盐分解率达到 85%～95%，从而大幅度提高了窑系统的生产效率。

6.4.2 预分解窑的特点

如图 6.5 所示，预分解窑的特点是在悬浮预热器与回转窑之间增设一个分解炉或利用窑尾上升烟道，原有预热器装设燃料喷入装置，使燃料燃烧的放热过程与生料的碳酸盐分解的吸热过程在其中以悬浮态或流化态下极其迅速地进行，从而使入窑生料的分解率从悬浮预热窑的 30% 左右提高到 85%～95%。这样，不仅可以减轻窑内煅烧带的热负荷，有利于缩小窑的规格及生产大型化，并且可以节约单位建设投资，延长衬料寿命，有利于减少大气污染。预分解窑是在悬浮预热窑基础上发展起来的，是悬浮预热窑发展的更高阶段，是继悬浮预热窑发明后的又一次重大技术创新。

6.4.3 分解炉内气、固流运动方式及功能

分解炉内的气流运动，有四种基本形式，即涡旋式、喷腾式、悬浮式及流化床式。

在这四种形式的分解炉内，生料及燃料分别依靠"涡旋效应"、"喷腾效应"、"悬浮效应"和"流态化效应"分散于气流之中。由于物料之间在炉内流场中产生相对运动，从而达到高度分散、均匀混合和分布、迅速换热、延长物料在炉内的滞留时间，达到提高燃烧效率、换热效率和入窑物料碳酸盐分解率的目的。

（1）旋流式分解炉 又称旋风式分解炉，以 SF 型为代表。现已发展为 NSF（New Suspension Preheater Flash Calciner）型，它的原理已发展为旋流-喷腾式分解炉类型。其简要示意图如图 6.6 所示。

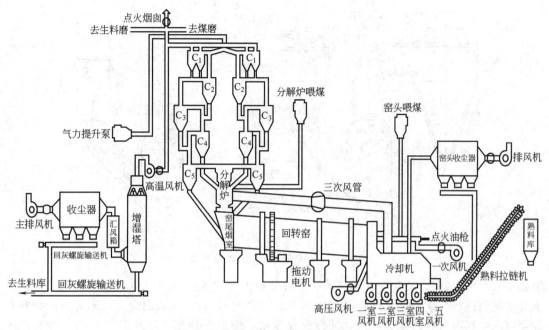

图 6.5　预分解窑系统工艺流程图

　　NSF 分解炉是原有 SF 分解炉的发展、改造型,由原气流运动的旋流型改进为旋流-喷腾型。它主要改进了燃料和来自冷却机新鲜热空气的混合,使燃料充分燃烧;同时使预热后的生料分两路(或四路,上下各两路)分别进入分解炉反应室和窑尾上升管道中,以降低窑尾废气温度,减少结皮的可能性,并使生料进一步预热、与燃料充分混合,以提高传热效率和生料分解率。图 6.6 表明,回转窑窑尾上升烟道与 NSF 分解炉底部相连,使回转窑的高温烟气从分解炉底部进入分解炉下蜗壳,并与来自冷却机的热空气相连,与生料粉、煤粉等一起上升作喷腾运动,并沿着反应室的壁作螺旋(旋流)式运动。经几次旋转,直至上升到上蜗壳经气体管道入四级(或五级)旋风筒。生料由于旋风-喷腾效应,使生料和燃料颗粒(或雾粒)同气体发生混合和扩散作用。在分解炉内,看不见像

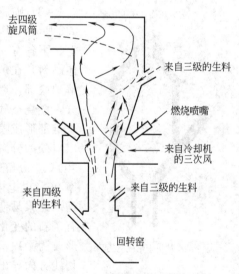

图 6.6　NSF 分解炉的示意图

回转窑中燃料颗粒燃烧时那样明亮的火焰,燃料是在一边悬浮,一边燃烧。同时把燃烧产生的热量,以强制对流的形式,立即传给生料颗粒,使碳酸钙立即分解,从而使整个炉内都形成燃烧区,炉内处于800～900℃的低温无焰燃烧状态;温度比较均匀;传热效率很高,分解率即可达 85%～95%。应该注意,在分解炉中应充分使生料和燃料分散、混合,并有足够的停留时间和燃烧时间,以保证燃料的充分燃烧和生料的分解。

　　(2) 涡流燃烧式分解炉　以 RSP(Reinforced Suspension Preheater)型为例,如图 6.7 所示。

　　RSP 分解炉由涡流预燃室、涡流分解室以及混合室组成。它利用冷却机抽出的高温热空气带动从第三级(或第四级)来的预热生料,切向喷入涡流分解室中,同时用几个燃料喷

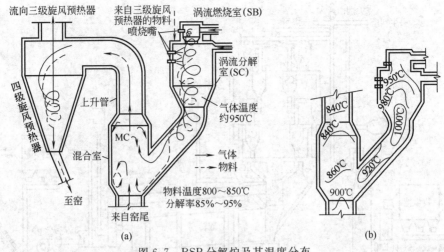

图 6.7   RSP 分解炉及其温度分布

嘴或 1~2 个风煤混合装置喷入涡流预燃室，使炉内形成无焰燃烧。生料在向下回旋运动中于分解室内进行高速分解（分解率在 35%~55% 之间）。然后进入混合室，未分解的物料在混合室内受高温窑气的高速冲击，进行充分搅动，使生料分解率达 85%~95%，经第四级旋风预热器分离后入窑。通常入窑生料温度为 820~860℃。

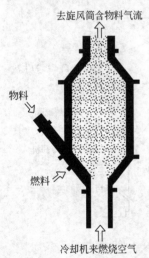

图 6.8   FLS 分解炉

（3）喷腾式分解炉   以 FLS（F. L. Smidth）型为例，如图 6.8 所示。其结构较简单，中部是一个镶有耐火衬里的圆筒，上、下各有一个圆锥形的顶盖和底部。生料和煤粉（或气体、液体燃料）在炉内呈悬浮状态。经过预热接近 750℃ 的生料喂入分解炉底部，燃料由底部（下锥部）向上送入料流中，使之混合充分，燃烧空气从分解炉底部中心高速向上进入，使燃料和生料在下锥部形成喷腾状，随即开始燃烧过程与分解过程。这种分解炉出口处的分解率最好控制在 90%~95%，并使入窑生料温度近 900℃，分解炉出口气流温度最高达 950℃。但应注意，传给分解率 90% 以上生料的热量即使稍有增加，也会引起温度的剧烈波动，结果易使分解炉和旋风筒引起严重结皮。后来，分解炉结构有了新的变化，主要是取消了炉的上锥体部分，炉顶由原来的锥形改为平顶，并使含有悬浮生料的气流从炉的圆柱形筒体上部以切线方向导出，进入最低级旋风筒内进行分离，从而延长燃料和生料在炉内的停留时间。

（4）沸腾式分解炉   以 MFC（Mitsubishi Fluidized Calciner）型为代表，如图 6.9 所示为 MFC 系统工艺流程与带出式 NMFC 沸腾分解炉的示意图。该炉分为以下四个区。

① 流化层区   炉底装有喷嘴，可使直径达 1mm 煤粒约有 1min 的停留时间，以充分燃烧。流化空气量为燃料理论空气量的 10%~15%，流化空气压力为 3~5kPa。煤粉可通过 1~2 个喂料口靠重力喂入或用气力输送装置直接喂入；煤粒可通过溜子喂入或与生料一起喂入。由于流化层的作用，燃料很快在层中扩散，整个层面温度分布均匀，温度波动在 ±10℃。

② 供气区   从篦式冷却机抽吸来的 700~800℃ 的三次风，通过收尘后进入此区内。

③ 稀薄流化区   位于供气区以上，为倒锥形结构。在此区内煤中的粗粒继续上下循环运动，形成稀薄的流化区。当煤粒进一步减小时，才被气流带至上部的直筒部分。

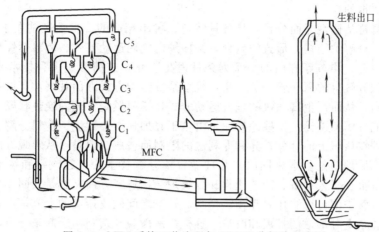

图 6.9　MFC 系统工艺流程与 NMFC 分解炉示意图

④ 悬浮区　该区为圆筒形结构。经燃烧，颗粒已减小的煤粒与生料在此区呈稀相流化区（悬浮区），可燃物继续燃烧，生料进一步分解，分解的生料被气流从炉顶带出。物料分解后温度可达 $820 \sim 860$℃，分解率可达 $90\% \sim 95\%$。由于炉内停留时间较长，燃料燃烧比较充分，因此，出分解炉中 CO 含量极低，一般小于 0.05%，有时可以接近于 0。

早期开发的分解炉，大多主要依靠上述四种效应中的某一种。近年来，随着预分解技术的发展和成熟，各种类型的分解炉在技术上相互渗透，新型分解炉大都趋向于采用以上各种效应的"综合效应"，以进一步完善性能，提高作业效率。其发展主要有以下几个方面：

① 适当扩大炉容，延长气流在炉内的滞留时间，以空间换取保证低质燃料完全燃烧所需的时间；

② 改进炉的结构，使炉内具有合理的三维流场，力求提高炉内气、固滞留时间比，延长物料在炉内的滞留时间；

③ 保证物料向炉内均匀喂料，并做到物料入炉后尽快地分散、均布；

④ 改进燃料燃烧器形式与结构以及合理布置，使燃料入炉后尽快点燃；

⑤ 下料、下煤点及三次风之间布局的合理匹配，以有利于燃料起火、燃烧和碳酸盐分解；

⑥ 根据需要，选择分解炉在预分解窑系统的最优部位、布置和流程，有利于分解炉功能的充分发挥，提高全系统功效，降低 NO_x、SO_3 等有害成分排放量，确保环保达标。

例如：第一代的"旋流型"SF 炉，已发展成为第二代"旋流-喷腾"叠加型复合式的 NSF 炉。第三代的 CSF 炉；第一代 MFC 炉也由原来高径比（H/D）等于 1，发展成 H/D 增大的第二代改进型炉和第三代的 NMFC 炉；其他如 RSP 炉、KSV 炉等许多炉型均有较大的改进和发展。同时，在吸取已有经验的基础上，许多新型分解炉也纷纷研制成功，以优化各种技术经济指标，增强竞争能力。

众所周知，在熟料煅烧过程中，生料组分中含量最多（约占 $74\% \sim 79\%$）、耗热量最大的碳酸盐分解过程［理论上纯碳酸盐在 890℃，分压达 101.3kPa 即 1atm 时，吸热反应耗热为 $1660 kJ/(kgCaCO_3)$］，预分解窑的碳酸盐分解过程大部分在预热器及分解炉内以悬浮状态高效快速地完成，入窑分解率可达 90% 以上。同时，由于分解炉内生料颗粒处于悬浮状态，颗粒之间难以紧密接触，因而新生态的 CaO 难以同其他矿物组分进行固相反应，入窑后已经高度分解的高温生料快速升温又紧密接触，固相反应多点发生、迅速进行，形成一个比较集中的固相反应带，使固相反应放热更有利于物料的进一步升温烧结，这一优越性是其他水泥窑无法比拟的。

各种预分解窑从微观方面分析，是各具特色、各不相同的。主要区别在于分解炉结构、形式上的差异。分解炉结构、形式的差异，又使炉内气固运动方式、燃料燃烧环境以及物料在炉内分散、混合、均布等方面的一系列条件发生变化，进而影响多种技术经济指标的优劣。同时，从预分解窑的筒—管—炉—窑—机全系统匹配方式方面观察，其设备性能及工艺布置也不尽相同，从而产生窑系统的气流运动方式、燃料燃烧及气固换热状况，以及全窑系统调节控制性能方面的差异。这些差异，是由基于对加强燃料燃烧、物料分解、气固混合及气流运动的机理在认识上的部分差异和专利法的限制而造成。但是，从宏观方面观察，各种预分解窑的技术原理却是基本相同的，并且随着预分解技术的日趋成熟和技术上的相互渗透，各种预分解窑在工艺装备、工艺流程和分解炉结构形式方面又都是大同小异。从总的方面来说，各种分解炉都可以看作悬浮预热器与回转窑之间的改造了的上升烟道，有的是上升烟道延长，有的是上升烟道的扩展和改造。这样，从微观与宏观结合起来分析，就会使我们对各种预分解窑的认识更加清晰。

6.4.4 新型分解炉型及结构分析

（1）"喷-旋"型分解炉 这种类型的分解炉可以 NSF-CSF 系列及 RSP 系列炉型为代表。其主要特点在于燃料是在旋流的炽热三次风中点火起燃，因其预燃环境好，为下一步燃料在炉内完全燃烧创造了良好条件；同时，气固两相流系在"喷-旋"结合流场中完成最后燃烧与物料分解的。要充分发挥这种炉型的应有功效，关键在于组织好"喷-旋"两相流的流场和保证气流、物料在炉内有充裕的滞留时间，避免炉内偏流、短路和物料"特稀浓度区"，影响物料在气流中的分散、均布，进而影响分解炉的燃烧、换热和分解功能的充分发挥。TDF、NC-SST 型炉巧妙地研发了"旋-喷"结构用以优化煤粉起火燃烧，收到良好效果。

NC-SST 系列炉型与 RSP 系列炉型的主要区别在于 RSP 炉有较大的预燃分解室（SC），而 NSF-CSF 炉的炉下蜗壳仅起点火预燃作用，经蜗壳点火起燃的气流很快与炉下喷腾向上的窑气会合，喷腾进入反应室。虽然这种炉型固气滞留时间比较长，但是 NSF 炉的侧向出口容易造成炉内偏流和特稀浓度区，因此其工作条件不如 CSF 炉好。CSF 炉上部设有"涡室"，可以说是对 NSF 炉缺点进行改进的十分必要的有效措施。如果根据燃料条件，设计中保证 CSF 炉能够有一个比较充裕的炉容，它是具有很大竞争能力的。

RSP 炉 SC 室在使用中低质煤时，保证燃料在炽热的三次风中起火预燃，起到了优异作用，同时也有利于生料升温和初步分解。因此，对 SC 室的作用应给予高度评价。但是，要保证燃料达到足够的燃尽度、生料达到规定的分解率，最终还要靠 MC 室完成，所以对 MC 室的作用也必须有足够的重视。在 RSP 炉开发初期，由于是以油为燃料，条件优越，MC 室的作用尚未得到像现在那样的重视。对 RSP 炉最早提出挑战的当属法国莱克索斯水泥厂，该厂以煤代油后，分解炉难以适应，随即在炉内增加了"缩口"，并且增大 MC 室容积，从而扭转了生产被动局面。这对随后 RSP 发展成三种炉型，不能不说是一个重要的启示。中国 TSD 型炉、丹麦 FLS 公司 SLC-D 型炉、德国伯力休斯公司 P-AS-CC 型炉都吸取了 RSP 炉 SC 室的成功经验；中国 TWD 型炉、CDC 型炉则吸取了"喷-旋"型炉经验，发展创新研发而成。

总之，"喷-旋"叠加型分解炉的喷腾作用有利于物料在炉内的分散、均布，旋流有利于延长物料在炉内的滞留时间，关键在组织好喷腾流场及旋流流场的最佳匹配，否则导致偏流及物料贴壁，必然会影响物料的分散、均布及传热、传质和动量传递效果。同时，由于旋流阻力较大，喷、旋流场组织不好，不但不能充分发挥两种流场叠加的应有作用，反而引起系统阻力增加，这一点是十分值得重视的。此外，还要特别强调 RSP 炉 SC 室对中低质及低挥发分煤的点火预燃的优异作用，这一点是其他炉型难以比拟的。

（2）"喷腾"型及"喷腾叠加"型分解炉　"喷腾"型炉以 FLS 型系列炉型为代表，"喷腾叠加"型以 DD 型炉为代表。它们的特点在于，燃料在炽热的三次风中点燃起火。FLS 炉的数个燃料喷嘴可以从炉下锥体中下部喷入向上喷腾的炽热三次风中，也可旋喷入三次风中。由于从上级旋风筒下来的物料下料点同燃料喷嘴有一段距离，燃料点火后可在此空间预燃，因此下料点与燃料喷嘴位置之间的合理匹配，对于燃料预燃十分重要。而 DD 炉燃料喷嘴设置在炉的中下部三次风入口的上方，入炉燃料倾斜向下喷入炽热的三次风中点火起燃。由于其燃料点火起燃环境没有"旋-喷"式炉（如 NSF-CSF 炉及 RSP 炉）宽松，因此喷嘴位置设置及喷出风速等技术参数稍有不当，即会影响燃料点火速度及预燃环境，从而影响到炉内温度场的分布，进而影响出炉燃料燃尽度及生料分解率。

由于 FLS 型第二代分解炉上部出口设置形式不当，对炉内工况产生不利影响，但这个问题对 FLS 型第一代炉型是不存在的，因此可以认为其第一代炉型较第二代炉型优越。针对第二代 FLS 炉在中国 LZ-SLC 窑上存在的问题，在技术改进中，已采取炉内增设"缩口"、"气固反弹室"以及增大炉容的办法加以解决。近期，史密斯公司供应中国 SH、HX 的两台 SLC-S 型窑，不但已采用第一代炉型，并且在炉出口及最下级旋风筒之间增设"鹅颈"管，以延长气流及物料在炉内的滞留时间，取得了良好效果。NC-SST-Ⅰ型分解炉炉下采用"旋-喷"叠加结构以及增设"鹅颈管道"，有可能使其成为适应性良好的炉型。

DD 炉已在中国 YX-2000t/d 预分解窑上使用，同时经设计转换还建成数台 1000t/d DD 型预分解窑。如前分析，DD 炉属"喷腾叠加"型炉，也是一个较好炉型。但以前生产中出现的问题，主要在于炉容较小，难以适应中低质煤生产。在中国 CT-1000t/d DD 窑的设计中，由于采取了扩大炉容等措施，取得了良好效果，其经验已得到广泛推广，并应用于新型 TDF 型炉的研发。

总之，"喷腾"型及"喷腾叠加"型分解炉，由于其阻力小、结构简单、布置方便、炉内物料分散、均布以及点火起燃条件、换热功能良好，只要结合原燃材料条件，保证有一个充足的炉容，是很有发展前途的。

（3）"流化-悬浮"型分解炉　这种炉型以 MFC-NMFC 炉为代表。其主要特点在于采用流化床保证燃料首先裂解，然后进入炽热的三次风中迅速燃烧，并在悬浮两相流中完成最后的燃烧和分解任务。MFC 炉采用"两步到位"模式；NMFC 炉是对 MFC 炉流化床阻力大、风温低影响换热效率而加以改进，并且采用了"一步到位"模式。可以认为：MFC-NMFC炉在目前出现的各种分解炉中，是最适合使用中低质燃料及粗颗粒燃料的分解炉。但是，往往由于专利权的限制，在该设备供应商提供的成套装备中，不管燃料条件好坏而一律使用MFC-NMFC 炉，例如中国 YT-2750t/d 级预分解窑，在燃料热值 25000kJ/kg 左右的情况下也系采用 NMFC 炉，虽然窑的生产能力增加，但是，如果其他设备在设计中没有留有足够的储备能力，也会影响其生产潜力的发挥。中国 TTD 型、TSF 型分解炉的研发成功，充分重视了"硫化效应"对中低质煤及无烟煤燃烧的良好功能。

总之，MFC 窑具有"两步到位"、适应中低质燃料、充分利用窑气热焓和防止"黏结堵塞"的优点；NMFC 炉是对 MFC 炉流化床阻力大、流化风温度低等缺点的改进和优化。因此，在使用中低质燃料甚至劣质燃料时都可以适应。同时在利用挥发分含量较高的原燃材料时，同样可以采用"两步到位"模式，以防止上升烟道等部位的"黏结堵塞"。

（4）"悬浮"型分解炉　"悬浮型"分解炉以 Prepol 和 Pyroclon 型炉为代表。其主要特点是以延长和扩展的上升烟道作为管道式炉，虽然"悬浮效应"的固气滞留时间比值较其他炉型小,炉内气固流湍流效应较差,但是由于它们有较充裕的炉容补差,炉型结构也比较简单,布置方便,因而得到了较为广泛的应用。

近年来,随着中低质燃料的使用、工业垃圾的处理和环境保护,对水泥工业提出了新要求,促使这两种炉型进一步发展和改进。例如,Prepol 型炉在设有单独三次风管的 AS 型炉基础上,研制开发了 P-AS-LC、P-AS-CC 及 P-AS-MSC 炉;Pyroclon 型炉在原来设有单独三次风管的 PR 型炉基础上,研制开发了 PR-SFM、P-RP 及 PR-LowNO$_x$、PYROTOP 型炉,都是为了适应中低质固体燃料和降低废气中 NO$_x$ 排放量的需要。目前 P-AS-CC 炉已成为伯力休斯公司的主要窑型,其主要特点就在于在管道分解炉下部增设了预燃室(CC 室),有利于使用中低质燃料;而 PYROTOP 已成为洪堡公司的最新产品。这两种炉型颇具竞争力。中国许多新型分解炉的研发及新型 RSP 型分解炉的发展都借鉴了 Pyroclon 及 Prepol 型的经验。Prepol 及 Pyroclon 型系列分解炉均是很好的炉型。

以上是对四种基本炉型结构的分析。近年来由于技术积累、互相交流的及燃料结构和环保要求的变化,在各种炉型的最新发展中有四点值得重视,这些都是近年预分解窑及各种分解炉技术创新的共同趋势和目标。

① 中低质及低挥发分燃料在炉内迅速点火起燃的环境改善;

② 使用中低质及低挥发分燃料时,要"以空间换时间",即扩大炉容,改进结构,提高燃料燃尽率;

③ 降低窑炉内 NO$_x$ 生成量,并在出窑入炉前制造还原气氛,促使 NO$_x$ 还原,满足环保要求;

④ 采取措施,促进替代燃料和可燃废弃物的利用。

6.4.5　分解炉与窑连接方式

按分解炉与窑的连接方式分类与按全窑系统流动方式分类,基本上是同一分类方法。

(1)第一种方式　分解炉直接坐落在窑尾烟室之上,称为同线型分解炉。这种炉型实际是上升烟道的改良和扩展。它具有布置简单的优点,窑气经窑尾烟室直接进入分解炉,由于炉内气流量大、O$_2$ 含量低,要求分解炉具有较大的炉容或较大的 K_τ(固气滞留时间比)值。这种炉型布置简单、整齐、紧凑,出炉气体直接进入最下级旋风筒,因此它们可布置在同一平台,有利于降低建筑物高度。同时,采用"鹅颈"管结构增大炉区容积,也有利于布置,不增加建筑物高度。

(2)第二种方式　分解炉自成体系,称为离线型炉。采用这种方式时,窑尾设有两列预热器,一列通过窑气,一列通过炉气,窑列物料流至窑列最下级旋风筒后再进入分解炉,同炉列物料一起在炉内加热分解后,经炉列最下级旋风筒分离后进入窑内。同时,离线型窑一般设有两台主排风机,一台专门抽吸窑气,一台抽吸炉气,生产中两列工况可以单独调节。在特大型窑中则设置三列预热器、两个分解炉。

(3)第三种方式　分解炉设于窑的一侧,称半离线型炉。这种布置方式中,分解炉内燃料在纯三次风中燃烧,炉气出炉后可以在窑尾上升烟道下部与窑气会合(如 RSP 型、MFC 型等),也可在上升烟道上部与窑气会合(如 NMFC 型、SLC-S 型等),然后进入最下级旋风筒。这种方式工艺布置比较复杂,厂房较大,生产管理及操作也较为复杂。其优点在于燃料燃烧环境较好,在采用"两步到位"模式时,有利于利用窑气热量和防止黏结堵塞。

6.5　回转窑技术

6.5.1　回转窑的功能

回转窑自 1885 年诞生已经历了多次重大技术革新,作为水泥熟料矿物最终形成的煅烧技术装备，具有独特功能和品质。在预分解窑系统中回转窑具有五大功能。

（1）燃料燃烧功能　作为燃料燃烧装置，它具有广阔的空间和热力场，可以供应足够的空气，装设优良的燃烧装置，保证燃料充分燃烧，为熟料煅烧提供必要的热量。

（2）热交换功能　作为热交换装备，它具有比较均匀的温度场，可以满足水泥熟料形成过程各个阶段的换热要求，特别是阿利特矿物生成的要求。

（3）化学反应功能　作为化学反应器，随着水泥熟料矿物形成不同阶段的不同需要，它既可分阶段地满足不同矿物形成对热量、温度的要求，又可以满足它们对时间的要求，是目前用于水泥熟料矿物最终形成的最佳装备，尚无其他装备可以替代。

（4）物料输送功能　作为输送设备，它具有更大的潜力，因为物料在回转窑断面内的填充率、窑斜度和转速都很低。

（5）降解利用废弃物功能　随着保护地球环境意识的增强，20世纪末以来，回转窑的优越环保功能迅速被挖掘。它所具有的高温、稳定热力场已成为降解利用各种有毒、有害、危险废弃物的最好装置。

由此可见，回转窑具有多种功能和优良品质。因此在近半个世纪它一直单独承担着水泥生产过程中的熟料煅烧任务。但是，回转窑也存在着两个很大的缺点和不足，一个是作为热交换装置，窑内炽热气流与物料之间主要是"堆积态"换热，换热效率低，从而影响其应有的生产效率的充分发挥和能源消耗的降低；另一个是熟料煅烧过程所需要的燃料全部从窑热端供给，燃料在窑内煅烧带的高温、富氧条件下燃烧，NO_x 等有害成分大量形成，造成大气污染。此外，高温熟料出窑后，没有高效冷却机的配合，熟料热量难以回收，且慢速冷却也影响熟料品质等。因此，水泥回转窑诞生以来的技术革新，都是围绕着克服和改进它的缺点进行的，以达到扬长避短、不断提高生产效率的目的。

6.5.2　回转窑的发展历程

100多年来，对回转窑的改进主要是从两个方面进行的。一方面是局限于窑本体的改进，例如，对窑直径某部分的扩大、窑长度的变化，或者窑内装设附加换热装置等，以达到改进某些部分换热条件，改变气流速度或延长滞留时间的目的；另一方面，则是将某些熟料形成化学过程移到窑外，以改善换热和化学反应条件。从对回转窑技术改进方面分析，后一方面的改进才对回转窑具有真正的挑战意义。从1928年立波尔窑的诞生，1932年旋风预热器专利的获取，1950年旋风预热窑的出现，1971年预分解窑的诞生，以及20世纪80年代长径比为10的两支点短回转窑用于生产等，这些对回转窑功能削弱的技术革新过程至今仍在进行。这样，就使凡是能采用比回转窑更加优越的设备进行的水泥熟料煅烧过程都转移到窑外进行，以尽量克服其固有的缺点和不足。但是，到目前为止，熟料煅烧的最后烧结过程仍采用回转窑来完成，还没有研制开发出可用于现代化大型生产的更好装备。特别是回转窑所具有的降解利用各种废弃物的优良环保功能被挖掘利用后，更赋予其新的发展活力。

6.5.3　预分解窑工艺带的划分

预分解窑将物料预热移到预热器，物料分解移到分解炉，窑内只进行小部分分解反应、放热反应、烧结反应和熟料冷却。因此，一般将预分解窑分为三个工艺带：过渡带、烧成带（烧结带）及冷却带。从窑尾起至物料温度1280℃止（也有以1300℃）为过渡带，主要任务是物料升温及小部分碳酸盐分解和固相反应；物料温度1280～1450～1300℃区间为烧成带；窑头端部为冷却带。

6.5.4　物料在窑内的工艺反应

（1）分解反应　一般从4级预热器排出的物料，分解率为85%～95%、温度820～850℃的细颗粒料粉，当它刚喂入窑内时，还能继续进行分解，但由于重力作用，随即沉积在窑的底部，形成堆积层，随窑的转动料粉又开始运动，但这时即使气流温度（窑尾烟气温度）达 1000℃，料层内部的料温低于 900℃，其分解反应也将暂时停止。因料层内部颗粒周围被 CO_2 气膜所包裹，气膜又受上部料层的压力，因而使颗粒周围 CO_2 的压力达到 1atm，料温在其平衡分解温度 900℃ 以下是难以进行分解的，但处于料层表面的料粉仍能继续分解。

随着时间的推移，料粉颗粒受气流及窑壁的加热，温度从 820℃ 上升到 900℃ 时，料层内部再进行分解反应，直到分解反应基本完成。由于窑内总的物料分解量大大减少，因此窑内分解区域的长度比悬浮预热器窑缩短。

（2）固相反应　当料粉中分解反应基本完成以后，料温逐步提高，进一步发生固相反应。一般初级固相反应于 800℃ 在分解炉内就已开始，但由于在分解炉内呈悬浮态，各组分间接触不紧密，所以主要的固相反应在进入回转窑并使料温升高后才大量进行，最后生成 C_2S、C_3A 及 C_4AF。

预分解窑中的固相反应与预热器窑相比，任务相对增大了。为促使固相反应较快地进行，除选择活性较大的原料外，保持或提高料粉的细度及均匀性是很重要的。

固相反应的另一个特点是放热，它放出的热量直接全部用来提高物料温度，使窑内料温较快地升高到烧结温度。

（3）烧结反应　预分解窑的烧结任务比预热器窑也相对增大了一倍。其烧结任务的完成，主要依靠延长烧成带长度及提高平均温度来实现，而烧成带的延长及平均温度的提高则主要是由于窑内物料分解吸热少，气流向窑传热慢的缘故。

预分解窑内的烧成反应是整个熟料生产过程的主要关键所在：

$$2CaO \cdot SiO_2 + CaO \longrightarrow 3CaO \cdot SiO_2$$

这个反应是微吸热反应，它的反应机理是物料温度升高到 1300℃ 以上时，部分 C_3A 和 C_4AF 熔融为液相，这时 C_2S 和游离 CaO 开始溶解于液相中，并相互扩散，C_2S 吸收 CaO 生成 C_3S，再结晶析出。随着温度的连续升高，液相量增多，液相黏度降低，上述反应（石灰吸收过程）也加速进行。

为了正确处理生产进程中产量、质量及消耗之间的矛盾，一般控制上述反应的条件为：温度在 1300～1450～1300℃ 之间，液相量一般控制在 20%～30%，反应时间则比一般回转窑缩短，从一般的 15～20min 缩短为 10～15min。物料在烧成带停留时间的缩短，主要是预分解窑窑速加快的结果，虽然烧结时间缩短，熟料质量仍能保持优良。

熟料煅烧进程如图 6.10 所示，预分解窑在原来旋风预热窑的基础上，增设了分解炉这个"第二热源"，使耗热量最大的碳酸盐分解过程绝大部分在预热分解系统内完成，入窑生料分解率可达 90% 以上，从而大大地提高了窑系统的换热和生产效率。

短型预分解窑研发是为了进一步优化生产。其指导思想及依据如下。

由于生料中碳酸盐组分已在预热分解系统完成了 90% 以上的分解任务，只有很少量的碳酸盐分解任务留待窑内完成。同时，窑内高温带仅局限在火焰辐射区域之内，所以一般长径比（L/D）较大的窑内，已完成分解任务的物料还要在 900～1300℃ 的过渡带内滞留过长的时间，以致延缓了物料的加热过程，从而导致 C_2S 及 CaO 矿物长大，在分解初期产生的活性变差；而此时，尚无足够的热量使之迅速升温，从而阻碍了熟料的结粒和烧结。以上不利条件使生产的熟料矿物结构不良，从而影响熟料品质和易磨性等。

因此，将回转窑的长径比（L/D）降到 10 左右的窑（PYRORAPID），可将窑内过渡带缩短，物料在过渡带内滞留时间可由大约 15min 减少到 6min 左右，由于物料在窑内加热速度快，C_2S 和 CaO 晶体来不及生长，使之反应活性增大，有利于熟料烧结。同时，熟料矿

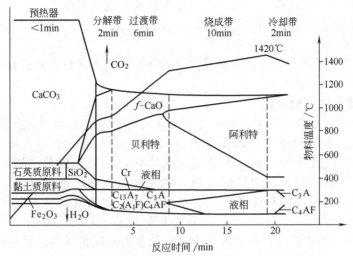

图 6.10　预分解窑（$L/D=14$）熟料煅烧进程

物可生成微晶、微孔结构，其性能及易磨性都会优于 L/D 大的预分解窑。

6.6　熟料冷却技术

6.6.1　熟料冷却机的功能及发展

水泥工业的回转窑诞生之初，并没有任何熟料冷却设备，热的熟料倾卸于露天堆场自然冷却。19 世纪末期出现了单筒冷却机；1910 年德国克虏伯·格罗生（Krupp Glo-son）公司把多筒冷却机引用到水泥工业，称为康森特拉（Concentra）冷却机，1922 年丹麦史密斯公司开始制造这种冷却机，并命名为尤纳克斯（Unax）冷却机；1930 年德国伯力休斯公司在发明了立波尔窑的基础上研制成功回转箅式冷却机，称为 Recupol；随后不久，美国阿利斯·查默尔（Allis-Chalmers）公司又开发出震动式箅冷机；1937 年美国富勒（Fuller）公司开始生产第一台推动箅式冷却机。100 多年来，在国际水泥工业科技进步的大潮中，有的冷却机不断改进，更新换代，长足发展；有的冷却机已经淘汰。目前，熟料冷却机在水泥工业生产过程中，已不再是当初仅仅为了冷却熟料的设备，而在当代预分解窑系统中与旋风筒、换热管道、分解炉、回转窑等密切结合，组成了一个完整的新型水泥熟料煅烧装置体系，成为一个不可缺少的具有多重功能的重要装备。

熟料冷却机的功能及其在预分解窑系统中的作用如下。

① 作为一个工艺装备　它承担着对高温熟料的骤冷任务。骤冷可阻止熟料矿物晶体长大，特别是阻止 C_3S 晶体长大，有利于熟料强度及易磨性能的改善；同时，骤冷可使液相凝固成玻璃体，使 MgO 及 C_3A 大部分固定在玻璃体内，有利于熟料的安定性的改善及抗化学侵蚀性能。

② 作为热工装备　在对熟料骤冷的同时，承担着对入窑二次风及入炉三次风的加热升温任务。在预分解窑系统中，尽可能地使二、三次风加热到较高温度，不仅可有效地回收熟料中的热量，而且对燃料（特别是中低质燃料）起火预热、提高燃料燃尽率和保持全窑系统具有优化的热力分布都有着重要作用。

③ 作为热回收装备　它承担着对出窑熟料携出的大量热焓的回收任务。一般来说，其回收的热量为 1250～1650kJ/(kg 熟料)。这些热量以高温热随二、三次风进入窑、炉之内，

有利于降低系统煅烧热耗，以低温热形式回收也有利于余热发电。否则，这些热量回收率差，必然增大系统燃料用量，同时也增大系统气流通过量，对于设备优化选型、生产效率和节能降耗都是不利的。

④ 作为熟料输送装备　它承担着对高温熟料的输送任务。对高温熟料进行冷却有利于熟料输送和贮存。

6.6.2　熟料冷却机的作业原理

熟料冷却机的作业原理在于高效、快速地实现熟料与冷却空气之间的气固换热。熟料冷却机由单筒、多筒到篦式，以及篦式冷却机由回转式到推动式和推动式的第一、第二、第三、第四代技术的发展，无论是气固之间的逆流、同流、错流换热，都是围绕提高气固换热系数、增大气固接触面积、增加气固换热温差等提高气固换热速率和效率方向进展的。同时，熟料冷却机设备结构及材质的改进，又不断提高设备运转率和节省能耗。

过去使用的多筒或单筒冷却机，由于冷却空气系由窑尾排风机经过回转窑及冷却机吸入，物料虽由扬板扬起，以增大气固换热面积，但是由于气固相对流动速度小，接触面积也小，同时逆流换热出值也小，因此换热效率低。篦式冷却机经过三代技术创新。第一代富勒式推动篦式冷却机为分室通风，薄料层操作，由于物料颗粒离析、布料不匀等原因，冷却空气"短路"、"吹穿"以及"红河"、"雪人"现象经常出现，热效率不高。第二代推动篦式冷却机，采用多段篦床，优化篦床宽度，均匀布料，加强密封及重点采用厚料层操作等改进措施，"短路"及"红河"现象仍未彻底解决。直至第三代带有空气梁及阻力篦板的控流式篦冷机出现，才比较好地解决了原有问题。

第三代篦冷机由于采用"阻力篦板"，相对减小了熟料料层阻力变化对熟料冷却的影响；采用"空气梁"，热端篦床实现了每块或每个小区篦板，根据篦上阻力变化，调整冷却风量；同时，采用高压风机鼓风，减少冷却空气量，增大气固相对速度及接触面积，从而使换热效率大为提高。此外，由于阻力篦板在结构、材质上的优化设计，提高了使用寿命和运转率。鉴于"阻力篦板"虽然解决了由于熟料料层分布不匀造成的诸多问题，但是由于其阻力大、动力消耗高，因此新一代篦冷机又向"控制流"方向发展。在取消"阻力篦板"后，采用空气梁分块或分小区鼓风，根据篦上料层阻力自动调节冷却风压和风量，实现气固之间的高效、快速换热。同时，鉴于使用活动篦板推动熟料运动，造成篦板间及有关部位之间的磨损，新一代篦冷机也正在向棒式和悬摆式等固定床方向发展。

各种类型新型篦冷机技术的不断创新，不但使换热效率大幅度提高，减少了冷却风量，降低了出篦冷机熟料温度，实现了熟料的骤冷，而且使入窑二次风及入炉三次风温进一步得到提高，优化了预分解窑全系统的生产。

6.6.3　冷却机的性能指标

对于冷却机性能的评价，一般采用下列指标，对其要求如下：

① 热效率（η_c）高。即从出窑熟料中回收并用于熟料煅烧过程的热量（$Q_收$）与出窑熟料带入冷却机的热量（$Q_出$）之比大。各种冷却机热效率一般在 40%～80% 之间。

② 冷却效率（η_L）高。即出窑熟料被回收的总热量与出窑熟料带入冷却机的热量之比大。各种冷却机冷却效率一般在 80%～95% 之间。

③ 空气升温效率（ϕ_i）高。即鼓入各室的冷却空气与离开熟料料层空气温度的升高值同该室区熟料平均温度之比大。本指标为篦冷机的评价指标之一，一般 $\phi_i < 0.9$。

④ 进入冷却机的熟料温度与离开冷却机的入窑二次风及去分解炉的三次风温度之间的差值小。

⑤ 离开冷却机的熟料温度低。此值随不同形式冷却机有较大差异，一般在 50～300℃ 之

间。单筒及多筒冷却机该项温度较高。

⑥ 冷却机及其附属设备电耗低。

⑦ 投资少，电耗低，磨耗小，运转率高等。

以上指标由于相互影响，必须根据使用要求综合权衡。

由于冷却机的热效率与窑系统的热耗有密切关系，为便于对不同冷却机进行评价对比，德国水泥工厂协会（VDZ）提出以窑用空气为 1.15kg/(kg 熟料)［相当于窑热耗为 3135kJ/(kg 熟料)］和 18℃空气温度时冷却机损失的热量为标准冷却机损失。在对不同冷却机的热效率进行比较时，应换算成标准冷却机损失后再进行比较。

6.6.4 箅式冷却机的分类及其发展

箅式冷却机属穿流骤冷式气固换热装备，冷却空气以垂直方向穿过熟料料层，使熟料得以冷却。箅冷机根据箅子运动方式可分为震动式、回转式和推动式三种类型。在水泥工业发展过程中，随着生产大型化及实践的总结，震动式箅冷机由于震动弹簧设计及材质等方面的原因，20 世纪 60 年代后已被淘汰；回转箅式冷机在同推动箅式冷机的竞争中，由于在对熟料粒度变化的适应性、熟料冷却温度及热效率等方面难以同推动箅式冷机相匹敌，推动式箅冷机已成为当代预分解窑配套选用的主要产品，并且在结构形式等方面得到迅速发展。

推动式箅冷机是美国富勒（Fuller）公司发明的，20 世纪 70 年代发展成为第二代厚料层箅冷机。80 年代以来，富勒公司生产富勒型箅冷机，丹麦史密斯公司生产的福拉克斯（FOLAX）型箅冷机，德国克劳斯·彼得斯（Claudius Peters）公司生产的组合型阶梯形箅冷机（称 Peteks Combicooler 即彼得斯康比冷却机），克虏伯·伯力休斯公司生产的瑞波尔（Repol）型箅冷机，洪堡·维达格公司生产的洪堡·维达格型箅冷机以及日本巴比考克-日立、石川岛、三菱、川琦、宇部等公司生产的箅冷机等都属第二代箅式冷却机。这些推动箅式冷却机在原理、结构上同富勒型箅冷机大同小异。20 世纪 80 年代后期研发的第三代控制流箅冷机以及 90 年代末期研发的第四代固定箅床冷却机都是在第一、第二代推动式箅冷机的基础上的创新产品。各种箅冷机有关性能指标见表 6.5。

表 6.5 各种箅冷机有关性能指标

类 型	单位箅床面积产量 /[t/(m² · d)]	单位冷却风量(标准状态) /[m³/(kg 熟料)]	热效率/%
第一代富勒型箅冷机	25～27	3.4～4.0	<50
第二代厚料层箅冷机	32～34	2.7～3.2	65～70
第三代控制流箅冷机	40～55	1.7～2.2	70～75
第四代推动棒式箅冷机	45～55	1.5～2.0	72～76

从 20 世纪 80 年代初期至中期，推动箅式冷却机的发展十分迅速。以大型复合式富勒、福拉克斯、克劳斯-彼得斯为代表的第二代推动箅式冷却机，由于在箅冷机偏移布置、入料端两侧设置"盲板"、设置高压骤冷风机及"江心岛"式分流板、第一排箅板由固定箅板改为活动箅板、采用厚料层技术、箅床采用倾斜-水平复式结构、熟料破碎机设在中部并采用两段阶梯形箅床以及余风综合利用、联锁自动控制等许多方面进行了改进，使之在均匀布料，减少"红河"、"雪人"现象等诸多方面都取得了重要进展。第二代推动式箅冷机单位箅床面积产量一般可达 40t/(m² · d) 以上，热回收效率可达 65%～70%，1350℃左右的出窑熟料经冷却后出口温度可达环境温度＋65℃，二次风温 1100℃以上，三次风温可达 850℃以上。

但是，由于第二代篦冷机大多采用标准型篦板、分室通风，由于熟料颗粒变化，致使炽热熟料在篦冷机入口端仍难以做到均匀分布，"红河"、"雪人"故障仍未杜绝。这些都是第二代推动式篦冷机有待进一步改进之处。

20世纪80年代中期至今，针对第二代篦冷机的不足，德国IKN公司率先研究开发出阻力篦板，接着其他公司也开发出富有各自特点的阻力篦板，用于第三代篦冷机。

第三代篦冷机有以下特点。

① 篦冷机入口端采用阻力篦板及充气梁结构篦床和窄宽度布置方式，增加篦板阻力在篦板加料层总阻力中的比例，力求消除预分解窑熟料颗粒变细及分布不均等因素对气流均匀分布的影响。

② 发挥脉冲高速气流对熟料料层的骤冷作用，以少量冷却风量回收炽热熟料的热量，提高二、三次风温。

③ 由于脉冲供风，使细粒熟料不被高速气流携带，同时由于细粒熟料扰动，增加气料之间的换热速度。

④ 高压空气通过空气梁特别是篦冷机热端前数排空气梁向篦板下部供风，增强对熟料均布、冷却和对篦板的冷却作用，消灭"红河"，保护篦板。

⑤ 设有对一段篦床一、二室各行篦板风量、风压及脉冲供气的自控调节系统，或各块篦板的人工调节阀门，以便根据需要进行调节。同时，一段篦速与篦下压力自动调节，保持料层设定厚度，其他段篦床与一段篦床同步调节。

由于各种第三代篦冷机采用不同形式的阻力篦板，尽管篦板形式有所差异，在一段篦床特别是入料端篦床上布置方式亦不尽相同，但由于基本原理相同，收到"异曲同工"之效。第三代篦冷机不但杜绝了"红河"、"雪人"现象，单位篦床面积产量可高达50t/(m²·d)左右，热效率可达70%～75%，熟料热耗可降低100kJ/(kg熟料)左右。

目前，采用第三代篦冷机及从窑门罩抽取炉用三次风，可以认为是它同预分解窑配套的最佳方案。第三代篦冷机的出现，为实现热效率高而无需排出余风的篦冷机迈出了重要一步。

同时，也需指出第三代篦冷机对设备材质、制造精度、安装、维护、自控等工作提出了更高的要求，因此设备价格相应提高。尤其在预分解窑系统中，筒—管—炉—窑—机五位一体，已形成了一个不可分割的完整体系。欲达到生产最优化，不能单指某个子系统的最优化，而首先必须全系统及其配套设备的最优化，并包括生产管理、技术操作体系的最优化。

6.6.5 国产第三代篦冷机

以中国天津院TC型第三代篦冷机为例。

天津院TC型第三代篦冷机是20世纪80年代中期在引进Fuller公司第二代篦冷机设计和制造技术基础上研制开发的，并于90年代推广应用，其结构如图6.11所示。其技术特点如下。

① 采用TC型"充气梁"技术，研发了TC型充气篦板及TC型阻力篦板。

② 采用厚料层冷却技术，中小型篦冷机设计最大料层厚600～650mm，大型篦冷机700～800mm。

③ 合理配风，关键在于淬冷机和热回收区"充气篦床"配风适当。

④ 全机篦床配置适当，即淬冷高温区设置固定充气篦床，高温区设置活动充气篦床，中温区设置固定篦床，低温区设置普通篦床，整机效率高，结构简化，维修方便。

⑤ 锁风良好，设置了全机自动控制和安全监测系统，保证了系统稳定安全运行。

TC型充气篦板采用铸造结构（国外多为组合结构），以减少加工量并有良好的抗高温

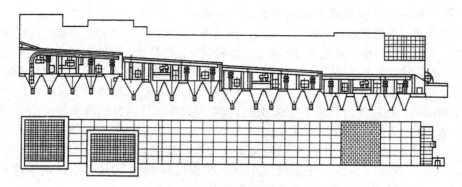

图 6.11　TC 型第三代篦式冷却机

变形能力。同时，篦板内部气道和出口具有良好的气动性能，出口冷却气流顺料流方向喷射并向上渗透，气流出口为缝隙式结构，出口气流速度明显高于普通篦板。高阻力可缓解熟料料层阻力变化的影响，气流的高穿透性则有利于料层深层次的气固换热，对红热细料冷却有显著作用。

低漏料阻力篦板既可减少细粒熟料漏料量，又可增加篦板通风阻力，缓和不均匀料层阻力对篦床总阻力的影响。

目前 TC 型第三代篦冷机已在 1000～5000t/d 生产线上广泛应用，并正进行 10000t/d 级生产线的配套研发。单位冷却风量在 1.9～2.2m³/(kg 熟料)，二次风温达 1080℃，三次风温 850～950℃，出口熟料温度低于环境温度＋65℃，热端篦板工作温度在 80℃以下，热回收效率一般为 72%～74%。

6.7　预分解窑技术的生产控制

预分解窑具有窑温高、窑速快、产量高、熟料结粒细小、窑皮长、负荷重、系统工艺结构复杂、自动化程度高等特点。因此预分解窑的操作控制思想应该是：根据预分解窑的工艺特点、装备水平制定相应的操作规程，正确处理预热器、分解炉、回转窑和冷却机之间的关系，稳定热工制度，提高热效率，实现优质、高产、低耗和长期安全运转的生产目的。

从预分解窑生产的客观规律可以看出，均衡稳定运转是预分解窑生产状态良好的重要标志。运转不能均衡稳定，调节控制变化频繁，甚至出现恶性的"周期循环"，则是窑系统生产效率降低、工艺和操作混乱的明显迹象。因此，调节控制的目的就在于使窑系统经常保持最佳的热工制度，实现持续、均衡、稳定地运转。对全窑系统"前后兼顾"，从热力平衡分布规律出发，综合平衡，力求稳定各项技术参数，做到均衡稳定地运转。

在现代化水泥企业中，窑系统一般是在中央控制室集中控制、自动调节，并且同生料磨系统联合操作。窑系统各部位装有各种测量、指示、记录、自控仪器仪表，自动调节回路，有的则是用电子计算机监控。指示和可调的工艺参数有几十项，甚至上百项（窑系统由废气处理系统、生料喂料系统、预热器、分解炉、回转窑、冷却机系统和喂煤系统等组成），从各个工艺参数的个别角度观察，这些参数是独立存在，各有作用，但是从窑系统整体观察，各个参数又是按热工制度要求，按比例平衡分布，互相联系、互为因果的。因此，实际生产中，只要根据工艺规律要求，抓住关键，监控若干主要参数，便可控制生产，满足要求。

6.7.1 预分解窑生产中重点监控的主要工艺参数

窑系统由废气处理系统、生料喂料系统、预热器、分解炉、回转窑、冷却机系统和喂煤系统等组成，在生产过程中，通过对气体流量、物料流量、燃料量、温度、压力等工艺过程参数的检测和控制，使它们相互协调，成为一个有机的整体，进而对窑系统进行有效的控制。

（1）烧成带物料温度　通常用比色高温计测量，作为监控熟料烧成情况的标志之一。由于测量上的困难，往往测出的烧成带物料的温度，仅可作为综合判断的参考。

（2）氧化氮（NO$_x$）浓度　NO$_x$ 的形成与 N$_2$、O$_2$ 浓度及燃烧温度有关。由于窑内 N$_2$ 几乎不存在消耗，故仅与 O$_2$ 浓度及燃烧带温度有关，过剩空气系数大，O$_2$ 浓度高及燃烧温度高，NO$_x$ 生成量则多；在还原气氛中或燃烧温度较低时，NO$_x$ 浓度则下降。此外，NO$_x$ 的生成同 O$_2$ 的混合方式、混合速度也有关系。

窑系统中对 NO$_x$ 的测量，一方面是为了控制其含量，满足环保要求；另一方面，在窑系统生产情况及过剩空气系数大致固定的情况下，窑尾废气中的 NO$_x$ 浓度同烧成带火焰温度有密切关系，烧成带温度高，NO$_x$ 浓度增加；反之降低。故以 NO$_x$ 浓度作为窑烧成带温度变化的一种控制标志，时间滞后较小，很有参考价值，可以此连同其他参数，综合判断烧成带情况。

（3）窑转动力矩　由于煅烧温度较高的熟料被窑壁带动得较高，因而其转动力矩比煅烧得较差的熟料高，故以此结合比色高温计对烧成带温度的测量结果、废气中 NO$_x$ 浓度等参数，可对烧成带物料煅烧情况进行综合判断。但是，由于窑内掉窑皮以及喂料量变化等原因，也会影响窑转动力矩的测量值，因此，当转动力矩与比色高温计测量值、NO$_x$ 浓度值发生逆向变化时，必须充分考虑掉窑皮等物料变化的影响，综合权衡，作出正确判断。

（4）窑尾气体温度　窑尾气体温度同烧成带煅烧温度一起表征窑内各带热力分布状况，同最上一级旋风筒出口气体温度（或连同分解炉出口气体温度）一起表征预热器（或含分解炉）系统的热力分布状况。同时，适当的窑尾温度对于窑系统物料的均匀加热及防止窑尾烟室、上升烟道及旋风筒因超温而发生黏结堵塞也十分重要。一般可根据需要，控制在 900～1050℃之间。

（5）分解炉或最低一级旋风筒出口气体温度　在预分解窑系统中，分解炉出口或最低一级旋风筒出口气体温度，表征物料在分解炉内预分解状况，一般控制在 850～880℃。控制在这个范围，可保证物料在分解炉或预热器系统内预烧状况的稳定，从而使全窑系统热工制度稳定，对防止分解炉及预热器系统的黏结堵塞十分重要。

（6）最上一级旋风筒出口气体温度　当设有五级预热器时，一般控制在 320℃左右；设有四级预热器时一般控制在 350℃左右。超温时，需要检查以下几种状况：生料喂料是否中断或减少；某级旋风筒或管道是否堵塞；燃料量与风量是否超过喂料量需要等。查明原因后，作出适当处理。当温度降低时，则应结合系统有无漏风及其他级旋风筒温度状况酌情处理。

（7）窑尾、分解炉出口或预热器出口气体成分　它们是通过设置在各相应部位的气体成分自动分析装置检测的，指示着窑内、分解炉内或整个系统的燃料燃烧及通风状况。对窑系统燃料燃烧的要求是，既不能使燃料在空气不足的情况下燃烧而产生一氧化碳；又不能有过多的过剩空气，增大热耗。一般来说，窑尾烟气中 O$_2$ 的含量控制在 1.0%～1.5%之间；分解炉出口烟气中 O$_2$ 的含量控制在 3.0%以下。关于 O$_2$ 含量 $w(O_2)$ 和过剩空气量 $w(空)$（%）的换算，在烟气中没有 CO 时，可用佩里、柴可顿和容克柏特里克公式算出：

$$w(空)=\frac{1000w(O_2)k}{21-w(O_2)} \tag{6.5}$$

130

式中　$w(O_2)$——烟气中 O_2 的含量，%；

　　　　k——系数，烟煤取 0.96，油取 0.95，天然气取 0.90。

当烟气中 $w(O_2)<1\%$ 时，通常烟气中含有微量 CO，可用下式计算：

$$w(空)=\frac{189[2w(O_2)-w(CO)]}{w(N_2)-1.89[2w(O_2)-w(CO)]}\qquad(6.6)$$

式中　$w(O_2)$——烟气中 O_2 的含量，%；

　　　　$w(N_2)$——烟气中 N_2 的含量，%；

　　　　$w(CO)$——烟气中 CO 的含量，%。

预分解窑系统的通风状况，则是通过预热器主排风机及装在分解炉入口的三次风管上的调节风门闸板进行平衡和调节。当预热器主排风机转速及入口风门不变即总排风量不变时，关小分解炉入口三次风管上的风门闸板，即相应地减少了分解炉三次风供应量，增大了窑内通风量；反之，则增大了分解炉内的三次风量，减少了窑内通风量。如果三次风管道上的风门闸板的开启程度不变，而增大或减少预热器主排风机的通风量，则窑内及分解炉内的通风量都相应地增加或减少。由此可见，预热器主排风机主要是控制全窑系统的通风状况，而分解炉入口的三次风管上的风门主要是调节窑与分解炉两者的通风比率。其调节依据，则是各相应部位的废气成分的分析结果。

在窑系统装设有电收尘器时，对分解炉或最低一级旋风筒出口及预热器出口（或电收尘器入口）的气体中的可燃气体（CO+H₂）含量必须严加限制。因为含量过高，不仅表明窑系统燃料的不完全燃烧及热耗增大，更主要的是，在电收尘器内容易引起燃烧和爆炸。因此，当预热器出口或电收尘器入口气体中 CO+H₂ 含量超过 0.2% 时，则发生报警，达到允许极限 0.6% 时，电收尘器高压电源自动跳闸，以防止爆炸事故，保证生产安全。

（8）最上一级及最低一级旋风筒出口负压　预热器各部位负压的测量，是为了监视各部阻力，以判断生料喂料是否正常、风机闸门是否开启、防爆风门是否关闭以及各部有无漏风或堵塞情况。当预热器最上一级旋风筒出口负压升高时，首先要检查旋风筒是否堵塞，如属正常，则结合气体分析确定排风是否过大，适当关小预热器主排风机闸门；当负压降低时，则检查喂料是否正常、防爆风门是否关闭、各级旋风筒是否漏风，如均属正常，则需结合气体分析确定排风是否足够，适当开大预热器主风机闸门。

一般来讲，当发生黏结堵塞时，其黏结堵塞部位与预热器主排风机间的负压是在氧含量保持正常情况下有所增高，而窑与黏结堵塞部位间的气流温度升高，黏结堵塞的旋风筒下部物料温度及下料口处的负压均有下降。由此可判断黏结堵塞部位，并加以清除。

由于各级旋风筒之间的负压互相关联、自然平衡，故一般只要重点监测预热器最上一级和最下一级旋风筒的出口负压即可了解预热器系统的情况。

（9）最下一、二级旋风筒锥体下部负压　它表征该两级旋风筒的工作状态，当该旋风筒发生黏结堵塞时，锥体下部负压下降，此时即需迅速采取措施加以消除。

（10）预热器主排风机出口管道负压　在窑系统与生料磨系统联合操作时，该处负压主要指示系统风量平衡情况。当该处负压较目标值增大或正压较目标值减小（视测量部位而规定目标值）时，应关小电收尘器的排风机闸门；反之，则开大闸门，以保持风量平衡。

（11）电收尘器入口气体温度　温度控制在规定范围，对保证电收尘器设备安全及防止气体冷凝结露十分重要。电收尘器一般装有自控装置，当入口气温达到最高允许值时，电收尘器的高压电源自动跳闸。在生料磨系统利用预热器废气作为烘干介质，窑、磨联合操作时，电收尘器入口气温有较大变化，如果预热器系统工作正常，则需检查生料磨系统及增湿塔出口气温状况。

（12）窑速及生料喂料量　在各种类型的水泥窑系统中，一般都装有与窑速同步的定量喂料装置，以保证窑内料层厚度的稳定。在预分解窑系统中，对生料喂料量与窑速的同步调节则有两种不同的主张。一种认为同步喂料十分必要；另一种则认为，由于许多现代化技术装备的采用，基本上能够保证窑系统的稳定运转，因此在窑速稍有变动时，为了不影响预热器及分解炉的正常工作和防止调节控制的一系列变动，生料喂料量可不必随窑速的小范围调节而变动，而在窑速变化较大时，喂料量可用人工根据需要调节，所以不必装设同步调速装置。但是，不管哪一种主张，对窑系统生产有较大变动时，两者必须相应同步变动的观点都是一致的。因此，无论采取哪一种调节控制方式，都必须十分重视窑系统的均衡稳定生产问题。

（13）窑头负压　窑头负压表征着窑内通风及冷却机入窑二次风之间的平衡。在正常生产情况下，一般增加预热器主排风机风量，窑头负压增大；反之减小。而在预热器主排风机排风量及其他情况不变时，增大篦冷机冷却风机鼓风量，或关小篦冷机剩余空气排风机风门，都会导致窑头负压减小，甚至形成正压。正常生产中，窑头负压一般保持在$-0.05\sim-0.1$kPa，决不允许窑头形成正压，否则窑内细粒熟料飞出，会使窑头密封圈磨损，也影响人身安全及环境卫生，对装设在窑头的比色高温计及电视摄像头等仪器仪表的正常工作及安全也很不利。因此，一般采用调节篦冷机剩余空气排风机风量的方法，控制窑头负压在规定范围之内。

（14）篦冷机一室篦下压力　一室篦下压力不仅指示篦冷机篦床阻力，也可指示窑内烧成带温度变化。当烧成带温度下降时，必然导致熟料结粒减小，使篦冷机一室料层阻力增大，在一室篦床速度不变时，一室篦床下压力必然增高。生产中，常以一室篦下压力与篦床速度构成自动调节回路，当一室篦下压力增高时，篦床速度自动加快，以改善熟料冷却状况。

（15）窑筒体温度　窑筒体温度表征了窑内窑皮、窑衬的情况。据此可以监测窑皮黏挂、脱落、窑衬侵蚀、掉砖及窑内结圈状况，以便及时黏补窑皮，延长窑衬使用周期，避免红窑事故的发生，提高窑的运转率。

在进行故障或不正常情况的判断时，要分清主要矛盾与次要矛盾，逐步进行判断。一般来说，首先要重点观察一级旋风筒出风口、分解炉（或最下一级旋风筒出风口）、窑尾及窑头温度的变化；其次是一级旋风筒出风口、分解炉（或最下一级旋风筒出风口）、窑尾及窑头压力的变化；再次是窑尾及预热器后风管气体成分的变化；最后是其他参数的变化。

在对故障或不正常情况作出正确的判断后，相应采取不同的措施进行调整控制。对于破坏性故障或故障处理需要较长时间而必须停车时，要按照操作规程依次进行停煤、停料、停窑，同时要注意避免跑生料。对于调节性故障，根据故障或不正常情况原因作出相应调整，但要注意一次调节幅度不要太大，以防热工参数出现大的变动，造成"恶性循环"。

6.7.2　预分解窑工艺控制的自动调节回路

在预分解窑设计中，一般设有如下单回路自动调节系统。

（1）窑头负压篦冷机余风排风机阀门开度　稳定窑头罩负压，使窑内通风和二次风入窑相对平衡，有利于窑热工制度稳定。窑头罩正压会引起窑口喷火，损坏设备。但窑头罩负压过大，窑内通风过大，粉尘大，降低窑内温度，增加热耗。一般要求控制在微负压（-50Pa左右）。

（2）篦冷机一室篦下压力⟹篦床速度　冷却机篦速自动调节目的是为了保证篦上料层厚度，使熟料冷却均匀，入窑二次风温稳定，且保持冷却机安全运行。然而直接测量料层厚度相对来说比较困难，根据流体力学理论，气体通过料层的阻力与料层厚度成正比关系，因此可用一室篦下压力来间接反映料层的厚度。高温段篦板速度，主要是根据篦下压力变化调节，以实现稳定料层的要求。低温段篦板的速度调整有两种方式：一是利用高温段篦板速度信号，作为低温段的调节参数，从而形成串级调速；二是测低温段第一室（通常为篦冷机的第五室）篦下压力作为调节参数，形成完全独立的两个闭环控制回路，相对简单一些。

但是，当出现大块料或掉窑皮时，料层厚度与篦下压力不再成正比关系，这时篦下压力不但没有增加，反而下降。如根据上述方法调节，篦板速度也随之放慢，以致篦板料层越积越厚，将会造成篦板烧坏，冷却机电机烧坏。为此，必须增设监控参数，即电机电流。当篦下压力下降而电机电流上升时，此电机电流为主控参数，迫使篦板速度提高，不致造成以上事故。

（3）分解窑加煤量⟹最下级旋风筒（或分解炉）出口气体温度　分解炉内温度的稳定，有利于保持一定的分解率。一般通过测量最下级旋风预热器出口温度来控制喂煤调节阀。一般不在分解炉出口测温度，主要是该处的废气粉尘浓度大，测温装置的使用寿命受到影响。

（4）增湿塔入口压力⟹增湿塔出口阀板开度　增湿塔出口废气温度控制，主要在原料粉磨不工作的情况下使用，把增湿塔出口、电收尘器入口温度降低到150℃以下，保护电收尘器安全运行，提高电收尘器的收尘效率，降低粉尘排放浓度。具体方法是自动控制增湿塔喷水量（喷水流量阀开度或喷水喷头数量）。

（5）增湿塔出口气温⟹增湿水泵回水阀门开度。

（6）窑尾主排风机风门开度⟹最上级旋风筒出口气体 O_2 含量及压力。

（7）电收尘器进口风压⟹电收尘出口风机风门开度。

（8）喂料秤测重负荷传感器⟹喂料仓自动调节计量阀门开度。

（9）气力提升泵下松动压力⟹计量滑动阀门开度。

（10）生料计量标准仓重量⟹均化库出口阀板开度　一般为两条回路：一条回路检测生料小仓重量，控制生料均化库下料流量阀的开度，保持生料小仓的料位稳定，减少第二条调节回路的计量误差；另一条回路是通过测量冲击（或滑槽）流量计的物流量，调节生料小仓下料流量阀，确保生料入窑量的稳定。即生料小仓重量控制调节生料均化库下料流量阀开度，喂料量计量控制调节生料小仓下料流量阀开度。

（11）其他可根据需要设置　例如，MFC 型炉系统的炉下流化空气量可根据流化风机风量计量，自动调节风机入口风门开度；根据流化床上料层厚度与层下压力成正比的关系，通过流化层下压力测量，自动调节由最下往上往第二级旋风筒下部分料阀门开度，调节入炉物料分配量，以稳定炉内工况稳定等。

6.7.3　中央控制室简介

进入 20 世纪 70 年代后期，随着微电子技术的进一步发展，微处理机的价格不断下降，水泥生产开始应用以微型计算机为基础的分布式控制系统（DCS）。DCS 是一种控制功能分散化、监视操作集中化的控制系统，即所谓的集散控制系统。集散控制系统将 4C 技术（计算机技术、控制技术、通讯技术、CRT 显示技术）相结合，解决了计算机集中控制所存在的问题。

集散控制系统满足了水泥生产自动化对设备的主要要求。首先，它能做到功能上的分散，包括过程控制设备（或单元）与显示、操作、管理的分散，过程控制与顺序控制功能的分散，以及现场控制单元按工段的分散等；其次，集散控制系统具备灵活的、足够容量的可编程系统，能满足现场过程控制与顺序控制的要求；第三，集散控制系统配置了具有显示、记录、操作、管理功能的 CRT 人/机接口设备；第四，集散控制系统能够与个人计算机通讯在系统中可以使用个人计算机对自动化系统进行组态、在线监视、操作和管理。正是由于集散控制系统具有这些优点，才真正提高了水泥厂的控制水平和管理水平。因而，集散控制系统是当今水泥厂实现自动化的发展趋势。

中央控制室（简称中控室）是指能够把全厂所有操作功能集中起来，并对生产过程集中进行监视和控制的一个中心场所。在中控室里，通过计算机等技术能将整个生产过程参数、设备运行情况等全面迅速反映出来，并能对过程参数实现及时、准确地控制。因此，中央控制室是全厂的控制枢纽和指挥中心。把生产过程集中在中控室内进行显示、报警、操作和管理，可以使操作人员对全厂的生产情况一目了然，便于针对生产过程中出现的问题及时进行调度指挥，从而有利于优化操作，实现高产、优质、低消耗。

集散控制系统具有较高的可靠性，因此作为故障备用的仪表屏被取消，设置了操作员CRT 接口系统，有彩色 CRT 显示器及键盘、打印机，CRT 上以图像形式形象地显示出生产流程，还设有工程师操作站和计算机接口设备。

操作员 CRT 接口系统是具有集中监视、操作和管理功能的操作站。彩色 CRT 显示器显示内容丰富，可以动态图显示出工艺过程中各项参数的瞬时值以及设备的运转状态，可以进行操作器模拟显示，可以用棒图的高低显示快速过程，也可以显示当前与过去报警的情况以及显示过程变量的变化趋势供操作员参考。CRT 是以总体图像、局部图像和详细图像来显示过程功能、检测控制环路、控制联锁功能、实际故障情况、历史信息、平衡报表及趋势记录。

对于 CRT 画面的选择、过程参数和设定值的输入以及驱动组件的启动和停止都是通过操作键盘来实现的，操作人员通过 CRT 显示器就可观察到全厂的过程变化，对全厂进行操作控制。

CRT 显示器显示画面除了部分生产工艺流程外，还显示生产线上的设备运行信息，如画面中 ON/OFF 表示电机开/停状态，阀门的开启状态用开度百分比表示，画面中的数值表示了温度、压力、流量等过程参数的值。

6.7.4 预分解窑异常状况调控及其故障处理

预分解窑异常状况调控及其处理方法见表 6.6。

表 6.6 预分解窑异常状况调控及其处理方法

序号	常见故障	可能原因	现象	处理方法
1	C_1 筒出口气体温度偏高	喂料少	断料或正在止料	检查断料原因,恢复送料,控制增湿塔水量
		煤粉燃烧不好	C_3、C_4 内有火花	提高煤粉细度,调整系统工况
		某级旋风筒内筒损坏	某两级旋风筒温差减小	更换内筒
		系统风量过大	高温风机入口负压高	减少拉风
		某级换热管道内下料撒料装置损坏	某两级旋风筒温差减小	修理撒料装置
		热电偶损坏	温度单向性变化	更换热电偶

序号	常见故障	可能原因	现象	处理方法
2	分解炉出口气体温度偏高（C_4 或 C_5 筒入口气体温度偏高）	某级旋风筒堵塞	该级负压报警,自动加煤时不明显	止料桶堵
		喂料量减少或断料	送料松动	自控时找减料原因,手控时减煤
		入炉料撒料装置损坏	生料入炉悬浮不好,分解率降低	修复撒料装置
		手动时加煤多,自控时失灵	最下级旋风筒出口温度波动	修复喂煤系统
		热电偶失灵	温度单向性变化	更换热电偶
3	分解炉出口气体温度偏低（C_4 或 C_5 筒入口气体温度偏低）	某级旋风筒塌料	窑头返火,倒烟	塌料量小,稳住不动;量大,减料慢窑
		煤粉仓空或棚仓	煤粉自动喂料机失控	吹仓、振仓,要煤;修复
		窑头用煤过多	自控时绞刀转速上不去	减少窑头用煤量
		三次风量不足	C_1 筒出口 CO 高	开大三次风阀门开度
		三次风量过大	窑尾废气 CO 高	减少三次风阀门开度
		三次风管漏风	窑内排风少,分解率降低	堵漏
		热电偶结皮	温度变化迟钝	清理热电偶结皮
4	上升烟道或最下级旋风筒有大量荧光火花	三次风量过少;三次风管积料多;三次风阀门开度小	炉内加煤温度也上不去	瞬间大动三次风门一次;逐步开大三次风门
		三次风温过低	刚开窑,冷却机上熟料少	逐步调整三次风门开度
		三次风管漏风	窑内排风少	堵漏
		煤粉过粗	窑内火焰不好	提高煤粉细度
		燃烧器损坏或调整不当	窑温或火焰不合适	修理、更换,重新调节
5	窑尾温度较低	系统塌料	窑头返火,倒烟	塌料量小,稳住不动;量大,减料慢窑
		窑后结圈	窑尾负压增大	处理结圈,保证燃料完全燃烧,消除还原气氛
		窑内通风不良	窑头温度高,黑火头短	适当增大窑内排风
		窑后形成大球	窑尾负压升高并大幅度摆动	变动排风、下料量及喷煤管位置让球出来;同时保证燃料完全燃烧,消除还原气氛
		预热器系统漏风严重	窑尾负压降低	密封堵漏
		热电偶结皮	温度变化迟钝	清理热电偶结皮
6	窑尾温度过高	某级旋风筒堵塞	上升烟道温度不升高时,可能是最下级旋风筒堵;上升烟道温度升高时,可能是最上部旋风筒堵	止料桶堵
		煤质波动	黑火头长,煤粉粗	调整喷煤管各风比例,降低煤粉细度
		窑内拉风过大	火焰长,窑尾负压增大	调节阀门开度,减少窑内排风
		窑头用煤过多	窑尾气体 CO 增多	减煤
		热电偶失灵	温度单向性变化	更换热电偶

序号	常见故障	可能原因	现象	处理方法
7	窑尾负压增高	窑内用风过大	三次风过小或主排风机前负压过大	调节各处阀门开度使其成比例
		烟室斜坡积料	现场观察	适当降低窑温
		窑内结圈、起大球	窑尾负压增大	处理结圈及结球
		测压仪表失灵	变动阀门无效	修理、更换仪表
8	窑尾负压过低	缩口或上升烟道堵塞严重	窑尾温度偏低	处理结皮
		窑内通风过小：三次风门开度太大；三次风门管漏风严重；全系统漏风严重；系统风机阀门开度小	三次风负压升高；主风机入口负压小；C_1筒出口温度降低	关小三次风；调节系统风量；查堵漏风
		负压管堵塞	压力指示无变化	疏通负压管路
9	预热器塌料	清理堵塞时突然冲料	锥体负压突然下降	塌料严重，按跑生料故障处理，调整窑头负压；塌料程度小，一般不作特殊处理，适当增加窑头喂煤量
		窑尾排风量突然减少	尾温下降很大，窑头负压下降，可能呈正压	
10	预热器堵塞	分解炉内煤粉未完全燃烧，结皮堵塞	炉温低，分解率降低；堵塞位上部负压急剧上升，下部负压急剧下降	清堵；人工捅料应停窑、停风、停煤，注意人身安全，严格按操作规程进行；修复翻板阀
		旋风筒锥部物料垮落，下料管堵塞		
		下料翻板阀动作不灵、卡死		
11	跑生料	喂料量过大，喂煤量少	窑尾温度下降大；窑电流下降大，NO_x、O_2浓度降低；冷却机一室压力上升，窑内模糊看不清，窑头电收尘进口温度上升	一般情况，减料，加煤，慢窑，提高篦速，适当加大系统排风；较严重时，减料，加煤，慢窑，提高篦速，关小三次风阀门开度及煤磨入口阀门开度
		塌料		严重时，窑速最低，现场看火，如窑前无火，油枪助燃，待窑电流稳住不降时，再按投料操作进行
12	掉窑皮	烧成带温度或筒体温度变化急剧	窑电流短时间内异常迅速高出正常值，筒体局部高温	调整火焰，降低窑内热负荷；慢窑补挂窑皮；红窑必停
		原窑皮完整性不好		
13	增湿塔出口温度升高	C_1筒出口气体温度偏高	参照1	增加喷嘴数量
		喷嘴堵塞	水压增高	清理、更换
		喷嘴损坏，雾化效果差	回收生料偏湿，和泥，水压下降	更换
		水压不够，喷嘴数量少	水泵故障	换备用水泵，增加喷嘴数量
14	窑头负压降低或呈正压	塌料	参照9	参照9
		三次风阀门开度过大		调整二、三次风比例
		冷却风量过大	火焰短，窑头冒灰、倒烟	减少冷却风量
		窑头电收尘阀门开度过小		增加窑头电收尘阀门开度
15	喂煤系统停车	喂煤机卡死，或预喂料机卡死	系统停车	调整系统风量及冷却机风量，慢转窑；尽快查明原因，处理故障
		罗茨风机故障		
		电气故障		
		输送泵磨损严重		

6.8 新型干法水泥生产技术的发展

利用新型干法水泥生产技术建立大型企业集团和实现生产大型化是当代国际水泥工业发展的趋势。只有这样才能不断推动企业技术进步，完善现代企业管理制度，降低生产成本，提高效率，增强自身发展和竞争能力。

当代世界水泥工业中，熟料煅烧能力单线达到日产 3000～5000t/d 的就可谓大型，7500～10000t/d 的当属超大型。按 2003 年的粗略统计，全球约 20 亿吨的水泥产量中，大型和超大型生产线所生产的水泥分别为 14％ 和 4％ 左右。虽然它们在水泥总产量中所占的比例还不到 1/5，但是它们却代表了世界水泥工业的发展方向和中坚力量。因为它们都采用了最先进的技术与装备，充分利用和节约资源与能源，特别注重环境保护，均属环境友好型和可持续发展型绿色生产线。我国近 2～3 年来新建成投产 50 余条日产熟料 4000～5000t/d 以上的生产线，现今国内水泥工业中，日产熟料 5000t/d 左右的大型装备及其技术已经相当成熟，先进可靠。

6.8.1 世界超大型水泥熟料预分解窑的发展状况

目前，世界 10 大水泥集团水泥生产能力已达 5.3 亿吨，其中，最大的拉法基集团通过兼并，生产能力已达 1.5 亿吨以上；新型干法生产线单线最大的生产能力已达 12000t/d 熟料。作为水泥熟料预分解煅烧技术与装备大型化和超大型化先驱的丹麦史密斯公司 1990 年分别与泰国的暹罗水泥公司和暹罗京都水泥公司签署合同，分别为位于考翁和塔珀克旺新建的 10000t/d 生产线提供全套熟料煅烧装备，即预热器、分解炉、回转窑、排风机等。这两条 10000t/d 生产线于 1992 年先后投入正常生产，是世界上第一条（考翁）和第二条（塔珀克旺）投产的 10000t/d 生产线。1994 年在泰国塔珀克旺又扩建了 1 条 10000t/d 生产线，这也是史密斯提供的世界第三套 10000t/d 熟料煅烧全套装备，并根据前两套的实践经验进行了相应的改进。1995 年泰国暹罗水泥公司曾决定在考翁扩建一条 15000t/d 生产线，1996 年史密斯公司完成了该线熟料煅烧装备的设计，后因 1997 年的亚洲金融危机，该项目未能实现。1990～2001 年间，史密斯公司（含 1997 年兼并的美国前 Fuller 公司）为泰国、印度尼西亚、巴西、印度、波兰等国家提供了 7000～10000t/d 生产线的熟料煅烧全套装备约 15 套。1991～1999 年间，德国伯力休斯公司为泰国、印度尼西亚、韩国、中国等提供了 7000～8500t/d 生产线的熟料煅烧装备近 10 套。20 世纪 90 年代，德国洪堡公司及日本三菱、川崎和宇部等公司为沙特阿拉伯、日本、中国台湾等提供了 7000～8500t/d 生产线的熟料煅烧装备大概 6 套。

1999 年瑞士霍尔西姆水泥公司曾决定在美国密苏里州圣鲁易斯城附近新建一条 12000t/d 生产线。经历了严格而漫长的生态环境审核与激烈的技术与商业竞争，直到 2004 年春季，霍尔西姆水泥公司终于和社区公众以及美国环境局达成了谅解备忘录。业主方应允了一系列苛刻的环境承诺。当时正值美国水泥供应开始出现严重紧缺，于是业主宣告该项目重新启动。鉴于对生态环保更严格的需求，这次业主邀请更多的水泥装备和环保装备供应商进行广泛深入的议标程序，该项目的各个分项谁能中标，尚需拭目以待。

超大型熟料煅烧装备的典型配置见表 6.7。

表 6.7 超大型熟料煅烧装备的典型配置

项目		史密斯公司		伯力休斯公司	
		10000t/d	7500t/d	10000t/d	7500t/d
系统性能保证	熟料产量/(t/d)	10000	7500	10000	7500
	熟料热耗/(kJ/kg)	2968	2918	2968	2918
	C_1 出口温度/℃	310	285	310	
	C_1 出口压力/Pa	5000	5150	5000	5100
	C_1 出口含尘/(g/m³)(标况)	85	85	65	70
	C_1 出口 NO_x/(mg/m³)(标况)	550	550	650	650

项目		史密斯公司		伯力休斯公司	
		10000t/d	7500t/d	10000t/d	7500t/d
预热器	组合形式	5级双列	6级双列	5级双列	6级双列
	C_1/mm	$2-\phi7800$	$2-\phi7200$	$4-\phi7900$	$4-\phi6340$
	C_2/mm	$2-\phi7800$	$2-\phi7200$	$2-\phi8690$	$2-\phi8230$
	C_3/mm	$2-\phi8200$	$2-\phi7500$	$2-\phi9180$	$2-\phi8230$
	C_4/mm	$2-\phi8500$	$2-\phi7500$	$2-\phi9690$	$2-\phi8230$
	C_5/mm	$2-\phi8500$	$2-\phi7500$	$2-\phi9690$	$2-\phi8230$
	C_6/mm		$2-\phi7500$		$2-\phi8230$
	C_1 收尘效率/%	94	95	96	97
	C_1 出口废气量/(m^3/kg)(标况)	1.37	1.33	1.34	1.31
	ID 风机风温/℃	310	290	310/450	290/420
	ID 风机风量/(m^3/h)	2×792000	2×525000	2×774000	2×567000
	ID 风机风压/Pa	—7070	—6100	—7300	—7600
	预热器结构特点	三心大蜗壳	三心大蜗壳	斜顶偏心内筒	斜顶偏心内筒
	预热器塔架尺寸/m	约 21×40×100		约(18+8)×34×100	
	地面到塔架顶层高度/m	约 140		约 150	
分解炉	形式	ILC-5.2 低 NO_x 在线喷腾型	SLC-S 在线喷腾型	Prepol MSC 在线管道型	Prepol AS-CC 在线管道型
	规格/m	$\phi8.8$;柱长 38	$\phi8\times17$	主炉 $\phi7.64$;高 85	
	数量	1	1	1	1
	有效容积/m^3	2090	1250	3403	2380
	气体停留时间/s	炉 3.3；管道 1.0	4	5.6	4.2
	主截面风速/(m/s)	11.5	12.3	15	15
	入窑物料分解率/%	90~95	90~95	90~95	90~95
	炉内喂煤比例/%	60	60	炉 50；一层四点(锥部)10	60
	喷煤管形式	单通道	单通道	双通道	双通道
	喷煤方式及数量	一层四点(锥部)	一层二点(锥部)	二层三点(烟室 1,炉 2)	
	物料入炉方式	二层四点	二层三点	二层四点	
	三次风进风方式	二层二点	一层一点	二层三点(炉下 2,炉上 1)	
	结构特点	结构简单；炉中部带缩口，炉与 C_5 采用直接管道连接		结构复杂；管道型分解炉，顶部带反射室	
回转窑	规格/m	$\phi6\times95$	$\phi5.5\times87$	$\phi6.4/6.0\times90$	$\phi5.6\times87$
	长径比	15.83	15.82	15.00	15.53
	斜度/%	4	4	4	3.5
	托轮座个数	3	3	3	3
	挡轮座个数	2	2	2	2
	主电机/kW	2×950	2×630	2×845	2×720
	辅助传动/kW	2×55		2×50	
	窑转速/(r/min)	5.0(max)		3.5(max)	
	调速方式	变频	变频	变频	变频
	窑头窑尾密封形式	弹簧片	弹簧片	汽缸摩擦	汽缸摩擦
	窑内耐火砖厚度/mm	220	220	250	250

6.8.2 中国超大型水泥生产技术的发展

据有关调查资料显示，2500t/d 熟料左右的生产线在中国沿海发达地区的竞争能力已经大大下降，国家有关部门已制订了 4000t/d 以上级生产线的发展规划，许多大型集团也把建设 5000t/d 以上级生产线作为发展重点。

2002 年，中国海螺水泥集团在铜陵（A、B线）、枞阳、徐州和池州等地对 4 条 10000t/d 和 1 条 8000t/d 生产线的熟料煅烧装备进行了国际招标，最后史密斯公司和伯力休斯公司各得了 2 条 10000t/d 的订单，另一条 8000t/d 归伯力休斯。

海螺集团的 8000t/d 熟料生产线和 2 条 10000t/d 熟料生产线已经分别在安徽池州和铜陵建成投产。图 6.12 为铜陵海螺 2×10000t/d 熟料生产线工艺流程图。下面以铜陵海螺 10000t/d 熟料生产线为例，介绍其熟料生产线工艺系统、主机设备装置、烧成系统工艺及特点。

6.8.2.1　熟料生产线工艺系统

铜陵海螺 2×10000t/d 熟料生产线的范围为石灰石破碎至熟料出厂（包括煤粉制备及输送），以及与之相配套的生产辅助设施。由于生产规模超大型化，因而该生产线在原燃材料输送、均化储存、制备及烧成等各环节完全不同于现有规模的生产线，在生产工艺流程及设备配置等各方面有其显著特点。

（1）原料破碎　两条万吨熟料生产线年需石灰石约 850 万吨，日需量为 2.7 万多吨，要求其配套的石灰石破碎机破碎能力应达到近 2800t/d。因目前单台设备的破碎能力还无法满足如此大的破碎量，为了满足生产所需用量要求和满足破碎车间工作班次的一般规程，采用了多套破碎系统方案。石灰石破碎设置在石灰石矿区，方案为：A 线采用一台双转子锤式破碎机，破碎能力为 1600t/d；B 线采用两台 TKLPC2022F 单转子锤式破碎机，破碎能力每台为 800t/h，3 台破碎机并排布置，共用一个大的卸车平台。破碎后的石灰石通过 2 条 4 段长胶带机输送进厂，其中 A、B 线各单独对应一条长胶带输送机。3 套破碎系统采用集中布置方式，共用一个卸车平台，既便于设备管理及矿车的维护，又提高了破碎车间的工作效率，而且破碎设备露天化，长胶带机输送廊道合理利用地势走向，从而大大降低了设备和土建投资。砂岩破碎设置在棕叶山砂岩矿区，生产线每年需要的砂页岩为 102 万吨，每天需要量为 3300t。破碎系统能力要求较大，采用了两套带波动辊式给料机的 TKPF1416H 反击式破碎机，单套破碎能力每台 220t/h，该设备防堵性能较好，破碎工作效率较高，破碎后的砂岩汇总到一条长约 5.8km 胶带机输送进入厂区。

（2）原料储存、均化与配料　原燃材料的均化处理和输送是一个重要环节，根据本厂的地形特点，石灰石预均化堆场采用了两座 379.2m×65m 的长形带盖预均化堆场。两座长形预均化堆场并排布置，每座对应一条万吨生产线，并在右侧预留三期位置，每座堆场石灰石有效储量为 2×50000t。采用侧式悬臂堆取料机，堆料能力为 1800t/h，并首次采用水平布置型桥式刮板取料机，取料能力为 800t/h，取料机轨距为 38m，厂房网架跨度达 65m。并在每座石灰石预均化堆场考虑设置了应急出料通道，以便取料机出现故障时不影响生产。

原煤及辅助原料的预均化处理，首次采用了 φ80m 无轨道式顶堆侧取圆形堆场，大大提高了物料储存量。其中原煤 A、B 线各采用一座 φ80m 堆场，每座储量达 51000t。原煤由来自码头的长胶带输送机直接输送进厂，混匀堆取料机堆料能力为 1000t/h，取料能力为 250t/h，在两座圆形堆场出料转运站处设计了互通，以起到两条生产线原煤输送互为备用的作用；铁粉和校正料由汽车运输进厂，卸入卸车坑经胶带输送机送入一座 φ80m 堆场，砂岩由长胶带输送机直接输送进入另一座 φ80m 堆场，每座堆场储量达 82000t，混匀堆取料机最大堆料能力 900t/h，取料能力 400t/h。四座圆形堆场均设计有应急取料通道。原料进配料站的输送采用双机并行及上下层皮带方案，布置上达到了节约投资、简化流程的目的。

每条生产线各设置了一座原料配料站，每个原料配料站设有 4 个钢仓，三用一备。分别储存石灰石、砂岩、铁粉和备用校正料，通过仓底的板式喂料机、配料秤将按比例配置好的原料送至原料磨。配料站采取了单仓双出料口的布置形式，以满足每个原料配料站需有两条出料胶带机的要求。同时还采取了仓套仓，并加大开口，设置板喂机作为预给料设备等措施预防物料

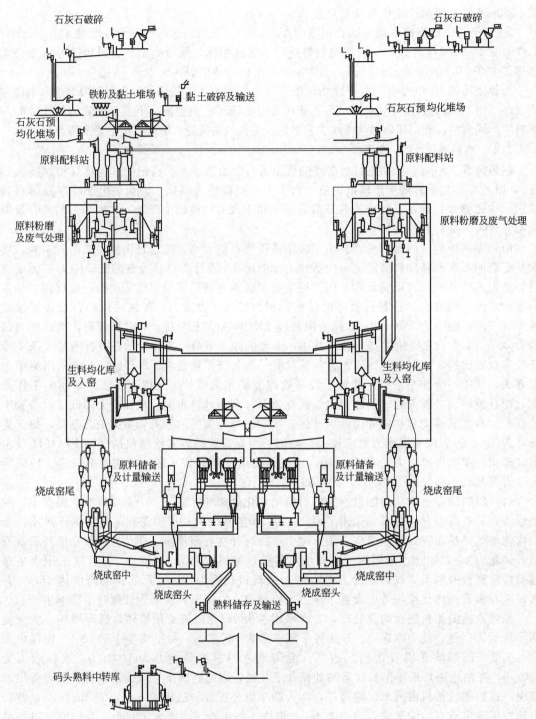

图 6.12　海螺集团 2×10000t/d 熟料生产工艺流程图

的堵塞。另外在入磨胶带输送机上设有电磁除铁器，以去除原料中可能的铁件。在胶带输送机头部设有金属探测器，检测原料中是否残存非铁质的金属件，以确保立磨避免受损。

（3）原料粉磨及废气处理　如图 6.13 所示，与 10000t/d 熟料生产线配套的生料制备系统能力应大于 800t/h，但目前世界上还没有如此大能力的单台辊式磨。从可靠性角度出发，采用了四套辊式原料粉磨系统，即每条万吨生产线配备两套生料磨。为简化工艺流程，原料粉磨及废气处理采用了双风机（ID 风机、EP 风机）系统配置方案。立磨利用从窑尾排出的高温废气作为烘干热源，物料在磨内进行烘干、研磨，出立磨的气体携带合格的生料粉，与来自增湿塔的多余废气混合后进入高浓度的电收尘器，收下的生料经空气输送斜槽、斗式提升机送入生料均化库。净化后的气体经 EP 风机一部分作为循环风返回磨中，其余的排入大气，废气排放浓度（标况下）≤50mg/m³。单套粉磨系统设计能力 400t/h，磨机主电机功率 3800kW。

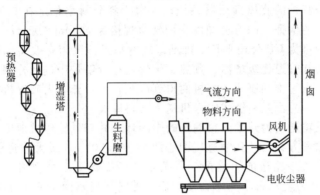

图 6.13　水泥生产线窑尾工艺流程

在原料磨停止运行时，窑尾高温废气由增湿塔增湿降温后，直接进入电收尘器，增湿塔喷水量将自动控制，使废气温度处于电收尘器的允许范围内，经电收尘器净化后由排风机排入大气。由增湿塔收集下来的窑灰，入 ϕ3m 的窑灰仓，再经输送设备送入窑喂料系统或生料均化库。

（4）生料均化及入窑　生料均化库共设置了四座 ϕ22.5m 连续式 NC 库，即每条万吨生产线配备两个库，单个储量 20000t，如图 6.14 所示。

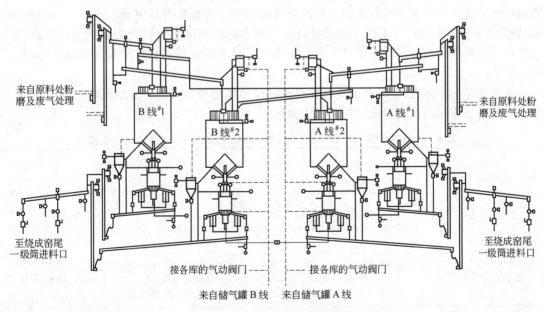

图 6.14　生料均化工艺流程图

在入库方案设计中，通过库顶斜槽输送的布置实现了两条生产线之间出磨生料的互通。库中的生料经过交替分区充气卸至混合仓，生料在混合仓被充气搅拌均匀后卸入计量仓，均化后的生料粉通过固体流量计计量，经空气输送斜槽和斗式提升机喂入窑尾预热器。每个生料均化库出库生料单独对应一台入窑斗式提升机,在窑尾顶部两台入窑提升机卸出的生料汇总到一条空气输送斜槽再分别送入窑尾预热器中。在每个生料均化库计量仓底均设有备用卸料口,同时将每台入窑斗式提升机及入窑斜槽的能力放大至 680t/h,这样就在一定程度上起到了两台入窑斗式提升机互为备用的作用。

(5)熟料烧成系统　熟料烧成系统是新型干法水泥技术的核心,预热器采用了 FLS 公司 5 级双系列带单分解炉的旋风预热器系统,入窑生料分解率稳定在 95% 以上,为提高回转窑产量提供了必要的保证。FLS 公司配套回转窑规格为 $\phi 6.0m \times 95m$,该回转窑为双传动三档支撑。系统篦冷机为 CP 公司 HE10 推动篦式冷却机,篦床有效面积达 $250m^2$。喂入预热器的生料经预热器和管道逐级增温、预热、干燥,在分解炉中进行分解,然后喂入窑内煅烧。出窑高温熟料在水平推动篦式冷却机内得到冷却,大块熟料由破碎机破碎后,会同漏至风室下的小粒熟料,一并由熟料链式输送机送入熟料库储存。

(6)熟料储存及输送　为减少熟料输送的中间环节并降低输送机地坑深度,在可靠性的前提下,采用一段输送方案。链式输送机中心距为 190.209m,最大输送能力达 700t/h,是目前世界上同类型设备中输送能力之最。每条生产线配备了一个规格为 $\phi 60m$ 的熟料帐篷库,单个库容量为 10 万吨。每个库库底设三条胶带输送机,两个库出库熟料汇总到一起由长约 5km 的胶带输送机送至码头 $2 \times \phi 18m$ 的熟料库储存,再分别送至两个 5000t 级码头散装。

(7)煤粉制备　煤粉制备系统共采用四套双风机(入磨风机、收尘器风机)及辊式磨粉磨系统方案,即每条万吨生产线配备两套。其中一套供窑尾,另一套供窑头。磨机为沈重开发设计的 MPF2116 辊盘式磨煤机,利用窑头高温废气作为烘干热源。原煤仓下的定量给料机将原煤喂入煤磨进行烘干粉磨,出磨合格煤粉随气流直接进入气箱脉冲袋式收尘器,并被收集下来,然后由螺旋输送机送入带有荷重传感器的煤粉仓。煤粉经计量后分别送往窑头燃烧器和窑尾分解炉燃烧,其中供窑尾分解炉设有两套煤粉计量系统,供窑头燃烧器设有一套煤粉计量系统。含尘气体经净化后由排风机排入大气。单套粉磨系统能力 40t/h,磨机主电机功率 560kW。在设计中不但考虑了单条生产线中窑尾和窑头煤粉仓之间能互通,而且两条生产线之间的煤粉制备系统通过一台长度为 58.5m 的螺旋输送机也能实现互为备用。

6.8.2.2　主机设备配置

本工程作为中国首条 10000t/d 级生产线,设备选型中在确保可靠的同时,充分体现了国产化,各主体车间设备及规格性能见表 6.8。

表 6.8　铜陵海螺 2×10000t/d 熟料生产线工艺主体车间设备及规格性能

车间	设备名称	台数	规格性能
石灰石破碎	TKLPC2022F 单段锤式破碎机(单转子)	2	进料粒度≤1500mm;出料粒度 R(70mm)≤10%;生产能力 800t/h;主电机功率 800kW
	TKPCI6002 单段锤式破碎机(双转子)	1	进料粒度≤1500mm;出料粒度 R(70mm)≤10%;生产能力 1600t/h;主电机功率 800kW(2 台)
石灰石预均化	侧式悬臂堆料机	2	DB1800/22.5;堆料能力 1800t/h
	桥式刮板取料机	2	QG800/38;取料能力 800t/h
原煤预均化	混匀式堆取料机	2	YG250/80;堆料能力 1000t/h;取料能力 250t/h
铁粉预均化	混匀式堆取料机	1	YG400/80;堆料能力 900t/h;取料能力 400t/h
砂岩预均化	混匀式堆取料机	1	YG400/80;堆料能力 900t/h;取料能力 400t/h

续表

车间	设备名称	台数	规格性能
原料粉磨	ATOX50 立式辊磨机	4	入磨粒度≤110mm;入磨水分≤6% 出料水分≤0.5%;出料细度 $R(80\mu m)\leq14\%$ 生产能力 410t/h;主电机功率 3800kW
废气处理	高浓度电收尘器	4	BS930 型;处理废气量 860000m³/h 入口废气浓度≤600g/m³ 最大排放度≤50mg/m³
	高温风机	4	型号:W6-2×39NO31.5F(共 2 套) 处理废气量:9×10^5 m³/h(磨开),7.24×10^5 m³/h(磨停) 工作温度:280℃(磨开),150～160℃(磨停) 废气密度 1.29kg/m³;全压≥7500Pa;主电机功率 2500kW
生料均化库及生料入窑	入库胶带提升机	4	BWG-1000/360/5;头尾轮中心高 77.9m;最大输送量 550t/h
	入窑胶带提升机	4	BWG-1250/360/5(共 2 套);头尾轮中心高 133.1m;正常输送量 400t/h,最大 680t/h;传动电机功率 2×200kW
烧成系统	旋风预热器系统	2	能力 10000t/h;双系列 C_1、C_2:2-ϕ7.8m,C_3:ϕ2-8.2m,C_4、C_5:2-ϕ8.5m
	分解炉	1	ϕ8800mm×41000mm;容积:2240m³
	回转窑	2	规格 ϕ6.0m×95m;双传动;斜度 4%;三支承;主电机功率 2×915kW
	篦冷机	2	型号:HE10 1845R/1845R/1845R Combi 推动篦式;生产能力 10000～12000t/d;篦板单位面积产量 39.1～43t/(m²·d);入料温度 1400℃;出料温度为 65℃＋环境温度;篦床有效面积 255.8m²;冲程 4～25 次/min;篦板冲程长 130mm(最大 140mm);系统热回收效率≥74%;熟料装机风量 2.14m³/kg;熟料使用风量 1.91m³/kg
	熟料破碎机	1	RB488-6;宽度 4880mm;生产能力 12000t/d;出料粒度≤25mm;转速 4r/min;传动电机功率 6×11kW
	一次风机	1	型号 HRV 28-400k GR315;流量 17945m³/h;升压 26.1kPa;电机 200kW;转速 2980r/min
	窑送煤风机	1	流量 121.6m³/min;升压 68kPa;电机功率 220kW
	炉送煤风机	2	流量 2×121.6m³/min;升压 68kPa;电机功率 2×200kW
	Duoflex 煤粉燃烧器	2	型号 DBC-219.1-650-8;四通道;喷煤量 30t/h
	窑头电收尘器	2	BS930 型;2×34/12.5/3×9/0.4;处理废气量 1.1×10⁶m³/h;入口废气浓度≤30g/m³;最大排放浓度 50mg/m³;电场横断面积 352m²;电场风速 0.87m/s
	冷却机风机	24	代号为 F_1～F_{24};总配风风量 942500m³/h;总装功率 2949kW
	窑头排风机	1	型号 W4-2×73 NO31.5F;流量 1150000m³/h;全压 2000kPa;电机功率 1250kW

续表

车间	设备名称	台数	规格性能
煤粉制备	MPF2116辊盘式磨煤机	4	入磨粒度≤50mm；入磨水分≤10％；生产能力40t/h；成品细度（$R\,80\mu m$）≤10％～15％
	窑尾煤粉计量秤	4	DRW4.14；输送范围2.2～22t/h
	窑尾煤粉计量秤	2	DRW4.14；输送范围3.5～35t/h

6.8.2.3 烧成系统工艺及特点

铜陵海螺10000t/d水泥熟料生产线是中国第一条、世界第四条万吨水泥熟料生产线。该生产线由中材国际南京水泥工业设计研究院（以下简称南京院）承担工程设计。该生产线的顺利投产，标志着中国水泥工业的设计、安装和生产管理水平又上新台阶，已经进入世界先进水平行列。

（1）烧成系统工艺配置　烧成系统作为整条生产线的核心，其中的主机设备配置方案和工艺流程同时兼顾理论研究成果和生产实践经验，大胆采用了窑尾预热预分解系统，采用单个在线分解炉、双系列预热器方案，开创了万吨线采用双系列预热器、单分解炉系统的先河；系统设备的选型充分考虑装备的先进性，尽量选用目前最先进又可靠的装备，保证了系统技术指标的先进性；在工艺流程的设计上，巧妙利用两条生产线的装备互为备用，如入窑喂料提升机、生料均化库、生料磨、煤磨等都实现了互相备用，大大提高了系统运转的可靠性，提高了生产线的运转率。铜陵万吨线烧成系统工艺流程图如图6.15所示。

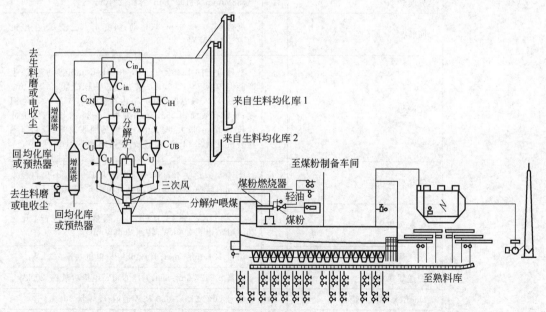

图6.15　铜陵海螺10000t/d水泥熟料生产线烧成系统工艺流程图

（2）烧成系统特点　铜陵海螺水泥有限公司10000t/d水泥熟料生产线工程的烧成系统装备具有以下特点。

① 巧妙利用两条生产线的装备互为备用，提高系统运转的可靠性。如每条生产线配备两台入窑喂料提升机，单台提升机的正常能力为400t/h，最大能力可达680t/h。正常情况两台提升机同时工作，如出现意外，单台提升机也能保证系统在额定产量运行，从而有效提高系统的运转率。其他如生料均化库、生料磨、煤磨等都实现了两台装备或两条生产线的互

相备用。

② 单分解炉双系列预热器系统。预热预分解系统是烧成系统的最关键设备之一。预热预分解系统性能的好坏不仅直接影响系统的产量、热耗和电耗；还影响到系统对燃料、原料的适应性，是影响系统运转率的主要设备之一；而且预热预分解系统的投资额大，在烧成系统中占据重要分量，又因其产能特别巨大，给旋风预热器和预分解炉的设计带来困难，目前世界上仅有的几条10000t/d 生产线采用的都是三系列双分解炉方案。这给窑尾预热器的布置带来极大的不便，不仅容易引起预热系统中物流的不畅而堵塞，而且还明显增加了系统的操作难度，增加系统的散热损失，导致投资的大幅增加。

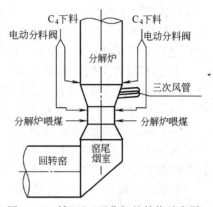

图 6.16　低 NO_x 型分解炉结构示意图

南京院经充分研究和理论计算，与海螺公司共同研讨后，大胆提出铜陵海螺水泥有限公司 2×10000t/d 水泥熟料生产线预热预分解系统的开发设计要同时兼顾理论研究成果和生产实践经验，必须在现有技术水平上有较大的突破，窑尾预热预分解系统采用单在线分解炉、双系列预热器的方案，使单列预热器的生产能力达到了5000t/d 的规模，单个预热器的最大直径达到 $\phi8500mm$，开创了万吨线采用单分解炉双系列预热器的先河。单分解炉双系列预热器的配置，不仅极大地方便了系统参数的调节和控制，使系统操作易于平衡和优化，而且可使该系统投资额降低 15％以上。

③ 系统分解炉采用专有技术，分解回转窑中产生的 NO_x 气体，实现了低 NO_x 的排放。该系统配置的分解炉设有低 NO_x 分解段，实现系统的低 NO_x 排放如图 6.16 所示，运行实践表明，低 NO_x 分解炉可降低系统 NO_x 排放 50％左右，在系统满负荷运行的正常工况下，出 C_1 级预热器废气的 NO_x 含量只有 $3×10^{-4}$ 左右，大大低于国家环保要求，从而有效减轻了生产线对当地大气的污染，保护了当地的环境。

④ 回转窑采用双电机传动，减小了单个电机的功率。回转窑单个传动电机的功率为 915kW。

⑤ 回转窑采用丹麦史密斯公司的低 NO_x 的 DBC 型 Duoflex 四通道煤粉燃烧器，如图6.17 所示，有效降低了回转窑内煤粉燃烧产生的 NO_x 含量。

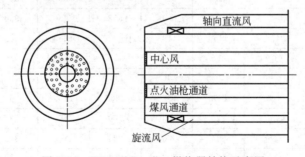

图 6.17　DBC 型 Duoflex 燃烧器结构示意图

该燃烧器的中心是油枪和点火气枪的保护套管，保护套管外依次是中心风管、煤风管、径向风管和轴向风管。中心风管外部安装有耐磨层以减缓煤粉对它的磨损，入口处连接有金属软管，用以输送来自一次风机的冷却风，在出口装有冷却孔板。煤风管通过导向支撑固定在中心管外，煤入口处内表面安装有耐磨层，耐磨层从入口处一直伸入到前端。煤风管与径向风管通过膨胀节连接。径向风管的出口置于轴向风管的锥形喷嘴内，其内侧焊有旋流器。一次风出口设有锥形喷嘴，煤风管可以前后移动以改变一次风的喷口面积。从燃烧器喷出的一次风仅占燃烧空气量的 $7\%\sim10\%$，最大风速达 $200\sim210\mathrm{m/s}$。由于在不同工况下均能控制住一次风仅占燃烧空气量的 $7\%\sim10\%$，并且合理控制了煤粉和空气的混合节奏，实现煤粉的分段燃烧，从而有效降低煤粉火焰产生的 NO_x 气体。生产正常运行时，窑尾废气的 NO_x 含量只有 1.2×10^{-3} 左右，比常规的 1.5×10^{-3} 低约 20%。

⑥ 熟料破碎采用辊式破碎机，大大提高了熟料破碎效率，降低了熟料破碎的电耗。采用 CP 公司的辊式破碎机，规格为 RB488-6，宽度 4880mm，生产能力 12000t/d，出料粒度≤25mm，传动电机功率只有 $6\times11\mathrm{kW}$。辊式破碎机的节电效果非常明显。

(3) 系统试生产及运行情况　铜陵海螺 $2\times10000\mathrm{t/d}$ 水泥熟料生产线 A 线回转窑于 2004 年 5 月 26 日点火，6 月 5 日一次投料顺利转入生产，当天熟料产量 1288t，6 月 26 日首次达到 10017t，系统运行平稳。

熟料产量在 11000t/d 左右时，热耗为 2917kJ/kg，电耗为 56.4kW·h/t；C_1 出口废气标况下 NO_x 含量约为 $400\mathrm{mg/m^3}$，远低于国标的 $800\mathrm{mg/m^3}$；C_1 出口粉尘含量标况下为 $68.84\mathrm{g/m^3}$，低于 $80\mathrm{g/m^3}$ 的设计标准；烧成系统总热效率为 53.85%，回转窑断面热负荷为 $2300\mathrm{kJ/(m^2\cdot h)}$，回转窑单位容积产量为 $205.55\mathrm{kg/(m^3\cdot h)}$，单位截面积产量为 $19526.89\mathrm{kg/(m^2\cdot h)}$，所有技术指标均已进入世界先进水平。系统在不同工况运行时的工艺参数见表 6.9。

表 6.9　烧成系统的工艺参数统计

系统实际工况投料量/(t/h)	390	400	470	560	620	730	740
回转窑转速/(r/min)	1.8	2.1	2.5	2.9	3.0	3.2	3.3
回转窑电机 1 电流/A	482	505	510	505	524	513	518
回转窑电机 2 电流/A	478	494	500	503	512	494	504
窑喂煤量/(t/h)	20	21.5	19	20	24	21.3	22
炉喂煤量/(t/h)	13	14.5	20	33	36.8	38.2	36
还原带温度/℃	974	880	871	871	918	880	835
C_4 分料阀开度（A 列）/%	37	40	40	35	20	19	19
C_4 分料阀开度（B 列）/%	37	40	40	35	20	19	19
三次风管阀门开度/%	20	25	25	30	35	35	35
三次风温度/℃	730	840	853	926	938	918	945
窑尾温度/℃	1163	1197		1263		1231	
窑尾 $w(O_2)$/%	4.5	3.1	1.5	2.3	0.4	0.4	2.0
窑尾 $w(CO)$/%	0	0		0	0	0	0
窑尾 $w(NO_x)/(\times10^{-6})$	1600	1900	1208	1460	860	1368	1222
窑尾负压/Pa	223	220	200	200	537	263	470
炉中温度/℃	814	835	834	856	873	859	860
C_{1A} 出口温度/℃	384	368	374	330	329	319	314
C_{1A} 出口 $w(O_2)$/%	8.4	7.4	7.4	6.2	5.4	3.8	7.0
C_{1A} 出口 $w(CO)$/%	0	0	0	0	0	0	0
C_{1A} 出口 $w(NO_x)$/%	476	572	415	434	233	335	192
C_{1A} 出口负压/Pa	3110	3260	4310	5110	5260	5480	6040
C_{1B} 出口温度/℃	384	374	369	334	330	314	323
C_{1B} 出口 $w(O_2)$/%	6.7	5.4	5.2	3.0	3.0	2.2	3.4

续表

系统实际工况投料量/(t/h)	390	400	470	560	620	730	740
C_{1B}出口 $w(CO)/\%$	0	0	0	0	0	0	0
C_{1B}出口 $w(NO_x)/\%$	545	678	499	588	288	401	266
C_{1B}出口负压/Pa	3100	3290	4360	5120	4960	5550	5950
篦冷机推速一段/(r/min)	9.6	10.6	13.1	11	8.5	11	12.4
篦冷机推速二段/(r/min)	13.1	13.1	19	19	18	20	20
篦冷机推速三段/(r/min)	14	14	20	21	20	21	21
篦冷机一段篦下压力/Pa	6.4	6.6	6.2	6.7	9.2	8.1	7.4
篦冷机二段篦下压力/Pa	3.5	4.4	3.8	4.0	3.4	3.9	3.5
篦冷机三段篦下压力/Pa	2.1	2.2	2.6	2.7	3.5	2.9	2.7
篦冷机余风温度/℃	203	182	187	324	289	345	

注：窑喂料量约 750t/h；窑头喂煤量约 25t/h；炉喂煤量为 37t/h；C_1 出口 NO_x 浓度约 430mg/m^3；C_1 出口压力约 6.5kPa；C_1 出口温度约 320℃；系统热耗 2927kJ/kg。

学习小结

通过本章学习，应该掌握新型干法水泥煅烧工艺过程及其物理化学变化，熟悉新型干法水泥煅烧过程的核心技术和煅烧过程的调节控制技术，同时，应能对常见故障进行判断，并对现代水泥煅烧工艺的发展及其特点有一定的了解和认识。

复习思考题

1. 预分解窑的关键技术装备有哪些？
2. 生料在煅烧过程的物理化学变化有哪些？
3. 碳酸钙分解反应的特点是什么？影响分解速率的因素有哪些？
4. 影响固相反应的因素有哪些？
5. 影响熟料烧结过程的因素有哪些？
6. 什么是烧结范围？并说明烧结范围对熟料烧结过程的影响。
7. 熟料冷却的目的是什么？为什么要急冷？
8. 什么是悬浮预热技术？说明之。
9. 什么是预分解技术？预分解窑有什么特点？
10. 分解炉内气流的主要运动形式有哪些？分别产生了何种效应？
11. 现代新型分解炉有什么特点？
12. 四种主要的新型分解炉各有什么特点？
13. 分解炉和窑的连接方式有哪些？各有什么特点？
14. 预分解窑的五大功能是什么？
15. 预分解窑工艺带是如何划分的？
16. 熟料冷却机在预分解窑系统的功能和作用是什么？如何评价冷却机的性能？
17. 第三代篦冷机的特点有哪些？
18. 国产第三代篦冷机采用了哪些新技术？
19. 预分解窑生产中重点监控的工艺参数有哪些？
20. 预分解窑工艺控制自动调节回路主要有哪些？
21. 说说预分解窑异常状况的调控及其故障处理方法。

第7章 水泥制成技术

【学习要点】 水泥组成材料及粉磨工艺；提高管球磨水泥粉磨系统产量和质量的工艺技术；立式磨粉磨流程及影响产量和质量的因素；挤压粉磨工艺系统及选择；水泥储存、均化、包装散装及发运。

7.1 水泥粉磨工艺技术

7.1.1 硅酸盐水泥的制成工艺

硅酸盐水泥是将硅酸盐水泥熟料、石膏和混合材料进行合理配比，经粉磨机械粉磨，然后储存，均化制备而成。其中，水泥粉磨是水泥制成的重要工艺过程。

7.1.2 水泥组成材料的工艺处理及要求

（1）硅酸盐水泥熟料 水泥熟料煅烧出窑后，不能直接进入粉磨设备进行粉磨，需要经过储存处理。熟料储存处理的目的如下。

① 降低熟料温度，保证粉磨机械正常工作 一般从窑冷却机出来的熟料温度多在 $100\sim300℃$ 之间，过热的熟料加入磨中不仅会降低磨机产量，还会对粉磨机械安全运行不利。尤其在管磨机中粉磨时，磨内温度高，磨机筒体会因热膨胀而伸长，对轴承产生压力；过热还会影响磨机的润滑，恶化磨机的运行。此外，磨内温度过高，使石膏脱水过多，会引起水泥凝结时间不正常。

② 改善熟料质量，提高熟料易磨性 出窑熟料一般含有少量的 $f\text{-}CaO$，熟料储存时由于能吸收空气中的水蒸气，使部分 $f\text{-}CaO$ 消解为 $Ca(OH)_2$，既改善了水泥的安定性，还会在熟料内部产生膨胀应力，因而提高了熟料的易磨性。

③ 保证窑、磨生产平衡，有利于控制水泥质量 生产过程中有一定储量的熟料，在窑出现短时间停产情况下，可满足粉磨设备生产需要的熟料量，保证粉磨设备连续工作。同时出窑的熟料还可以根据质量的等次，分别存放，搭配使用，保证水泥质量的稳定。

（2）混合材料 为了增加水泥产量，降低成本，改善和调节水泥的某些性能，综合利用工业废渣，减少环境污染，在磨制水泥时，可以掺加不超过国家标准规定的混合材料。

① 混合材料的种类及要求 参见 11.1 节。

② 工艺处理 根据进厂混合材料干湿状况进行干燥处理，并输送到储存设备储存；对混合材进行调配，使其质量均匀。

（3）石膏 在水泥中掺加一定数量的石膏，其主要作用是延缓水泥凝结时间，使水泥凝结时间合乎国家标准的要求。同时石膏有利于促进水泥早期强度的发展。

① 种类及要求

a. 种类 用作水泥缓凝的石膏主要是天然石膏（$CaSO_4 \cdot 2H_2O$）和硬石膏（$CaSO_4$），也可以使用工业副产品石膏，如氟石膏、磷石膏等。

148

b. 要求　石膏、硬石膏质量必须符合 GB/T 5483—1996 的规定。工业副产品石膏使用前必须进行小磨试验和强度试验。

② 处理　石膏在进库储存前需经破碎设备破碎。

7.1.3　水泥组成材料的配比

磨制水泥时，水泥组成材料要按要照比例配合入磨。不同品种水泥，组成材料的配比不同；同一品种的水泥，不同组成材料的配比，其质量有区别。生产中不同品种、不同强度等级的水泥配比方案，一般是通过试验和通过生产不断探索来确定。在设计和探索配比方案时，应考虑下列因素。

① 水泥品种：不同品种的水泥组成材料的种类和比例必须符合相应的国家标准的明确规定。

② 水泥强度等级：同品种同强度等级的水泥，质量好的熟料可以适当多掺混合材料，以减少熟料的比例，降低成本。

③ 水泥组成材料的种类、质量、成本。

④ 水泥控制指标的要求。

综合考察上述因素，一般设计几个配比方案，首先在实验室进行小小磨试验获取对比数据，然后确定一个较好的配比方案，在生产中不断总结、调整配比，以求最佳配合比。

7.1.4　水泥粉磨细度

水泥熟料加入适量的石膏及一定量的混合材料，粉磨到一定的细度，才能成为水泥。水泥细度越细，水化、硬化越快，强度越高；反之，水泥细度过粗，其中粗颗粒不能充分水化、硬化，只能起微集料作用，降低了熟料的利用率，强度也随之降低。中国水泥细度采用 $80\mu m$ 方孔筛筛余量（%）和水泥比表面积（m^2/kg）进行控制。一般控制 $80\mu m$ 方孔筛筛余为 4%～6%，比表面积大于 $300m^2/kg$。

必须指出，水泥细度过细不仅增大了水泥需水量，影响混凝土的性能，并且会导致粉磨系统产量下降，单位产品电耗增加。在满足水泥品种和强度等级的前提下，水泥细度不能太细。

另外，近几年的研究表明，水泥颗粒级配、圆度率也影响水泥强度的发展。在水泥中大于 $30\mu m$ 的颗粒对水泥强度的贡献不大，大于 $65\mu m$ 颗粒对水泥强度的贡献甚微，仅仅是填料而已。小于 $3\mu m$ 颗粒的水化在搅拌过程中已开始甚至完成，所以对水泥强度的贡献已不大，在水泥总量中不能超过 10%。担负水泥强度发展的主要粒级是 $3\sim 30\mu m$，要求在水泥总量中不能低于 65%。因此在水泥生产过程中要不断调整水泥粉磨工艺，尽量使水泥颗粒的级配接近理想分布。

7.1.5　水泥粉磨系统

（1）管球磨粉磨系统　粉磨机械有球磨机。粉磨流程有开路、闭路两种流程。管球磨粉磨系统详见 7.2 节。

（2）立式磨粉磨系统

① 粉磨机械　立式磨有 LM（莱歇磨）、MPS 磨、伯力休斯磨、OK 系列磨、培兹磨、彼得斯磨、HRM 系列磨、雷蒙磨等。

② 粉磨流程　按气流通过系统的方式，分设有旋风筒、循环风及不设旋风筒、循环风两种粉磨流程，以及设有磨外提升循环的粉磨系统。

立式磨粉磨系统详见 7.3 节。

（3）挤压粉磨系统（详阅 7.4 节）

① 粉磨机械　辊压机、球磨机。

② 粉磨流程　有挤压预粉磨、挤压混合粉磨、挤压联合粉磨、挤压半终粉磨、挤压终粉磨五种流程。

7.1.6　当前水泥粉磨技术和设备发展的情况

水泥粉磨是水泥工业生产中耗电量电最多的一道工序。近年来，随着新型干法水泥生产的发展，为了提高粉磨效率，节约能源，提高经济效益，水泥粉磨设备在不断大型化的同时，水泥粉磨系统也得到了不断的改进和发展。

（1）水泥粉磨设备大型化　随着现代水泥窑系统的大形化，粉磨水泥的设备也不断向大型化发展。用于水泥粉磨的钢球磨机直径已达 5.5m 以上，电机功率达 7000kW 以上，台时产量达 300t 以上。采用大型磨机不但提高了粉磨效率，降低了衬板和研磨体的消耗，减少了占地面积，并且简化了工艺流程，减少了辅助设备，有利于降低成本。

（2）粉磨效率高，能耗低，有利于设备大型化的新的粉磨系统　立式磨系统、挤压预粉磨系统、挤压联合粉磨系统、挤压半终粉磨系统、挤压终粉磨系统正在日益广泛地用于水泥粉磨作业。随着主机可靠性的提高、工艺系统的完善，系统运转率得到大幅度的提高。

（3）采用高效选粉设备　为了适应粉磨设备大型化的要求，提高水泥产量和质量，近年来闭路粉磨作业越来越多，因此作为配套的选粉设备也得到了较大的发展。继离心式选粉机、旋风式选粉机后，以 O-SePa 选粉机为代表的第三代高效选粉机得到快速发展。国产主要以 DS 和 HES 高效选粉碎机为代表，国外主要有德国的 Sepol 型和 SKS 型、丹麦的 Sepax 型、美国的 SD 型、法国的 TSV 型高效动态选粉机。这些选粉机分散、分级和收集机理非常明确，具有以下的优点和特点。

① 选粉机内采用了新的分散装置，使进入选粉机的物料获得了良好的分散度，因而提高了选粉效率和磨机产量。

② 水泥颗粒组成合理，粒径分布在 $3\sim44\mu m$ 的百分比高，有利于提高水泥的强度。

③ 在生产工艺中引入冷风，使之减少物料的内循环，具有冷却水泥和微粉碎的功能。

④ 将动态和静态选粉装置组成一体化（组合机型），简化了工艺流程。

⑤ 设备体积小，重量轻，水泥细度易于调节。

因此，新型高效选粉机是一类极具有优势的分级设备。

（4）实现操作自动化　为了使水泥粉磨系统工作状况得到最优控制，保证产品质量的合格稳定，在现代水泥粉磨系统中已越来越广泛地应用各种先进的自动化检测仪表和微机对生产过程和工艺参数进行自动控制。

① 水泥粉磨系统喂料已广泛采用电子定量喂料秤，配料采用计算机系统配料。磨机进行粉磨作业过程中磨机负荷的自动控制采用电耳和对提升机负荷、选粉机回粉量等参数的监测加以控制。

② 水泥中石膏和混合材料掺加量的调节控制是保证水泥质量的重要内容。在水泥粉磨的生产过程中，一般对它的自动控制是间歇进行的。通过连续取样后，每隔一定的时间混合一次，制成样品，用 X 射线荧光分析仪对 SO_3、混合材掺量分析后，将结果输入计算机运算，分别向石膏比例调节器和混合材比例调节器输出本次比率变化量，使其自动调节喂料比例，从而保证水泥中 SO_3 及混合材料含量达到控制的目标值。

③ 管球磨机磨内喷水量的自动控制。磨机内喷水装置开和关是根据磨机出口气体温度的变化进行控制，若磨出口温度达到某一设定值，则磨机喷水装置开始喷水。喷水装置开或停的设置由操作人员设定，然后进行自动控制。

整个水泥粉磨系统由于实现了操作自动化，因此稳定了磨机生产，提高了生产效率。

粉磨工艺和设备的发展除主要体现在节能、增产、提高产品质量和劳动生产率、减少易损件的磨耗量、降低成本外，广泛使用各种先进的自动化仪表和微机进行自动控制、降低劳动强度、实现文明生产，也是水泥粉磨系统发展的重要方向。

7.2　管球磨粉磨技术

在水泥粉磨系统中，管球磨粉磨系统是运用得最广泛、技术比较成熟的粉磨工艺。

7.2.1　管球磨粉磨的基本流程

（1）开路粉磨流程　如图 7.1 所示，按生产要求配比好的水泥组成材料，由配料设备配合好，经喂料设备喂入磨机进行粉磨，卸出磨机即为成品。然后由输送设备送入水泥库储存，废气则由磨尾排出，进入收尘系统，净化后的气体经排风机排入大气。

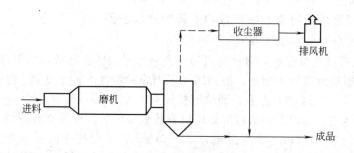

图 7.1　开路粉磨流程

（2）闭路粉磨流程　按生产要求配比好的水泥组成材料经配料设备配合好，由喂料设备喂入磨机粉磨，符合生产控制要求的半成品出磨后进入分级设备分选。合格的水泥产品由输送设备送入水泥库储存；粗粉返回磨头与入磨物料一道再次被粉磨。生产中有一级管磨闭路（图 7.2），二级球磨闭路（图 7.3）。

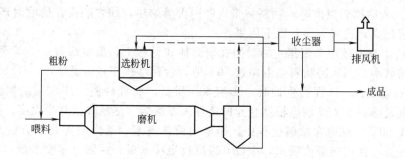

图 7.2　一级管磨闭路系统粉磨流程

（3）开路与闭路系统的比较　开路系统的优点是：流程简单，投资少，操作维护简便。其缺点是：由于物料必须达到产品的细度要求才能出磨，已被磨细的物料将产生过粉碎现象，并在磨内形成缓冲层，影响粗物料进一步粉磨，从而降低粉磨效率，增加电耗，产量难以提高。

闭路系统与开路系统正好相反，闭路系统可以消除过粉碎现象，同时出磨物料在输送和

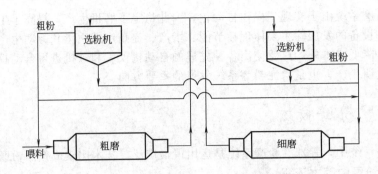

图 7.3 二级球磨闭路系统粉磨流程

分级过程中可散失一些热量。粗粉回磨时，可降低磨内温度，有利于降低电耗，增加产量。一般闭路系统比开路系统（同规格磨机）可提高产量 15%～50%。但是闭路系统流程较复杂，设备多，投资大，操作、维护、管理相对开路复杂。

7.2.2 提高管球磨水泥粉磨系统产量和质量的技术途径

7.2.2.1 降低入磨物料粒度、温度、水分

① 粒度 入磨物料粒度小，可使磨机第一仓钢球平均球径降低，在钢球装载量相同时，钢球个数增多，钢球总表面积增加，因而增加了钢球对物料的粉磨效果，提高了产量；并且由于破碎机电能利用率为 30%左右，而球磨机仅有 1%～3%，最高 7%～8%，因此入磨物料进入磨机之前使用破碎设备降低粒度，可以有效地降低单位产品破碎粉磨总电耗。入磨物料的粒度一般控制在≤15mm，大型磨机在 25～30mm。值得提出的是，对于利用高细高产磨的开路磨机，入磨物料粒度要求更严，通常≤8mm。为了降低入磨物料粒度，应在磨前配置相应的破碎设备。

如鑫达水泥有限公司，为了降低入磨物料粒度，在磨头配置了 JSP 系列的慢速剪式水泥熟料细碎机，由于使入磨熟料粒度均达到<15 mm，因此一仓钢球平均球径下降了 3%～4%，磨制的水泥比表面积提高了 20%，出磨水泥各龄期的强度得到了提高，使混合材料掺量增加了 5%，既降低了成本，又增加了产量。可见降低入磨物料粒度，降耗增产的作用是十分显著的。

② 温度 入磨物料温度高，物料将带入磨内大量的热，加之磨机在研磨时产生的热能，会使磨内温度过高，这将会导致以下后果：

a. 水泥产生静电效应易聚集，易黏附在研磨体和衬板上，形成缓冲层，甚至堵塞篦缝，从而降低粉磨效率。当入磨物料温度超过 80℃时，会使磨机产量降低 10%～15%。

b. 引起石膏脱水，水泥产生假凝，影响水泥质量，而且易使入库水泥结块。因此物料入磨前，尤其是熟料在入磨前应根据企业的条件采取措施，尽量降低热料温度，控制入磨前物料温度低于 50℃。同时在粉磨过程中，采取向筒体淋水、磨内喷雾化水方法来降低磨内温度。必须注意，使用向磨内喷水，应视其温度决定喷水量；否则过多喷水量，反而导致粉磨状态恶化。

③ 水分 入磨物料水分过高，磨内产生的细粉黏附在研磨体和衬板上，并堵塞隔仓板篦缝，从而使磨内粉磨过程难以顺利进行。一般入磨物料的水分控制在 1.0%～1.5%。应该指出，物料干燥也无必要，保持入磨物料中少量水分，可以降低磨内温度，提高粉磨效率。

7.2.2.2 调整优化粉磨系统的工艺技术参数

(1) 选粉效率和循环负荷 选粉效率是指闭路粉磨中选粉机选粉成品中某一规定粒径以

下的颗粒占出磨物料中该粒级含量的百分比。

循环负荷是指选粉机的回料量与成品量之比。

选粉效率和循环负荷是闭路粉磨中两个主要的技术指标。通常为了提高粉磨效率，应该提高选粉效率，使回磨中粗粉仅有少量微细颗粒，以防止磨内过粉碎现象，提高粉磨效率。循环负荷高，进入磨机总量大，物料在磨内粉磨停留时间缩短，同样也减少磨内过粉碎现象，对提高产量有好处；但提高循环负荷，选粉效率会迅速下降。因此，只有在合适的循环负荷下，设法提高选粉效率，才能提高粉磨系统的产量。

一般将循环负荷和选粉效率控制在以下范围：

管磨一级闭路水泥磨，选粉效率 $50\%\sim80\%$，循环负荷 $150\%\sim300\%$；

球磨二级闭路水泥磨，选粉效率 $40\%\sim60\%$，循环负荷 $300\%\sim600\%$。

在生产过程中应不断研究，调整，寻求最佳的循环负荷、选粉效率的合适范围。

(2) 磨机通风　加强磨机通风，可及时排出磨内微细粉及水蒸气，降低磨内温度，减少过粉碎现象和缓冲作用，同时防止堵塞篦孔和黏球现象，有利于提高磨机产量和质量。磨内通风良好，还可以防止磨头冒灰，改善环境卫生。

磨机通风强度，开路磨机磨内风速以 $0.7\sim1.2m/s$ 为宜，闭路磨以 $0.3\sim0.7m/s$ 为宜。

应该注意，加强磨机通风，必须防止磨机卸料端的漏风以及收尘系统的漏风，不管磨机卸料端或收尘系统漏风不仅会减少磨内的有效通风量，还会增加磨尾气体的含尘量，因此磨尾采取密封卸料装置十分重要。

(3) 研磨体的填充率与级配

① 研磨体的填充率的大小决定研磨体的装载量，在一定范围内，增加填充率，可以提高磨机产量，但超过一定范围，单位产品电耗急剧上升。因此生产中应根据电耗较低的经济范围，确定研磨体合适的填充率。通常开路磨机的填充率在 $25\%\sim35\%$ 之间，闭路磨机一级管磨闭路 $30\%\sim36\%$，二级球磨闭路 $40\%\sim45\%$。在总的填充率不变的前提下，各仓应根据粉磨能力作必要的调整，以保证各仓粉磨能力平衡。

② 研磨体级配合理，可以有效地提高粉磨效率。生产中除根据产量、产品细度的变化以及粉磨过程中磨机仓内料面高度来判断研磨体级配是否合理外，还可以用磨内筛余量曲线分析磨内研磨体级配情况，从而进行调整。

研磨体的补充也是保证稳定水泥粉磨产量和质量的重要措施。生产中可统计计算研磨体的消耗量、电流表的降低值，以及产量、产品细度变化的周期，确定研磨体定期补充的时间和数量。其补球的周期应使停机时间及产量损失最小。

(4) 球料比及磨内物料流速　球料比是指各仓内研磨体质量和物料量之比，说明一定研磨体装载量下粉磨过程中磨内存料量的大小。球料比过小，说明磨内存料过多，易产生缓冲作用与过粉碎现象；反之，球料比过大，会增加研磨体对衬板冲击的无功损失，降低粉磨效率。通常开路磨机的球料比以 6.0 左右为宜，闭路磨应小些。生产中，可以通过停磨检查，当一仓钢球大部分露出料面半个球，研磨仓研磨体埋于料面下 $1\sim2cm$ 时，可以确定球料比基本合适。

磨内物料流速太快，容易跑粗，流速过慢，易产生过粉碎现象，所以生产中必须把料速控制适当，以提高磨机产量和质量。在喂料量回粉量稳定的情况下，控制好物料的流速，磨内球料比也是稳定的。物料流速可以通过隔仓板形式、篦缝形状及大小、研磨体级配、装载量来调节。

综上所述，在水泥粉磨过程中，应通过实践，不断研究、总结，确定合适的研磨体装载量、级配、物料流速、最佳选粉效率和循环负荷等参数，实现水泥优质、高产、低消耗。

7.2.2.3 采用助磨剂

在水泥粉磨过程中，加入少量的助磨剂可以消除细粉黏附和聚集现象，加速物料的粉磨过程，提高粉磨效率，提高产量。

常用的助磨剂有醇胺、多元醇类（如丁醇、乙醇、乙二醇、三乙二醇等）、木质素化合物类、脂肪酸类及盐类。

水泥粉磨使用的助磨剂必须符合 JC/T 667—1997 有关的技术标准及相应的检验方法。

助磨剂一般从磨头掺入，掺入量不大于 1%，通常控制在 0.01%～0.1%。

使用助磨的注意事项如下：

① 必须根据水泥厂不同的生产工艺、不同的水泥品种、不同的需要，来选用不同性能的助磨剂，并且所使用的助磨剂不得损害水泥的质量。因此要求助磨剂在使用前后进行适当性的小磨试验。

② 加入助磨剂，磨内水泥流动性高、流速加快，应适当降低磨尾排风机的功率，控制物料流速。同时使用助磨剂后，扬尘量有所增加，应加强收尘、密封工作。

③ 由于助磨剂对细磨仓助磨作用更显著，应对磨内研磨体级配进行适当调整，加强粗磨仓的粉磨能力，平衡各仓能力。

7.2.2.4 采用新型衬板

新型磨机衬板不再单纯起保护筒体的作用，它直接传递能量，不但可以与研磨体产生不同的摩擦系数，改变研磨体的运动状态，以适应物料在不同仓内粉磨过程的不同要求，而且对研磨体起分级作用，可提高粉磨效率，降低能耗。目前水泥磨常用的衬板有：阶梯与压条相结合的压条阶梯衬板、凸棱衬板、大凸波形衬板、曲面环向阶梯衬板、锥面分级衬板、螺旋凸棱型分级衬板、角螺旋分级衬板、圆角方型衬板、环型沟槽衬板等。

7.2.2.5 分别粉磨

生产水泥的材料即熟料、石膏、混合材料由于易磨性不同（它们的入磨粒度也不同），在管磨中混合粉磨时，细度变化不一致，在相同的粉磨条件下，易磨性好的物料磨得细些；反之，易磨性差（包括入磨物料粒度大）的物料就磨得粗些。细的物料易在磨内产生过粉碎现象，降低粉磨效率。若将熟料、混合材料根据细度的要求，选择不同的粉磨条件分别粉磨，磨制达到要求的熟料，混合材（如矿渣）细粉由混料机混合均匀，则由于提高了粉磨效率，产量就提高了（一般石膏配合熟料同时粉磨）。值得注意的是，利用分别粉磨的工艺技术，粉磨后的物料必须混合均匀，避免影响水泥质量。

7.2.2.6 开流磨采用高细高产磨技术

高细高产磨技术的流程简单，运转率高，安全，维修方便，生产费用低，适用于开流水泥磨的技术改造。高细高产磨内部结构如图 7.4 所示。

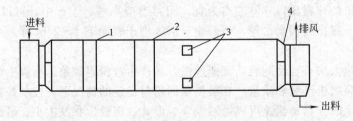

图 7.4 高细高产磨内部结构

1—改进型双层隔仓板；2—筛分隔仓板；3—活化装置；4—出料装置

①　在磨机适当位置利用筛分隔仓板对磨内物料进行筛分，以拦截粗颗粒物料进入下一仓而留在粗磨仓继续粉磨，达到一定粒径的物料通过筛分装置进入细磨仓继续粉磨至要求的细度。由于粗磨仓细料减少，消除了过粉碎现象，有效提高了粗磨仓的粉磨效率。

②　仓室的个数比普通的球磨机一般多增设一个仓室。当 $L/D \leqslant 4$ 时，设置三个仓室；当 $L/D > 4$ 时，设置四个仓室；仓室的比例不同，尽可能缩短球仓的长度、增加段仓的长度。仓室之间均设双层隔仓板。

③　高细高产磨通过磨内筛分，合理分离了粗细物料，由于限制了粗大颗粒进入细磨仓，因而细磨仓可利用 $\phi 8 \sim 12mm$ 的微型研磨介质，在一定的研磨体装载量下，由于研磨体的总个数增多，研磨体总表面积得到大幅度增加，提高了细磨仓的粉磨效率。

④　由于细磨仓利用微型研磨介质，研磨体个数增加，同时也就增加了研磨体的层数与滑动，造成了细磨仓存在不能参加粉磨的滞留带研磨体。为了尽量减少滞留带，细磨仓应安装活化装置（活化衬板，活化环等），充分激活不同空间层面上的研磨体，从而提高粉磨效率。

⑤　利用高细高产磨技术应注意各仓需采用与之匹配的合适的研磨体级配，一仓使用的钢球最大球径相对普通磨机适当偏大；并适当加强磨内通风，带走研磨的细粉，降低磨温，排出水分。

⑥　高细高产磨运用实例见表 7.1。

表 7.1　$\phi 2.2m \times 12m$ 高细高产的水泥磨在新建企业的应用

厂名	台数	品种	熟料	混合材料及掺量	细度 R_{80}/%	比表面积/(m²/kg)	研磨体/t	产量/(t/h)
扬州	2	42.5P·O	旋窑	粉灰约20	≤4	≥395	63	25～28
华中	1	42.5P·O	旋窑	矿渣约30	≤4	≥350	61	24.9
铜陵	2	42.5P·O	旋窑	矿渣≤15	≤4	≥350	60	24～25

⑦　部分规格的高细高产磨的技术性能见表 7.2。

表 7.2　部分规格的高细高产磨的技术性能

磨机规格	$\phi 3.2m \times 13m$		$\phi 3.6m \times 13m$		$\phi 3.8m \times 14m$	
研磨装载量/t	量大,130		量大,175		200	
入磨物料粒度/mm	≤25		≤25		≤25	
细度 R_{80}/%	≤5	≤3	≤5	≤3	≤5	≤3
比表面积/(m²/kg)	≥310	≥350	≥310	≥350	≥300	≥350
产量/(t/h)	48～55	45～50	65～75	60～70	75～90	65～80

7.2.2.7　开路粉磨改为闭路粉磨

开流管磨机由于磨内容易产生过粉碎现象，所以产量难以提高，而且水泥细度难于控制不易调节，水泥颗粒组成分布已比较分散，对混凝土的性能不利。因此在新型干法水泥生产线，水泥粉磨采用开路系统比较少。对于现有的水泥开路粉磨管磨，可以增设合适的选粉机，将开路系统改为闭路系统。值得提出的是，在技改过程中，注意调整各仓长度（一、二仓的长度比一般设为1:2，一、二、三仓为1:1.5:2），增大隔仓板篦缝宽度，增大通料面积（通料面积与总面积之比选择 8%～14%），设计合理的配球方案，以适应闭路粉磨作业。开路磨改为闭路磨后，磨机产量可提高 15％～30％。

7.3 立式磨在水泥粉磨中的应用

7.3.1 概述

立式磨亦称辊式磨，是根据料层粉碎原理，通过磨辊、磨盘来粉磨物料的机械。20 世纪 70 年代以后，随着新型干法水泥工艺的发展，立式磨开始在水泥工业中得到广泛应用。除了用来制备煤粉和粉磨生料外，近年来又用于粉磨水泥。与传统的管球磨水泥粉磨系统相比，立式磨具有如下优点。

① 粉磨效率高 由于物料在磨内停留时间短，磨内分级机构又能及时带走细粉，所以过粉碎现象少，能量消耗低，一般电耗比管磨可下降 10％～25％。

② 入磨物料粒度大 大型立式磨入磨粒度可达 100～150mm，因此可简化破碎工艺。且结构紧凑，占地面积小，约为球磨机的 70％。

③ 工作时噪声小 由于磨内多为负压操作，扬尘少。产品细度易于自动控制，调节方便。

7.3.2 立式磨粉磨流程及特点

（1）立式磨粉磨流程 按有无旋风筒和循环风分为以下两类：

① 设有旋风筒和循环风的立式磨 物料进入立式磨粉磨，粉磨的物料被高速气流带起，大颗粒物料直接落在磨盘上重新粉磨，合格的细粉从立式磨顶部随气体排出，进入旋风筒被收集下来，废气由排风机送入收尘器收下剩余的细粉。部分废气经循环风管返回磨中。烘干物料用的热风可来自水泥窑的热废气，或单设热风炉提供，利用冷风调节阀调节入磨热风的温度，使其保持在适宜范围内。该粉磨系统适用于磨机需用风量较大情况。增设循环风，减少了收尘风量，增设旋风筒，降低了进收尘器的粉尘浓度，因此对收尘器的工况有了明显的改善，对收尘器的要求也降低了。其缺点是系统复杂，阻力增加。

② 不设旋风筒和循环风的立式磨 该立式磨系统简单，合格细粉从立式磨顶部随气流直接进入收尘器收集合格细粉。由于不设旋风筒和循环风，进入收尘器的风量大、粉尘浓度也很高，因此对收尘器的要求高，应注意选择能适应高粉尘浓度的收尘器。

（2）设有磨外提升循环的立式磨 该立式磨将粉磨的物料，一部分由气力提升至内选粉机分选以外，一部分穿过风环落入磨外，再由提升机提升至立式磨上部与新喂料一起重新入磨粉磨。该粉磨流程的特点是适于粉磨硬物料及易磨性差别大的物料。用提升机可降低风环处风速，使系统的电耗进一步降低。

（3）分别粉磨熟料、混合材料的立式磨 水泥组成材料即熟料、混合材料（矿渣、粉煤灰、火山灰等）以及石膏易磨性、粒度差别大。可采用立式磨分别粉磨熟料和混合材料的粉磨流程（石膏配合熟料共同粉磨），粉磨的熟料粉和混合材料粉进入半成品库，然后按生产水泥品种的比例，连续进入混料机搅拌均匀入水泥库储存。生产中可采用两台分别粉磨，也可以采用单台分时段分别粉磨熟料和混合材料。利用单台分时段分别粉磨时，主要应考虑立式磨热风风温的调配和切换。

图 7.5 是四川重龙水泥公司星船城水泥厂的 100 万吨/年的水泥粉磨系统利用单台立磨分时段分别粉磨熟料和矿渣的工艺流程图。该水泥粉磨系统采用一台 LM56.2＋2 的立式磨，一台 FGM128-56 气箱脉冲袋收尘器件，一台 ϕ1.1m×2.9m 的混料机。热风炉利用沸腾炉，设 2 个沸腾床，当粉磨熟料时，只使用 1 个；当粉磨矿渣时 2 个同时使用。收尘器入

口温度为 70～85℃。实际生产数据见表 7.3。

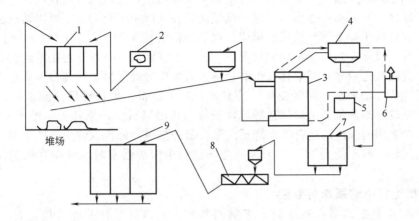

图 7.5　水泥粉磨工艺流程图

1—配料库；2—石膏破碎；3—立式磨；4—收尘器；5—热风炉；
6—排风机；7—半成品库；8—混料机；9—成品库

表 7.3　立式磨实际生产数据

项　　目	熟　料	矿　渣	备　注
总喂料量/(t/h)	176	167.8	含循环料
循环料量/(t/h)	15	16	
热风炉出口温度/℃	128	458	
产量/(t/h)	161	139	
风量/(m³/h)	550000	480000	
电耗/(kW·h/h)	41	36	粉磨系统
热耗/(kJ/kg)	181	621	粉磨系统

该水泥厂采用单台立磨分时段粉磨水泥熟料和矿渣，通过混料机配制不同强度等级的矿渣水泥，质量稳定，水泥品种调节方便，生产中熟料和矿渣的粉磨转换容易进行。

7.3.3　影响立式磨产质量的主要因素

（1）料床的稳定　稳定料床是立式磨料床粉磨的基础和正常运转的关键。料床太厚，粉磨效率降低；料床太薄，将引起立磨振动。合适的料床厚度应在生产中逐渐摸索、调试。为了保证料床的稳定，必须稳定磨机系统压差。磨机系统压差的稳定，表明入磨物料量和出磨物料量达到平衡，料床厚度也就稳定。

（2）粉磨的压力　粉磨压力是影响立式磨产量、粉磨效率和磨机功率的主要因素。磨辊压力过低，立磨产量低，并且增大了料床的厚度；反之，压力过高，主机电流增大，功率增加，磨耗明显增大，同时振动值上升、而粉磨能力并不能得到相应的提高。因此在生产中要不断寻求最佳粉磨压力，使料层适当、稳定，立磨粉磨效率高。

（3）出磨温度　保证出磨温度稳定，对提高粉磨效率、收尘效率有重要作用。出磨温度太低，则成品水分含量大，使粉磨效率、选粉效率降低，还有可能造成收尘系统冷凝；同样温度太高，也会影响收尘效果。这都会降低立磨产量。通常可以通过对入磨热风的调节，控制出磨温度。入收尘器风温度一般控制在 90℃左右。

（4）磨内风速 立磨是靠气流带动物料循环，合理的风速能够让物料形成良好的内部循环，使料床稳定，料层适当，粉磨效率高。当增大喂料量，磨内风量应该增大，相应应提高磨内风速；反之，则减小。适当的风速、风量同样在生产中不断调试，可以通过稳定磨的压降、进、出磨的负压等工艺参数保证风速、风量的稳定。

（5）系统漏风 在总风量不变的情况下，减少系统漏风可确保立磨正常运行，有利于提高产量。系统漏风是指立式磨本体及出磨管道、收尘器等处漏风。系统漏风破坏了磨内的旋流流场，使气流波动紊乱，同时使喷口环和出口风速降低。喷口环风速降低，影响物料输送，造成严重的吐渣现象，出口风速降低，使成品排出量减少，循环负荷增加，造成饱磨、振动停车、严重影响系统的运转率而降低产量。另外漏风会降低入收尘器的风温，易引起结露。系统漏风量一般不能大于10%。因此生产过程中需加强密封，减少系统漏风，确保立磨正常运行。

7.3.4 磨机运行中的操作与监控

立式磨处于稳定的运行状态时，无需对其实施具体的操作并能长期运行。只有当某一工艺或设备参数发生变化时，才需对相应的工艺或设备参数作适当调整，以适应变化了的工艺或设备参数，保持立式磨持续稳定的运行。控制室里的仪器和仪表可以帮助生产人员准确地了解这些工艺和设备参数，如产量、温度、压力电流等。除此之外，生产人员还要经常地到现场进行巡视，检查设备各连接螺栓是否有松动现象，倾听设备声音是否正常，观察设备运行是否稳定。事实证明，仪器仪表监视与现场巡视对生产的顺利进行都是不可缺少的。

设备运行记录是生产管理的重要手段，它能帮助技术人员和操作人员分析和解决立式磨运行中出现的问题，指导今后的操作，提高操作水平。因此，在正常情况下应每小时作一次记录，而在工艺和设备参数变化较为频繁时，适当增加记录次数。另外，出现的事故也应详细记录在案。

7.3.5 可能出现的问题及解决的方法

如果操作和维护适当，立式磨不应该有问题和故障；一旦出现问题和故障；应发现和解决。立式磨可能出现的问题及解决办法见表7.4。

表7.4 立式磨可能出现的问题及解决办法

问题和故障	原 因	解 决 办 法
立式磨振动	料层不稳定	检查喂料量是否稳定；如挡料环高度不合适，适当增减挡料环高度
	风量不足	检查入磨风管有无堵塞，增加排风机风量
	磨盘上有异物	清除异物，检查除铁器有无故障
磨机压差上升	检测系统故障	检查检测和显示仪表有无故障
	喂料量偏大	减少磨机喂料量；如果主电机额定功率允许，适当增加高压油站工作压力
出磨风温下降	物料水分大	增加入磨风温、减少循环风量、减少磨机喂料量
	磨机漏风	检查磨机法兰、磨辊门密封以及锁风喂料机等有无漏风现象

7.4 挤压粉磨技术

7.4.1 概述

作为完整的挤压粉磨工艺系统的主机，包括辊压机和打散机、球磨机和选粉机。辊压机采用高压料层粉碎原理，对物料进行挤压粉碎，挤压过程中物料产生大量的微粉，没有被粉碎的颗粒也因受高压使物料内部产生大量的微细裂缝，改善了物料的易磨性。辊压机与挤压粉磨技术的应用与完善现已日趋成熟，不仅将自身高效节能的特点得以充分体现，而且主机的可靠性，系统的运转率得到大幅度提高。目前挤压粉磨工艺系统正成为新建新型水泥干法生产线水泥粉磨系统的优选方案。由于辊压机可以和打散分级机、球磨机，选粉机等构成多种料磨工艺流程、满足不同生产线的产量要求和水泥细度的要求，因而在水泥粉磨系统技术改造中也得到广泛应用。

7.4.2　挤压粉磨系统的工艺流程

挤压粉磨系统的工艺流程有：预粉磨工艺、混合粉磨工艺、联合粉磨工艺、半终粉磨工艺及终粉磨工艺五种工艺流程。

（1）挤压预粉磨工艺

① 工艺流程图　挤压预粉磨工艺流程图如图 7.6 所示。

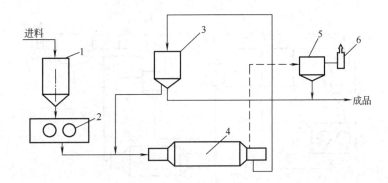

图 7.6　挤压预粉磨闭路系统工艺流程图

1—喂料机；2—辊压机；3—选粉机；4—磨机；5—收尘器；6—排风机

② 工艺过程及特点　挤压预粉磨工艺是将入球磨机的物料由辊压机挤压预处理，而后送入球磨机粉磨水泥产品。该系统主要用以降低物料粒度，辊压机可以联结闭路管磨系统，也可以联结开路管磨粉系统，由于入磨物料粒度下降，可使产量提高。但在这种流程中，进入磨机大于 5mm 的物料随着辊压机进料装置的磨损而增加，这样会使得球磨机研磨能力下降。此外，辊压机料饼粒度波动大，使后续磨机的研磨体级配难以适应，影响磨机操作，故增产幅度小，一般与传统的球磨机相比增产＜60％，节电＞15％。

（2）挤压混合粉磨工艺

① 工艺流程图　挤压混合粉磨工艺流程图如图 7.7 所示。

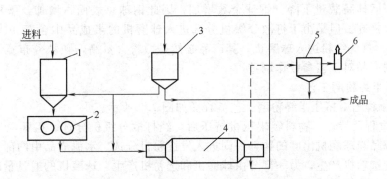

图 7.7　挤压混合闭路粉磨工艺流程图

1—喂料机；2—辊压机；3—选粉机；4—磨机；5—收尘器；6—排风机

② 工艺过程及特点　挤压混合粉磨工艺与挤压预粉磨工艺一样，将入球磨机的物料由辊压机预处理，而后送入球磨机粉磨水泥产品。与预粉磨工艺不同的是：球磨机粉磨的半成

品经选粉机分选后，粗粉不是全部返回磨头重新粉磨，而是将部分粗粉返回辊压机重新挤压。该工艺增加了物料在辊压机挤压的次数，与传统球磨机相比，节电达30%，还可确保产品质量。比利时水泥公司CCB的Gaurain-kamecrix厂，水泥粉磨就是挤压混合式粉磨。中国新疆水泥厂2000t/d生产线水泥粉磨系统也利用一台1.22m×0.915m的辊压机，一台3.8m×12m单仓球磨，与一台N15000-sepa高效选粉机组合成的挤压混合式粉磨系统，水泥比表面积为3200～3400cm²/g时，系统产量为110t/h。单位电耗30kW·h/t，比普通球磨机节电10kW·h/t。

（3）挤压联合粉磨工艺

① 工艺流程图 挤压联合粉磨工艺流程图如图7.8所示。

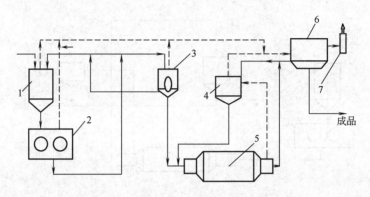

图7.8 挤压联合闭路粉磨工艺流程图

1—喂料机；2—辊压机；3—打散分级机；4—粗粉分离器；5—磨机；6—收尘器；7—排风机

② 工艺过程及特点 挤压联合粉磨工艺是辊压机和打散分级机构成闭路，辊压机挤压后的物料（包括料饼和边部漏料）先送入打散分级机打散分选，小于一定粒径的半成品（<3mm）送入球磨机粉磨，而分选出来的粗粉重新返回料仓与新进物料再次被辊压机挤压。打散分级机可联结闭路管磨系统，也可联结开路管磨系统。

该工艺可以通过打散分级机调整入球磨机物料的粒径，分配辊压机和球磨机系统的负荷，使整个粉磨系统的工作参数得到优化。此外辊压机磨辊边缘效应所产生的大颗粒物料因为通过打散分级机返回辊压机重新挤压，所以基本消除了辊压机运行状态对球磨机系统的影响。同时由于进入球磨机物料最大粒径得到有效的控制，球磨机的钢球的平均球径大幅度降低，同样的研磨体装载量下降，钢球个数增加，因此钢球总表面积增加，磨机研磨能力增强，粉磨效果提高。但是由于打散分级机分选进入球磨机的半成品中含有40%～50%小于80μm的细粉，这些细粉进入球磨机，其产品必然是微粉含量高，颗粒分布宽。因而球磨机系统必须根据产品对工艺参数作调整。

（4）挤压半终粉磨工艺

① 工艺流程图 挤压半终粉磨工艺流程图如图7.9所示。

② 工艺过程及特点 物料经辊压机挤压后，经打散分级机分选，粗颗粒返回辊压机重新挤压，半成品与球磨机出磨的物料一同进入发选粉机分选。水泥成品由两部分构成：一部分由辊压机和选粉机产生；另一部分由球磨机和选粉机产生。球磨机的通过量减少了，因此减轻对整个粉磨系统的限制。挤压半终粉磨系统磨制的水泥颗粒分布窄，均匀系数高，称之为"窄粒径"水泥。"窄粒径"水泥能充分发挥熟料的潜能，提高熟料的利用率。可以看出，挤压半终粉磨工艺选粉机入料与一般闭路管磨选粉机入料有较大的差别，因而选粉机选型十分重要。为了提高选粉效率，选粉机应考虑选取高效选粉机。挤压半终粉磨系统同挤压联合粉磨系统一样，由于降低了进入球磨机物料的粒径，使磨机一仓钢球最大球径和平均球径降

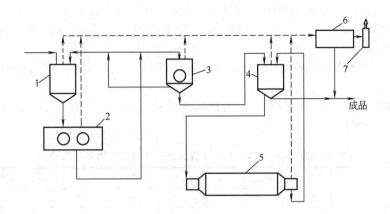

图 7.9　挤压半终粉磨工艺流程

1—喂料机；2—辊压机；3—打散分级机；4—选粉机；5—磨机；6—收尘器；7—排风机

低，从而提高了磨机的粉磨效率。

（5）挤压终粉磨工艺

① 工艺流程图　挤压终粉磨工艺流程图如图 7.10 所示。

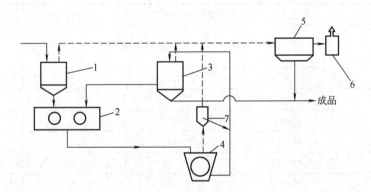

图 7.10　挤压终粉磨工艺流程图

1—喂料机；2—辊压机；3—选粉机；4—打散分级机；5—收尘器；6—排风机；7—粗粉分离器

② 工艺过程及特点　组成水泥的材料经配比后喂入辊压机，挤压成碎片，由打散分级机打散粉碎后，其中一部分靠重力卸出，进入提升机，另一部分靠风力进入粗粉分离器，再经过选粉机选出合格的细粉入水泥储存，粗粉则返回辊压机再次挤压。该系统不设管磨机。

挤压终粉磨工艺是五种挤压粉磨工艺节能增产的最好形式。但该系统磨制的水泥与管磨机相比有如下缺陷：水泥需水量大，易产生急凝和早期强度偏低。为了克服终粉磨水泥的缺陷，可采取以下两方面措施。

a. 使用高速度锤磨作为辊压机料饼的研散装置，增加对物料的冲击和研磨作用，从而增加水泥中精粉的含量，改善其颗粒形状。

b. 提高循环负荷，增加物料在辊压机中挤压的次数，借以加强对粗粉的研磨并改善颗粒形状，同时也强化了石膏的研磨与均化。

采取上述措施后，水泥颗粒形状及颗粒分配得到充分改善，生产的水泥完全能符合国家标准。

7.4.3　挤压粉粉磨系统主机性能与特点

（1）辊压机工艺性能特点

① 辊压机采用高压料层粉碎原理，对物料进行挤压粉碎，由于所施的压力大大超过物

料的强度，所以挤压过的物料中产生大量的微粉，一般在水泥粉磨中一次挤压的物料中 $80\mu m$ 以下的微粉含量占 $20\%\sim30\%$。同时由于存在选择性粉碎的特征。因而在料饼中也存未挤压好的颗粒。

② 由于辊压机磨辊两端面存在边缘效应，因而有 $10\%\sim20\%$ 的物料未经充分挤压混于出料中。

③ 辊压机挤压的物料颗粒分布宽，而且易磨性差异大。表 7.5 是某厂采用 HFC800/200 辊压机一次挤压的物料颗粒分布。

表 7.5　某厂采用 HFC800/200 辊压机一次挤压的物料颗粒分布

粒度/mm	百分比/%	粒度/mm	百分比/%
>15	0	3.0～0.8	17.2
15.0～10.0	2.1	0.8～0.2	12.4
10.0～5.0	9.3	0.2～0.08	11.2
5.0～3.0	15.1	<0.08	32.7

④ HFC 系列辊压机的技术性能见表 7.6。

表 7.6　HFC 系列辊压机的技术性能

规格	处理量/(t/h)	装机功率/kW·h	入粒粒度/mm	设备质量/t
HFCG80-20	22～31	2×75	≤40	23
HFCG80-25	28～38	2×90	≤40	25
HFCG150-30	42～62	2×132	≤60	35
HFCG180-35	65～80	2×160	≤60	42
HFCG100-36	90～130	2×200	≤70	54
HFCG120-40	115～150	2×225	≤70	60
HFCG125-50	160～220	2×335	≤80	75
HFCG140-65	210～300	2×400	≤80	85

（2）打散分级机的工艺性能特点

① 打散分级机主要功能是将辊压机挤压的物料研散进行分选，细粉（0.5～2.5mm）送入后序进行粉磨，粗颗粒则返回辊压机得重型新挤压。

② 打散分级机可以通过变频调速调整入球磨机物料的粒径，因而可以合理分配辊压机的负荷，使整个水泥粉磨系统处于最佳运行状态。

③ SF 系列打散分级机的性能见表 7.7。

表 7.7　SF 系列打散分级机性能

规　格	处理量/(t/h)	打散电机功率/kW	调速电机功率/kW	设备质量/t
SF400/100	40～70	30	22	18
SF450/100	50～90	37	22	22
SF500/100	60～110	45	30	25
SF550/120	90～150	45	30	30
SF600/120	120～200	55	37	37
SF650/140	180～280	75	45	45

7.4.4　挤压粉磨工艺的选择

选择水泥挤压粉磨工艺必须根据水泥粉磨工艺特点及水泥产品的要求进行选择。在现行生产对水泥磨的技术改造中，还应结合工厂的现状及生产条件选择合适的挤压粉磨系统。

（1）水泥粉磨系统的选择　挤压粉磨系统是新建新型干法水泥生产线的首选方案，该系统不设球磨机、辊压机完全代替了球磨机的工作。由于辊压机粉碎原理是料床粉碎，吸收功率远远大于球磨机，因而该系统节能增产效果显著。其次，挤压联合粉磨系统和挤压半终粉磨系统也是新建新型干法水泥生产线水泥粉磨优选方案之一，这两种挤压粉磨系统成熟可靠，基本建设投资和单位产品电耗均有优势，并且均有效降低了入后续球磨机物料的粒度，增加了粗物料循环挤压次数，充分发挥了辊压机的作用，减轻了球磨机的负荷，节能增效也十分显著。

（2）水泥粉磨系统的技术改造

① 在已运行的水泥磨，特别是大型管磨的技术改造中，为了提高管磨机的粉磨效率及产量，可以选择挤压预粉磨工艺的技改方案。该方案可以保留原有粉磨系统不变，因此投资少、见效快。由于物料经辊压机预处理后，大大降低了入管磨机物料的粒度，磨机产量可以大幅度提高。但水泥粉磨增加辊压机作预粉磨，应该对整个粉磨系统的工艺参数进行综合考虑，在运行中不断进行调整，包括磨机转速、磨机各仓的长度、选粉机的循环负荷、研磨体级配等。

总之，增加辊压机作预粉磨是一个系统工程，只有综合考虑、全面分析、多项措施并举，磨机增产节能才能充分挖掘发挥。

② 对于生产要求筛余低、比表面积高、颗粒小（$<3\mu m$）的水泥，或者水泥组成材料易磨性差、熟料温度又较高的水泥粉磨的技术改造，可以选择带有第三代高效选粉机的挤压联合粉磨闭路系统或挤压半终粉磨闭路系统。该两个系统可以使磨内细粉及热量通过大量的冷风带走，降低了系统设备的温度，成少了小于 3mm 颗粒的含量。

对筛余要求不严格，而要求生产水泥颗粒分布宽的粉磨系统的技术改造，则可采用挤压联合粉磨开路系统或挤压半终粉磨开路系统，尤其是技术改造中辅机运输能力因土建限制无法满足时，选择以上两种粉磨系统之一是一种经济可行的方案。如果同时采取对磨机进行高细高产技术改造后，辊压机的粉碎功能和磨机的研磨能力结合在一起，粉磨系统更加高效、可靠。

③ 挤压粉磨技术在水泥磨系统技改中的应用。安徽省安庆白鳍豚水泥有限公司，对 $\phi 3.0m \times 9.0m$ 闭路水泥磨采用挤压联合粉磨粉磨技术对水泥磨系统进行改造。主机采用 HFCG120-40 型辊压机一台、SP500/500 型打散分级机一台，辊压机和打散分级机构成闭路。辊压机挤压后的物料经打散分级，小于一定粒径的物料送入高效选粉机分选，粗粉进入开路高细高产磨粉磨至成品，与选粉机分选出的成品一同入水泥库储存。经过技术改造后粉磨系统的产量由原 33t/h 提高至 52.8t/h。

昆明水泥厂对 $\phi 3.0m \times 9.0m$ 闭路水泥磨同样利用挤压联合粉磨技术对水泥磨系统进行改造。增加一台 HFC120/36 型辊压机和一台 SP500/100 型打散分级机，产量由 3.3t/h 提高到 52.37t/h，水泥比表面积达到 $362m^2/kg$，细度 $\leq 1.3\%$。

7.4.5　选择挤压粉磨工艺应采取的技术措施

① 在新建新型干法水泥厂水泥粉磨系统中，或对已运行的水泥粉磨技术改造中，一旦采用了挤压粉磨工艺系统，系统的产量将大幅度提高，因此应认真研究主机能力的匹配，尤其是辊压机和球磨机的匹配，同时也应充分注意运输设备能力的匹配。对于挤压预粉粉磨系统、挤压联合粉系统、挤压半终粉磨系统，辊压机能力过大，料饼中含有的成品将返回辊压机重压而浪费能力；反之，能力偏小，将使半成品过多，分选困难，并可能带有较粗颗粒，减弱了后续球磨机的均匀喂料。

② 对水泥组成材料进行物料水分、易磨性、易碎性、颗粒分布等物性分析，便于正确选择辊压机的工作参数，包括确定辊压机辊缝、辊压机压力的控制范围。

③ 进辊压机前应设置稳流小仓。设置稳流小仓可以保证辊压机过饱和喂料的要求，连续地实现料层粉碎，同时小仓保持一定的料位，可以使小仓与辊压机垂直溜子始终保持充满状态。

④ 入辊压机物料的综合水分不能控制太低，水分过低，挤压后不密实，挤压效果差，易引起辊压机振动，而且物料太干燥会使球磨机内物料流速加快，产品跑粗，一般物料综合水分控制在 0.8%～1.2% 的范围。

⑤ 挤压粉磨系统回料充填了原始物料的空隙，改善了料流的结构，使料流密实，因此增加了物料入辊压机的压力，满足了辊压机的要求，改善挤压效果，同时因粗料中填有细料，空隙小，对辊压冲击力相应减小，从而减小了辊压机的振动。通常循环负荷控制在300% 左右。

⑥ 在生产过程中对主机的工作参数，生产工艺控制参数应不断进行摸索，使系统始终处于高效率的运行状态。

7.5 水泥的储存与发运

7.5.1 水泥储存与均化

水泥出磨后需送入水泥库储存并进行均化。

（1）水泥储存的作用

① 水泥在水泥库储存，可以起到调节作用，使粉磨车间不间断工作，保证水泥生产的连续性，同时确保水泥均衡出厂。

② 水泥在水泥库存放的过程中，吸收空气中的水分，使水泥中部分 f-CaO 消解，改善水泥的安全性，改善水泥质量。

③ 水泥库可以分别储存不同品种、强度等级的水泥，可以通过调配生产满足各种土建工程项目需要的水泥。

④ 水泥在水泥库储存期内，可以定成水泥均化这个工艺的重要环节，以稳定出厂水泥的质量。保证出厂水泥全部合格。

（2）水泥均化　在水泥生产过程中，由于多种因素的影响，如原燃材料质量的变化、工艺和设备的条件限制，操作水平和生产管理水平等，往往使生料车间磨制的生料均化效果达不到要求，煅烧的熟料质量不均齐，因而影响了水泥质量的稳定。为确保出厂水泥全部合格，留足富裕强度，同时减少超强度等级的水泥的比例，降低乃至消灭不合格品，在生产中必须对出厂水泥进行均化。水泥均化可采取如下的方式进行：

① 在专设的均化库进行空气搅拌或机械倒库，消除水泥分层及不均的问题，提高水泥的均匀性。

② 根据化验结果，按比例进行多库搭配出库，混合包装或散装。

7.5.2 水泥的发运

经过质量检测合格的水泥的成品可以用包装和散装两种方式通过公路、铁路、水路发运。

（1）水泥的质量检测　水泥从出磨到袋装水泥入成品库、散装水泥入散装库直至发运的工序过程中，要经过两次质量检测。

① 第一次是对出磨水泥的按班次或库号进行的质量检测。其目的一是如果出磨水泥检测的结果偏离控制指标，可通知配料岗位及时调整配料，使出磨水泥达到控制指标的要求；

二是根据出磨水泥检测结果调配水泥入库和进行水泥均化。

② 第二次是从水泥成品库按编号、从水泥散装库按库号取样，进行出厂水泥全套物理、化学性能检验，真实反映出水泥的质量，为用户提供要求的水泥出厂质量报告单，利于用户对水泥的使用。

（2）水泥袋装发运

① 袋装水泥是每包 50kg 纸袋装或复合袋覆膜塑编袋装。袋装水泥虽然有运输、储存和使用不需专门设施，并且便于清点和计量，部分纸袋可作旧袋回收再加工使用的优点，但是袋装水泥存在以下严重的缺点：

a. 由于使用大量既要强度又要有良好透气性的纸袋，因此既需耗费大量的优质木材，又增加了水泥成本。

b. 储运过程中，纸袋易破损，不但水泥损失大（一般为 3%～5%），而且储运过程中劳动强度大，粉尘污染严重。

c. 装卸、使用不便于实行机械化。

② 袋装水泥发运系统的发展。

a. 发展自动化包装机。自动化包装机的使用，可以大大地降低包装劳动强度，减少粉尘污染对操作工人的危害。

b. 发展火车装车设备。水泥包装直接装入火车，使用折叠式胶带装车机（传送带和自动码包装车机），不仅可以满足码包高度要求和在车厢内卸料能力范围，而且防止破包。

c. 发展袋装水泥集装运输。如网集装、托板集装、热缩集装、大袋集装等。

加大发展能力，不设成品库。国内新建新型大型干法水泥厂，包装能力大，水泥包装后由包装机通过装运设备，直接送入火车车厢、汽车和船舶内，故无需设占地面积很大的成品库，而且避免了包装水泥的码堆和卸堆，提高了劳动生产率。

（3）散装水泥发运　散装水泥目前是国内水泥行业发展的方向。

① 散装水泥的优点及优势　主要有以下几点。

a. 散装水不需要包装，节约了大量的木材，保护了森林资源，有利于水土保持，具有显著的生态效益。同时散装水泥的大量使用，减少了拆袋时所产生的粉尘污染，改善了环境大气质量。具有良好的环境效益。

b. 节约包装费。既降低了水泥的成本，也降低了水泥流通及使用的成本，降低工程造价，经济效益是十分显著的。

c. 减少水泥损失。袋装水泥从出厂到使用，因为纸袋的破损及纸袋残存的水泥，使水泥损失量在 5% 以上，而散装水泥水泥由于装卸、储运采用密封无尘作业，水泥损失量仅在 0.5% 以下。据统计，使用袋装水泥，全国每年损失 2000 万吨水泥，价值 50 多亿元。

d. 散装水泥供应快，运输过程多次均化，计量准确误差小，并且由于储存在中转库中，不易受潮变质，水泥质量可靠。散装水泥对预拌混凝土的发展提供了必要的条件，对建筑施工机械化程度起到了推动和促进作用。

e. 水泥的散装化适应水泥生产、流通、供应一体化的管理体制，代表着水泥工业现代化发展方向。散装水泥的散装、散运、散储、散用，是一种劳动工具先进，机械化、自动化程度和管理水平高的供应方式，适应时代发展的要求。因此，散装水泥在市场竞争中具有很强的优势，发展散装水泥合乎中国水泥产业的结构调整，有利于建材、建筑业与世界接轨。

② 散装水泥发运系统的发展　主要有以下几种。

a. 发展散装水泥集装箱。散装水泥一般用火车、汽车、船舶等专用运输工具运输。近年来国外还了展了用弹性集装箱来散装水泥。弹性集装箱由橡胶或塑料制成，卸空后的体积仅为装满后的 1/10，使用次数可达几百次至此 2000 次。它适用于各种通用运输工具，而当水泥卸完后，车船还可以运其他货物，避免了车船的空程，从而提高了运输工具的利用率并降低了运费。国内已开始推广使用集装箱散装水泥。

b. 发展散装水泥库底装车。大型水泥厂，由水泥库将散装水泥装入专用车辆的方法，趋向于库底装车，火车直接开到水泥库库底，通过库底卸料器进行装车。

c. 发展散装水泥中转站。随着散装水泥的发展，许多国家在城市中设置了散装水泥中转站，出厂散装水泥运至中转站，用压缩空气卸入中转库中，然后供应给各用户。中国已建设了部分散装水泥中转站。

(4) 出厂水泥的存放　水泥出厂后，使用单位要注意水泥的存放。水泥存放的地点需慎重考虑，存放时间应加强控制。

① 袋装水泥如果按国家规定的技术条件的水泥纸袋包装，存放的地点干燥，又不是雨季，则水泥可存放 3 个月，不会影响水泥质量。若存放在通风处，又是雨季，一般不宜存放太长，尤其是强度等级高的水泥由于细度细更容易受湿空气的侵入，使水泥吸收水气水化，引起强度下降，因此，正常包装的水泥以存放 2 个月为好。

② 散装水泥存放在散装库内，若存量多、密封好，存放期在 3 个月以内对强度的影响不会太大；若采用简易仓存放散装水泥、则不宜超过 1 个月。

未出厂的袋装与散装水泥，在厂内存放的要求和注意事项与上述相同。但是注意，水泥企业质量管理规程规定，出厂水泥在厂内成品库存放 1 个月以上的袋装水泥必须取样本重新检验，确认合格后才能出厂，受潮结块的水泥不能出厂。

学习小结

本章主要介绍内容：1. 水泥生产过程水泥制成的管球磨粉磨系统、立式磨粉磨系统、挤压粉磨系统，重点是管球磨粉磨系统。2. 水泥的储存、均化、发运。

本章要求掌握的内容：1. 各种水泥粉磨系统的粉磨流程及主要的特点。2. 影响管球磨粉磨系统、立式磨粉磨系统、挤压粉磨系统产量和质量的因素。3. 水泥储存、均化的重要作用。4. 散装水泥的重要性。

复习思考题

1. 熟料为什么要进行储存处理？
2. 目前中国水泥厂水泥粉磨有哪些粉磨系统？
3. 提高水泥管球磨粉磨系统的产量可以采取哪些技术措施？
4. 立式磨粉磨流程有几种？各有什么特点？
5. 为什么料床稳定是立式磨运行的重要基础？
6. 挤压粉磨工艺有哪几种粉磨流程？各有什么特点？
7. 挤压粉磨工艺应注意哪些相关的技术措施？
8. 为什么要大力推广散装水泥？
9. 什么情况下应进行水泥均化？如何均化？

第 **8** 章　硅酸盐水泥的性能及应用

【学习要点】　本章主要介绍硅酸盐水泥的物理性能、建筑性能及其应用，重点介绍影响水泥的凝结时间、强度、体积变化及水化热的的因素，较详细地论述了这些因素产生的原因及机理和对水泥性能产生的有利与不利的影响，介绍了普通混凝土配合比的计算，以及其他混凝土和外加剂的应用。

　　硅酸盐水泥在现代建筑工程中主要用以配制砂浆、混凝土和生产水泥制品，随着国民经济的不断发展，水泥作为大量应用的工程材料，研究和改善其性能，对于发展水泥品种、提高建筑效率，改进工程质量都具有十分重要的意义。硅酸盐水泥的性能包括：物理性能，如密度、细度等，建筑性能，如凝结时间、泌水性、保水性、强度、体积变化和水化热、耐久性等，以及硅酸盐水泥在建筑等方面的应用等。

8.1　硅酸盐水泥的凝结时间

　　水泥浆体的凝结时间，对于建筑工程的施工具有十分重要的意义。水泥浆体的凝结可分为初凝和终凝。初凝表示水泥浆体失去流动性和部分可塑性，开始凝结。终凝则表示水泥浆体逐渐硬化，完全失去可塑性，并具有一定的机械强度，能抵抗一定的外来压力。从水泥加水拌和到水泥初凝所经历的时间称为"初凝时间"，到终凝所经历的时间称为"终凝时间"。在施工过程中，若初凝时间太短，往往来不及进行施工浆体就变硬，因此，应有足够的时间来保证混凝土砂浆的搅拌、输送、浇注、成型等操作的顺利完成。同时还应尽可能加快脱模及施工进度，以保证工程的进展要求。为此，各国的水泥标准中都规定了水泥的凝结时间。特别是初凝时间，对水泥的使用更具有实际意义。根据中国水泥国家标准《通用硅酸盐》GB 175—2007 规定，硅酸盐水泥初凝时间不小于 45min，终凝时间不大于 390min。

8.1.1　凝结速度

　　水泥凝结时间的长短决定于其凝结速度的快慢。从水泥的水化硬化过程可知，水泥加水拌和后熟料矿物开始水化，熟料中各矿物 28d 的水化速度大小顺序为 $C_3A>C_3S>C_4AF>C_2S$，并产生各种水化物，C_3S 与 C_2S 水化生成 C—S—H 凝胶和 $Ca(OH)_2$，C_3A 与 C_4AF 在石膏作用下，根据石膏掺量的不同可分别水化生成三硫型水化硫铝（铁）酸钙（AFt）、单硫型水化硫铝（铁）酸钙（AFm）和 C_4AH_{13} 固溶体。随着水化作用的继续进行，水化产物逐渐长大增多并初步联结成网，逐渐失去流动性与可塑性而凝结。所以，凡是影响水化速度的各种因素，基本上也同样影响水泥的凝结速度，如熟料矿物组成、水泥细度、水灰比、温度和外加剂等。但水化和凝结又有一定的差异。例如，水灰比越大，水化越快，凝结反而变慢。这是因为加水量过多，颗粒间距增大，水泥浆体结构不易紧密，网络结构难以形成的缘故。

　　水泥的凝结速度既与熟料矿物水化难易有关，又与各矿物的含量有关。决定凝结速度的主要矿物为 C_3A 和 C_3S。R. H. 鲍格和 W. 勒奇等人认为，C_3A 的含量是控制初凝时间的决定因素。在 C_3A 含量较高或石膏等缓凝剂掺量过少时，硅酸盐水泥加水拌和后，C_3A 迅速反应，很快生成大量片状的水化铝酸钙，并相互连接形成松散的网状结构，出现不可逆的固化现象，称为"速凝"或"闪凝"。产生这种不正常快凝时，浆体迅速放出大量热，温度急剧上升。但是如果 C_3A 较少（$\leqslant 2\%$）或掺加有石膏等缓凝剂时，就不会出现快凝现象，水泥的凝结快慢则主要由 C_3S 水化来决定。所以说，快凝是由 C_3A 造成的，而正常凝结则是受 C_3S 制约的。

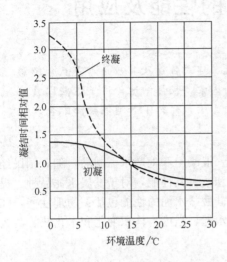

图 8.1　温度对凝结时间影响实例

事实上，水泥的凝结速度还与熟料矿物和水化产物的形态结构有关系。实验证明，即使化学组成和表面积完全相同的水泥，但由于煅烧制度的差异，仍可使熟料结构有所不同，凝结时间也将发生相应的变化。如急冷熟料凝结正常，而慢冷熟料常出现快凝现象。这是因为慢冷时 C_3A 能充分结晶，C_3A 晶体相对较多，使水化加快，而急冷时 C_3A 固溶体与玻璃体中，由于玻璃体结构致密，相对 C_3A 晶体水化较慢。同样，若水化产物是凝胶状的，则会形成薄膜，包裹在未水化的水泥周围，阻碍矿物进一步水化，因而能延缓水泥的凝结。

温度的变化也会影响水泥的凝结速度。温度升高，水化加快，凝结时间缩短，反之则凝结时间会延长，如图 8.1 所示。所以，在炎热季节及高温条件下施工时，需注意初凝时间的变化，在冬季或寒冷条件下施工时应注意采取适当的保温措施，以保证正常的凝结时间。

总之，影响水泥的凝结快慢因素是多方面的，但主要还是 C_3A 的影响，因此在生产上都是掺入石膏来控制水泥的凝结时间。

8.1.2　缓凝机理及其适宜掺量的确定

一般水泥熟料中 C_3A 含量较高，若不加缓凝剂，在使用时，加水拌和后，很快就会凝结而无法施工。掺加适量石膏就可以控制水泥的水化速度，调节凝结时间，而且由于石膏的掺入，还可提高早期强度，降低干缩变形，改善水泥的耐久性等一系列性能。

石膏作为水泥中常用的缓凝剂，对于其缓凝机理，目前还存在着不同的观点。一般认为，C_3A 在石膏-石灰的饱和溶液中，生成溶解度极低的钙矾石，这些棱柱状的小晶体生长在颗粒表面，形成覆盖层或薄膜，覆盖并封闭了水泥颗粒表面，从而阻滞了水分子及离子的扩散，阻碍了水泥颗粒尤其是 C_3A 的进一步水化，故防止了快凝现象。随着扩散作用的继续进行，钙矾石增多，当钙矾石覆盖层增加到足够厚时，渗透到内部的 SO_4^{2-}。逐渐减少到不足以生成钙矾石，而形成单硫型水化硫铝酸钙、C_4AH_{13} 及其固溶体，并伴随有体积增加。当固相体积增加所产生的结晶压力达到一定数值时，钙矾石膜就会局部胀裂，水和离子的扩散失去阻碍，水化就能得以继续进行。

水泥在水化过程中，由于 $Ca(OH)_2$ 晶核表面吸附了缓凝剂，妨碍了它进一步生成和长大，使得 $Ca(OH)_2$ 晶体不能及时析出，阻碍了硅酸盐的水化速度，从而导致缓凝，这是所谓的晶核受损学说。

洛赫尔（Locher）则认为，水泥的凝结是由于浆体内部形成了网状结构，石膏并不改变 C_3A 的水化速度，见表 8.1。当熟料中 C_3A 不多（即反应能力低），硫酸盐含量也低时，水化开始后即生成晶粒细小的钙矾石薄膜，并不阻碍水泥颗粒相互移动，浆体仍有可塑性。经过几小时钙矾石增加到足够数量，晶体长成细圆长针状后，才在水泥颗粒间相互交叉连接，形成网状结构，达到正常凝结［见表 8.1 中（Ⅰ）图］。若 C_3A 含量较高，硫酸盐也相应增加时，水化开始生成的钙矾石也相应增多，凝结稍快，但仍属正常［见表 8.1（Ⅱ）图］；但

若 C_3A 含量较高，溶液中硫酸盐很少时，除生成钙矾石薄膜外，剩余的 C_3A 会很快在颗粒间隙生成片状 C_4AH_{13} 和单硫型水化硫铝酸钙并析出晶体，使水泥颗粒相互联成网状结构导致快凝［见表 8.1 中（Ⅲ）图］；若 C_3A 含量低，而硫酸盐浓度相对过高时，反应剩余的硫酸盐将立即结晶形成条状二次石膏，也会造成快凝［见表 8.1 中（Ⅳ）图］。因此，石膏适宜掺量是决定水泥凝结时间的关键。

表 8.1　硅酸盐水泥凝结时结构形成与 C_3A 含量和石膏含量的关系图解

序号	熟料反应能力	溶液中硫酸盐有效率	水化时间		
			10min	1h	3h
			钙矾石再结晶 →		
（Ⅰ）	低	低	钙矾石覆盖层 可工作	 可工作	 凝结
（Ⅱ）	高	高	钙矾石覆盖层 可工作	 凝结	 凝结
（Ⅲ）	高	低	钙矾石覆盖层 C_4AH_{13} 和单硫铝酸盐在孔中 凝结	 凝结	 凝结
（Ⅳ）	低	高	钙矾石覆盖层二次石膏在孔中 凝结	 凝结	 凝结

由上可知，石膏掺量过多或过少都会导致不正常凝结。一般情况下，石膏还不至于多到造成快凝，但其掺量增大到一定程度时，对凝结时间的影响便会变得很小，如图 8.2 所示。

当石膏掺量（以 SO_3 计）小于 1.3% 时，石膏掺量过小，水泥会产生快凝。进一步增加 SO_3 含量时，石膏才出现明显的缓凝作用，但 SO_3 掺量（以 SO_3 计）超过 2.5% 以后，凝结时间增长很少。也有许多研究者指出，石膏的适宜掺量，应是加水后 24h 左右能够被耗尽的数量。

应该指出，确定石膏的最佳掺量不仅要考虑凝结时间，还要注意其对不同龄期的强度、水泥安定性的影响。据有关统计，现代硅酸盐水泥中 SO_3 与 Al_2O_3 的适宜比例为 0.5～0.9，平均约为 0.6。通常石膏掺量是很难以经验公式精确计算出。确定最佳石膏掺量的可靠方法是强度和有关性能的实验，如图 8.3 所示。影响石膏掺量的因素很多，主要有以下几个方面。

（1）石膏的种类　石膏除了二水石膏外，还有硬石膏及工业副产石膏，硬石膏在常温下的溶解度比二水石膏大，但其溶解速度很慢，故其掺入量应比二水石膏要适当增加。一般硅酸盐水泥与普通硅酸盐水泥中石膏掺量（以 SO_3 计）在 $1.5\%\sim2.5\%$ 之间，见表 8.2 所示。

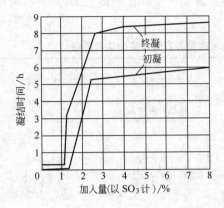

图 8.2　石膏对水泥凝结时间的影响

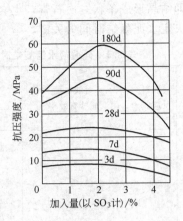

图 8.3　水泥强度和 SO_3 掺量的关系

表 8.2　各种硫酸盐的溶解度、溶解速度与缓凝作用

石膏种类	化学式	溶解度/(g/L)	相对溶解速度	相对缓凝作用
半水石膏	$CaSO_4 \cdot 0.5H_2O$	6	快	很强烈
二水石膏	$CaSO_4 \cdot 2H_2O$	2.4	慢	较强烈
可溶性无水石膏	$CaSO_4 \cdot (0.001\sim0.5)H_2O$	6	快	很强烈
天然无水石膏	$CaSO_4$	2.1	最慢	弱

（2）熟料中 C_3A 的含量　熟料中 C_3A 含量是石膏掺量最主要的影响因素。C_3A 含量高，石膏掺量应相应增加，反之则减少。作为一般的规律，可以大致地说，$w(C_3A)<11\%$ 的普通硅酸盐水泥，石膏最佳掺量（以 SO_3 计）为 2.3%。

（3）熟料中 SO_3 的含量　由于使用原燃材料、配料的缘故，以及部分立窑采用石膏、重晶石等作为矿化剂，熟料中常含有少量 SO_3。当熟料中 SO_3 含量较高时，则要相应减少石膏掺量。

（4）水泥细度　在熟料中 C_3A 含量相同的情况下，当水泥粉磨得较细时，其比表面积增大，水化加快，则应适当增加石膏掺量。

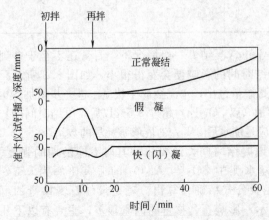

图 8.4　两种不正常凝结时间的典型特征曲线

（5）混合材料的种类与掺量　水泥中掺加不同品种和数量的混合材料时，其石膏掺入量也不同。如混合材料采用粒化高炉矿渣含量较多时，应适当多掺入些石膏，这是因为石膏在水泥中除了起缓凝剂作用外，还对矿渣活性起到硫酸盐激发剂的作用，加速矿渣的硬化过程。

此外，水泥中碱含量较高时，其凝结速度加快，石膏掺量也应适当增加。

8.1.3　假凝现象

假凝是指水泥的一种不正常的早期固化或过早变硬现象。在水泥用水拌和的几分钟内，物料就显示凝结。假凝和快凝是不同的，前者放热量极微，而且经剧烈搅拌后，浆体又可恢复塑性，并达到正常凝结，对强度并无不利影响；而快凝或闪凝往往是由于缓凝不够所引起的，浆体已具有一定强度，重拌并不能使其再具塑性。图 8.4 为这两种不正常凝结的典型特性曲线，由图可见假凝浆体在重拌后，维卡仪试针插入深度的变化即能与正常凝结大致相近，而快凝的水泥却几乎不变。因此，假凝的影响比快凝较为轻微，但仍会给施工带来一定困难。

假凝现象与很多因素有关，除熟料 C_3A 含量偏高、石膏掺量较多等条件外，一般认为，主要还由于水泥在粉磨时受到高温，使较多的二水石膏脱水成半水石膏的缘故。当水泥调水后，半水石膏迅速溶于水，部分又重新水化为二水石膏析出，形成针状结晶网状构造，从而引起浆体固化。

对于某些含碱较高的水泥，所含的硫酸钾会依下式反应：

$$K_2SO_4 + CaSO_4 \cdot 2H_2O = K_2SO_4 \cdot CaSO_4 \cdot H_2O + H_2O$$

所生成的假石膏结晶迅速长大，也会是造成假凝的原因。另外，即使在浆体内并不形成二水石膏等晶体所连生的网状构造，有时也会产生不正常凝结现象。有的研究者认为，水泥颗粒各相的表面上，由于某些原因而带有相反的电荷，这种按其本质是触变性的假凝，则是这些表面间相互作用的结果。

实践表明，假凝现象在掺有混合材料的水泥中很少产生。实际生产时，为了防止所掺的二水石膏脱水，在水泥粉磨时常采用必要的降温措施。还应尽量采用无水硫酸钙含量较高的石膏，将水泥适当存放一段时间，或者在制备混凝土时延长搅拌时间等，也可以消除假凝现象的产生。

8.1.4　调凝外加剂

除石膏外，还有许多无机盐或有机化合物，能够影响硅酸盐水泥的凝结过程，他们均可作为调节凝结时间的外加剂。按照其所起的作用，通常有缓凝剂和促凝剂（早强剂）两种。由于在正常情况下，主要是 C_3S 影响着凝结，而 C_3A 则是引起不正常凝结的原因，因此，一般就将外加剂的作用归结于他们对 C_3S 和 C_3A 的影响。

（1）缓凝剂　缓凝剂是用来延长凝结时间，使新拌混凝土浆体较长时间保持塑性，以便满足较长时间运输的需要，提高施工效率的外加剂。在夏季和大体积混凝土浆体施工中掺用缓凝剂，可延缓浆体的凝结，延长捣实浆体的时间，延缓水泥水化放热，减少因放热产生的温度应力而使硬化浆体产生裂缝。

可以应用的有机缓凝剂有：木质素磺酸盐、羟基羧酸及其盐、多元醇及其衍生物、糖类及碳水化合物、胺盐和胺酸等。例如，属于羟基羧酸一类的酒石酸和柠檬酸能吸附到 C_3A 表面，使他们难以较快地生成 AFt 结晶，起到缓凝作用。又如木质素磺酸钙或木质素碳酸钠在掺入水泥后，即吸附到 C_3S、C_3A 等的表面，不但阻碍 C—S—H 的成核，而且还能使 $Ca(OH)_2$ 的结晶成长推迟。另外，由于这些表面活性物质吸附于水泥颗粒及其水化产物的表面上，形成带有电荷的亲水性薄膜，使扩散层水膜增厚，因此阻滞了水泥颗粒间的黏结以及水化产物的凝聚，也必有助于达到延缓凝结的目的。几种缓凝剂对水泥浆体凝结时间的影响见表 8.3。

表 8.3　几种缓凝剂对水泥浆体凝结时间的影响

时间 \ 掺量	空白	水杨酸	柠檬酸		蔗糖		三乙醇胺	甲基纤维素		磷酸	
	0	0.05%	0.05%	0.10%	0.05%	0.10%	0.05%	0.05%	0.10%	0.05%	0.10%
初凝/min	125	170	170	295	255	465	205	145	170	262	350
终凝/min	190	218	265	475	288	520	260	240	350	298	430

无机缓凝剂包括：硼砂，氯化锌，碳酸锌，铁、铜、锌和镉的硫酸盐、磷酸盐和偏磷酸盐等。由于其缓凝作用不稳定，因此不常使用，它们的作用机理在于在水泥颗粒表面形成难溶性膜，阻碍水泥水化过程。

（2）促凝剂　促凝剂是减少水泥浆由塑性变为固态所需时间的外加剂。在施工过程中，有时要求水泥浆体较快地凝结和硬化，或者要求较高的早期强度。在低温气候条件下要求加速水泥水化和硬化。这些场合需要使用促凝剂。

可以应用的无机促凝剂有：氯盐、碳酸盐、硅酸盐、氟硅酸盐、铝酸盐、硼酸盐、硝酸盐、亚硝酸盐、硫代硫酸盐等或者氢氧化钠、氢氧化钾和氢氧化铵等。其中最常用的是氯化钙。

通常认为，虽然绝大部分无机电解质都有促进 C_3S 水化的作用，但其中尤以可溶性钙盐最为有效。其主要作用是能使液相提早达到必需的 $Ca(OH)_2$ 过饱和度，从而加快 $Ca(OH)_2$ 的结晶析出，缩短诱导期。另外，$CaCl_2$ 的存在还会加速 AFt 的形成，或与 C_3A 生成水化氯铝酸盐，故还能促进水泥硬化，提高早期强度。又由于 $CaCl_2$ 能使水泥的水化热效应提早而且集中地放出，特别适用于冬季施工，其掺量一般为 $1\%\sim2\%$，$2\sim3d$ 强度可提高 $40\%\sim100\%$。在氯化钙的基础上，还发展出如 $CaCl_2$ 和 Na_2SO_4、$CaCl_2$ 和 Ca_2SO_4 等复合外加剂。$CaCl_2$ 的最大缺点是促使钢筋锈蚀，因此在有关规范中都作出了具体的使用规定，目前改善的方法是降低水灰比，并且仔细捣实。$CaCl_2$ 与亚硝酸钠等阻锈剂配合使用。其比例理论上是 $1:1$，而实际应为 $1:2$。

较为普通的有机促凝剂是三乙醇胺 $[N(CH_2CH_2OH)_3]$，其优点是不会导致钢筋锈蚀。它可单独使用，但更多的是作为复合外加剂中的一个促凝组分。其作用也是加速 C_3A 的水化以及 AFt 的形成，但会使 C_3S 水化延缓，所以在矿物组成不同的硅酸盐水泥中加入相同量的三乙醇胺时，会有相差很大的结果。常用的掺量一般为水泥质量的 $0.05\%\sim0.5\%$，掺量低于 0.05%，会使初凝时间推迟。此外，尚有二乙醇胺、甲酸钠和糖蜜等也有类似三乙醇胺的作用。

值得注意的是，有些外加剂在掺量改变时会起相反作用，如缓凝剂，在一定掺量时缓凝。超量则凝结加速。还有，加有缓凝剂的水泥，凝结延迟，早期强度的发展变慢，而后期强度反而有所增加；而加有促凝剂的水泥，常兼有快硬早强的特性，但最终强度却又会低于正常硬化下的强度。为了克服对后期物理性质的不利影响，往往采用无机盐与有机表面活性剂或聚合物电解质组成的复合外加剂。

8.2　硅酸盐水泥的强度

水泥的强度是评比水泥质量重要的指标，是划分强度等级的依据。通常按龄期将 $28d$ 以前的强度称为早期强度，如 $1d$、$3d$ 强度；$28d$ 及以后的强度称为后期强度。水泥强度及其发展与很多因素有关，如熟料的矿物组成、水泥细度、水灰比、养护温度、石膏掺量以及外加剂等。

8.2.1　强度的产生和发展

有关硬化水泥浆体强度的产生，存在着不同的说法。一种说法认为，水泥加水拌和后，熟料矿物迅速水化，生成大量的水化产物 C—S—H 凝胶，并生成 $Ca(OH)_2$ 及钙矾石（AFt）晶体，经过一定时间以后，C—S—H 也以长纤维晶体从熟料颗粒上长出。同时钙矾石晶体逐渐长大，它们在水泥浆体中相互交织联结，形成网状结构，从而产生强度。随着水化的进一步进行，水化产物数量不断增加，晶体尺寸不断长大，从而使硬化浆体结构更为致密，强度逐渐提高。另一种说法认为，硬化水泥浆体强度的产生，是由于水化产物尤其是

C—S—H 凝胶所具有的巨大表面能，导致颗粒产生范德华力或化学键力，吸引其他离子形成空间网络结构，从而具有强度。

8.2.2 影响水泥强度的因素

影响水泥强度的因素相当复杂，而且涉及很广，有些机理目前还缺乏确切的结论，仍有待进一步研究。下面将从以下几方面来论述。

（1）熟料的矿物组成　在硅酸盐水泥熟料中，四种主要矿物 C_3S、C_2S、C_3A、C_4AF 每一种都以单独的相存在，并在水化反应中显示各自不同的特性。因此，矿物组成及其相对含量对水泥的水化速度、水化物的形态和尺寸有决定性影响，对水泥强度的形成和发展有着至关重要的作用。可以说，矿物组成是水泥早期强度、强度增长速度和后期强度高低最为重要的影响因素。表 8.4 和表 8.5 是水泥熟料四种单矿物质强度的测定结果。由于试验条件的差异，各方面所测单矿物的绝对强度不一样，但就其基本规律却是一致的，即硅酸盐矿物的含量是决定水泥强度的主要因素。其中 C_3S 的早期强度最大，28d 强度基本上依赖于 C_3S 含量，C_3S 含量高，水泥的早期强度高，但以后强度增长不大。而 C2S 高的水泥虽早期强度不高，但长期强度增幅大，到 1 年以后可以赶上甚至超过 C_3S 高的水泥。C_3S、C_2S 的相对含量对强度发展的影响如图 8.5 所示。

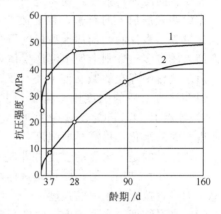

图 8.5　C_3S、C_2S 的相对含量
对强度发展的影响
1—C_3S 的相对含量；2—C_2S 的相对含量

表 8.4　四种主要矿物的抗压强度（一）　　单位：MPa

矿物名称	3d	7d	28d	90d	180d
C_3S	24.22	30.98	42.16	57.65	57.84
C_2S	1.73	2.16	4.51	19.02	28.04
C_3A	7.55	8.14	8.04	9.41	6.47
C_4AF	15.10	16.47	18.24	16.27	19.22

表 8.5　四种主要矿物的抗压强度（二）　　单位：MPa

矿物名称	7d	28d	180d	365d
C_3S	31.60	45.70	50.20	57.30
C_2S	2.35	4.12	18.90	31.90
C_3A	11.60	12.20	0	0
C_4AF	29.40	37.70	48.30	58.30

C_3A 的早期强度增长很快，一般认为，C_3A 主要对早期强度有利，但强度绝对值不高，而且后期强度增长随龄期延长逐渐减少，甚至有倒缩现象。实验表明，当水泥中 C_3A 含量较低时，水泥强度随 C_3A 的增多而提高，但超过某一最佳含量后，强度反而降低，同时龄期越短，C_3A 的最佳含量越高。C_3A 的含量对 1d、3d 的早期强度影响最大，如果超过最佳含量，则将对后期强度产生不利影响。

关于 C_4AF 的强度，目前国内外有关实验证明，C_4AF 不仅对早期强度有利，而且有助于后期强度的发展，由表 8.4 和表 8.5 数据可知，其 3d、7d、28d 抗压强度远比 C_2S 和

C_3A 高，其一年强度甚至还能超过 C_3S。中国有关研究发现，若 V^{5+}、Ti^{4+}、Mn^{4+} 等金属离子进入铁相晶格，与铁离子通过不等价置换形成置换型固溶体，有可能进一步提高 C_4AF 的水硬活性。由此可知，C_4AF 也是一种水化活性较好的熟料矿物，但其凝胶性能否正常发挥，不仅取决于不同条件下形成的铁相固溶体的化学成分、晶体缺陷及原子团的配位状态等有关晶体结构的内在原因，而且也与水化环境、水化产物形态等因素有关。至于如何最有效地发挥铁相固溶体的强度，还需进一步研究。

作为调凝剂加入的石膏，也能改变水泥的强度。石膏对强度的影响受细度、C_3A 含量和碱含量等因素控制。当加入适量的石膏时，有利于提高水泥的强度，特别是早期强度，但石膏加入量过多时，则会使水泥产生体积膨胀而使强度降低。

由于熟料中存在的碱会使 C_3S、C_3A 等的水化速度加快，所以含碱水泥的早期强度提高，但 28d 及以后的强度则会降低。此外，熟料中如含有适量的 P_2O_5、Cr_2O_3（0.2%～0.5%）或者 BaO、TiO_2、Mn_2O_3（0.5%～2.0%）等氧化物，并以固溶体的形式存在，都能促进水泥的水化，提高早期强度。

应该注意的是，水泥的强度并非是几种矿物强度的简单加和，还与各种矿物之间的比例、煅烧条件、结构形态、微量元素存在着一定的关联。因此，必须把各种影响因素综合考虑，否则将直接影响水泥的强度。

（2）水泥细度　水泥细度对强度和强度增长速度也有着十分重要的影响。水泥越细，颗粒分布范围越窄越均匀，其水化速度越快，而且水化更为完全，水泥的强度，尤其是早强越高。适当增大水泥细度，还能改善浆体泌水性、和易性和黏结力等。而粗颗粒水泥只能在表面水化，未水化部分只起填充料作用。实验证明，不同细度的水泥水化活性不同，一般 0～30μm，活性好；30～60μm，活性一般；大于 60μm，活性较差；大于 90μm，活性极差。

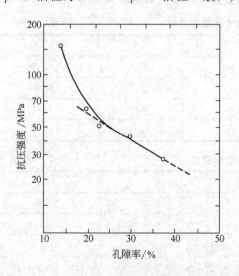

图 8.6　水泥浆体抗压强度和孔隙率的关系

但是水泥太细，标准稠度需水量越大，增大了硬化浆体结构的孔隙率，从而引起强度下降。据大量实验证明，水泥较细时，其 1d、3d 早期强度提高。但小于 10μm 颗粒大于 50%～60% 时，7d、28d 强度开始下降。因此，水泥细度只有在一定范围内强度才能提高。

（3）施工条件　水泥石结构的强度与其施工过程密切相关。在施工过程中，水灰比、骨料级配、搅拌振捣的程度、养护温度及是否采用外加剂等对强度都有很大影响。

① 水灰比及密实程度。水泥的水化程度越高，单位体积内水化产物就越多，水泥浆体内毛细孔被水化产物填充的程度就高，水泥浆体的密实程度也就高些。许多研究表明，水泥石结构中总孔隙率和大毛细孔减少时，其强度能得到较大

程度的提高。如图 8.6 为弗尔德曼在孔隙率较高时得出的试验结果。水灰比越大，产生的毛细孔越多，从而影响了强度，尤其是后期强度。事实上，水灰比是孔隙率的一个量度，在水泥组成和细度相同的情况下，水灰比与强度之间的关系，和孔隙率与强度的关系相类似。

施工中搅拌与振捣是否充分，对浆体结构强度，尤其是抗折强度，有很大的影响。搅拌不充分，浆体内组分产生所谓离析现象，导致水泥浆分布不均，从而降低了强度。而施工中振捣不够充分，使浆体不够致密而产生气泡孔、微裂缝，对强度影响更大。

大量实践表明，在施工中采用剧烈搅拌、碾轧、加压成型等工艺措施，能使水灰比降

低，硬化浆体的孔隙率降低到 20% 以下，可是尺寸超过 $100\mu m$ 的大孔不多于总体积的 2%，甚至可使 $15\mu m$ 以上的总孔隙率控制在 0.5% 以内，减少微裂缝的数量和尺寸，增大水泥石的致密程度，使强度特别是抗折强度有较大的提高。

② 养护温度。在水泥水化过程中，提高养护温度（即水化的温度），可以使早期强度得到较快发展，但后期强度，特别是抗折强度反而会降低（图 8.7）。

洛赫尔等通过实验认为，温度对强度的影响，主要是形成 C—S—H 纤维长短所引起的。温度升高，早期会增加水化产物的比例，并促进 C—S—H 纤维的生长，而在后期则会阻碍纤维生长，使 C—S—H 纤维的生长变短，因而空间网架结构较差。而在低温下长期水化则可提供较多的长纤维，所以温度升高会影响后期强度。

维尔巴克等认为，高温下水化造成强度降低的主要原因是由于在高温下水化迅速，生成的凝胶等水化产物得不到充分的扩散而均匀地沉析到水泥颗粒之间的空间中。这样，凝胶分布稀疏的部位就成了结构的弱点，从而影响强度的增强。同时，由于水泥颗粒被密集的凝胶层包裹后，后期水化延缓，也影响到强度的进一步发展，在常温或低温下，水化虽慢，但水化产物生长和扩散充分，结构内凝胶分布均匀，强度较高。

还有一些研究者认为，浆体内各组分热膨胀系数的差别是损害浆体结构的主要原因。浆体结构中各组分尤其是饱和空气在受热时会剧烈膨胀，产生巨大内应力，使浆体联结力减弱，孔隙率增加，甚至产生微裂缝，使对裂缝最为敏感的抗折强度显著下降。

应当注意的是，在提高养护温度的同时，必须使浆体保持润湿，否则水化将可能停止。一般宜用饱和或高压饱和蒸汽养护。但据研究，蒸压条件下，高温对总强度的有害作用比 100℃ 以下时更要严重得多，经分析是由于在蒸压时水化产物的化学组成和物理性质都发生了变化，同时增大了浆体的孔隙率。为防止强度下降，一般在浆体蒸压时掺加适量硅质材料，如细石英砂或粉煤灰等。

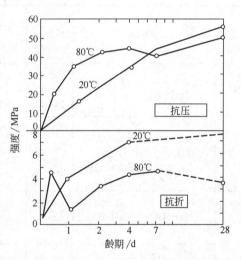

图 8.7　养护温度对水泥浆体强度增长的影响

③ 外加剂。在现代建筑工程中，几乎绝大部分混凝土及制品中都采用外加剂。根据需要采用适当的外加剂对水泥石结构的强度也会有一定影响。如采用掺入适当品种与掺量的减水剂，可使水灰比大幅度减小到 0.25，稳定地促进强度的增长，采用早强剂可大幅度提高早期强度。而采用另外一些外加剂如引气剂、膨胀剂、速凝剂等则可能会引起后期强度的降低，故在使用时应严格控制其掺加量。

8.3　硅酸盐水泥的体积变化与水化热

8.3.1　体积变化

硬化水泥浆体的体积变化也是一项非常重要的性能指标。由于浆体中生成了各种水化产物以及反应前后湿度、温度等外界条件的改变，硬化水泥浆体必然会发生一系列的体积变化。如化学减缩、湿胀干缩和碳化收缩等。这些变化，尤其是剧烈而不均匀的体积变化，将会严重影响到水泥浆体的物理、力学及耐久性能。因此，研究硬化水泥浆体的体积变化是十分必要的，而且具有现实意义。

（1）化学减缩　水泥在水化硬化过程中，无水的熟料矿物转变为水化产物，固相体积大大增加，而水泥浆体的总体积却在不断缩小，由于这种体积减缩是化学反应所致，故称化学减缩。以 C_3S 的水化反应为例：

$$2(3CaO \cdot SiO_2) + 6H_2O = 3CaO \cdot SiO_2 \cdot 3H_2O + 3Ca(OH)_2$$

密度/(g/cm³)	3.14	1.00	2.44	2.23
摩尔质量/(g/mol)	228.23	18.02	342.48	74.10
摩尔体积/(cm³/mol)	72.71	18.02	140.40	33.23
体系中所占体积/cm³	145.42	108.12	140.40	99.69

由此可见，反应前体系总体积为 145.42＋108.12＝253.54（cm³），而反应后则为 140.40＋99.96＝240.09（cm³），体积减缩为 253.51－240.09＝13.45（cm³），故化学减缩占体系原有绝对体积的 5.3%，而固相体积却增加了 65.1%。其他熟料矿物在水化时，也有不同程度的化学减缩。表 8.6 列出了几种主要熟料矿物在水化前后的体积变化情况。

表 8.6　几种矿物-水体系的化学减缩作用

编号	反应式	质量/g	密度/(g/cm³)	体系绝对体积/cm³		固相绝对体积/cm³		绝对体积的变化/cm³	
				反应前	反应后	反应前	反应后	体系的	固相的
1	$2CaSO_4 \cdot H_2O + 3H_2O =$ $2(CaSO_4 \cdot 2H_2O)$	290.29 54.05 344.34	2.62 1.00 2.32	164.85	148.42	110.80	148.42	−9.97	33.95
2	$3CaO \cdot Al_2O_3 + 3(CaSO_4 \cdot$ $2H_2O) + 26H_2O =$ $3CaO \cdot Al_2O_3 \cdot CaSO_4 \cdot 32H_2O$	270.18 516.51 450.40 1237.09	3.04 2.32 1.00 1.73	761.91	715.08	311.51	715.08	−6.15	129.55
3	$CaO + H_2O = Ca(OH)_2$	56.08 18.02 74.10	3.32 1.00 2.23	34.81	33.32	16.79	33.23	−4.55	96.74
4	$2(3CaO \cdot SiO_2) + 6H_2O =$ $3CaO \cdot 2SiO_2 \cdot 3H_2O + 3Ca(OH)_2$	456.66 108.12 342.48 222.30	3.11 1.00 2.44 2.23	254.95	240.05	146.84	240.05	−5.84	63.48
5	$2(2CaO \cdot SiO_2) + 4H_2O =$ $3CaO \cdot 2SiO_2 \cdot 3H_2O + Ca(OH)_2$	344.50 72.08 342.48 74.10	3.28 1.00 2.44 2.23	177.11	173.59	105.03	173.59	−1.99	65.28
6	$3CaO \cdot Al_2O_3 + 6H_2O =$ $3CaO \cdot Al_2O_3 \cdot 6H_2O$	270.18 108.10 378.28	3.04 1.00 2.52	196.98	150.11	88.88	150.11	−23.79	68.89

由表 8.6 可见，水泥水化后固相体积总是大大增加，即填充原来体系中水所占的部位，使硬化浆体变得更加致密，因而导致整个体系产生体积减缩现象。当硬化过程在空气中进行时，会引起外表体积收缩，同时在体系内生成气孔。

由于化学减缩是水泥水化反应的结果，所以可以利用化学减缩来间接说明水泥的水化速度和水化程度。在一定龄期内化学减缩越大，说明水化速度越大，水化程度越高。

试验说明，无论就绝对数值还是相对速度而言，水泥熟料中各单矿物的减缩作用，其大小顺序均为：$C_3A > C_4AF > C_3S > C_2S$，见表 8.7。

表 8.7　硅酸盐水泥熟料单矿物的减缩作用

矿物名称	28d	极限值/($cm^3/100g$)
C_3S	5.2	6～7
C_2S	1.2	4
C_3A	17.0	17.5～18
C_4AF	9.0	10～11

所以减缩量的大小，常与 C_3A 的含量呈线性关系。根据一般硅酸盐水泥的矿物组成进行研究发现，每 100g 水泥水化的减缩量为 7～9cm^3。若每立方米混凝土用水泥 300kg，则减缩量将达到 $(21～27)×10^3 cm^3$。由此可见，化学减缩作用带来的孔隙数量也是相当大的。不过，随着水化作用的进展，化学减缩虽在相应增加，但固相体积的大幅增长，填充了大部分孔隙，总孔隙率还是在不断减少的。

（2）湿胀干缩　硬化水泥浆体的体积随其含水量而变化。浆体结构含水量增加时，其中凝胶粒子由于分子吸附作用而分开，导致体积膨胀；如果含水量减少，则会使体积收缩。湿胀和干缩大部分是可逆的。干燥与失水有关，但两者没有线性关系。关于干燥引起收缩的确切原因，目前尚有不同看法，一般认为与毛细孔张力、表面张力、拆散压力及层间水的变化等因素有关。

有关研究表明，硬化浆体的干缩值主要由 C_3A 的含量决定，并随 C_3A 含量的增加而提高，其他组成的作用比较次要，如图 8.8 所示。而在 C_3A 含量相同时，石膏掺量就成了决定胀缩的主要因素。所以石膏的最佳掺量，除要使水泥获得合适的凝结时间和最高强度之外，还应达到干缩值最低的要求。

水灰比对浆体干缩也有一定影响。一般说来，早期干缩发展较快，但水灰比对其影响不大，一直到 28d 后，干缩才随水灰比减小而明显降低；而且水灰比低的浆体，干缩停止较早。例如，对水灰比为 0.26 的浆体，在 90d 时干缩已经基本停止。因此，在实际生产中，应适当降低水灰比，并加强养护，以减少干缩。

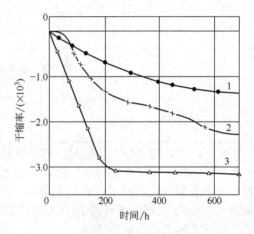

图 8.8　水泥浆体干缩率随时间的变化
1—C_3A 含量 4%；2—C_3A 含量 6%；3—C_3A 含量 8%

（3）碳化收缩　在一定的相对湿度下，硬化水泥浆体中的水化产物如 $Ca(OH)_2$、C—S—H 等会与空气中的 CO_2 作用，生成 $CaCO_3$ 和 H_2O，造成硬化浆体的体积减少，出现不可塑的收缩现象，称为碳化收缩。其反应式如下：

$$Ca(OH)_2 + CO_2 = CaCO_3 + H_2O$$
$$3CaO \cdot 2SiO_2 \cdot 3H_2O + CO_2 = CaCO_3 + 2(3CaO \cdot SiO_2 \cdot H_2O) + H_2O$$
$$3CaO \cdot SiO_2 \cdot H_2O + CO_2 = CaCO_3 + SiO_2 \cdot 2H_2O$$

通常，在大气中，实际的碳化速度很慢，而且仅限于表面进行，大约在 1 年后才会在硬化水泥浆体表面产生微裂缝，只影响其外观质量，对强度并没有不利影响。

综上所述，引起硬化水泥浆体体积变化的因素是多方面的。在生产应用中，不论是膨胀还是收缩，最重要的是体积变化的均匀性。如果水化形成的固相发生局部的不均匀膨胀，则会引起硬化浆体结构破坏，造成安定性不良。但如控制得当，所增加的固相体积恰能使水泥浆体产生均匀的膨胀，反而有利于水泥石结构变得更加致密，提高其强度，相应改善抗冻、抗渗等性能；甚至还可利用其作为膨胀组分，成为配制各种膨胀水泥的基础。

8.3.2 水化热

水泥的水化热是由各种熟料矿物与水作用时产生的，在冬季施工中，水化放热能提高水泥浆体的温度，有利于水泥正常凝结，不致因环境温度过低而使水化太慢，影响施工进度。但在大体积混凝土工程中，水化放出的热量聚集在混凝土内部不易散失，使其内部温度升高，导致混凝土结构内外温差较大而产生应力，致使混凝土结构不均匀膨胀而产生裂缝，给工程带来严重的危害。所以，水化热是大体积混凝土工程一个重要的使用性能，如何降低水化热，是提高大体积混凝土质量的重要举措之一。

水泥水化放热的周期很长，但大部分热量是在 3d 以内，特别是在水泥浆发生凝结、硬化的初期放出。大量实验表明，水泥的水化热与其矿物组成有关。由表 8.8 可知，熟料中各单矿物的水化热大小顺序为 $C_3A > C_3S > C_4AF > C_2S$。某水泥熟料矿物的水化热见表 8.9。

表 8.8 水化热

名　称	水化热/(J/g)	名　称	水化热/(J/g)
C_3S	500	$f\text{-}MgO$	840
C_2S	250	普通硅酸盐水泥	375～525
C_3A	1340	抗硫酸盐水泥与矿渣水泥	355～440
C_4AF	420	火山灰质水泥	315～420
$f\text{-}CaO$	1150	高铝水泥	545～585

表 8.9 某水泥熟料矿物的水化热

龄期	C_3S	C_2S	C_3A	C_4AF
3d	240	50	880	290
28d	377	105	1378	494

在实践中，适当掺入外加剂与调整熟料的矿物组成，就可能使水化放热速率和水化热有所改变，例如要降低水泥的水化热，应该增大熟料中 C_2S 和 C_4AF 的含量，相应降低 C_3A 和 C_3S 的含量。在熟料矿物组成相同时，其矿物固溶状态不同，水化热也不一样。图 8.9 和图 8.10 表示了不同含量的 C_3A 和 C_3S 对水泥水化热的影响。由此可知，调整熟料矿物组成是配制低热水泥的基本措施。

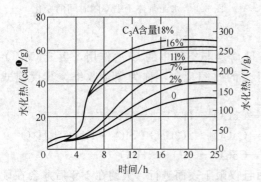
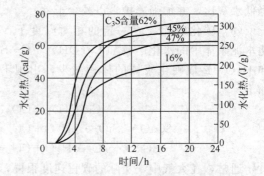

图 8.9 C_3A 含量对水泥水热化的影响
（$C_3S\%$基本相同）

图 8.10 C_3S 含量对水泥水热化的影响
（$C_3A\%$基本相同）

❶1cal＝4.1868J，后同。

硅酸盐水泥的水化热基本上具有加和性，可以通过下式进行计算：

$$Q_{3d} = 240w(C_3S) + 50w(C_2S) + 880w(C_3A) + 290w(C_4AF) \qquad (8.1)$$

$$Q_{28d} = 377w(C_3S) + 105w(C_2S) + 1378w(C_3A) + 494w(C_4AF) \qquad (8.2)$$

式中　　　　　　　系数（如 240、50 等）——相应各单矿物的水化热，J/g；

$w(C_3S)$、$w(C_2S)$、$w(C_3A)$、$w(C_4AF)$——各熟料矿物的含量，%；

Q_{3d}——3d 龄期的水化热，J/g；

Q_{28d}——28d 龄期的水化热，J/g。

例如，某一硅酸盐水泥的熟料矿物组成为 C_3S 45%，C_2S 25%，C_3A 10%，C_4AF 10%，则 3d 水化热经计算为 237.5J/g，28d 水化热为 383.1J/g。

影响水化热的因素有很多，除了熟料矿物组成及其固溶情况以外，还有熟料的煅烧与冷却条件、水泥的粉磨细度、水灰比、养护温度、水泥储存时间等。例如，熟料冷却速度快，玻璃体含量多，则 3d、28d 水化热较大。水泥的细度对水化热总量虽无关系，但粉磨较细时，早期放热速率显著提高。总之，凡能加速水化的各种因素，均能相应提高水化放热速率。因此，单按熟料矿物含量通过式（8.1）和式（8.2）计算，仅能对水化热作大致估计，准确数值尚需根据实际测定。

8.4　硅酸盐水泥的耐久性

硅酸盐水泥硬化后，在通常的使用条件下一般可以有较好的耐久性。有些 100~150 年以前建造的水泥混凝土建筑至今仍无丝毫损坏迹象。部分长龄期试验的结果表明，30~50 年后抗压强度比 28d 时会提高 30% 左右，有的达到 1 倍以上。但是，也有不少失败的工程实践指出，早到 3~5 年就会有早期损坏甚至彻底破坏危险。

影响耐久性的因素虽然很多，但抗渗性、抗冻性以及对环境介质的抗蚀性是衡量硅酸盐水泥耐久性的三个主要方面。另外，在某些特定场合，碱集料反应也可能是工程过早失效的一个重要因素。

8.4.1　抗渗性

因为绝大多数有害的流动水、溶液、气体等介质，无不是从水泥浆体或混凝土中的孔缝渗入的，而抗渗性就是抵抗各种有害介质进入内部的能力，所以提高抗渗性是改善耐久性的一个有效途径。另外，水泥构筑物以及储油罐、压力管、蓄水塔等工程对抗渗性就更有一定的使用要求。

当水进入硬化水泥浆体一类的多孔材料时，开始渗入速率决定于水压以及毛细管力的大小。待硬化浆体达到水饱和，使毛细管力不再存在以后，就达到一个稳定流动的状态，其渗水速率可用下列公式表示：

$$\frac{dq}{dt} = KA \times \frac{\Delta h}{L} \qquad (8.3)$$

式中　$\dfrac{dq}{dt}$——渗水速率，mm^3/s；

A——试件的横截面，mm^2；

Δh——作用于试件两侧的压力差，mmH_2O●；

L——试件的厚度，mm；

K——渗透系数，mm/s。

● $1mmH_2O = 9.80665Pa$，后同。

由上式可知，当试件尺寸和两侧的压力压力差一定时，渗水速率和渗透系数成正比，所以通常用渗透系数 K 表示抗渗性的高低。

而渗透系数 K 又可用下式表示：

$$K = C \times \frac{\varepsilon r^2}{\eta} \tag{8.4}$$

式中　ε——总孔隙率；

　　　r——孔的水力半经（孔隙体积/孔隙表面积）；

　　　η——流体的黏度；

　　　C——常数。

可见，渗透系数 K 正比于孔隙半径的平方，与总孔隙率却只有一次方的正比关系。因而孔径的尺寸对抗渗性有着更为重要的影响。经验表明，当管径小于 $1\mu m$ 时，所有的水都吸附于管壁或作定向排列，很难流动。至于水泥凝胶则由于胶孔尺寸更小，据鲍维斯的测定结果，其渗透系数仅为 $7 \times 10^{-16} m/s$。因此，凝胶孔的多少对抗渗性实际上几乎无影响，渗透系数主要决定于毛细孔率的大小，从而使水灰比成为控制抗渗性的一个主要因素，如图 8.11 所示。

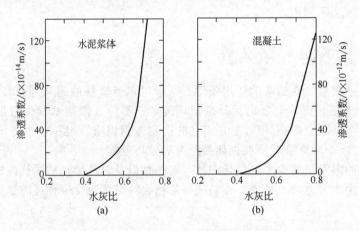

图 8.11　硬化水泥浆体与混凝土的渗透系数和水灰比的关系

从图 8.11 可知，渗透系数随水灰比的增加而提高，例如水灰比 0.7 的硬化浆体，其渗透系数要超过水灰比 0.4 的几十倍。这主要是因为孔系统的连通情况有所改变的缘故。在水灰比较低的场合，毛细孔常被水泥凝胶所堵隔，不易连通，渗透系数在相当程度上受到凝胶的影响，所以水灰比的改变不致引起渗透系数较大的变化；但当水灰比较大时，不仅使总孔隙率提高，并使毛细孔径增大，而且基本连通，渗透系数就会显著提高。因此可以认为，毛细孔，特别是连通的毛细孔对抗渗性极为不利。当绝大部分毛细孔均较细小且不连通时，水泥浆体的渗透系数一般可低至 $10^{-12} cm/s$ 数量级。

但如硬化龄期较短，水化程度不够，渗透系数会明显变大。随着水化产物的增多，毛细管系统变得更加细小曲折，直至完全堵隔，互不连通。因此，渗透系数随龄期而变小，见表 8.10。

表 8.10　硬化水泥浆体的渗透系数与龄期的关系（水灰比 =0.51）

龄期/d	新拌	1	3	7	14	28	100	240
渗透系数/(m/s)	10^{-5}	10^{-8}	10^{-9}	10^{-10}	10^{-12}	10^{-13}	10^{-16}	10^{-18}
附注	与水灰比无关	毛细孔相互连通					毛细孔互不连通	

而实际上要达到毛细孔互不连通的所需时间又依水灰比而变。据有关试验，在湿养护的

条件下，水灰比为 0.40 时仅需 3d；为 0.50 时需 28d；为 0.60 时需要半年；为 0.70 的则长达 1 年左右。当水灰比超过 0.70 以后，即使完全水化，毛细孔再也不能为水化产物所堵塞，就是龄期很长，抗渗性仍然较低。

梅塔进一步用试验论证了孔径分布对抗渗性的重要影响。无论水灰比或水化龄期如何，抗渗性主要决定于大的毛细孔，特别是直径超过 132.0nm 的孔的数量。实验结果表明，当水灰比提高时，孔隙率增大主要是由于这部分大毛细孔增多的缘故。随着养护龄期的增长，在早期主要是这些较大的孔被水化产物所填充，一直到后期才使小孔均匀地变细。因此认为，单单用总的孔隙率或者毛细孔率的大小来衡量浆体的抗渗能力就有相当的局限性。由于大于 132.0nm 的孔对于渗透性的影响远远比小孔要大得多，因而提出以大于 132.0nm 孔的体积与总孔隙率的比值，作为衡量抗渗性的主要指标。该项比值增加，渗透系数以对数增加，两者有较好的相关性。如再将水化程度、最大孔径等参数一并考虑，经多元回归所得的关系式可有相当高的精确度。

而纽美等则提出应该特别注意浆体内最大的连通孔尺寸，其大小与抗渗性有着较好的线性关系。因此，除降低水灰比外，还可以改变孔级配，变大孔为小孔以及尽量减小连通孔等途径来提高抗渗性，达到改善耐久性的目的。

值得注意的是，在实验室条件下，虽然能够制得抗渗性很好的硬化浆体，但实际使用的砂浆、混凝土，其渗透系数要大得多（图 8.11）。这是因为砂，石等集料与水泥浆体的界面上存在着过渡的多孔区。集料越粗，影响越大。如果浆体先经干燥然后受湿，渗透系数要增加，这可能是由于干缩时孔分部改变，部分毛细孔又恢复连通的缘故。特别是集料界面上的开裂对混凝土的影响更为明显。另外，混凝土捣实不良或者泌水过度所造成的通路，都会降低抗渗性。蒸汽养护也要使抗渗性变差。所以，混凝土的抗渗性仍然是一个更值得重视的问题。部分大坝用混凝土渗透系数变动于（8～35）×10^{-12} m/s 之间；某些单位则规定 15×10^{-12} m/s 为渗透系数最大限值。

8.4.2 抗冻性

抗冻性也是硬化水泥浆体的一项重要使用性能。硅酸盐水泥在寒冷的地区使用时，其耐久性主要取决于抵抗冻融循环的能力。据研究，寒冷地区的冻融循环对混凝土尤其是港口混凝土的破坏作用是相当严重的。

水在结冰时，体积约增加 9%。硬化水泥浆体中的水结冰时会使毛细孔壁承受一定的膨胀应力，当应力超过浆体结构的抗拉强度时，就会使水泥石内产生微细裂缝等不可逆变化，在冰融化后，不能完全复原，再次冻结时，又会将原来的裂缝膨胀得更大，如此反复的冻融循环，裂缝越来越大，最后导致严重的破坏。因此，水泥的抗冻性一般是以试块能经受－15℃和 20℃的循环冻融而抗压强度损失率小于 25% 时的最高冻融循环次数来表示的，如 200 次或 300 次冻融循环等。次数越多说明抗冻性越好。

硬化浆体中水的存在形式有：化合水、吸附水（包括凝胶水和毛细水）、自由水三种。其中化合水不会结冰，凝胶水由于凝胶孔极小，只能在极低温度下（如－78℃）才能结冰。在自然条件的低温下，只有毛细孔内的水和自由水才会结冰，而毛细水由于溶有 Ca(OH)$_2$ 和碱形成盐溶液，并非纯水，其冰点至少在－1℃以下。同时，还受到表面张力作用，使冰点更低。另外，毛细孔径越小，冰点就越低。如 10μm 孔径中水到－5℃时结冰，而 3.5μm 孔径的水要到－20℃才结冰。但就一般混凝土而言，在－30℃时，毛细孔水能够完全结冰。所以在寒冷地区，混凝土常会受冻而开裂。

大量实践证明，水泥的抗冻性与水泥的矿物组成、强度、水灰比、孔结构等因素有密切关系。一般增加熟料中 C$_3$S 含量或适当提高水泥石中石膏掺入量，可以改善其抗冻性。在其他条件相同的情况下，水泥的强度越高，浆体结构抵抗结冰时膨胀应力的能力就越强，其抗冻性就越好。据研究，将水灰比控制在 0.4 以下时，硬化浆体的抗冻性是相当高的；而水灰比大于 0.55 时，其抗冻性将显著下降，这是因为水灰比较大，硬化浆体内毛细孔数增多，孔的尺寸也增大，导致抗冻性下降。

另外，在低温下施工时，采用适当的养护保温措施，防止过早受冻，或在混凝土中掺加引气剂，使水泥石内形成大量分散极细的气孔，也是提高抗冻性的重要途径。

8.4.3 环境介质的侵蚀

硬化的水泥浆体与环境接触时，通常会受到环境介质的影响。对于水泥耐久性有害的环境介质主要有淡水、酸和酸性水、硫酸盐溶液和碱溶液等。再环境介质的侵蚀作用下，硬化的水泥石结构会发生一系列物理化学变化，降低强度，甚至溃裂破坏。

环境介质对水泥石的侵蚀作用可分为以下几类。

(1) 淡水侵蚀　又称溶出侵蚀。它是指硬化水泥浆体受淡水侵析时，其组成逐渐被水溶解并在水流动时被带走，最终导致水泥石结构破坏的现象。

在各种水化产物中，$Ca(OH)_2$ 溶解度最大。因而最先被溶解。由于水泥中的水化产物都必须在一定浓度的 $Ca(OH)_2$ 溶液中才能稳定存在，当 $Ca(OH)_2$ 被溶出后，若水量不多，且处于静止状态，则溶液会很快饱和，溶出即停止。但在流动水中，水流会将 $Ca(OH)_2$ 不断溶出并带走，从而促使其他水化产物分解，特别在有水压作用而混凝土的渗透性有较大的情况下，将会进一步增大孔隙率，使水更易渗透，使溶出侵蚀加快。

据莫斯克维测定的数据，水泥的各主要水化产物能稳定存在的 CaO 极限浓度如下：

$CaO \cdot SiO_2 \cdot (aq)$	CaO 浓度＞0.05g/L
$2CaO \cdot SiO_2 \cdot (aq)$	CaO 浓度＞1.1g/L
$2CaO \cdot Al_2O_3 \cdot (aq)$	CaO 浓度＞0.36～0.56g/L
$3CaO \cdot Al_2O_3 \cdot (6～8aq)$	CaO 浓度＞0.56～1.08g/L
$4CaO \cdot Al_2O_3 \cdot (12～13aq)$	CaO 浓度＞1.08g/L
$2CaO \cdot Fe_2O_3 \cdot (aq)$	CaO 浓度＞0.64～1.06g/L

由此可见，在大量流动水作用下，水泥石中的 CaO 在溶出并带走后，首先是 $Ca(OH)_2$ 被溶解，随着溶液中 CaO 浓度的逐渐降低，高碱性的水化硅酸钙、水化铝酸盐等会分解而成为低碱性的水化产物。溶出继续进行时，低碱性水化产物也会分解，最后成为无胶结能力的硅酸凝胶、氢氧化铝等产物，从而大大降低结构强度。据研究发现，当 CaO 溶出 5% 时，强度约下降 7%，而 CaO 溶出 24% 时，强度下降达 29%，溶出再继续增大时，强度则下降更多。

水泥结构与淡水接触时间较长时，会遭到一定的溶出侵蚀破坏。但对于抗渗性较好的水泥石或混凝土，淡水的溶出过程发展很慢，几乎可以忽略不计。

(2) 酸和酸性水侵蚀　又称溶析和化学溶解双重侵蚀。这是指硬化水泥浆体与酸性溶液接触时，其化学组分就会直接溶析或与酸发生化学反应形成易溶物质被水带走，从而导致结构破坏的现象。

根据有关实验表明，溶液酸性越强，生成的产物溶解度越大，则侵蚀破坏严重。酸和酸性水对水泥结构的侵蚀反应如下：

$$H^+ + OH^- \longrightarrow H_2O$$

$$Ca^{2+} + 2R^- \longrightarrow CaR_2$$

酸类离解出的 H^+ 和酸根 R^-，分别与浆体中 $Ca(OH)_2$ 电离出的 OH^- 和 Ca^{2+} 结合成水和钙盐。由上可知，酸的侵蚀作用强弱，决定于溶液的 H^+ 即酸性强弱。溶液酸性越强，H^+ 越多，结合并带走的 $Ca(OH)_2$ 就越多，侵蚀就越严重。当 H^+ 达到足够高的浓度时，还能直接与水化硅酸钙、水化铝酸钙甚至未水化的硅酸钙、铝酸钙等作用而严重破坏水泥结构。

侵蚀性的大小与酸根阴离子的种类也有关系。常见的酸大多能和 $Ca(OH)_2$ 生成可溶性盐。无机酸如盐酸和硝酸能与 $Ca(OH)_2$ 作用生成可溶性的氯化钙和硝酸钙，随后也被水流带走，造成侵蚀破坏，而磷酸与水泥石中的 $Ca(OH)_2$ 反应则生成几乎不溶于水的磷酸钙，堵塞在毛细孔中，侵蚀速度就较慢。有机酸不如无机酸侵蚀程度强烈，其侵蚀性也与其生成的钙盐性质有关。如醋酸、蚁酸、乳酸等与 $Ca(OH)_2$ 生成的盐易溶解，而草酸生成的都是不溶性钙盐，在混凝土表面能形成保护层，实际应用时还可以用以处理混凝土表面，增加对其他弱有机酸的抗蚀性。一般情况下，有机酸浓度越高，相对分子质量越大，侵蚀性越强。

上述酸侵蚀一般只在化工厂或工业废水中才存在。在自然界中，对水泥有侵蚀作用的主要是从大气中溶入水中的 CO_2 产生碳酸侵蚀。

水中有碳酸存在时，首先与水泥石中 $Ca(OH)_2$ 发生作用，在混凝土表面生成难溶于水的碳酸钙。所生成的碳酸钙在继续与碳酸反应生成易溶于水的碳酸氢钙，从而使 $Ca(OH)_2$ 不断溶出，而且还会引起水化硅酸钙和水化铝酸钙的分解。其反应式如下：

$$Ca(OH)_2 + CO_2 + H_2O \longrightarrow CaCO_3 \downarrow + 2H_2O$$

$$CaCO_3 + CO_2 + H_2O \longrightarrow Ca(HCO_3)_2$$

上式的第二个反应是可逆的，当水中 CO_2 和 $Ca(HCO_3)_2$ 之间的浓度达到平衡时，反应即停止。由于天然水中本身常含有少量 $Ca(HCO_3)_2$，因而能与一定量的碳酸保持平衡，这部分碳酸不会溶解碳酸钙，没有侵蚀作用，称为平衡碳酸。但是，当水中还有较多的碳酸时，其超过平衡需要的多余碳酸就会溶解碳酸钙，对水泥产生侵蚀作用，这一部分碳酸称为侵蚀性碳酸。因此碳酸的含量越大，溶液酸性越强，侵蚀也会越严重。

水的暂时硬度越大，所需的平衡碳酸量越多，即使有较多的 CO_2 存在也不会产生侵蚀，同时，$Ca(HCO_3)_2$ 或 $Mg(HCO_3)_2$ 含量较高时，与硬化浆体中的 $Ca(OH)_2$ 作用，生成溶解度极小的碳酸钙或碳酸镁，沉积在硬化浆体结构的孔隙内及表面，提高了结构的密实性，阻碍了水化产物的进一步溶出，这样就降低了侵蚀作用。而在暂时硬度不高的水中，即使 CO_2 含量不多，但只要是大于当时相应的平衡碳酸量，也会产生一定的侵蚀作用。

（3）硫酸盐侵蚀　又称膨胀侵蚀。它是指介质溶液中的硫酸盐与水泥石组分反应形成钙矾石而产生结晶压力，造成膨胀开裂，破坏硬化浆体结构的现象。

硫酸盐对水泥石结构的侵蚀主要是由硫酸钠、硫酸钾等能与硬化浆体中的 $Ca(OH)_2$ 反应生成 $CaSO_4 \cdot 2H_2O$，如下式：

$$Ca(OH)_2 + NaSO_4 \cdot 10H_2O \longrightarrow CaSO_4 \cdot 2H_2O + 2NaOH + 8H_2O$$

上述反应使固相体积增大了 114%，在水泥石内产生了很大的结晶压力，从而引起水泥石开裂以至破坏。但上述形成的 $CaSO_4 \cdot 2H_2O$ 必须在溶液中 SO_4^{2-} 浓度足够大（达 2020～2100mg/L 以上）时，才能析出晶体。当溶液中 SO_4^{2-} 浓度小于 1000 mg/L 时，由于石膏的溶解度较大，$CaSO_4 \cdot 2H_2O$ 晶体不能溶出。但生成的 $CaSO_4 \cdot 2H_2O$ 会继续与浆体结构中的水化铝酸钙反应生成钙矾石，反应式如下：

$$4CaO \cdot Al_2O_3 \cdot 13H_2O + 3(CaSO_4 \cdot 2H_2O) + 14H_2O \longrightarrow$$
$$3CaO \cdot Al_2O_3 \cdot 3CaSO_4 \cdot 32H_2O + Ca(OH)_2$$

由于钙矾石的溶解度很小，在 SO_4^{2-} 浓度较低时就能析出晶体，使固相体积膨胀 94%，同样会使水泥石结构胀裂破坏。所以，在硫酸盐浓度较低的情况下（$250\sim1500mg/L$）产生的是硫铝酸盐侵蚀。当其浓度达到一定大小时，就会转变为石膏侵蚀或硫铝酸钙与石膏混合侵蚀。

除硫酸钡以外，绝大部分硫酸盐对硬化水泥浆体都有明显的侵蚀作用。在一般的河水和湖水中，硫酸盐含量不多，通常小于 $60mg/L$，但在海水中 SO_4^{2-} 的含量常达 $2500\sim2700$ mg/L，有的地下水流经含有石膏、芒硝（硫酸钠）或其他富含硫酸盐成分的岩石夹层时，将部分硫酸盐溶入水中，也会提高水中 SO_4^{2-} 浓度而引起侵蚀。

在硫酸盐发生侵蚀作用时，不同的阳离子侵蚀大小也不同，如海水中有较多的 Mg^{2+}，这样，存在的 $MgSO_4$ 就具有更大的侵蚀作用，因为浆体结构中的 $Ca(OH)_2$ 会与 $MgSO_4$ 反应，如下式所示：

$$MgSO_4 + Ca(OH)_2 + 2H_2O \longrightarrow CaSO_4 \cdot 2H_2O + Mg(OH)_2$$

由于生成的氢氧化镁溶解度极小，极易从溶液中沉淀出来，从而使反应不断向右进行，增大 $CaSO_4 \cdot 2H_2O$ 的浓度，导致其结晶而胀裂毁坏水泥石。同时，还会促使水泥石结构不断放出 CaO 以补充消耗，从而引起水化硅酸钙和铝酸钙等不断分解而破坏整个浆体结构，实质上就是硫酸镁使水化硅酸钙等分解，如下式：

$$3CaO \cdot 2SiO_2 \cdot aq + 3MgSO_4 + 9H_2O \longrightarrow 3(CaSO_4 \cdot 2H_2O) + 3Mg(OH)_2 + 2SiO_2 \cdot aq$$

另外，Mg^{2+} 还会进入水化硅酸钙凝胶，使其胶结性能变差。因此，硫酸镁除产生硫酸盐侵蚀外，还有 Mg^{2+} 的严重危害，常称为"镁盐侵蚀"。

又如硫酸铵由于能生成极易挥发的氨，形成不可逆反应，而且反应相当迅速，侵蚀也相当严重。反应式如下：

$$(NH_4)_2SO_4 + Ca(OH)_2 \longrightarrow CaSO_4 \cdot 2H_2O + 2NH_3 \uparrow$$

8.4.4 碱集料反应

水泥虽属碱性物质，一般能够抵抗碱类的侵蚀，但当水泥浆体结构中碱含量较高，而配制混凝土的集料中含有活性物质时，水泥石结构经过一定时间后会出现明显的膨胀开裂，甚至剥落溃散等破坏现象，称为碱集料反应。由于现代工业的快速发展，为扩大混凝土集料来源，充分利用工业废渣，在含碱外加剂广泛应用于生产的同时，提高混凝土质量，对碱集料反应的研究也变得日益重要。

碱集料反应主要是由于水泥中碱含量较高 [$w(R_2O) > 0.6\%$]，而同时集料中由含有活性 SiO_2 时，碱就会与集料中的活性 SiO_2 反应，形成碱性硅酸盐凝胶。反应式如下：

$$活性 SiO_2 + 2mNaOH \longrightarrow mNaO \cdot SiO \cdot mH_2O$$

上式反应生成的碱性硅酸盐凝胶有相当强的吸水性能，在积聚水分的过程中产生膨胀而将硬化浆体结构胀裂破坏。

一般情况下，碱集料反应通常很慢，要经过相当长的时间后才会明显出现。据斯坦顿研究，影响碱集料反应的因素很多，主要与水泥中碱含量、活性集料含量及粒径、水含量等有关。

如图 8.12 所示，当碱含量小于 0.6% 时，不会发生明显膨胀，而且对于活性集料，有一个导致最大膨胀的"最危险"含量，对蛋白石，"最危险"含量可低至 3%～5%，而对活性较低的集料，"最危险"含量可达 10%～20%，甚至 100%。即在活性颗粒较少时，随其含量增加，碱性硅酸盐凝胶越多，膨胀越大，但超过"最危险"含量后，情况正好相反，如图 8.13 所示。

因此，掺加适量活性 SiO_2 细粉或火山灰、粉煤灰等，可有效抑制碱集料膨胀。

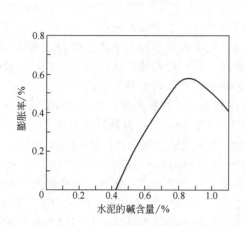

图 8.12　水泥的碱含量与碱集
料膨胀率的关系

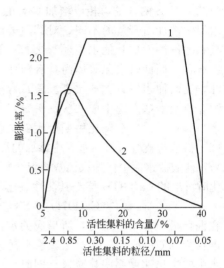

图 8.13　活性集料的粒性及其
含量与碱集料膨胀率的关系
1—粒性；2—含量

除此之外，水泥中碱还可与白云石质石灰石产生膨胀反应，导致混凝土破坏。称为碱-碳酸盐岩反应，如下式：

$$CaMg(CO_3)_2 + 2ROH \longrightarrow CaCO_3 + Mg(OH)_2 + R_2CO_3$$

上述反应又称反白云石化反应，Gilott 等认为，上述反应使白云石中黏土矿物暴露并吸水膨胀而造成破坏。由于水泥浆体结构中有较多的 $Ca(OH)_2$ 存在，还会依下式反应使碱重新产生：

$$Na_2CO_3 + Ca(OH)_2 \longrightarrow CaCO_3 + NaOH$$

这样，使反白云石化反应继续进行，不断循环，造成更严重的破坏。

综上所述，要提高混凝土质量，防止碱集料反应，可采取如下措施：尽量降低水泥中碱含量，采取适当粒径的集料，降低活性集料含量，或根据实际掺加适量活性氧化硅或火山灰、粉煤灰等。

8.4.5　耐久性的改善途径

由上述讨论可知，影响水泥混凝土耐久性的因素有很多方面。为了提高混凝土的耐久性，在使用水泥时，首先要考虑使用的环境条件，采用适当组成的水泥，量材为用，从根本上提高混凝土的耐久性；配制混凝土时，要精心设计，采取合理的配比，尽量降低水灰比，并考虑适宜的施工方案，加强搅拌、振捣、养护等，提高混凝土的致密度，以提高其强度尤其是早期强度；改善孔径分布，防止侵蚀介质深入内部；并考虑使用合适的外加剂，改善混凝土的性能，在特殊情况下，还可利用其他材料，进行表面处理以弥补水泥混凝土本身的不足。

（1）选择适当组成的水泥　水泥质量的好坏，是关系硬化水泥浆体耐久性的首要问题。只有提高水泥质量，才能从根本上提高其耐久性。在使用水泥时，应根据环境的不同而选择不同熟料矿物组成的水泥。降低熟料中 C_3A 的含量，相应增加 C_4AF 的含量，可以提高水泥的抗硫酸能力。

研究表明，在硫酸盐作用下，铁铝酸钙所形成的水化硫铁酸钙或其与硫铝酸钙的固溶体，系隐晶质成凝胶状析出，而且分布比较均匀，因此其膨胀性能远比钙矾石小。而且，硫酸盐对其侵蚀速度随 A/F 减小而降低。经实验证明，在硫酸盐侵蚀下，$A/F<0.7$ 时，水泥性能最稳定；$A/F=0.7\sim1.4$ 时，水泥稳定性较好；$A/F>1.4$ 时，水泥不能稳定存在。

由于 C_3S 在水化时析出较多的 $Ca(OH)_2$，而 $Ca(OH)_2$ 又是造成溶出侵蚀的主要原因，故适当减少 C_3S 的含量，相应增加 C_2S 的含量，也能提高水泥的抗蚀性，尤其是抗水性。

水泥中掺加石膏量的不同，对其耐久性也有一定影响，具有合理级配及最佳石膏掺量的水泥具有的抗蚀性比其他水泥明显要好，这主要是在水化早期，C_3A 快速溶解于石膏生成大量钙矾石，而此时水泥浆体尚具有塑性，足以将钙矾石产生的膨胀应力分散，非但不会产生破坏，反而使水泥石更加致密。若石膏掺量不足，生成大量单硫型水化铝酸钙，则会与外来侵蚀介质硫酸盐反应生成二次钙矾石，产生膨胀而破坏硬化浆体结构。但应注意，石膏的掺量不易太高，以免在硬化后期产生膨胀破坏而影响安定性，其也是有害的。

(2) 掺适量混合材料　水泥中掺加的混合材料的种类及其数量多少，也会影响耐久性。一般说来，硅酸盐水泥中掺加火山灰质混合材料和粒化高炉矿渣，可以提高其抗蚀能力。因为熟料水化时析出的 $Ca(OH)_2$ 能与其活性氧化硅相结合，生成低碱水化产物，反应式如下：

$$xCa(OH)_2 + SiO_2 + aq \longrightarrow xCaO \cdot SiO \cdot aq$$

在混合材料掺量一定时，所形成的水化硅酸钙中 C/S 接近于 1，使其平衡所需的石灰极限浓度仅为 $0.05\sim0.09g/L$，比普通水泥为稳定水化硅酸钙所需的石灰浓度低得多。因此，在淡水中的溶析速度要明显减慢。同时，还能使水化铝酸盐的浓度降低，而且在氧化钙浓度降低的液相中形成的低碱性水化硫铝酸钙溶解度较大，结晶较慢，不致因膨胀而产生较大的应力。另外，掺加混合材料后，熟料所占比例减少，C_3A 和 C_3S 的含量相应降低，也会改善抗蚀性，而且由于生成较多的凝胶，提高了硬化水泥浆体的密实性，阻止侵蚀介质的溶入，从而增强了其抗蚀能力。所以说，火山灰质水泥和矿渣水泥的抗蚀性比硅酸盐水泥要强。矿渣水泥的抗蚀性又与其矿渣掺量、Al_2O_3 含量有关。适当提高矿渣掺量，降低 Al_2O_3 含量，其抗蚀性也会相应提高。

必须注意的事，火山灰质水泥的抗冻性和大气稳定性不高，在含酸或镁盐的溶液中，掺加火山灰质混合材料的水泥也不能抵抗侵蚀。另外，在掺烧黏土类火山灰质混合材料时，由于活性 Al_2O_3 含量较高，抗硫酸盐能力反而可能变差，应当引起重视。此外，严格控制水泥中碱含量，防止或明显抑制碱集料反应，也是提高水泥耐久性的有效途径。

所以，在不同外界环境条件下使用不同的水泥，在同样条件下选用强度较高的水泥，是提高水泥结构耐久性的根本途径。

质量较好的集料也有助于改善耐久性。一般应选择强度较高，不含黏土、有机物和硫酸盐等有害杂质的洁净集料，并根据集料需要，考虑其合适的级配。

混凝土中拌和用水也应选择不含酸、碱、糖、油及硫酸盐等有害成分的水，一般饮用水如自来水、河水、井水等均可。

(3) 提高施工质量　施工质量的好坏，也是关系到混凝土耐久性的关键。在施工中，应加强搅拌，防止各组分产生离析分层现象，提高混凝土的均匀性和流动性，使拌合物很好地充满模板，减少其内部空隙，并且强化振捣，增大混凝土的密实度，尽可能排出其内部气泡，减少显孔、大孔、尤其是连通孔，提高其强度，从而提高其抗渗能力，最终达到改善其耐久性的目的。

在混凝土施工中，还可根据实际需要，掺加合适的减水剂、加气剂等外加剂。如采用减水剂可以在保证和易性不变的情况下，大大减少拌和用水量，降低水灰比，从而减少混凝土内部空隙，提高其强度。如采用加气剂则可引入大量 $50\sim125\mu m$ 的微小气泡，隔绝浆体结构内毛细管通道，阻碍水分迁移，减少泌水现象，同时由于其变形能力大，因而可明显提高结构的抗渗、抗冻、抗裂等能力。

采取适当的养护措施，保持水化的适宜温度和湿度，保证水泥水化硬化的正常进行，从而提高早期强度，也有利于改善混凝土的耐久性。

（4）进行表面处理　在特殊情况下，对水泥结构进行表面处理，可以避免水泥结构与侵蚀介质直接接触，从而保障其耐久性。

表面处理常有表面化学处理和表面涂覆和贴面处理两种。

① 表面化学处理　对混凝土表面进行化学处理，可以提高其表面的密实程度。常用表面碳化处理的方法，使水泥结构表面毛细孔中氢氧化钙和空气中二氧化碳反应，生成碳酸钙，沉积在水泥结构表面，形成难溶的保护性外壳，并堵塞毛细孔，从而改善抗淡水浸析和硫酸盐侵蚀的能力。这种方法受实际条件限制大，同时效果也不好。

在混凝土表面用硅酸钠或氟硅酸盐的水溶液处理，使其在表面孔隙中生成极难溶的氟化钙和硅酸凝胶等，也能提高抗渗耐蚀能力，但形成的保护层同样很薄。使用压渗法则是将四氟化硅气体以一定压力压渗进混凝土内部，能够获得较厚的保护层，但比较昂贵，不适于现场施工。

② 表面涂覆和贴面处理　在侵蚀强烈的情况下，最好的方法是将混凝土与侵蚀介质隔绝，即在混凝土表面涂上一层防渗抗蚀层，如沥青、树脂、有机硅、沥青石蜡等。在化学侵蚀特别强的工程中，可以采用贴面材料的方法，如瓷砖、金属、塑料及复合贴面材料等，以防止侵蚀介质与混凝土直接接触而造成侵蚀破坏。

在实际生产中，应根据工程具体情况和客观条件的需要，针对不同的侵蚀，采取相应的预防措施和改善耐久性的方法。如在侵蚀较弱的情况下，可以选用强度较高的水泥，采取降低水灰比（W/C）使 W/C 小于 0.55，适当增大水泥用量，加强施工中搅拌、振捣等手段；在侵蚀较强的环境中，则应选择适当的水泥品种，增大水泥用量，进一步减小水灰比，或掺加一定的外加剂，甚至采用涂覆或贴面材料进行表面处理。当有几种因素同时作用时，还应注意复合作用的影响，综合考虑，分清主次，抓住主要因素采取针对措施，才能获得较好的技术经济效果。

8.5　硅酸盐水泥的应用

从社会效益看，水泥并非最终产品，只是半成品，只有把水泥加工为成品即混凝土或混凝土制品等后才能加以应用。

随着社会进步，人们逐步认识到把水泥生产链延续到混凝土及其建筑构件和构筑物并使水泥与混凝土生产一体化、集体化的重要性。水泥行业生产混凝土，混凝土成为商品已是大势所趋，水泥行业懂混凝土、掌握混凝土并且担当起生产的重任已经是现今广泛应用的事情了，出售商品混凝土而不再出售水泥已在中国部分经济发达地区成为现实。从某种意义上讲，水泥的应用技术与制造技术一样，也展现了崭新的局面。

8.5.1　普通混凝土及其应用

混凝土是水泥的最主要的应用形式之一，也是当代最主要的建筑材料之一。

通常所称的混凝土（即普通混凝土）是指由水泥，砂（细集料），石子（粗集料）和水按一定的配比拌和均匀，经成形和硬化而成的人造石材。硬化前的混凝土常被称为混凝土拌和物；如果在混凝土中配有钢筋，则称之为钢筋混凝土；如果混凝土组成中没有粗集料则为砂浆；而由水泥和水拌和所得到的是水泥浆。

普通混凝土有很多优点：改变水泥和粗细集料的品种可制备不同用途的混凝土；改变各组成材料的比例，则能使混凝土强度等性能得到适当调节，以满足工程的不同需要；混凝土拌和物具有良好的塑性，可以浇制成各种形状的构件；与钢筋有很好的黏合力，能和钢筋协同工作，组成钢筋混凝土或预应力钢筋混凝土，从而广泛用于各种工程。但普通混凝土还存在着容积密度大、导热系数高、抗拉强度偏低以及抗冲击、韧性差的缺点，有待进一步的发展研究。

8.5.1.1 混凝土的组成材料

混凝土的主要组成材料为水泥、砂、石、水以及改变混凝土性能的外加剂。

（1）水泥 在混凝土中，水和水泥拌成的水泥浆是起胶结作用的组成部分。在硬化前的混凝土即混凝土拌和物中，水泥浆填充砂、石空隙，包裹砂、石表面并起润滑作用，使混凝土获得必要的和易性；在硬化后，则将砂、石牢固地胶结成整体。因此，水泥的性质直接决定了混凝土的特性。

拌制混凝土所用水泥的品种，应按工程的要求、混凝土所处的部位、环境条件以及其他技术条件选定。水泥的强度必须与混凝土的强度相适应，一般选用水泥强度等级为设计混凝土强度等级的1.2～2.0倍为宜，如两者的强度等级接近，说明水泥用量过大，不经济；如现有的水泥强度等级过高时，水泥用量过少，可适当掺加粉装混合材料，如粉煤灰，改善拌合物的和易性，提高混凝土的密实度；如混凝土强度等级比水泥强度等级高，可采用低水灰比，配以高效减水剂来达到高强的目的。所用水泥的强度等级宜高于325MPa。

（2）集料 砂、石是混凝土中起骨架及填充作用的粒状材料，称之为集料或骨料。

集料有粗、细之分。常用的粗细集料有卵石与碎石两种；细集料是天然砂，按产地不同有河砂，山砂和海砂，通常多采用河砂。

为了保证混凝土的强度，用于拌制混凝土用的粗细集料，必须满足以下几点要求。

① 拌制混凝土用的粗集料 包括碎石、卵石，对其要求可见《建设用碎石、卵石》（GB/T 14685—2011）。

类别：碎石、卵石按技术要求分为Ⅰ类、Ⅱ类和Ⅲ类。

用途：Ⅰ类宜用于强度等级大于C60的混凝土；Ⅱ类宜用于强度等级C30～C60及抗冻、抗渗或其他要求的混凝土；Ⅲ类宜用于强度等级小于C30的混凝土。

a. 集料必须质地致密，具有足够的强度。集料强度常用压碎指标值表示，压碎指标值越小，表示其抵抗压碎的能力越强。在水饱和状态下，其抗压强度应不小于80MPa，变质岩应不小于60MPa，水成岩应不小于40MPa。用于混凝土粗集料的压碎指标见表8.11。

表8.11 压碎指标（GB/T 14685—2011）

类 别	Ⅰ	Ⅱ	Ⅲ
碎石压碎指标/%	≤10	≤20	≤30
卵石压碎指标/%	≤12	≤14	≤16

b. 集料要求洁净，除去有害杂质并保证其坚固性。用于混凝土中粗集料的有害杂质及坚固性见表8.12、表8.13、表8.14和表8.15。

表8.12 含泥量和泥块含量（GB/T 14685—2011）

类 别	Ⅰ	Ⅱ	Ⅲ
含泥量（按质量计）/%	≤0.5	≤1.0	≤1.5
泥块含量（按质量计）/%	0	≤0.2	≤0.5

表8.13 针、片状颗粒含量（GB/T 14685—2011）

类 别	Ⅰ	Ⅱ	Ⅲ
针、片状颗粒总含量（按质量计）/%	≤5	≤10	≤15

表8.14 有害物质限量（GB/T 14685—2011）

类 别	Ⅰ	Ⅱ	Ⅲ
有机物	合格	合格	合格
硫化物及硫酸盐（按SO_3质量计）/%	≤0.5	≤1.0	≤1.0

表 8.15　坚固性指标（GB/T 14685——2011）

类　　别	Ⅰ	Ⅱ	Ⅲ
质量损失/%	≤5	≤8	≤12

c. 混凝土用粗集料最大粒径不得大于结构物最小断面尺寸的 1/4；同时也不得大于钢筋间最小净距的 3/4。

d. 集料的颗粒级配要适当。级配的好坏直接影响到集料件的孔隙率的大小以及混凝土的性能。粗集料的级配应符合表 8.16 的要求。

表 8.16　碎石或卵石的颗粒级配范围（GB/T 14685—2011）

公称粒级 /mm		累计筛余/%											
		方孔筛/mm											
		2.36	4.75	9.50	16.0	19.0	26.5	31.5	37.5	53.0	63.0	75.0	90
连续粒级	5~16	95~100	85~100	30~60	0~10	0							
	5~20	95~100	90~100	40~80	—	0~10	0						
	5~25	95~100	90~100	—	30~70	—	0~5	0					
	5~31.5	95~100	90~100	70~90	—	15~45	—	0~5	0				
	5~40	—	95~100	70~90	—	30~65	—	—	0~5	0			
单粒粒级	5~10	95~100	80~100	0~15	0								
	10~16		95~100	80~100	0~15								
	10~20		95~100	85~100		0~15	0						
	16~25			95~100	55~70	25~40	0~10						
	16~31.5		95~100		85~100			0~10	0				
	20~40			95~100		80~100			0~10	0			
	40~80					95~100			70~100		30~60	0~10	0

e. 集料的外观形状也影响拌合物的和易性及混凝土的强度。表面粗糙的集料拌制的混凝土和易性较差,强度较高;而表面光滑的集料与水泥的黏结较差,拌制的混凝土和易性好,但强度稍低。此外,粗集料中如果针、片状颗粒过多,也会使混凝土强度降低。

② 拌制混凝土用的细集料　也必须满足以下几点要求。

砂按细度模数分为粗、中、细三种规格,其细度模数分别为:粗 3.7~3.1;中 3.0~2.3;细 2.2~1.6。砂按技术要求分为Ⅰ类、Ⅱ类、Ⅲ类。

a. 砂的级配要适当,砂的级配应符合表 8.17。

表 8.17　砂颗粒级配（GB/T 14684—2011）

砂的分类	天然砂			机制砂		
级配区	1 区	2 区	3 区	1 区	2 区	3 区
方筛孔	累计筛余/%					
4.75mm	10~0	10~0	10~0	10~0	10~0	10~0
2.36mm	35~5	25~0	15~0	35~5	25~0	15~0
1.18mm	65~35	50~10	25~0	65~35	50~10	25~0
600μm	85~71	70~41	40~16	85~71	70~41	40~16
300μm	95~80	92~70	85~55	95~80	92~70	85~55
150μm	100~90	100~90	100~90	97~85	94~80	94~75

b. 砂要求洁净,其有害杂质应满足表 8.18 和表 8.19。

表 8.18　天然砂的含泥量和泥块含量 （GB/T 14684—2011）

类　　别	I	II	III
含泥量（按质量计）/%	≤1.0	≤3.0	≤5.0
泥块含量（按质量计）/%	0	≤1.0	≤2.0

表 8.19　有害物质含量 （GB/T 14684—2011）

类　　别	I	II	III
云母（按质量计）/%	≤1.0	≤2.0	
轻物质（按质量计）/%	≤1.0		
有机物	合格		
硫化物及硫酸盐（按 SO_3 质量计）/%	≤0.5		
氯化物（以氯离子质量计）/%	≤0.01	≤0.02	≤0.06
贝壳（按质量计）/%①	≤3.0	≤5.0	≤8.0

① 该指标仅适用于海砂，其他砂种不作要求。

c. 砂的坚固性指标应满足表 8.20。

表 8.20　天然砂坚固性指标 （GB/T 14684—2011）

类　　别	I	II	III
质量损失/%	≤8		≤10

（3）水　凡是可以饮用的水，无论自来水或洁净的天然水，都可以用来拌制混凝土。水的 pH 值要求不低于 4，硫酸盐含量（按 SO^2 计算）不得超过水量的 1%。含有油类、糖、酸或其他污浊物质的水，会影响水泥的正常凝结与硬化，甚至造成质量事故，均不得使用。海水对钢筋有促进锈蚀作用，不能用来拌制配筋结构的混凝土。

（4）混凝土外加剂　根据中国现行国家标准《混凝土外加剂分类命名与定义》，混凝土外加剂是在拌制混凝土过程中掺入，用以改善混凝土性能的物质。掺量不大于水泥质量的 5%（特殊情况除外）。混凝土外加剂多数是表面活性剂，表面活性剂的基本作用是降低分散体系中两相间的界面自由能，提高分散体系的稳定性。采用外加剂既可以节约水泥，又能使混凝土性能得到改善。使用外加剂已成为混凝土满足种种新要求的一种最简便、灵活、经济的措施。

外加剂的量一般应小于水泥量的 1%，即使使用无机盐类外加剂也应小于 5%。

① 外加剂的种类　目前世界上混凝土外加剂的数量品种繁多，至少有 300~400 种。按外加剂的化学成分可分为无机化合物和有机化合物两大类；按外加剂的功能，可将其大致分成以下几类：

a. 改善新拌混凝土流变性的外加剂，如各种减水剂、流化剂、泵送剂、引气剂等。

b. 调节混凝土凝结时间及硬化时间的外加剂，如外加剂、缓凝剂、早强剂、速凝剂等。

c. 调节混凝土空气含量的外加剂，如引气剂、消泡剂、发泡剂等。

d. 改善混凝土力学性能和耐久性的外加剂，如引气剂、减水剂、防冻剂、减缩剂、阻锈剂等。

e. 赋予混凝土特殊性能的外加剂，如着色剂、泡沫剂、膨胀剂等。

② 减水剂　减水剂又成为分散剂或速化剂，由于使用时可使新拌混凝土的用水量明显减少，因此而得名。减水剂是混凝土中使用最多最广泛的一种外加剂，其生产约占外加剂总产量的 70%~80%。

减水剂能减少混凝土拌和用水量，而仍能使混凝土保持同样的流动速；或水灰比不变，可以大大改善和易性，从而提高强度，改善物理学性能；如果配置同样强度等级的混凝土，则可节约水泥用量，技术经济效果显著。减水剂可分为普通减水剂和高效减水剂。

a. 普通减水剂。普通减水剂是指能够保持混凝土和易性相同的情况下，显著地减少拌和用水的外加剂。常用的普通减水剂有木质素磺酸钙、糖蜜、腐殖酸盐等。

木质素磺酸钙属木质磺酸盐系列减水剂。其减水作用的机理是因为木质素磺酸钙是阴离子型高分子表面活性剂，具有半胶体性质，能在界面上产生单分子层吸附，其膜层厚度为 $(15\sim25)\times10^{-10}$ m。因此，它能使界面上的分子性质和相间分子相互作用特性发生较大变化。木质素磺酸钙掺入水泥浆中，离解成大分子阴离子和阳离子（如 Na^+、Ca^{2+}）。呈现较强表面活性的大分子及阴离子吸附在水泥粒子的表面上，使水泥粒子带负电荷。由于相同电荷相互排斥致使水泥粒子分散。同时，由于与木质素磺酸钙是亲水性的，吸附层在水泥粒子周围形成溶剂化的膜也能阻碍水泥的凝聚。因此使水泥粒子和二次凝聚粒子分散开来，释放出胶凝体中所含的水和空气。这样游离水增多，使水泥浆体的流动性提高。另外，木质素磺酸钙由于能降低气-液表面强力，而具有一定的引气性，微气泡的滚动和浮作用改善了水泥浆体的和易性。

中国以亚硫酸纸浆废液为原料，经发酵处理、脱糖烘干而成，为粉末状，又称 M 型混凝土减水剂。木质素磺酸钙在混凝土中的掺量为水泥质量的 0.2%～0.3%，减水率 10%～15%，28d 强度可提高 20%，对混凝土有缓凝作用，凝结时间延缓 2～4h；掺量在砂浆中超过 0.6%，混凝土中超过 0.8%时，会使混凝土长期不凝结而没有强度。木质素磺酸钙在低于 5℃是不宜单独使用，要与早强剂相复合应用才好。

糖蜜是制糖工业生产过程中提炼食糖后剩下的残液，经石灰中和处理加工而成糖蜜减水剂。掺量一般为水泥质量的 0.1%～0.2%，减水率在 10%左右，28d 强度可提高 10%左右，有缓凝作用。

b. 高效减水剂。高效减水剂是一种减水率高，缓凝和引气作用极小的外加剂。在保持混凝土流动性相同的情况下，用水量大幅度减小，强度显著提高。国内高效减水剂就其化学成分可分为聚烷基芳基磺酸盐系、三聚氰胺系、古马隆系和氨基磺酸系四大类。

MF 减水剂属聚烷基芳基磺酸盐系。其原料是提供焦油时的副产品，在精加工处理而成，通常是褐色粉末或蓝色液体。适宜掺量为水泥质量的 0.3%～0.7%，减水率达 15%以上，混凝土 1d 强度可提高 25%～100%，28d 强度则能增强 8%～30%。

SM 减水剂属三聚氰胺系，减水率为 20%～30%；当掺量为水泥质量的 1.5%时，1d 强度可提高 80%，28d 强度可提高 40%，因此，节约水泥 25%左右，且耐久性、抗化学侵蚀以及钢筋的黏结力都有所改善，但成本较高，应用受到限制。

③ 引气剂。引气剂是一种在搅拌过程中能引入大量均匀分布、稳定而封闭的微小气泡的外加剂。

掺引气剂后，可改善新拌混凝土的和易性，减少离析和泌水现象，提高混凝土的抗冻融能力，从而提高混凝土的耐久性。但掺入引气剂时，混凝土含气量增大，强度会降低。在相同水灰比的情况下，每增加 1%含量，混凝土抗折强度和抗压强度分别下降 2%～3%和 4%～6%。

国内常用的引气剂有松香热聚物、松香酸钠、皂化松香，烷基苯磺酸钠、脂肪酸硫酸钠、木质素磺酸钙、烷基磺酸钠等。引气剂的产量一般仅为水泥质量的 0.001%～0.005%，使混凝土内部适宜的空气引入量为 3%～6%，砂浆内部适宜的空气引入量为 9%～10%。引气剂与减水剂、促凝剂复合使用，也可以取得较好的效果。

④ 早强剂。早强剂是一种加速混凝土早期强度发展的外加剂。由于早强剂类型不同，

对凝结时间也有一定影响。掺早强剂或早强减水剂的水泥浆体和混凝土，其早期强度显著增长，后其强度基本不变或稍有增长。

⑤ 其他外加剂。为使混凝土迅速凝结硬化常加入速凝剂。速凝剂主要用于喷射混凝土，冬季施工、堵漏抢险工程常少不了速凝剂。

缓凝剂主要用于延缓混凝土凝结，使水泥浆体水化诱导期延长，水化速度减慢，推迟水化的放热过程，尤其对水工工程、大体积工程、炎热地区工程等有利。

泵送剂主要是提高混凝土的可泵性，它兼有减水、润滑管壁及引气作用多种功能。早强泵送剂 EP 减水率为 11%～16%，引气量小于 3%，17h 抗压强度平均提高 110%，28d 抗压强度提高 10%，抗冻性、抗渗性均有所提高，但凝结时间略有延长。此外，DP-440 泵送剂应用于超高层建筑工程泵送效果良好。

膨胀剂是用来防止或控制混凝土干缩裂缝的外加剂，同时也可用于补修工程的压力灌浆、大型机械设备的基座固定及自应力混凝土等。

此外，还有流化剂、抗渗剂、抗冻剂、防水剂、着色剂等，均有广泛的应用。

8.5.1.2 混凝土拌合物的和易性

混凝土的组成材料经一定比例配合、搅拌均匀得到的拌合物，必须具有良好的和易性，以便在一定的施工条件下，易于操作，并能获得质量均匀、密实的混凝土。和易性包含有流动性、可塑性、稳定性和易密性几个方面的含义。衡量和易性的指标常用坍落度表示。

影响和易性的因素有很多，主要有用水量和水灰比、集料、拌合物所经过的时间和温度等。此外，水泥的泌水性能和保水性能对混凝土的和易性也有影响。

（1）用水量　当水泥用来固定时，混凝土拌合物的流动性随着用水量的增加而提高。但用水量过大，拌合物的稳定性变差，产生严重的分层、泌水流浆等现象，反而降低和易性，混凝土的强度也随之下降。实践中，为了保证混凝土的强度和耐久性，在变更水量的同时，必须同时改变水泥的用量，保持水灰比不变。所采用的水灰比不宜过小，否则用一般的施工方法很难成型密实。一般常用的水灰比范围为 0.40～0.70，水灰比在通常的使用范围内变化时，对拌合物流动性的影响不大。混凝土用水量可参考表 8.21 和表 8.22。

表 8.21　塑性混凝土用水量（JGJ 55—2011）　　　　　单位：kg/m³

拌合物稠度		卵石最大公称粒径/mm				碎石最大公称粒径/mm			
项目	指标	10.0	20.0	31.5	40.0	16.0	20.0	31.5	40.0
坍落度 /mm	10～30	190	170	160	150	200	185	175	165
	35～50	200	180	170	160	210	195	185	175
	55～70	210	190	180	170	220	205	195	185
	75～90	215	195	185	175	230	215	205	195

注：1. 本表用水量系采用中砂时的取值。采用细砂时，每立方米混凝土用水量可增加 5～10kg；采用粗砂时，可减少 5～10kg。

2. 掺用矿物掺合料和外加剂时，用水量应相应调整。

表 8.22　干硬性混凝土用水量（JGJ 55—2011）　　　　　单位：kg/m³

拌合物稠度		卵石最大公称粒径/mm			碎石最大公称粒径/mm		
项目	指标	10.0	20.0	40.0	16.0	20.0	40.0
维勃稠度/s	16～20	175	160	145	180	170	155
	11～15	180	165	150	185	175	160
	5～10	185	170	155	190	180	165

（2）集料　集料的最大粒径（D_{max}），砂率及外观性状都会影响到混凝土拌合物的和易性。

① 砂率　砂率是指集料总质量中砂质量所占的百分数，表示砂和石子的比例关系。

在混凝土拌合物中，砂子填充在石子间的孔隙中，水泥浆填充砂、石间空隙，并有一定剩余量来包裹集料的表面，集料表面水泥浆层的厚度决定了混凝土拌合物的和易性的高低。当水泥浆用量一定时，砂率过大，砂子太多，集料总面积增大，使水泥浆层减薄，和易性较差；当砂率过低，虽然集料总面积不大，但砂子不足以填充石子的空隙，必然有较多的水泥浆代替砂子填充空隙，因而集料表面水泥浆层也减薄，流动性仍然降低。因此，存在着一个最佳砂率。最佳砂率即是在水泥浆用量相同、水灰比不变的情况下，混凝土拌合物的坍落度达到最大值。采用最佳砂率，能在水泥浆用量一定时，是拌合物获得最佳的和易性；或者能在水泥用量最少的条件下，获得要求的和易性。因此，对混凝土量较大的工程，应通过实验找出最佳砂率。通常可以参考表 8.23，结合本单位对所用材料的使用经验，选用合理的数值。

表 8.23　混凝土的砂率 （JGJ 55—2011）　　　　　　　　　　单位：%

水胶比	卵石最大公称粒径/mm			碎石最大公称粒径/mm		
	10.0	20.0	40.0	16.0	20.0	40.0
0.40	26～32	25～31	24～30	30～35	29～34	27～32
0.50	30～35	29～34	28～33	33～38	32～37	30～35
0.60	33～38	32～37	31～36	36～41	35～40	33～38
0.70	36～41	35～40	34～39	39～44	38～43	36～41

注：1. 本表数值系中砂的选用砂率，对细砂或粗砂，可相应地减少或增大砂率。

2. 采用人工砂配制混凝土时，砂率可适当增大。

3. 只用一个单粒级粗骨料配制混凝土时，砂率应适当增大。

② 最大粒径　其他条件相同时，在一定范围内，平均粒径增大，质量相同的集料颗粒总数减小，集料表面裹层增后，流动性改善。当 $D_{max}<80mm$ 时，水泥用量随着 D_{max} 减小而急剧增加；但当 $D_{max}>150mm$ 时，节约水泥效果并不明显。

③ 其他　在其他条件相同的情况下，集料外观形状粗糙，所制混凝土拌合物的流动性差。砂石的细度越细，配制混凝土拌合物达到相同的坍落度，用水量大。级配好的集料孔隙率低，达到同样坍落度时用水量少。

（3）时间和温度　随着时间的延长，拌合物逐渐变的干硬，由于部分水被集料吸收或者参与初始的水化反应。拌合物受到风吹日晒，温度升高，更要蒸发较多的水分。拌和时间越长，环境温度越高，坍落度越低。因此，长距离运送的预拌混凝土、在高温下使用的混凝土、要达到要求的坍落度，就要适当增加用水量。

（4）水泥的性能　在制备混凝土时，拌合用水往往比水泥水化所需的水量多 1～2 倍。使用泌水性较大的水泥，使混凝土拌合物在输送浇捣的过程中，因泌出较多的水分，和易性过快降低，制成的混凝土产生分层现象，在表面形成一层水灰比极大，强度差的薄弱层；在内部形成大孔、连通的毛细孔，使孔隙率提高，混凝土整体强度降低。普通硅酸盐水泥与火山灰质硅酸盐水泥相比，需水量较小。矿渣水泥的保水性差，泌水性较大，使用时应注意。

因此，在实际的工作中，为了调整拌合物的和易性，应该尽量采用较粗的砂、石；改善砂、石（特别是石子）的级配；尽可能能降低用砂量，采用最佳砂率。在上述措施的基础上，维持水灰比不变，适当增加水泥和水的用量，达到要求的和易性，并且要适当注意水泥的泌水性和保水能力。而在任何新的施工条件下，现场实测浇灌时混凝土的坍落度，必将更有实际意义。

8.5.1.3　混凝土的结构与性质

要了解混凝土的特性，必须了解硬化后混凝土的结构状态。混凝土是一种非均质的多相分散体系，有粗细集料、水泥水化形成的水化产物，未水化的颗粒构成的固相，以及存在于孔隙中的空气和水组成，如图8.14所示。

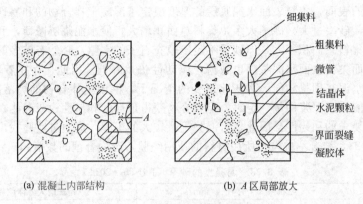

(a) 混凝土内部结构   (b) A区局部放大

图 8.14   混凝土内部结构状况

普通混凝土所用的集料通常较为密实，混凝土内部的孔隙主要是在硬化的水泥浆体中形成的，特别是游离水蒸发时所产生的相互连通的毛细孔网，对抗渗性、抗冻性的危害更大。同时混凝土拌和物在浇捣后，不同程度地产生砂石下沉，水或水泥浆上浮的泌水分层现象，不但造成大量的毛细孔通道，而且在钢筋和石子的底面，水分因上浮受到阻碍，可能积聚而成较大的孔隙。此外硬化水泥浆体干缩也会使混凝土表面形成微细裂缝。施工时如拌和欠匀、浇捣不足，必然使混凝土结构的均匀性、密实性严重降低，强度也随之下降，耐久性能降低。

（1）混凝土的强度   强度是混凝土最重要的力学性质。通常用混凝土的强度来评定和控制混凝土的质量，或者作为评定原材料、配合比、工艺过程和养护程度等影响程度的指标。

混凝土的强度等级按边长为15cm立方体28d抗压强度的指标值划分，采用符号C与立方体抗压强度标准值（以MPa计）表示。混凝土可划分为不同的强度等级：C7.5、C10、C15、C20、C25、C30、C35、C40、C45、C50、C55、C60等。现正向高强度混凝土发展，现场浇注的近C100级混凝土已达到实用阶段。混凝土强度等级与标号可用表8.24进行换算。

表 8.24   混凝土强度等级与标号的换算

混凝土标号	10	15	20	25	30	40	50	60
混凝土强度等级	C8	C13	C18	C23	C28	C38	C48	C58

各单位采用试件的尺寸不同，影响混凝土强度等级的正确确定，必须进行换算。建筑工程中可根据集料的最大粒径来选择不同的试体。采用非标准尺寸试体，混凝土强度等级之间的换算系数可参见表8.25。

表 8.25   不同尺寸试体抗压强度的换算系数   单位：cm

试体尺寸	$10\times10\times10$	$15\times15\times15$	$20\times20\times20$	$\phi10\times20$	$\phi15\times30$	$\phi20\times40$
换算系数	0.95	1.00	1.05	0.95	1.00	1.05

（2）混凝土的耐久性   混凝土在硬化后，除要求具有设计的强度外，还应该在周围的自然环境及工作条件下长年作用，不至于使混凝土形成开裂、毁坏，这种混凝土被认为具有耐久性。强度和耐久性一直作为混凝土的两大基本性能，而在水工、海工等建筑中，耐久性常常比强度更为重要。

混凝土的均匀密实程度是决定耐久性的主要因素。结构致密均匀的混凝土，强度高，抗渗性、抗冻性、耐蚀性能好，混凝土的耐久性也好。

在钢筋混凝土构件中，混凝土不仅要承受荷载所造成的应力，而且还要保护钢筋不受锈蚀。钢筋在锈蚀时，伴随着体积的增大，最严重的可达到原体积的 6 倍以上，因而使周围的混凝土胀裂甚至剥落，不但危害钢筋本身，同时也严重影响混凝土的耐久性。普通混凝土孔内的溶液呈强碱性，pH 值达 12.5 左右，能在钢筋表面形成致密的保护层，防止钢筋锈蚀。但采用掺混合材料偏多或者 C_3S 等高碱矿物含量较少的水泥，由于浆体液相的碱度低，钢筋保护层失去，就会受到水和氧的作用而锈蚀。碳化作用使混凝土表面 pH 值仅为 8，但离开表面 6mm 后，pH 值仍在 11 以上，不会对钢筋产生锈蚀；但如果混凝土的密实度、均匀性差，碳化就会沿着集料或钢筋的下部孔隙、施工缝等薄弱环节进行，渗入内部，不但在较大范围内降低混凝土液相的碱度，甚至还会增加氢离子的数量，加速钢筋锈蚀。在 $1m^3$ 混凝土中，氯离子的含量如果超过 $0.6 \sim 0.9kg$，即使在 pH＝11.5 的条件下，保护层也会不稳定而失效，使钢筋锈蚀，同时当含有较多数量的氯离子后，混凝土的吸湿性增大，从而提高了混凝土的电导率，也会加速电化学腐蚀。由上述可知，普通混凝土对钢筋防护作用的好坏，主要决定于混凝土保护层的不渗透性和厚度，如果能有效阻止水、二氧化碳和氧进入，一般可使钢筋避免锈蚀。

生产混凝土时，所用胶凝材料为水泥、当含碱外加剂及环境中提供的碱含量较多时，一旦遇到集料中含有与碱反应的活性组分，如蛋白石，在长期处于潮湿的环境中，就可以产生碱集料反应。此反应在集料的表面上生成一层复杂的硅酸盐凝胶等物质，凝胶吸水膨胀，造成集料与水泥硬化体界面膨胀，黏结强度下降，严重时使混凝土结构破坏，耐久性下降。

为了保证混凝土的强度和耐久性，最大的水灰比和最小的水泥用量不能超过表 8.26 所规定的数值。

表 8.26　根据耐久性的需要，混凝土的最大水灰比和最小水泥用量

环境条件		结构物类别	最大水灰比			最小水泥用量/(kg/m³)		
			素混凝土	钢筋混凝土	预应力混凝土	素混凝土	钢筋混凝土	预应力混凝土
干燥环境		正常的居住或办公用房屋内部件	不作规定	0.65	0.6	200	260	300
潮湿环境	无冻害	高湿度的室内部件、室外部件；在非侵蚀性和(或)水中的部件	0.7	0.6	0.6	225	280	300
	有冻害	经受冻害的室外部件；在非侵蚀性和(或)水中且经受冻害的部件；高湿度且经受冻害室内部件	0.55	0.55	0.55	250	280	300
有冻害和除冰剂的潮湿环境		经受冻害和除冰剂作用的室内和室外部件	0.50	0.50		300	300	300

注：1. 当用活性掺料取代部分水泥时，表中的最大水灰比及最小水泥用量即为替代前的水灰比和水泥用量。
　　2. 配制 C15 级及以下等级的混凝土，可不受本表限制。

8.5.1.4　混凝土配合比的设计

混凝土配合比是指混凝土内各种组成材料的数量比例，通常有两种表示方法：一种是体积法，另一种是质量法。

混凝土配合比的设计是根据工程的要求，选择原材料，并设计出既经济而又好的混凝土。可分以下三个主要环节。

a. 以水泥和水配成一定的水灰比的水泥浆，以满足要求的强度和耐久性；

b. 将砂石组成孔隙率最小、总表面积不大的集料，也就是要确定砂石比即砂率，以便在经济的原则下，达到要求的和易性；

c. 确定水泥浆对集料的比例。

设计混凝土配合比时，一般都采用计算和实验相结合的方法，现已下列实例说明混凝土配合比的设计。

混凝土配合比应按下列步骤进行计算。

① 计算配制强度 $f_{cu,0}$ 并求出相应的水灰比：

$$f_{cu,0} \geqslant f_{cu,k} + 1.645\sigma \tag{8.5}$$

式中 $f_{cu,0}$——混凝土配制强度，MPa；

     $f_{cu,k}$——混凝土立方体强度标准值，MPa；

     σ——混凝土强度标准差，MPa，参见表 8.27。

表 8.27 混凝土强度标准差取值

混凝土强度等级/MPa	C10～C20	C25～C40	C50～C60
标准差 σ/MPa	4	5	6

② 选取每立方米混凝土的用水量，并计算出每立方米混凝土的水泥用量。

③ 选取砂率，计算粗集料和细集料的用量，并提出供试配用的计算配合比。

混凝土强度等级小于 C60 级时，水灰比按下式计算：

$$W/C = \frac{\alpha_a f_{ce}}{f_{cu,0} + \alpha_a \alpha_b f_{ce}} \tag{8.6}$$

式中 α_a, α_b——回归系数，参见表 8.28；

     f_{ce}——水泥 28d 抗压强度实测值，MPa。

表 8.28 回归系数 α_a、α_b 选用

系 数	碎 石	卵 石
α_a	0.46	0.48
α_b	0.07	0.33

当无水泥 28d 抗压强度实测值时，公式中的 f_{ce} 值可按下式确定：

$$f_{ce} = \gamma_C f_{ce,g} \tag{8.7}$$

式中 γ_C——水泥强度等级值的富余系数，可按实际统计资料确定，若无统计资料可采用全国平均水平值 1.13；

     $f_{ce,g}$——水泥强度等级值。

【例 8.1】设某工程制作钢筋混凝土梁，混凝土设计强度等级为 C20，机械拌和，机械振捣，坍落度为 30～50mm，确定配合比。原材料如下所述。

水泥：普通硅酸盐水泥，强度等级为 32.5MPa，$\rho_c = 3.1\text{g/cm}^3$。

砂子：$M_k = 2.7$，中砂，$\rho_s = 2650\text{kg/m}^3$。

石子：碎石，最大粒径 40mm，$\rho_g = 2730\text{kg/m}^3$。

水：自来水。

设计步骤如下。

(1) 确定混凝土配制强度

查表取标准差 $\sigma = 4\text{MPa}$；

$$f_{cu,0} = f_{cu,k} + 1.645\sigma = 20 + 1.645 \times 4 = 26.58 \text{ (MPa)}$$

(2) 计算水灰比

$$f_{ce}=\gamma_c f_{ce,g}=1.13\times32.5=36.73\text{（MPa）}$$

$$W/C=\frac{\alpha_a f_{ce}}{f_{cu,0}+\alpha_a\alpha_b f_{ce}}=\frac{0.46\times36.73}{26.58+0.46\times0.07\times36.73}=0.61$$

（3）确定用水量

查表 8.21 得 $m_{w0}=175\text{kg/m}^3$。

（4）计算水泥用量

$$m_{c0}=\frac{m_{w0}}{\dfrac{W}{C}}=175\div0.61=287\text{（kg/m}^3\text{）}$$

（5）确定砂率（β_s）

查表 8.23 得 $\beta_s=0.34$。

（6）计算砂（m_{s0}）、石（m_{g0}）用量。

常用的计算砂、石用量的方法有体积法和质量法。

体积法：假设理想的密实混凝土是：水泥浆填满砂的孔隙，而水泥砂浆再填满石子的孔隙中，因此，材料间互相紧密地填满，1m³ 混凝土体积中除夹杂少量的空气之外，应当是四种材料密实体积之和，故又称绝对体积法。用公式表示如下：

$$\frac{m_{c0}}{\rho_c}+\frac{m_{g0}}{\rho_g}+\frac{m_{s0}}{\rho_s}+\frac{m_{w0}}{\rho_w}+0.01\alpha=1$$

式中　α——混凝土的含气量百分数，在不使用引气型外加剂时，α 可取为 1。

$$\beta_s=\frac{m_{s0}}{m_{g0}+m_{s0}}\times100\%$$

所以

$$\frac{287}{3100}+\frac{m_{g0}}{2650}+\frac{m_{s0}}{2730}+\frac{175}{1000}+0.01=1$$

得

$$\frac{m_{s0}}{2650}+\frac{m_{g0}}{2730}=0.722 \qquad ①$$

又因为砂率为 0.34 得

$$\frac{m_{s0}}{m_{g0}+m_{s0}}=0.34 \qquad ②$$

联立①、②方程，解得 $m_{s0}=664\text{kg/m}^3$；$m_{g0}=1289\text{kg/m}^3$

（7）计算初步配合比，见表 8.29。

表 8.29　混凝土设计初步配合比

用料名称	水泥	砂	石	水
混凝土材料量/(kg/m³)	287	664	1284	175
配合比	1	2.31	4.49	0.61

（8）试配与调整

第一种调整情况：若测得坍落度小于要求时，可保持水灰比不变，增加水泥浆，同时砂率不变，相应减少砂和石的用量。

首先按初步配合比计算出 15L 拌合物的材料用量，分别为：

$$m_{c0}=4.46\text{kg}；m_{s0}=10.3\text{kg}；m_{g0}=20.03\text{kg}；m_{w0}=2.72\text{kg}$$

按上述材料拌和后，测得混合物坍落度为 10mm，小于设计要求的坍落度（30～50mm），保持水灰比不变，水和水泥各增加 2%，同时按砂率不变相应减少砂和石的质量，再重新称料拌和试验；若测得坍落度为 30mm，则符合要求，重新计算配合比（基准配合比）。

$$m_{c0}=287+287\times2\%=287+5.74=293\text{（kg/m}^3\text{）}$$

$$m_{w0}=175+175\times2\%=175+3.5=179\ (kg/m^3)$$

$$\Delta m_{c0}+\Delta m_{w0}=5.74+3.5=9.24\ (kg/m^3)$$

则 m_{s0}、m_{g0} 相应减少 9.24（kg）。因为 $\beta_s=0.34$，

$$m_{s0}=664-9.24\times0.34=661\ (kg/m^3)$$

$$m_{g0}=1284-9.24\times0.66=1278\ (kg/m^3)$$

然后按基准配合比做强度试验，假定满足要求，则不需再调整。于是，试验室配合比（即理论配合比）为：

$$m_{c0}:m_{s0}:m_{g0}=293:661:1278=1:2.26:4.36$$
$$W/C=179/293=0.61$$

第二种调整情况：当坍落度大于要求，且拌和物黏聚性不好时，可保持水灰比不变，减少水泥浆数量，并保持砂、石质量不变，适当增加砂子用量（调整砂率）。

按初步配合比材料用量进行调整。

如减少用水量 5kg，同时相应地减少水泥用量，以保持水灰比不变。增加砂率 2.0%，在增加砂量的同时，相应地减少石子用量，以保持砂、石总质量不变。

$$m_{w0}=175-5=170\ (kg/m^3)\qquad m_{c0}=170/0.61=279\ (kg/m^3)$$

则

$$\frac{279}{3100}+\frac{m_{g0}}{2650}+\frac{m_{s0}}{2730}+\frac{170}{1000}+0.01=1 \qquad ③$$

$$\frac{m_{s0}}{m_{g0}+m_{s0}}=0.36 \qquad ④$$

联立③、④方程，解得

$$m_{s0}=720kg/m^3\qquad m_{g0}=1282kg/m^3$$

调整后每立方米混凝土材料用量及水灰比为：

$$m_{c0}:m_{s0}:m_{g0}=279:720:1282=1:2.58:4.59$$

$$W/C=170/279=0.61$$

上述为基准配合比，用这种配合比做强度试验，假定强度符合要求，则理论配合比同上。

第三种调整情况：为简化起见，调整坍落度时，只增减水泥浆，不改变砂、石用量。

按初步配合比计算 15L 的料为：水泥 4.46kg；水 2.72kg；砂 10.30kg；石 20.03kg。

假定上述材料混合物坍落度为 0mm，小于设计要求 30～50mm。

保持水灰比不变，增加 2.0% 水泥浆再做坍落度试验。此时 15L 拌合物水泥用量为：

$$4.46+4.46\times2\%=4.55\ (kg/m^3)$$

15L 拌合物中水用量为：

$$2.72+2.72\times2\%=2.77\ (kg/m^3)$$

经增加 2% 水泥浆，则得坍落度为 10mm，仍不符合要求，再作调整，故再增加 2% 水泥浆。

水泥用量为：$m_{c0}=4.55+4.55\times2\%=4.64\ (kg/m^3)$

水用量为：$m_{w0} = 2.77 + 2.77 \times 2\% = 2.83$（kg/m³）

此次测坍落度为 30mm，满足要求，即可做检验抗压强度用的试块。

假定强度符合要求，故不需调整。

于是得出试验室配合比（理论配合比）见表 8.30。

表 8.30　试验室配合比

用料名称	水泥	砂	石	水
材料用量/(kg/m³)	298	664	1289	182
配合比	1	2.23	4.33	0.61

（9）计算施工配合比　按上述第三种情况计算。

若经实测现场砂子含水率为 5%，石子含水率为 1%，则需要求出湿料的实际用量，并在加水量中扣除由砂子、石子带入的水量。其计算如下：

以水泥 100kg 计的试验室配合比（理论配合比）为：

$$m_{c0} : m_{s0} : m_{g0} = 100 : 233 : 433 \qquad W/C = 0.61$$

以水泥 100kg 为基准的施工配合比为：

$$m_{s0} = 233 + 233 \times 5\% = 233 + 11.65 \approx 245 \text{（kg/m³）}$$

$$m_{g0} = 433 + 433 \times 1\% = 433 + 4.33 \approx 237 \text{（kg/m³）}$$

$$m_{w0} = 61 - 11.65 - 4.33 \approx 45 \text{（kg/m³）}$$

$$m_{c0} = 100 \text{kg/m³}$$

按上述计算可列表 8.31。

表 8.31　试验室配合比换算成施工配合比

用料名称	水泥	砂	石	水	用料名称	水泥	砂	石	水
试验室配合比	100	233	433	61	砂、石含水/%		5	1	
校正含水量/kg		11.65	4.33	15.98	施工配合比	100	245	437	45
施工称量/kg	50	123	219	22.5					

质量法：根据经验，如果原材料情况比较稳定，所配制的混凝土拌和物的容重将接近一个固定值，这就可以先假定一个混凝土混合物表观密度值，再根据各材料之间的质量关系，计算出各材料的用量。这种方法目前正在广泛采用。其主要优点在于：节省了体积法中把质量变成为绝对体积和把绝对体积变成质量这些繁琐的换算，从而使配合比的设计更加简捷。具体计算步骤如下：

① 假定混凝土的计算表观密度。新浇筑混凝土的表观密度，可根据本单位积累的试验资料确定，在无资料时可按表 8.32 选用。

表 8.32　混凝土的计算表观密度

混凝土标号	≤10	15～30	>30
计算表观密度/(kg/m³)	2360	2400	2450

② 选定混凝土的试配强度。

③ 计算水灰比。

④ 确定用水量。

⑤ 计算水泥用量。

⑥ 确定砂率。

以上各项计算步骤和初步确定与绝对体积法相同。

⑦ 计算砂、石用量。先根据表 8.29 选出一个计算表观密度 $\rho_{c,c}$，然后可根据以下两个关系式计算：

$$\rho_{c,c} = m_{c0} + m_{s0} + m_{g0} + m_{w0}$$

$$\beta_s = \frac{m_{s0}}{m_{g0} + m_{s0}}$$

式中 $\rho_{c,c}$——拌合物的计算表观密度，kg/m^3。

⑧ 计算初步配合比。将各种材料的用量除以水泥质量即得以水泥为 1 的质量配合比。

$$m_{c0} : m_{s0} : m_{g0} = 1 : \frac{m_{s0}}{m_{c0}} : \frac{m_{g0}}{m_{c0}}$$

⑨ 试配与调整。按计算出的初步配合比，称取 10～25L 的用料量，拌制混凝土，测定其坍落度并观察其黏聚性与保水性；如果不合要求，应适当调整用水量及砂率，再进行拌和试验，直至符合要求为止。和易性与水灰比调整的原则与体积法相同。

当试配调整工作完成后，应测出混凝土拌合物的实际表观密度。其表观密度的调整方法如下：

将实测表观密度除以计算表观密度得出材料用量修正系数，即：

$$K = \frac{混凝土表观密度实测值}{混凝土表观密度计算值}$$

将配合比中每项材料用量均乘以修正系数 K，即得试验室配合比。

⑩ 确定施工配合比 施工配合比的确定与体积法相同。

【例 8.2】制作钢筋混凝土梁，混凝土设计强度等级为 C20，机械振捣，坍落度30～50mm；原材料如下所述。

水泥：强度等级为 32.5MPa，普通水泥（不知实际强度），$\rho_c = 3.1g/cm^3$。

中砂：$\rho_s = 2650kg/m^3$（表观密度）。

碎石：$\rho_g = 2730kg/m^3$（表观密度），最大粒径 40mm。

水：自来水。

设计步骤如下。

① 设混凝土计算表观密度为 $\rho_{c,c} = 2400kg/m^3$。

② 选定混凝土的试配强度。与上述绝对体积法相同，即 $f_{cu,0} = 26.58MPa$。

③ 计算水灰比。与上述绝对体积法相同，即 $W/C = 0.61$。

④ 确定用水量。查表 8.21 得 $m_{w0} = 175kg/m^3$。

⑤ 计算水泥用量。

$$m_{c0} = \frac{m_{w0}}{\dfrac{W}{C}} = 175 \div 0.61 = 287 \ (kg/m^3)$$

⑥ 确定砂率。查表 8.23 得 $\beta_s = 0.34$。

⑦ 计算砂、石用量。砂、石用量可按下式计算：

$$m_{c0} + m_{s0} + m_{g0} + m_{w0} = 2400kg/m^3$$

$$m_{s0} + m_{g0} = 2400 - (m_{c0} + m_{w0}) = 2400 - (287 + 175) = 1938 \ (kg/m^3)$$

$$\beta_s = \frac{m_{s0}}{m_{g0} + m_{s0}} = 0.34$$

$$m_{s0} = (m_{s0} + m_{g0}) \times \beta_s = 1938 \times 0.34 = 659 \ (kg/m^3)$$

$$m_{g0} = (m_{s0} + m_{g0}) - m_{s0} = 1938 - 659 = 1279 \ (kg/m^3)$$

⑧ 计算初步配合比。

$$水泥：砂：石 = 287 : 659 : 1279 = 1 : 2.30 : 4.46$$

$$W/C = 175/287 = 0.61$$

调整坍落度和调整水灰比与绝对体积法相同。

调整表观密度：混凝土表观密度实测值为 2450kg/m³

$$m_{c0} = \frac{2450}{2400} \times 287 = 293 \text{（kg/m}^3）$$

$$m_{s0} = \frac{2450}{2400} \times 659 = 673 \text{（kg/m}^3）$$

$$m_{g0} = \frac{2450}{2400} \times 1279 = 1306 \text{（kg/m}^3）$$

$$m_{w0} = \frac{2450}{2400} \times 175 = 179 \text{（kg/m}^3）$$

得出试验室配合比（理论配合比）为：

水泥：砂：石 $=293:673:1306=1:2.30:4.46$

$W/C = 179/293 = 0.61$

⑨ 计算施工配合比。计算施工配合比与绝对体积法相同。

8.5.2　高强混凝土及其应用

配制出满足工作性和强度发展要求的高强混凝土，其材料的选择要比普通混凝土严格，要求高质量材料及更严格的标准。在试拌的基础上，应用广泛的高质量材料配制出高强混凝土。

（1）水泥　在配制高强混凝土时，应当采用硅酸盐水泥，其强度等及应等于或高于 42.5MPa。在配制用于预应力钢筋混凝土的高强混凝土时，采用早强硅酸盐水泥。从水泥矿物组成上选择 C_3S 含量高、C_3A 含量低、含碱量低的水泥。如果 C_3S 含量变化超过 4%，烧失量大于 0.5%，比表面积大于 $3750\text{cm}^2/\text{g}$，要维持稳定的高强度可能成问题。SO_3 含量应保持最佳值，其变动应限于 0.20% 之内。由于高强混凝土水泥用量大，如果考虑水化放热过大造成的危害，在满足强度要求的前提下可以采用Ⅱ型低水化热水泥。进一步需要考虑水泥与外加剂的相溶性（或适应性），因为减水剂对需水量的实际作用取决于水泥的特性。强度的发展取决于水泥的特性和水泥的用量。通常采用 52.5 MPa 水泥，掺高效减水剂可以配制 $700^\#\sim 800^\#$ 的高强混凝土。62.5 MPa 水泥与高效减水剂结合使用，则可配制 $800^\# \sim 1000^\#$ 混凝土。其试验结果见表 8.33 和表 8.34。

表 8.33　52.5MPa 水泥用量与混凝土强度的关系

52.5MPa 水泥用量 /(kg/m³)	混凝土 28d 抗压强度/MPa	
	空白混凝土	掺 30-03
400	48.0	72.0
500	52.0	87.4
600	58.0	92.6

注：30-03—萘系高效减水剂，掺量 1%，坍落度 30mm。

表 8.34　62.5MPa 水泥用量与混凝土强度的关系

62.5MPa 水泥用量 /(kg/m³)	混凝土 28d 抗压强度/MPa	
	空白混凝土	掺 10-03
400	53.2	82.4
500	64.8	96.9
600	76.0	109.3

注：10-03—三聚氰胺系高效减水剂，掺量 1%，坍落度 50mm。

（2）外加剂

① 高效减水剂　普通减水剂的减水率为 5%～8%，不适于配制高强混凝土。高效减水剂，如萘系、多环芳烃系和三聚氰胺系，因为它们减水量较大。掺高效减水剂对混凝土有很好的早强（3d 强度提高 40%～70%）和增强（28d 强度提高 20%～40%）作用，因此配制

高强混凝土时，一般不掺用早强剂。

② 缓凝剂 高强混凝土中掺缓凝剂的作用：一是控制早期水化，延缓水化放热过程；二是进一步提高减水作用；三是提高混凝土强度，并且随掺量增大成正比。正常掺量（0.02%～0.10%）缓凝剂可以提高24h及以后的强度。用缓凝剂调整水泥水化速度，使混凝土在预计的温度下符合要求的硬化速度，消除冷接，满足浇灌、振捣和脱模时间等工艺要求。

（3）集料 用于高强混凝土中的粗细集料至少要满足标准中的规定。

① 细集料 天然砂表面光滑，呈圆形颗粒，用作细集料在混凝土中需水量减少；相反，人工砂需水量大，因此高强混凝土中应优先选择天然砂。对细集料优化级配，考虑更多的是对需水量的影响而不是物理填充。细度模数低于2.5的砂使混凝土干硬而难于振捣密实；而细度模数约等于3.0时，混凝土的工作性和抗压强度好。砂的级配对混凝土早期强度没有明显影响，但在后面又逐渐提高趋势。用间断级配砂与连续级配砂相比，前者混凝土强度低。

② 粗集料 许多研究证明，以高水泥用量和低水灰比能获得最大抗压强度，而粗集料最大粒径应尽量小些，即12.7mm或9.5mm。也有用最大粒径19.0mm和25.4mm的成功例子。因集料颗粒大小影响界面黏结力，粒径76mm集料的黏结强度仅是13mm集料颗粒黏结强度的1/10。

集料粒径小有利于配置高强度混凝土的另一个原因，是颗粒表面由于水泥浆和集粒弹性模量差而产生的应力集中小。

集料颗粒形状影响机械黏结力，多棱角骨料使混凝土需水量增加和工作性降低。理想的集料应当是干净、立方形颗粒，含针状和片状颗粒最少。配制高强混凝土时，选用高强度的集料是极其重要的。表8.35为不同强度的集料对混凝土强度的影响。由表8.35可见，用这些集料制成的混凝土，其强度几乎随着集料的强度成比例地增加，约为集料强度的50%。也就是说，用抗压强度190MPa的硬砂岩和辉绿岩制成的混凝土，28d龄期的混凝土抗压强度在100MPa以上。而强度低的集料，河卵石和石灰石相同配比制成的混凝土28d强度分别为71.2MPa和80.4MPa。虽然石灰石属于有一定活性的骨料，能提高界面黏结力，其混凝土强度大于本身强度，但只能用于配制80MPa以下的高强混凝土，80MPa以上的超高强混凝土必须采用高强优质集料。

（4）拌和用水 高强度混凝土对用水质量的要求与普通混凝土的一样，通常混凝土的用水规定为可饮用水。在必须使用低质量水的情况下，应进行混凝土对比试验，其7d、28d强度应大于或等于用蒸馏水的强度的90%。有特殊污染物，特别是含机质的应禁止使用。对用于预应力钢筋混凝土的，考虑到氯盐对钢筋的锈蚀作用，拌和水中的氯离子含量不得超过1.5×10^{-4}。

表 8.35 不同强度的集料对混凝土强度的影响   单位：MPa

集料品种	集料抗压强度/MPa	混凝土抗压强度		混凝土抗拉强度	
		7d	28d	7d	28d
河卵石	—	52.1	71.2	4.04	4.47
石灰石	62.6	64.9	80.4	4.63	5.11
花岗岩	146.3	74.9	91.1	4.84	5.06
辉绿岩	193.5	81.9	101.4	5.11	5.37
硬砂岩	186.4	84.7	103.0	5.08	5.52

注：最大粒径25mm，$W/C=0.27$，多环芳烃系减水剂0.5%。

（5）矿物掺和料　主要包括粉煤灰、硅粉、矿渣胶结料等细粉末矿物掺和料，已广泛用于高强混凝土中。其目的是代替部分水泥，减少水泥用量，并且改善混凝土物理力学性能。

（6）高强混凝土配合比设计

① 水灰比为 0.27～0.32。配制 C80 混凝土宜用水灰比 0.30～0.32，配制 C100 混凝土宜用水灰比 0.27 左右。

② 水泥用量不宜少于 500kg/m³。配制 C80 混凝土宜用 550kg/m³；配制 C100 混凝土宜用 600kg/m³。

③ 砂率一般为 0.25～0.32。C80 混凝土宜选用 0.30；混凝土强度越高，砂率宜选得越小。

④ 高效减水剂掺量一般控制在水泥用量的 1% 左右，太小（如低于 0.7%），则混凝土强度有降低趋势；过大（如高于 1.5%），则可增大坍落度，但强度增长已不明显。

8.5.3　高性能混凝土及其应用

20 世纪 80 年代末，人们终于总结出了高性能混凝土的新概念。因为现代的高强混凝土是经过改善的，它必须具备除高强以外的优良性能，主要是优异的耐久性。中国高强高性能混凝土专业委员会的专家学者们认为：高性能混凝土是以耐久性为基本要求，能够满足工业化预拌生产，机械化泵送施工的混凝土。在性能上，高性能混凝土按龄期发展三阶段而具有以下一些特点。

① 新拌混凝土有良好的流变学特性——不泌水、不离析甚至能达到自流密实。

② 硬化过程中水化热低、体积稳定、无裂缝或者少裂缝。

③ 硬化后结构致密，抗渗性优良，渗透系数可比普通混凝土低 1～2 个数量级，抗渗性将是评估其耐久性的一个主要综合指标。

高性能混凝土的第一特性是耐久性，因此混凝土必须有高的密实度和体积稳定性。因而其组分较普通混凝土复杂，获得它的技术途径也多种多样。不过在制备高性能混凝土时，这些技术措施往往配合使用。①降低水灰比，可以获得高强度；②降低空隙率，可以获得高密实度、低渗透性；③改善水泥的水化生产以提高强度和致密性；④提高水泥等胶结料与骨料的黏结强度；⑤利用非水泥的增强材料如纤维、树脂等。

高性能混凝土的组成材料如下。

① 水泥　高强高性能混凝土多用高强度等级的硅酸盐水泥或普通硅酸盐水泥来配制。这种水泥应当满足以下要求：a. 标准稠度用水量要低；b. 水化热和放热速度不能过快、过早，因此早强型水泥不适用；c. 水泥质量稳定，立窑水泥不宜使用；d. 配制有高强、早强要求的高性能混凝土应使用高强度等级非 R 型水泥。

② 矿物掺合料　掺入大量活性矿物材料能降低新拌混凝土硬化过程中的升温，改善施工性能，增进抗腐蚀能力和提高强度。主要包括磨细粉煤灰、沸石粉、硅灰、超细矿渣等细粉末矿物掺和料，已广泛用于高性能混凝土中。

③ 合适的粗细骨料　粗细骨料总量占混凝土体积 65%～75%，是混凝土的主要组成部分。正确选择骨料，是配制高性能混凝土的基础。必须同时考虑粗细骨料的品质、单位体积混凝土中粗骨料所占体积、骨料最大粒径这三项要素。

细骨料以颗粒较圆滑、坚硬（石英含量较高）的河砂或碎石砂，细度模数宜在 2.6～3.2 之间，含泥量低，表观相对密度在 2.15 以上，吸水率低的为好。

粗骨料则选压碎值 $Q_A \approx 10\%～15\%$，表观相对密度大于 2.65，吸水率不超过 1% 的，表面粗糙有棱角的硬质砂岩、石灰岩、玄武岩的碎石，最大粒径在 15～20mm 为好。

粒度分布能使孔隙率最小为好，但砂率通常应大于 36%，占 1m³ 混凝土中 0.4m³ 体积的应是粗骨料。

④ 外加剂　应使用高性能减水剂、缓凝剂、引气剂、增稠剂、膨胀剂等外加剂。

⑤ 水灰比及砂率　高性能混凝土水灰比与砂率推荐选用值见表 8.36 和表 8.37。

表 8.36　高性能混凝土水灰比推荐选用值

混凝土强度等级	C50	C60	C70	C80	C90	C100
水灰比	0.37～0.33	0.34～0.30	0.31～0.27	0.28～0.24	0.25～0.21	0.23～0.19

表 8.37　高性能混凝土砂率选用值

胶结料总量/(kg/m^3)	400～450	450～500	500～550	550～600
砂率	40%	38%	36%	34%

8.5.4　泵送混凝土及其应用

用混凝土泵沿管道输送和浇注的混凝土拌合物，称泵送混凝土。

目前，中国在高层建筑和工业设施大体积混凝土结构中，已较广泛地使用泵送混凝土。泵送混凝土泵送时，可一次连续完成水平、垂直运输且可进行浇注，效率高、省劳动力，尤为适合工地狭窄、大体积工程、高层建筑等施工现场。

（1）水泥品种和用量　国内泵送混凝土的最小水泥用量为 $300kg/m^3$。

为使混凝土具有良好的可泵性，根据中国工程实践经验，一般认为适宜的水泥品种以硅酸盐水泥、普通硅酸盐水泥、矿渣硅酸盐水泥和粉煤灰硅酸盐水泥等为宜。上海宝钢大体积混凝土泵送施工证明，矿渣水泥只要适当提高砂率、降低坍落度、掺加粉煤灰、采用提高保水性等技术措施，完全可以顺利地进行泵送。

（2）配置泵送混凝土的技术要求

① 骨料的级配　粗骨料的最大粒径要控制。碎石的最大粒径与输送管内径比宜≤1∶3，卵石则宜≤1∶2.5；高层建筑宜 1∶3～1∶4，超高层建筑宜 1∶4～1∶5。

关于粗、细骨料的级配最好符合《混凝土泵送施工技术规程》中推荐性级配曲线，必要时可以把不同粒级的骨料加以合理掺和，以改善级配。

② 砂率　砂率宜控制在 38%～45%。砂率过大，会影响混凝土强度，故在保证可泵性的情况下尽量降低砂率；但砂率过小，泵送时易在弯管、软管等处产生阻塞，故应适当提高砂率，即较普通混凝土砂率稍大。

③ 外加剂　泵送混凝土常用的是复合外加剂。此类外加剂具有减水性、缓凝性、增稠性，掺此类外加剂后，不仅有利于增加流动性利于泵送，而且可以延缓水化热的释放速度，有利于大体积工程减少温度应力、避免裂缝。应用泵送剂的混凝土温度不宜高于 35℃。

④ 坍落度　坍落度宜为 100～200mm。当泵送高度<30m 时，坍落度可控制在 100～140mm；泵送高度为 30～60m 时，则宜控制坍落度为 140～160mm；泵送高度为 60～100m 时，则宜控制坍落度为 160～180mm；泵送高度>100m 时，则宜控制坍落度为 180～200mm。

⑤ 水灰比　泵送混凝土的水灰比宜为 0.4～0.6。

8.5.5　流态混凝土及其应用

在预拌的坍落度为 80～120mm 的混凝土中，加入超塑化剂经搅拌，使混凝土的坍落度顿时增达至 200～220mm 并能像水一样流动，这种混凝土称为流态混凝土。在英国、美国、加拿大等国家称这种混凝土为超塑性混凝土或流动混凝土，日本、德国亦称之为流动混凝土。

流态混凝土一方面具有水泥用量和用水量较多、坍落度约 200mm 的大流动性混凝土的性能，便于泵送和施工，另一方面同时又可以得到近似于坍落度 $50\sim100\text{mm}$ 塑性混凝土的质量。它既满足了施工要求，有改善了混凝土的质量，因而受到广泛重视，应用规模逐渐扩大。

流态混凝土配合比设计的原则一般是：

① 具有良好的工作度并能便于泵送，不产生离析；

② 满足所要求的强度和耐久性；

③ 满足特殊性能的要求。

具体配制时，水泥的用量控制在 $250\sim320\text{kg/m}^3$，最大水水灰比为 $0.5\sim0.65$，配制工艺与普通混凝土相同。流化剂一般在施工现场加入，然后搅拌进行流态化成为流态混凝土供施工使用。

8.5.6　轻集料混凝土及其应用

轻集料混凝土是由硅酸盐水泥、比砂石轻的集料、水按一定的比例拌和而成的，其表观密度不大于 1900kg/m^3。

轻集料是松散表观密度小于 1200kg/m^3 的多孔轻质集料的总称。来源可分为以下两大类。

①天然轻集料　以天然的多孔岩石经破碎加工而成，如浮石、火山渣等。

②人造轻集料　以黏土、页岩、珍珠岩等地方材料，粉煤灰、煤矸石、矿渣等工业废渣经过高温烧胀或烧成多孔的结构而得。如粉煤灰陶粒、煤矸石陶粒、黏土陶粒以及膨胀珍珠岩、膨胀矿渣珠、煤渣等。其中发展较快、使用较广泛的是各种陶粒。

与普通混凝土相比，轻集料混凝土内水泥浆与集料的界面黏结良好、抗渗性好、容积密度小、自重轻、保温性能优良、抗震性能好。主要用于一般的承重构建和保温构件及构筑物。

8.5.7　纤维混凝土及其应用

纤维混凝土是一种用纤维掺入混凝土或砂浆中的复合材料，纤维在混凝土中起着增强的作用，因此又叫纤维增强混凝土。

常用的纤维有：钢纤维、玻璃纤维、合成纤维和天然纤维材料等。

钢纤维同水泥的黏结良好，还可以适当改变钢纤维的外形，如圆形、扁平、方形等，充分发挥增强效果，但由于钢纤维在混凝土中任意分布，无足够的保护层时较易锈蚀。碳纤维抗拉强度比预应力钢丝还高，而质量仅为钢的 1/5，且抗蚀性能良好，但价格昂贵。玻璃纤维、石棉、丙烯酸类和聚酯等纤维不耐碱，因此，不宜用来增强硅酸盐混凝土。尼龙、聚丙烯、聚乙烯等纤维在混凝土中不受化学侵蚀。合成纤维只能用于提高韧性和抗冲击、爆炸荷载的能力，但耐热性差，低温呈脆性，同水泥的黏结性不好。石棉具有较高的耐碱性和抗拉强度，对水泥的水化产物有很大的吸附性，是最早应用的天然纤维材料。

纤维混凝土比普通混凝土具有大得多的抗拉强度和极限拉伸，因而抗裂性和抗冲击性大大提高，抗压比也成倍增加。主要用于制造非承重构建，如板材、对抗冲击要求高的工程，像公路、桥面、机场跑道等。

8.5.8　聚合物混凝土及其应用

聚合物混凝土是由水泥与聚合物复合的材料。它是聚合物浸渍混凝土（PIC）、聚合物水泥混凝土（PCC）、聚合物交接混凝土（PC）的统称。

聚合物浸渍混凝土是将硬化的混凝土基材，经干燥后浸入有机单体，然后再用加热、放射线照射或化学的方法，使进入混凝土孔隙内的单体聚合。由于聚合物填充在混凝土内部的孔隙和微裂缝中，使孔隙率下降，增强了水泥密实度，提高了水泥浆与集料的黏结强度。浸渍用的单体一般为气态或液态，常用的有甲苯丙烯酸甲酯，苯乙烯，丙烯腈、醋酸乙烯聚酯-丙烯腈，环氧树脂-丙烯腈。聚合物浸渍混凝土按其浸渍的深度可分为完全浸渍和局部浸渍，前者是用于制作高墙浸渍混凝土，后者通常以改善混凝土的面层性能，又称表面浸渍。水泥砂浆与混凝土经聚合物浸渍后，其吸水率可降低 83%～95%，透水量可减少 72%～85%，强度可提高 3～5 倍，弹性模量可提高 2～3 倍。聚合物浸渍砂浆使混凝土可以用来制作在腐蚀环境中使用的管桩、柱、路面与桥面等，建造水工与海洋构筑物及寒冷地区的露天构筑物，并可代替合金钢制作某些耐化学腐蚀的部件与器件。聚合物浸渍混凝土具有高强、耐蚀、抗渗、耐磨以及抗冲击、耐冻等优良的物理性能。

聚合物水泥混凝土是用有机物代替部分水泥，加集料、水经搅和而成的。与聚合物浸渍混凝土的制备相比，工艺简单，便于现场使用。常用的与水泥掺和用的聚合物分散液有：橡胶乳液、树脂乳液、水溶性聚合物三类。一般情况下，混凝土硬化时，聚合物与水泥之间不发生化学反应，水泥可吸收聚合物颗粒中所含的水分而水化，失水后的聚合物颗粒则可凝聚成丝状的膜分层分布在水泥硬化体内，并填充水泥硬化体内的孔隙、裂缝，阻断微裂缝，因此，聚合物水泥混凝土黏结性好，抗渗性、耐蚀性和耐磨性好，但强度提高不如聚合物浸渍混凝土显著。聚合物水泥混凝土主要用于路面、桥梁面层、化工地面以及修补工程。

8.5.9 配制砂浆

利用水泥、细集料、水按适当配合比配合、拌混均匀的拌和物，称为水泥砂浆。如果在上述的组成材料中再加入适量的石灰或其他材料，则成为水泥石灰砂浆或混合砂浆。水泥砂浆、水泥石灰砂浆、混合砂浆均可简称为砂浆。

(1) 砂浆的和易性　砂浆与混凝土的区别主要在于不含粗集料；其有关性质与混凝土基本相似。但砂浆的使用条件与混凝土不同，因而在配制、砂浆和易性等方面与混凝土有所不同。

砂浆和易性的好坏，取决于砂浆的流动和保水性。加水量多，胶结材料多，砂子颗粒圆滑，级配合理，空隙小，搅拌时间长，流动性就好。保水性是指砂浆保持水分的能力，保水性不好的砂浆，易产生泌水、离析，涂抹在多孔砖石表面上时，将发生强烈的失水现象，很快变得干稠，不仅会影响砂浆的正常硬化，而且会减弱砂浆与底层的黏结力，降低砌体的强度。砂浆中胶凝材料用量越多，保水性越好；砂及水用量过多、胶结材料较少、砂粒径过粗，级配不合理等都会使保水性不佳。水泥砂浆的保水性一般较差，因此，要改善保水性。除确定适当的级配外，掺入石灰、黏土、塑化剂、微沫剂都能提高砂浆的保水性。

(2) 砂浆的应用与配制　砂浆主要用于砌筑和抹面。按砂浆的实际应用情况与作用可将其分为砌筑砂浆与抹面砂浆。砌筑砂浆是用来填充砖石之间的空隙，将其黏结成一个整体，并使上层砖石所承受的载荷得以均匀地传至下层。抹面砂浆可保护建筑物免受外界的侵蚀，同时还起一定的装饰作用。

砌筑砂浆的强度是以边长 70.7mm 立方体试件按照标准条件养护 28d 的抗压强度的平均值确定，砌筑砂浆的强度等级可分为 M2.5、M5、M7.5、M10、M15 及 M20 六个等级。水泥砂浆中水泥用量不小于 200kg/m³，对高强度等级水泥应掺配粉煤灰等混合材料，水泥混合砂浆中，水泥和混合材料总量宜为 300～350kg/m³。水泥用量是决定砂浆强度的一个重要因素，因此，砂浆的强度最好通过实验确定，试配砂浆强度应比设计的强度高出 15%。

抹面砂浆要求比砌筑砂浆有更好的流动性和保水性，并要保证与基面有较强的黏结能力，因此，黏结材料用量较多，对材料的要求也较为严格。石灰浆在使用前要放置 1～2 个月充分消解；熟石灰与砂子均需过筛除去粗粒杂质；如有需要，适当提高水泥用量，使灰砂比为(1:2)～(1:3)；加防水剂，可配制具有较高抗渗性的防水砂浆，一般可使用于水池、地下室、沟渠、隧洞、堤坝等工程。

8.5.10 水泥制品

水泥制品是以水泥、砂、石和水按一定的配比拌和而得的混和料经成型和养护、硬化而成的水泥混凝土产品。水泥制品是水泥应用的另一种主要形式。

　　水泥制品的种类很多，基本上可分为配筋和不配筋两大类。在国内主要有建筑构件、输水（输气、输油）管、输配电用电杆、铁路轨枕、土木建筑和港口工程用桩、矿井支架、船舶、砌块等几百个品种。水泥制品有着比钢、木制品更好的耐久性和适用性，而且制作容易、价格便宜、性能良好。

　　目前，我国大批量生产和应用的水泥制品主要有自应力钢筋混凝土管、预应力钢筋混凝土管、混凝土电杆、混凝土轨枕、水泥船等。

　　随着现代科学技术的发展，水泥在宇航工业、核工业以及其他新型工业的建设等领域应用面越来越广，越来越发挥其重要作用。水泥生产工艺技术的进步，必将使水泥的应用更加广泛，必将有新的开拓。

学习小结

　　通过本章学习，应理解并掌握确定凝结时间的意义和影响凝结时间的因素；掌握水泥强度的产生、发展和影响因素；理解体积变化与水化热在工程中所产生影响；了解抗渗性、抗冻性及环境介质对水泥耐久性的影响机理，掌握普通混凝土配合比的计算并了解混凝土的种类及应用；了解外加剂对水泥、混凝土的作用和常用外加剂的种类及机理。

复习思考题

1. 影响时间凝结的因素有哪些？为什么会影响凝结时间？
2. 水泥的凝结时间主要有哪些矿物控制？为什么？
3. 水泥的假凝现象是怎样产生的？应该怎样避免？
4. 假凝和瞬凝有何区别？
5. 石膏掺入量与哪些因素有关？为什么？
6. 硅酸盐水泥熟料中主要矿物对强度的发展有什么影响？有哪些因素影响水泥强度？
7. 硬化水泥浆体的体积变化是有哪些因素引起的？这些因素是怎样使体积变化的？
8. 影响水泥水化放热速度的主要因素有哪些？
9. 降低水泥水化热可采取哪些措施？
10. 怎样提高水泥抗渗性？
11. 硬化水泥浆体中的水都能结冰吗？那些水才对抗冻性产生不利影响？
12. 如何提高水泥抗冻性？
13. 侵蚀的类型有哪些？试述每一种侵蚀的原因。
14. 何谓碱集料反应？在水泥生产中和应用中如何避免或减轻碱集料反应？
15. 如何改善硬化水泥浆体的耐久性？
16. 何谓混凝土？其主要组成材料是什么？
17. 什么叫集料级配？为什么对砂石要有级配要求？
18. 什么是砂率？砂率对混凝土拌和物的和易性有哪些影响？
19. 影响混凝土拌和物和易性的因素有哪些？
20. 减水剂的作用机理是什么？常用的减水剂有哪些？
21. 水泥应用的最主要形式有哪几种？一般应用形式有哪些？

第9章 水泥生产质量控制

【学习要点】 水泥生产质量控制是一个系统工程，工艺的连续性很强，各生产工序之间关系密切，每道工序的质量都决定最终的产品质量。只有控制好生产过程中每个工序的产品质量，把质量控制工作贯穿于水泥生产的全过程中，对生产过程各工序进行全面质量管理，才能保证出厂水泥的质量符合国家标准中规定的品质指标。水泥生产质量控制主要做好两方面的工作：一是控制窑磨在指标控制范围内的正常运转；二是控制好原料、燃料、混合材料、生料、熟料及水泥的质量，保证水泥生产按质量要求进行，保证出厂水泥质量的优质稳定，实现优质高产、低消耗。

质量就是生命，是企业生存之根本。企业的一切活动都必须以质量为中心，建立以厂长为核心的质量管理机构，负责全厂的全面质量管理工作，以 ISO 9001 质量管理体系为标准，加强水泥生产全过程的质量监控，绝不能重视产量忽视质量，也不能为降低成本而牺牲质量。

水泥生产工艺是连续性很强的过程，无论哪一道工序保证不了质量都将影响水泥的质量，并且在生产过程中原材料的成分及生产情况也是经常变动的，因此必须经常地、系统地、科学地对各生产工序按照工艺要求一环扣一环地进行严格的质量控制，合理地选择质量控制点，采用正确的质量控制方法，把质量控制工作贯穿于生产的全过程，预防缺陷产品的产生，生产出满足用户要求的、具有市场竞争力的优质水泥产品。

对从矿山到水泥成品出厂过程的某些影响质量的主要环节加以控制的点，就称之为质量控制点。质量控制点的确定，要做到能及时、准确地反映生产中真实的质量状况，并能够体现"事先控制，把关堵口"的原则。如果是为了检查某工序的工艺规程是否符合要求，质量控制点应确定在某工序的终止地点或设备的出口处，即工艺流程转换衔接并能及时和准确地反映产品状况和质量的关键部位。如物料的粉磨细度、出窑熟料容积密度和产量、含量等。如果是为了提供某工序过程的操作依据，则应在物料进入设备前取样，如入磨物料的粒度、入窑生料 $CaCO_3$ 滴定值及 Fe_2O_3 含量等。由于水泥生产有其共同的特性，因此，各工厂的质量控制点也大体上相同。但是，由于各个工厂的工艺流程有繁有简，因此，各个工厂的质量控制点又有所不同。确定控制点时，可根据工艺流程平面图的生产流程顺序，在图上标出所需要设置的控制点，然后根据每一个控制点确定其控制项目。合理的生产工序质量控制表，一般应包括控制点、控制项目、取样地点、取样次数、取样方法、控制指标、合格率等。

如某预分解窑生产流程质量控制表，见表 9.1。

表 9.1　某预分解窑生产流程质量控制表

物料名称	序号	取样地点	检测次数	取样方法	检测项目	技术指标	合格率	备注
石灰石	1	矿山或堆场	每批一次	平均样	全分析	$w(CaO) \geqslant 49\%$，$w(MgO) < 3.0\%$	100%	贮存量>15d
	2	破碎机出口	每日一次	瞬时样	粒度	粒度≤25mm	90%	
黏土	3	黏土堆场	每批一次	平均样	全分析，水分	符合配料要求，水分<15%	100%	贮存量>10d
	4	烘干机出口	2h 一次	瞬时样	水分	水分<1.5%	90%	
铁粉	5	铁粉堆场	每批一次	平均样	全分析	$w(Fe_2O_3) > 45\%$		贮存量>10d
煤	6	煤堆场	每批一次	平均样	工业分析 煤灰全分析 水分	$A_{ad} < 25\%$，$V_{ad} = 22\% \sim 32\%$ $Q_{net,ad} \geqslant 22000kJ/kg$ 水分<10%		贮存量>20d
矿渣	7	矿渣堆场	每批一次	平均样	全分析	质量系数≥1.2		贮存量>20d
	8	烘干机出口	1h 一次	瞬时样	水分	水分<1.5%	90%	
石膏	9	石膏堆场	每批一次	平均样	全分析	$w(SO_3) > 30\%$		贮存量>20d
	10	破碎机出口	每日一次	瞬时样	粒度	粒度≤30mm	90%	
出磨生料	11	选粉机出口	1h 一次	瞬时样	细度	目标值±2.0%（0.080mm 筛）	90%	贮存量>7d
			1h 一次	瞬时样	全分析（X 射线荧光分析仪）	三个率值，四个化学成分	80%	
入旋风筒生料	12	均化库底	1h 一次	瞬时样	细度	目标值2.0%（0.080mm 筛）	80%	
			1h 一次	瞬时样	全分析（X 射线荧光分析仪）	三个率值，四个化学成分	90%	
入窑生料	13	旋风筒出口	4h 一次	瞬时样	分解率	分解率>90%		
煤粉	14	入煤粉仓前	4h 一次	瞬时样	细度水分	目标值±2.0%（0.080mm 筛）水分<1.0%	90%	4h 用量
熟料	15	冷却机出口	1h 一次	平均样	容积密度	容积密度>1300g/L	90%	贮存量>5d
			2h 一次	平均样	$w(f\text{-}CaO)$	$w(f\text{-}CaO) < 1.0\%$	100%	
			每天合并一个综合样		全套物检全分析	强度≥48MPa，安定性一次合格，三个率值	100%	
出磨水泥	16	选粉机出口	1h 一次	瞬时样	细度	≤目标值（0.080mm 筛）	90%	
			1h 一次	瞬时样	比表面积	≤目标值	90%	
			4h 一次	平均样	矿渣掺量	目标值2.0%	90%	
			2h 一次	瞬时样	SO_3	目标值±0.3%	70%	
			每日一次	平均样	全套物检	达到国家标准	100%	
散装水泥	17	散装库出口	每编号一次	连续取样	全套物检 烧失量，$w(f\text{-}CaO)$，$w(SO_3)$，$w(MgO)$	达到国家标准 符合要求	100%	
包装水泥	18	包装机下	每班一次	连接 20 包	袋重	20 包>1000kg，单包≥50kg	100%	包装标志齐全
成品水泥	19	成品库	每编号一次	平均样	全套物检	达到国家标准	100%	编号、吨位符合规定
				取 20 包	均匀性试验袋重	变异系数 $C_v \leqslant 3.0\%$ 20 包>1000kg，单包≥50kg	100%	

9.1 原燃材料的质量控制

原料的质量是制备成分合适、均匀稳定生料的必要条件，燃料的质量直接关系到熟料煅烧的好坏。因此，加强对矿山开采、进厂原、燃材料的质量控制和管理工作具有十分重要的意义。只有制备出优质生料，才能煅烧出优质熟料，生产出好的水泥。水泥厂应做到石灰石质原料定区开采、黏土质原料定点采掘、校正原料和燃煤定点供应，并使进厂原、燃料分批堆放，分批检验，合理搭配使用。

9.1.1 石灰石的质量控制

石灰石在生料中的用量约占 80%，其质量好坏直接关系到生料质量的优劣，所以石灰石的质量控制尤为关键。

石灰石的质量控制包括石灰石矿山的质量勘察管理、外购石灰石的质量控制和进厂石灰石的质量控制。

（1）石灰石矿山的质量勘察和质量管理

① 石灰石矿山需经过详细地质勘察，应编制矿山网在矿山开采的掌子面上，根据实际开采的使用情况，定期按照一定的间距、纵向、横向布置测定点，测定石灰石的主要化学成分。如果矿山成分稳定均匀，可 1～2 年测定一次，测定点的间距也可适当放大；如果矿山构造复杂，成分波动大，应半年甚至一季度测一次。通过全面制定矿山网，工厂就可以全面掌握石灰石矿山质量的变化规律，预测开采和进厂石灰石的质量情况，更主动地充分利用矿山资源。

② 实行有计划开采、选择性开采。根据所掌握的矿山分布规律，编制出季度、年度开采计划，按计划开采。根据就地取材、物尽其用的原则，对质量波动很大、品位低的石灰石矿床也应考虑其充分利用，从而有利于延长矿山使用年限，降低生产成本，提高经济效益。

③ 做好矿山的剥离和开采准备工作。在矿山开采中，要坚决实行"采剥并举，剥离先行"的原则。石灰石矿山一般都有表层土和夹层杂质，要严格控制其掺入石灰石的数量，以免影响配料成分的准确及运输、破碎、粉磨等工序的正常进行。因此，对新建矿山或新采区，应提前做好剥离采准工作。

④ 做好不同质量石灰石的搭配。石灰石矿应及时掌握各开采区的质量情况，爆破前在钻孔中取样，爆破后在爆破石灰石堆上取样、检验，从而便于与矿山车间共同研究，确定适当的搭配比例和调整采矿计划。取样也可以在矿车上进行，即每车取几点，多个车合成一个样品检验。

（2）外购石灰石原料的质量控制　外购石灰石的企业在签订供货合同时，化验室应先了解该矿山的质量情况，同时按不同的外观特征取样检验，制成不同质量品位的矿石标本。化验室应根据配料要求，制订出质量指标及验收规则，以保证进厂石灰石质量。

（3）进厂石灰石的质量控制　进厂石灰石的质量控制可分两种情况：

① 外购大块石灰石，石灰石进厂后，要按指定地点分批分堆存放，检验后搭配使用，最好进行预均化；

② 有矿山的企业，石灰石在矿山破碎后进厂或进厂后直接进破碎机破碎并储入碎石堆场，进行预均化。

进厂石灰石的质量要求如下：$w(CaO) \geqslant 48\%$；$w(MgO) \leqslant 3.0\%$；燧石或石英含量 $\leqslant 4.0\%$；碱（Na_2O 和 K_2O）$\leqslant 0.6\% \sim 1.0\%$；$w(SO_3) \leqslant 1.0\%$。

为了保证生产的连续性，石灰石应有一定的储存量。一般有矿山的厂应有至少 5d 的储量，无矿山的厂要保证 10d 以上的储量。

9.1.2 黏土质原料的质量控制

黏土质原料在生料中约占 15%～20%，其质量波动较大，因此其质量控制也非常重要。

（1）黏土质原料进厂前的质量控制 由于黏土质原料经过地质变化迁移，成分稳定性相对较差，因此，对黏土质原料矿床也应分层取样，定期编制矿山网，按不同品位分区、分层开采。若地表植物和杂质多，应先剥去表土，除去杂物再进行开采。

有黏土质原料矿的工厂，最好在黏土质原料进厂前先搭配开采和装运。无黏土质原料矿的工厂，进厂后的黏土质原料应分堆存放，先化验后使用。存放时应平铺直取，提高预均化效果。

（2）进厂黏土质原料的质量要求 进厂的黏土质原料必须按时取样，每批做一次全分析，主要控制其硅率（n）和铝率（p），n 和 p 最好在以下范围。一等品：$n=2.7～3.5$，$p=1.5～3.5$；二等品：$n=2.0～2.7$ 或 $n=3.5～4.0$，p 不限。

黏土质原料的质量要求：

$w(MgO) \leqslant 3\%$；$w(SO_3) \leqslant 2\%$；碱含量 $\leqslant 4\%$；含石英矿量为 0.2mm 方孔筛筛余 $\leqslant 5\%$，0.08mm 方孔筛筛余量 $\leqslant 10\%$。

为了保证生产的连续性和有利于质量控制，黏土的储量应保证在 10d 以上。

9.1.3 铁质校正原料的质量控制

铁质原料用量不大，进厂后应分堆存放，每批都要取样进行一次全分析，一定要做到先化验后使用。铁质校正原料要求 $w(Fe_2O_3) \geqslant 40\%$，干法生产入磨铁粉的水分 $<5\%$。铁质校正原料的储存量一般应大于 20d。

9.1.4 燃料的质量控制

水泥工业是消耗大量能源的工业，中国水泥工业目前绝大部分采用固体燃料——煤来煅烧水泥熟料。回转窑一般使用烟煤，立窑采用无烟煤或焦炭屑；有的地区由于运输条件差或资源缺乏，也可就地取材，使用地方较差的褐煤、石煤等煅烧熟料。使用高灰分、低热值劣质煤的企业，更应加强质量管理和控制，以确保燃煤质量尽可能稳定。为提高熟料产量和质量，降低煤耗，作为烧成水泥熟料的燃料，最好用高发热量、低灰分的煤。

水泥厂对于常用煤的质量要求如下。

（1）无烟煤 立窑一般使用挥发分低、发热量高的无烟煤。目前，新型干法窑也有使用无烟煤作为燃料的成功范例，并得以推广。其质量要求为：干燥基灰分 $<30\%$；干燥基挥发分 $<10\%$；干燥基低发热值 $>20934kJ/(kg 煤)$。

由于立窑煤灰全部掺入熟料，故还要求煤灰中化学成分稳定。

（2）烟煤 新型干法窑窑煅烧是将燃煤磨成煤粉，一部分从窑头由喷煤管喷入窑内燃烧，另一部分喷入分解炉进行无焰燃烧。为了控制火焰形状和高温带长度，对烟煤的质量要求为：

干燥基灰分 $<28\%$；干燥基挥发分 $18\%～30\%$；干燥基低发热值 $>20934kJ/(kg 煤)$。

入窑煤粉质量的波动范围为：

灰分 $\pm 2.0\%$；合格率 $>70\%$；挥发分 $\pm 2.0\%$；水分一般 $\leqslant 1.0\%$；细度为 0.08mm 方孔筛筛余量 $8\%～10\%$；每 2h 测一次。

（3）原煤的质量管理 燃煤最好能定点供应。进厂燃煤应按产地分批、分堆存放，按批进行煤的工业分析和煤灰化学全分析。按质量控制要求，分批搭配使用，以稳定烧成煤的灰分、挥发分和热值。

煤的来源比较复杂或采用劣质煤的企业，应采取平铺直取，用铲车混合或多仓搭配等预均化措施。烟煤存放还要防止自燃，可将煤堆压实，防止氧化，减少自燃。

签订燃煤合同时，应明确品质要求，加强进厂时质量验收，坚持不合格的燃煤不用于生产。

为保证连续生产，相对稳定煤质，应控制煤的储存量在 10d 以上，做到先进先用，防止热值损失。

9.1.5 矿化剂、晶种的质量控制

一般矿化剂的用量很少，对矿化剂的质量控制可以按每进厂一批取样一次并检验，分批堆放，分别使用。如果采用萤石-石膏作复合矿化剂，则萤石中 CaF_2 含量应≥60%，石膏中的 SO_3 含量≥30%，每批矿化剂中有效成分含量波动要小，并保证较小的粒度和准确、均化的配合比。矿化剂的储存量一般应大于 20d，入磨粒度<20mm。

为了确保使用效果，作为晶种的熟料一定要用优质熟料，C_3S 含量应在 50%～60%，并单独设置晶种小料仓，以保证晶种掺入量的准确性和均匀性。

9.1.6 原燃材料的预均化

预均化技术的基本原理，可简单地概括为"平铺直取"。即破碎后的原料在储存和取用的过程中，尽可能以最多的相互平行的上下重叠的同厚度料层进行堆料，取用时要垂直于料层方向同时切取不同料层，直到整个料层的物料取尽为止。这样取出的物料中包含了所有料层的物料，即同一时间取到了不同时间堆放的不均匀的物料，这样，取料的同时完成了物料的混合均化。堆放的料层越多，出料成分就越均匀。

原料是否采用预均化，取决于原料成分波动的情况。一般可用原料的变异系数 C_v 来判断。

①当 $C_v<5\%$ 时，原料的均匀性良好，不需要采用预均化。

②当 $C_v=5\%～10\%$ 时，原料的成分有一定的波动。如果其他原料包括燃料的质量稳定、生料配料准确及生料均化设施的均化效果好，可以不考虑原料的预均化；反之，则应考虑该原料的预均化。

③当 $C_v>10\%$ 时，原料的均匀性很差，成分波动大，必须进行预均化。当进厂煤的灰分波动>±5% 时，应采取均匀化。

9.2 生料的质量控制

生料的质量控制是水泥生产过程中非常重要的一个环节，包括生料的化学成分和细度的控制。

生料质量的好坏，对熟料质量和煅烧操作都是非常重要的。合理而又稳定的生料成分是保证熟料质量和维持正常煅烧操作的前提。要获得合格的生料，必须加强对生料制备过程的控制，力求生料成分均匀稳定，以保证配料方案的实现。

9.2.1 生料制备的质量要求

生料制备过程是将不同原料按一定比例配合，粉磨成具有一定细度、适当化学成分、稳定均匀的生料，以保证煅烧的需要。生料质量的好坏取决于生料的物理指标（细度、形态、水分）和化学指标（化学成分、三率值合格率、均匀程度）。《水泥企业质量管理新规程》第 27 条明确指出，要加强率值控制，缩小率值标准偏差。

（1）生料的化学成分 水泥生料的化学成分是通过化学全分析来测定的。由于生料的化学全分析耗时较长，不能及时指导不断变化的生产情况，因此必须通过简易快速的仪器检验方法，来直接控制影响生料质量的主要因素和检查各种原燃材料的配比。

一般中小型水泥厂采用 X 荧光钙铁分析仪来检测生料的氧化钙、氧化铁，但由于不能测出二氧化硅、氧化铝等，故无法准确控制生料的三个率值。而用传统的化学分析方法耗时

长，不能及时指导生产，所以大型水泥厂不适用；但因 X 荧光钙铁分析仪价格低，操作简便，测定生料的氧化钙和氧化铁比较准确，一般中小型水泥厂使用广泛。

大型水泥厂都普遍使用 X 荧光多元素分析仪来快速测定生料的化学成分，有在线分析和离线分析两种方式，目前国内绝大多数厂家都采用离线分析方式。这两种方式都能够快速测定出生料的 SiO_2、Al_2O_3、Fe_2O_3、CaO、MgO、SO_3、R_2O 等化学成分，输出数据直接进入微机处理，可以方便快速计算出生料的三个率值（KH、n、p）并及时调节各原料配比，保证生料的化学成分波动小、均匀稳定，满足生料的质量控制指标。

（2）生料的细度　水泥熟料矿物的形成主要通过固相反应来完成的在生料的物理性质、均化程度、煅烧温度和时间相同的条件下，固相反应速率与生料细度成正比关系。

生料磨得越细，比表面积越大，颗粒之间的接触面积增加，易烧性越好，熟料矿物中的 $f\text{-}CaO$ 含量越少，因此从理论上讲生料磨得越细，对煅烧越有利。但在实际生产中，生料磨得太细，会显著降低磨机产量，增加电耗。研究表明，生料细度超过一定限度（比表面积 $>500m^2/kg$）对熟料质量提高并不明显。所以在实际生产中应结合熟料质量、磨机产量、电耗等多方面考虑，确定合理的生料细度控制指标。

合理的生料细度是指生料的平均细度和生料细度的均齐性，即尽量避免粗颗粒。有关资料表明，当生料中 0.2mm 筛筛余大于 1.4% 时，熟料中的 $f\text{-}CaO$ 含量明显增加。生料细度与熟料中的 $f\text{-}CaO$ 含量关系见表 9.2、表 9.3。

表 9.2　生料 0.2mm 方孔筛筛余对熟料中 $f\text{-}CaO$ 的影响　　　　　单位：%

0.2mm 方孔筛筛余	0.90	1.4	2.42	3.06
熟料的 $f\text{-}CaO$	0.76	0.84	1.54	2.24

表 9.3　生料 0.08mm 方孔筛筛余对熟料中 $f\text{-}CaO$ 的影响　　　　　单位：%

0.08mm 方孔筛筛余	13.6	13.2	12.5	11.6	10.7	10.4	9.3	5.1
熟料的 $f\text{-}CaO$	2.12	1.48	1.23	1.04	0.95	0.73	0.62	0.42

（3）生料的均匀程度　生料均匀程度的高低在很大程度上决定着生料质量。小型水泥企业的熟料质量差的主要原因之一就是生料均匀程度差，没有进行原燃材料的预均化和生料均化，影响熟料的煅烧质量。新型干法窑的优势之一就是生料均匀程度高，从设计就注重原燃材料的预均化处理和生料均化效果，为熟料的煅烧提供了强有力的质量保证。

9.2.2　入磨物料的质量控制

（1）入磨物料的配比　入磨物料配比的准确与否直接关系到出磨生料的质量，也影响磨机的产量和电耗。提高喂料的准确性、均匀性，并稳定喂料量，是保证生料质量的关键。

（2）入磨物料的粒度　入磨物料的粒度是影响磨机的产量和电耗的重要因素。应尽可能降低入磨物料的粒度。以提高磨机产量降低粉磨电耗。对于管磨机入磨物料的粒度越小越好，最好采用磨前预破碎工艺，使入磨物料的粒度小于 3～5mm，粉粒状更佳。对于立磨而言，入磨物料的粒度可以放宽一些。

（3）入磨物料的水分　入磨物料的水分对磨机的产量和电耗有重要影响。如果入磨物料的平均水分达到 4.0%，干法球磨机产量下降 20%，甚至造成"包球"、"饱磨"现象，使粉磨作业无法进行；入磨物料过于干燥会产生静电效应，降低粉磨效率。一般入磨物料的平均水分控制在 ≤1.0% 为宜。烘干兼粉磨系统的入磨物料的平均水分控制在 ≤6.0%。立磨系统的入磨物料的平均水分控制在 10.0% 左右。

入磨物料水分控制指标：黏土水分≤2.0%，合格率≥80%；

铁粉水分≤6.0%，合格率≥80%；

石灰石水分≤0.5%，合格率≥90%。

9.2.3 出磨生料的质量控制

（1）出磨生料化学成分及率值的控制　中小型水泥厂出磨生料的控制项目主要有：碳酸钙（或氧化钙）、氧化铁、细度、生料热值四项指标。但因为无法进行率值配料调节，所以不能保证生料率值合格率。

新型干法窑出磨生料的控制项目有氧化钙、三氧化二铁、二氧化硅、三氧化二铝、氧化镁、氧化钾、氧化钠等生料化学成分及生料细度，因而能够计算出生料的三个率值，及时调节原料配料比例，保证生料率值合格率达到要求。新型干法窑的出磨生料成分分析都采用 X 荧光多元素分析仪进行快速分析，能够满足快速判断生料率值是否合格，达到生产控制指标要求，并能与微机联网进行数据处理，对配料设备进行及时控制调节。生料化学成分的测定次数一般是一小时一次，如果原材料化学成分波动大，也可以半小时一次，增加检测次数。

出磨生料化学成分的控制指标：

水分≤1.0%，合格率≥90%；

$w(SiO_2)$（目标值）±0.5%，合格率≥80%；

$w(CaO)$（目标值）±0.5%，合格率≥80%；

$w(Fe_2O_3)$（目标值）±0.3%，合格率≥80%；

$w(Al_2O_3)$（目标值）±0.3%，合格率≥80%；

KH（目标值）±0.03，合格率≥60%；

n（目标值）±0.1，合格率≥60%；

p（目标值）±0.1，合格率≥60%。

（2）生料的细度控制　生料的细度控制是非常重要的，应保证一定范围的平均细度及生料细度的均齐性。当原料较差时，生料细度应有较高的要求，特别是石灰石中燧石含量较高或黏土中含砂量较大，生料饱和比高、硅酸率偏高时，生料的细度应更细些。出磨生料一般要求粉磨每 1h 测定一次，目前水泥企业大都采用筛余量来表示生料的细度，测定方法多采用水筛法和负压筛法。控制指标：

0.08mm 方孔筛筛余量≤8%～10%，合格率>87.5%；

0.2mm 方孔筛筛余量≤1.0%～1.5%。

（3）生料中煤掺加量的质量控制　立窑生产常采用全黑生料或半黑生料生产熟料。配煤的准确性不仅影响熟料的烧成，而且影响生料的化学成分。在实际生产中，通常只控制生料的 $CaCO_3$ 滴定值。而 $CaCO_3$ 滴定值只能反映出石灰石与其他原料的比例关系。但是，其中黏土与煤的比例却不能正确地反映出来，因此，尽管是 $CaCO_3$ 滴定值符合要求的生料，但由于黏土和煤的比例不恰当，也会引起生料中石灰石饱和系数的波动。当煤灰的掺入量有较大的变化时，将导致生料中 SiO_2 含量发生大幅度波动，从而引起生料的石灰饱和系数也产生较大波动。所以，生产中仅仅控制生料的 $CaCO_3$ 滴定值，仍然不能确保生料成分的稳定，还应对生料热值严加控制。目前生料热值测定普遍采用量热仪，具有操作简单、快速、准确的优点，在中小型水泥厂得到广泛应用。

新型干法窑的用煤与立窑、回转窑都有区别，粉磨好的煤粉分为两路：一路经喷煤管从窑头喷入燃烧，占总用煤量的 40%～45%；另一路经喷煤管喷入分解炉作无焰燃烧，占总用煤量的 55%～60%。

入窑煤粉控制指标：水分≤4.0%，合格率≥80%；细度（0.08mm 方孔筛筛余量）≤

12％，合格率≥90％。

9.2.4　入窑生料的质量控制

为了获得稳定和均匀的生料，除了控制出磨生料成分、提高出磨生料合格率以外，还应在入窑煅烧前进行生料的调配和均化。原料的预均化，可使原料成分波动缩小 10％～15％。但是，即使均化得十分均匀，由于在配料过程中的设备误差、操作误差及物料在输送过程中离析现象的存在，出磨时物料仍会有一定的波动。因此，生料的均化是一个非常重要的环节。目前干法生料均化主要有多库搭配、机械倒库和压缩空气搅拌等几种形式。

在中小型水泥厂，采用多库搭配和机械倒库时，为缩短均化周期，进一步提高生料均匀性，在生料出磨时，可向各库内平均进料，生料入窑时，则各库同时出料，调配后入窑。

生料库的调配量可按下面方法确定（以两库为例说明如下）。

1 号库调配量：

$$X_1 = \frac{S-S_2}{S_1-S_2}$$

2 号库调配量：

$$X_2 = 1 - X_1$$

式中　X_1——1 号库需调配的生料量；

　　　X_2——2 号库需调配的生料量；

　　　S——生料的 T_{CaCO_3} 控制指标；

　　　S_1——实测 1 号生料库的 T_{CaCO_3}；

　　　S_2——实测 2 号生料库的 T_{CaCO_3}。

对于新型干法窑都采用空气搅拌均化库，有间隙式空气搅拌均化库和连续式空气搅拌均化库之分。空气搅拌仅能起到均化生料的作用，要使均化后生料成分满足控制要求，在生料入库搅拌前也要进行入库生料的配制工作，具体做法为：将出磨生料送入生料库，装至搅拌料量的 70％左右（搅拌料量为库容量的 75％），即按下式配料：

$$m_1 T_{C_1} + m_2 x = (m_1+m_2)T_C$$

$$x = \frac{(m_1+m_2)T_C - m_1 T_{C_1}}{m_2}$$

式中　x——配库所需的 T_{CaCO_3}；

　　　m_1——已入库的生料量；

　　　m_2——准备继续入库的生料量；

　　　T_{C_1}——已入库生料的 T_{CaCO_3} 平均值；

　　　T_C——生料的 T_{CaCO_3} 控制指标值。

根据计算出的 x 值，重新下达出磨生料的 T_{CaCO_3} 控制指标。待库内 T_{CaCO_3} 平均值达到要求时即开始搅拌。搅拌后在库内 3 个不同点取样化验，合格后便可将生料送入储存库；若不合格，则仍按上述方法重新调配、搅拌，直到合格为止。

入窑生料控制指标：

KH(目标值)±0.03，合格率≥60％，每班测定 2 次；

n(目标值)±0.1，合格率≥65％，每班测定 2 次；

p(目标值)±0.1，合格率≥65％，每班测定 2 次；

细度(0.08mm 方孔筛筛余量)≤12％，合格率≥90％。

9.3　熟料的质量控制

提高熟料质量是确保水泥质量的基础。熟料质量的优劣与均匀程度，直接决定水泥质量的好坏与可靠程度。因此，熟料的质量控制是水泥生产质量管理中极为重要的一环。水泥熟料的质量控制在不同生产工艺、煅烧设备条件下也不一样。回转窑生产，除常规化学全分析、物理检验和控制游离氧化钙含量外，一般还要控制烧成带的温度、窑尾废气温度及各点负压，同时还控制熟料容积密度，有的厂还进行岩相结构的检验和控制；而立窑生产，熟料在出窑后均经破碎处理，除常规控制外，有时也控制其容积密度。所以，控制项目的多少，应视生产工艺条件具体确定。一般熟料质量控制项目有：熟料化学成分（包括 KH、n、p 三个率值）、烧失量、游离氧化钙、氧化镁、安定性、岩相分析以及强度等物理性能。

9.3.1 熟料控制项目

（1）熟料的化学成分　对熟料化学成分的控制目的在于检验其矿物组成是否符合配料设计的要求，从而判断前道工序的工艺状况和熟料质量，并作为调整前道工序的依据。水泥熟料中各氧化物之间的不同比例，决定着熟料中各种矿物组成的差异，以及由此而影响到熟料本身的物理性能特点和其煅烧的难易程度。中国通常用石灰饱和系数（KH 值）、硅酸率（n）和铝氧率（p）来表示熟料中各氧化物含量之间的关系。熟料的三个率值，应根据各厂原料成分、工艺条件、技术水平以及生产水泥的品种、强度等级、季节等因素来综合考虑，合理选择，以保证熟料的质量。一般情况下，生产条件不发生变化，游离氧化钙相同时，熟料强度随 KH 值和 C_3S 含量增大而提高。当熟料化学成分一定时，其强度随游离氧化钙增加而降低；增大熟料 KH 值，熟料中游离氧化钙也会随之上升。所以对熟料 KH 值的控制是非常重要的。控制 KH 值应考虑以下几个方面。

① 采用矿化剂尤其是复合矿化剂时，KH 值可略高些。一般情况下，掺复合矿化剂的 KH 值比单掺时高 $0.02\sim0.04$，单掺比不掺矿化剂时可高 $0.01\sim0.03$。

② 原料易烧性好，生料质量是比较均匀且粗颗粒少时，KH 值控制指标可略高；反之应低些。

③ 生料 n 低时，KH 值可高些；反之应低些。

④ 煅烧工艺稳定，操作人员素质好时，KH 值可略高；反之应降低。

⑤ 夏季生产时 KH 值可略高于冬季。

KH 值控制范围：目标值 ±0.02；

合格率：湿法回转窑及日产 2000t 以上的预分解窑 $\geqslant80\%$；

其他窑型的 KH 合格率 $\geqslant70\%$。

标准偏差：回转窑 $\leqslant0.020$；

立窑 $\leqslant0.030$。

熟料的 n 和 p 值也应合理、稳定，减小波动。一般而言，n 和 p 值的控制范围为目标值 ±0.02，合格率 $\geqslant85\%$。

率值合格率和饱和系数标准偏差分窑以日为单位（分班作分析的，先以算术平均法求出率值日平均）按月统计，然后按窑月产量加权计算总平均值。

熟料化学成分的测定，应进行连续取样，取样要有代表性，每天测定一次。

（2）游离氧化钙含量　游离氧化钙是熟料中没有参加化学反应而是以游离态存在的氧化钙。熟料中的游离氧化钙是有害成分，水化速度很慢，要在水泥硬化并形成一定强度后才开始水化，由于体积膨胀不均匀，超过一定数量时会影响水泥强度和安定性。

从理论上讲，熟料中 $f\text{-}CaO$ 越低越好，但在确定其控制指标时，要与本厂生产工艺、原燃料、设备、操作水平、技术经济效果等全面考虑，确定一个既经济又合理的指标，过高的要求往往会带来操作困难和使能耗增加。

造成熟料中 $f\text{-}CaO$ 含量高的主要原因有：

① 配料不当，KH 值过高；

② 煤料比不准确、不均匀，煤中灰分突然变化，没及时发现和调整配料或煤太粗；

③ 入窑生料 $CaCO_3$ 滴定值不稳定或生料太粗，窑内煅烧不完全；

④ 熟料煅烧时，热工制度不稳定，卸料太快，立窑煅烧时底火下移造成熟料煅烧时间不足或偏火漏生，生烧料增多；

⑤ 熟料冷却慢，产生二次 $f\text{-}CaO$。

对已生产出的 $f\text{-}CaO$ 过高安定性不合格的熟料，可采用下列方法适当处理：

① 加入适量活性混合材料共同磨制水泥。

② 陈化熟料。将掺入适当湿混合材料的熟料存放一段时间或往熟料上均匀喷淋适量的水后再存放起来，待熟料中的 $f\text{-}CaO$ 充分消解后再磨制水泥。

③ 筛选。将块状和粒状熟料分堆存放，然后再根据质量好坏搭配使用。

④ 立即生产出一批质量好、含 $f\text{-}CaO$ 低的熟料与含 $f\text{-}CaO$ 高的熟料搭配使用。

一般 $f\text{-}CaO$ 控制指标为：

回转窑熟料 $f\text{-}CaO \leqslant 1.5\%$，合格率 85%，测定次数自定；

立窑熟料 $f\text{-}CaO \leqslant 2.5\%$，合格率 $\geqslant 85\%$，分窑每 4h 测定一次。

检验 $f\text{-}CaO$ 含量，不仅可以鉴别配料的成分是否合理，还可以在一定程度上鉴别整个工艺过程是否完善，热工制度是否稳定。因此，测定熟料 $f\text{-}CaO$ 的样品一定要有代表性，要取平均样，每班每窑测定 $f\text{-}CaO$ 两次。

(3) 熟料的烧失量　熟料的烧失量也是衡量其质量好坏的一个重要指标。烧失量高，说明窑内物料反应不完全，还有部分 $CaCO_3$ 没有分解或煤粒未燃烧或部分 $CaCO_3$ 虽已分解，但还来不及继续完成熟料的化学反应。若由于煤粒未燃烧造成烧失量高，不仅增加了熟料热耗，而且影响粉磨后的水泥质量。

熟料烧失量控制指标：$\leqslant 1.0\%$，每班每窑测定一次。

(4) 熟料中氧化镁含量　熟料中有一部分未化合的游离氧化镁即方镁石也是有害成分，方镁石水化速度很慢，MgO 过高时会严重影响水泥安定性，所以，对熟料中的 MgO 应控制在国家标准规定的范围内。熟料中的 MgO 主要来自石灰石，对含 MgO 较高的石灰石，要事先控制，搭配使用，以保证熟料中 MgO 含量不超过国家标准的规定。国家标准规定，水泥熟料中 MgO 含量必须小于 5.0%。对 MgO 含量高于 5.0% 而低于 6.0% 的熟料，应进行其水泥压蒸安定性试验，试验合格，熟料中的 MgO 含量允许放宽到 6.0%，否则只能生产矿渣掺量大于 40% 或火山灰质混合材料、粉煤灰掺量大于 30% 的水泥。若 MgO 含量超过 6%，这部分熟料不能用来生产水泥。

另外，还应特别指出的是，当熟料中 MgO 较高时，为保证水泥的安定性，更要注意降低熟料中的 $f\text{-}CaO$ 含量，否则由于熟料中 $f\text{-}CaO$、方镁石的共同影响，水泥的安定期会更长。

在生产质量控制中，对熟料中 MgO 含量应每天测定一次，若 MgO 含量较高，应加强监测次数。对已生产出的部分 MgO 含量高的熟料要与 MgO 含量低的熟料搭配使用，对搭配入磨的熟料应测定其 MgO 含量，并做好记录。

(5) 熟料的岩相分析　对熟料进行岩相分析是从微观上观察熟料的微观结构特征，可以清楚观察了解到熟料的矿物形状、晶体结构、尺寸大小、含量多少、煅烧温度、窑内气氛、冷却快慢等情况，这些岩相结构特征是传统化学分析无法实现的。化学分析只能得到熟料的化学成分，但不能知道这些氧化物以何种矿物结构存在，只有通过岩相分析才能对熟料的微观结构特征进行了解分析，从而判断出生产工艺因素的变化，作为控制生产和提高熟料质量的一种重要手段，因此工厂应该经常进行熟料岩相分析，以指导生产。

(6) 熟料的物理性能　要使熟料的各种物理性能符合国家标准的要求，首先应对熟料的物理性能进行试验，做到心中有数。

对熟料进行物理检验有以下作用。

① 通过对出窑熟料的定期检验，可以验证配料方案是否合理。若生产条件稳定，熟料质量高，则说明配料方案合理；反之，熟料质量长期较差，则配料方案就不尽合理，需作必要的调整。

② 可以检查窑内煅烧操作情况。在配料方案合理及工艺控制较稳定的情况下，熟料物理性能的变化，往往反映出煅烧操作的问题。通过对熟料物理性能及外观颜色、形状等方面的分析，可以判断出操作方法、窑内通风、热工制度等方面存在的问题，以便及时纠正和解决。

③ 检验熟料的物理性能，作为水泥制成质量控制的依据。通过对出窑熟料的定期检验，在保证出厂水泥质量的前提下，可合理确定水泥的粉磨细度、混合材料和石膏的最佳掺量，并依据熟料质量的变化及时修改各项控制指标。

熟料的物理性能检验主要是对体积密度、外观形态、强度进行检测。

熟料体积密度常以每立升重表示。即采用内径 140mm、内高 130mm、容积 2L 的金属圆筒，盛满粒度为 5～7mm 的熟料颗粒，称其质量，然后减去圆筒本身的质量，再除以 2 后得到的每升熟料质量。要求熟料每立升质量波动在 ±75g/L，最好控制在 ±50g/L，一般旋窑质熟料每立升质量为 1300～1500g/L，立窑优质熟料每立升质量约为 950～1000g/L 以上。

熟料质量不同，其外观形态也不同。一般立窑优质熟料为黑褐色结构致密的块状或葡萄串状物料，而旋窑优质熟料为绿黑色结粒均齐（0.5～5mm）的圆球状物料。

熟料的强度检验必须用混合试样，用统一的试验小磨磨至比表面积为 (300±10) m²/kg、0.08mm 方孔筛筛余量不小于 3%，然后按有关规程操作检验出熟料的强度。

9.3.2 熟料的管理

不管用哪一种生产方法煅烧熟料，常会出现不正常情况而影响熟料质量。如立窑出现漏生、跑黄料，回转窑串料或结圈时，出现低质熟料。要保证出厂水泥质量合格、稳定，必须加强对熟料储存作用的管理。

（1）熟料的储存　水泥粉磨时熟料温度过高会导致石膏脱水及粉磨效率降低，因此，水泥粉磨时要求入磨熟料温度立窑不超过 80℃，旋窑不超过 100℃，出窑熟料应按化验室指定地方储存。熟料的储存，目前一般采用圆库和堆棚两种。机立窑生产的熟料，应按外观质量分堆存放或分别入库，便于入磨时按质搭配使用；旋窑生产的熟料在质量波动不大时，可混合入库储存，对质量特别差的熟料应分开存放。不管采用哪种储存方式，都应记录入库（棚）的时间和数量，以便通过分析和检验了解这批熟料的质量情况。熟料库存量就不少于 5d，熟料至少要见到 3d 强度后才能再磨使用。

（2）熟料的均化　熟料的均化一般有以下四种方法。

① 熟料搭配入磨。利用圆库储存熟料时，可用多库搭配的方法，根据各库熟料的质量，确定各库熟料的配合比。用堆棚存放时，可按各堆质量好坏，确定入磨比例。

② 出窑熟料在总体质量上波动不大时，可采用分层堆放、竖直切取的方法，达到熟料均化。

③ 机械倒库。

④ 对于某些物理性能或化学性能低于国家标准的熟料，应严格按照水泥的国家标准搭配比例入磨，避免出现废品。

熟料的堆放、入库和使用应做好原始记录，便于水泥质量的控制。

（3）熟料平均强度等级的计算　根据国家标准规定：熟料实际平均强度等级计算仍以(79)材水字 63 号条件规定执行。将熟料两个龄期（3d、28d）的抗折强度、抗压强度，根据 GB 175 标准中硅酸盐水泥的强度指标计算对应的强度等级，以所对应标号中最低者作为该熟料的强度等级。如果熟料强度低于 525 号，按普通硅酸盐水泥 425、325 号的强度指标计算，但 3d 抗压强度指标加 1.0MPa；如果熟料强度高于 625 号时，按外推法计算。

熟料每个龄期的抗折、抗压强度都可以根据硅酸盐水泥的强度指标计算出平均标号，其计算公式为：

$$R_平 = \frac{P_实 - P_低}{P_高 - P_低} \times 100 + R_低$$

式中　$R_平$——熟料某个龄期的平均强度等级；

$R_低$——比 $R_平$ 低，是与其相邻的商品强度等级；

$P_实$——熟料某个龄期的实测强度值；

$P_低$——与 $R_低$ 对应的某龄期强度指标值；

$P_高$——比 $R_平$ 高，是相邻的商品标号的对应龄期强度指标值。

这里的强度指标（$P_低$、$P_高$）是 GB 175 中的指标，强度单位都是 MPa。由熟料实测强度值对照 GB 172 中的强度指标值，每一个龄期的抗折或抗压强度值（$P_实$）都可以找到一个位置，这个位置就是 $P_高 > P_实 > P_低$，进而由 $P_低$ 可以找到 $R_低$。

计算时只要两个龄期的抗折、抗压强度平均强度等级，并以其中最低者为该熟料的平均强度等级。

日综合平均强度等级的计算　几台窑生产熟料日综合平均强度等级的计算如下。

① 各窑熟料产量差距在 20% 以内，其综合平均标号可采用算术平均值计算，即把每台窑熟料 6 个龄期的强度分别相加，除以窑的台数，得到 6 个龄期的综合平均强度，再按上式计算。

② 各窑熟料产量差距在 20% 以上，其平均标号应采用加权平均方法计算，即将各窑熟料的各龄期强度分别乘以各窑日产量，并分别相加各龄期的乘积，再除以窑的总产量，得到 6 个龄期的综合平均强度，再按式上计算熟料的日综合平均强度等级。

月熟料实际平均标号计算　将月中每日的熟料各龄期强度分别相加，除以当日生产天数，再按上式计算月熟料实际平均强度等级。

年度熟料实际平均强度等级计算　将年度中每月的熟料平均强度等级，分别乘以每月熟料产量，并相加后除以当年的熟料总产量，即得年度实际平均强度等级。

9.4　水泥质量控制

水泥质量控制是水泥生产的最后一道工艺环节，包括水泥制成的质量控制和出厂水泥质量控制，是确保出厂水泥符合国家标准要求的最后一关，也是最重要的一关。

9.4.1　水泥制成质量控制项目与指标

（1）入磨物料的配比　入磨物料的配比是根据生产的水泥品种、强度等级及入磨物料的性能而定的。在实际生产中，一般是根据本厂生产的熟料质量、混合材料的品种和质量、石膏的种类及性质，通过试验来确定其经济合理的配合比例。

入磨物料配比不恰当或在制成过程中物料流量不稳定，都会直接影响到水泥的质量。所以，加强水泥制成中入磨物料配比的控制，是保证水泥质量均匀稳定的重要环节之一，也是水泥制成的首要控制环节。

（2）出磨水泥的细度　水泥的粉磨细度对水泥的性能影响很大，在一定程度上，水泥粉磨得越细，其表面积越大，水泥与水拌和时，它们的接触面积也越大，故有利于加速水泥的水化、凝结和硬化过程，对提高水泥强度，特别是对提高早期强度有较好的效果。研究表明水泥颗粒为 $5\sim30\mu m$ 时，当熟料中 $f\text{-}CaO$ 较高时，水泥磨得细些，$f\text{-}CaO$ 就可较快吸收水分而消解，因而可降低其破坏作用，改善水泥的安定性。但是，水泥粉磨细度增加过大，会降低磨机产量，增大电耗。另外，水泥过细，需水量增加，水泥石结构的致密程度降低，反而会影响水泥的强度。只有合理地确定水泥的细度指标，才能在保证水泥质量的基础上，取得良好的经济效益。在生产过程中，应力求减少细度的波动，以达到稳定磨机产量和水泥质量的目的。

此外，水泥的颗粒组成和颗粒形状对充分利用水泥活性、改善水泥混凝土性能有很大作用，国外早已开展研究取得了很大的成就，而中国有关方向对此认识和重视不足，特别是我国由 GB 强度过渡到 ISO 强度后，将迫使水泥企业重视这个课题。在普通水泥细度的混凝土中大概有 $20\%\sim40\%$ 的水泥没有参与混凝土强度的增长过程，太粗的颗粒不能完全水化，太细的颗粒可能结团，或增大水泥的需水量，影响混凝土的强度。现在公认的是：水泥颗粒应为球形或椭圆形；$5\sim32\mu m$ 的颗粒对强度增进率起主要作用，其间各粒级分布是连续的正态分布，总量不能低于 65%，$10\sim20\mu m$ 的颗粒含量愈多愈好；小于 $3\mu m$ 的细颗粒不要超过 10%；大于 $65\mu m$ 的粗颗粒没有活性，最好没有。

出磨水泥细度应每 1h 测定一次。水泥细度控制指标为：

0.08mm 方孔筛筛余：$\leqslant2\%\sim5\%$，合格率 $>85\%$；

比表面积：$\geqslant350m^2/kg$，合格率 $>85\%$。

（3）出磨水泥中 SO_3 的含量　水泥中 SO_3 含量实质上是磨制水泥时石膏掺入量的反映，另外在用石膏作矿化剂或采用劣质煤时，熟料中也含有一定的 SO_3。石膏在水泥中主要起调凝作用，适量石膏可以抑制熟料中 C_3A 所造成的快凝现象；但过高的 SO_3 含量说明石膏掺加过多，过多的石膏将会引起水泥体积的安定性不良；掺加石膏过少，会因 SO_3 含量太低无法抑制水泥快凝。因此，水泥中 SO_3 含量应控制在适宜的范围内，以保证水泥凝结时间正常和 SO_3 含量符合国家标准的规定。

出磨水泥控制指标为：

要求分磨每 2h 测定一次 SO_3 含量，硅酸盐水泥中 SO_3 含量不得超过 3.5%。具体目标值可根据工厂生产实际情况确定，其波动范围为目标值 $\pm0.3\%$，合格率 $>70\%$。

（4）混合材料掺入量　在水泥生产中掺加混合材料不但可以增大水泥产量，降低生产成本，而且可以改善水泥的某些物理性能，同时还可以利用废渣，减少污染，造福社会。但是，由于掺加了混合材料，熟料组分相对减少，会使水泥强度有不同程度的降低，掺加量越大，强度降低越显著。因此，混合材料的掺入量应视水泥品种、熟料质量及混合材料的种类性质，由化验室通过试验和综合分析而定，保证水泥中混合材料的掺入量在国家标准许可的范围内，并应在生产中定期做好磨头配比流量的抽测和记录。

根据国家标准规定：Ⅰ型硅酸盐水泥可以掺入不超过水泥质量 5% 的石灰石或粒化高炉矿渣作混合材料。在出磨水泥质量控制中，混合材料掺加量至少要低于国家标准规定数量，每班至少测定 $1\sim2$ 次，目标值 $\pm2.0\%$，合格率 $>80\%$。

（5）出磨水泥的物理性能　出磨水泥的凝结时间、安定性、强度等必须达到国家标准中规定的指标，以保证出厂水泥的质量。如果有的性能不符合要求，就要采取搭配均化等措施，确保出厂水泥质量合格。

一般情况下，应取出磨水泥平均样或将每小时检测细度的多余样品混合，按天或按库进行一次水泥全套物理性能及快速强度的测定，作为出厂水泥质量内部控制的依据。

9.4.2　出磨水泥的管理

出磨水泥的管理主要有以下几个方面：

① 严格控制出磨水泥的各项质量指标。对于生产工艺条件差、质量波动大的工厂，应尽量缩小出磨水泥的取样时间和检验吨位，增加检验频次，掌握质量波动的情况，以便及时调整和在出厂前进行合理搭配。

② 严格出磨水泥入库制度。出磨水泥应严格按化验室指定的库号和时间入库，并做好入库记录。

③ 出磨水泥要有一定的库存期。一般水泥库存期不应少于 7d，以便于根据入库水泥的 3d 和其他质量指标来确定出厂水泥的质量。也可根据入库水泥的质量情况，在库内进行必要的均化和合理的调配，以稳定出厂水泥的质量，缩小标准偏差。

④ 出磨水泥不得在磨尾直接包装、散装或水泥出磨后上入下出的库底直接包装，以防止质量不合格水泥出厂。

9.4.3　出厂水泥的质量管理

出厂水泥的管理是水泥厂质量控制最后的一关，也是最重要的一关。企业必须严格执行水泥国家标准和有关法规条例，确保出厂水泥全部合格。

（1）出厂水泥质量控制要求

① 出厂水泥合格率 100%。

出厂水泥各项技术指标必须满足国家标准和行业标准的规定。

② 富余强度合格率 100%，即确保出厂水泥 28d 抗压强度富余 2.0MPa 以上。

③ 28d 抗压强度目标值≥（水泥国家标准规定值＋2.0MPa＋3S）。

S 为上月出厂水泥 28d 抗压强度标准偏差。

④ 袋装水泥 20 包的总质量不少于 1000kg，单包净质量不小于 50kg，合格率达到 100%。

⑤ 均匀性合格率 100%。

每季度进行一次均匀性试验，28d 抗压强度变异系数目标值不大于 3.0%。

（2）水泥出厂的依据　为使水泥生产正常进行，加快水泥储库的周转，在实际生产中不可能等水泥 28d 强度检测出来后再出厂，而是考虑有关质量指标提前出厂，决定水泥出厂的依据一般考虑下列因素。

① 熟料质量。熟料质量是水泥质量的基础，在日常质量控制中，要摸清熟料 3d 到 28d 强度的增长率，掌握熟料各龄期强度以及化学成分、率值的变化对强度的影响。此外，还要特别注意，熟料试验小磨与水泥大磨由于工艺条件不同所反映在强度上的差异。

② 出磨水泥质量　为了有效地控制出厂水泥质量，必须对出磨水泥按班次或库号进行全项检验，用以指导水泥出库管理工作。如果各库中的水泥质量有差别，甚至有的指标不合格时，应根据检验结果和入库数量进行合理的搭配、混合或存放，以使出厂水泥合格并达到规定要求的强度等级及强度目标值。

③ 出磨水泥与出厂水泥的强度关系　掌握出磨水泥与出厂水泥之间的强度关系，就可根据出磨水泥强度推算出厂水泥的强度，控制出厂。它们之间的关系，因厂而异，与水泥的性能、试样的取样方法及水泥均匀性、存放期等有关。各企业可在生产实践中，通过大量的数据统计分析，找出两者之间的对应关系。

另外，还可以根据本厂水泥强度发展规律，按照 3d、7d 的强度推算出 28d 强度。如果有些工厂水泥库容量较小，或供需矛盾紧张，往往进入水泥库后等不到出磨水泥的 3d、7d 强度检验结果，在这种情况下，也可用测定快速强度的方法，来预测出厂水泥 3d、7d、28d 强度。这种方法必须有比较稳定的生产条件，化验室能确切掌握强度的发展规律，才能确保出厂水泥质量合格。

④ 出厂水泥的检验结果　水泥出厂前，应按同品种，国家标准规定的编号和吨位取样，

每一编号为一取样单位。通过进行全套物理、化学性能的检验，确认各项指标全部符合国家标准及有关规定时，方可由化验室通知出厂。

出厂水泥的检验样一般可在包装机旁留样，也可在成品库按规定方法从水泥袋中抽样。取样要有代表性，可连续取，也可从 20 个以上不同部位取等量样品，总数至少 12kg。每个编号取得的水泥样应充分混匀，分为两等份。一份由水泥厂按标准进行化验，一份封于试验桶内保管 3 个月作为封存仲裁样，不允许以任何理由调换或提前倒掉。凡在规定期限内发现样品受潮、调换或丢失，该编号水泥按不合格处理。

（3）出厂水泥的均化　水泥企业尤其是地方中小型企业，由于生产工艺条件的限制和技术控制水平较低，水泥质量波动较大，也就是水泥的均匀性较差。据调查，有的厂同一库中的水泥，经仓装取样检验强度甚至相差一个标号，细度相差 2％以上，这种水泥直接出厂，就可能出现不合格品，难以保证出厂水泥质量。所以，做好出厂前水泥的均化工作，是稳定出厂水泥质量的重要措施之一。

水泥的均化可采用建立专用均化库，包括库内均化、机械倒库等，也可以采用多库按化验结果确定的比例搭配出库，同时混合包装，可提高水泥的均匀性，稳定水泥质量。采用空气搅拌库均化，效果更好。

在采用多库搭配时，必须随时掌握各库的实际搭配量，避免各库不按化验室规定的比例下料。

（4）水泥包装的质量控制

① 包装质量。国家标准规定，袋装水泥每袋净质量为 50kg，且不得少于标志质量的 98％，随机抽取 20 袋水泥总质量不得少于 1000kg。严格控制袋装水泥质量的原因是：

a. 袋装水泥出厂一般均按袋数计算发货质量，每袋水泥超量或不足都会给供需双方带来经济损失。

b. 在施工中，往往是按每袋水泥 50kg 计算配制混凝土，质量不足会降低混凝土的强度等级，影响工程质量；超量则造成水泥不应有的浪费。

② 袋装质量合格率。以 20 袋为一抽样单位，在总质量不少于 1000kg 的前提下，20 袋分别称量，计算袋装质量合格率，小于 49kg 者为不合格。当 20 袋总质量少于 1000kg 时，即袋装质量不合格，其袋装质量合格率为零。

抽查袋重时，质量记录至 0.1kg。计算平均净质量时，应先随机取 10 个纸袋称量并计算其平均值，然后由实测袋装质量减去纸袋平均质量。计算袋装质量合格率可按下列公式计算：

$$袋装质量合格率 = \frac{净重为 49kg 以上的包数}{总的抽查包数} \times 100\% \quad （20 袋总质量 \geqslant 1000kg）$$

企业化验室要严格执行袋装质量抽查制度，每班每台包装机至少抽查 20 袋，同时考核 20 袋总质量和单包质量，计算袋装质量合格率。

③ 水泥包装袋的技术要求 GB 9774—1996《水泥包装用袋》的主要内容有：

a. 水泥袋上应清楚标明：工厂名称、注册商标、水泥品种的名称、代号、强度等级、包装日期、出厂编号、生产许可证号和"立窑"或"旋窑"两字。

b. 包装袋两侧应印有水泥名称和强度等级，硅酸盐水泥字体印刷颜色采用红色。

c. 出口水泥的包装标志也应执行国家标准或按合同约定执行。

袋装标志的作用是：

a. 便于使用单位按品种、强度等级或生产日期等，分别存放和使用。

b. 便于用户按出厂编号，查对化验单或登记施工记录。

c. 当使用单位对水泥质量提出异议时，便于查对编号，进行复检。

d. 根据包装日期，确定该编号水泥质量是否超过存放时间，以便重新取样检验。

e. 确定生产企业的信誉。

（5）散装水泥的质量管理　对散装水泥的企业，除建造必要的水泥储库外，还必须建造专门的散装库。散装库个数视生产规模而定，每个储库的容量以本厂每个编号的吨位数为宜。

以散装为主的企业，各生产工序质量的控制比袋装出厂水泥的企业更应严格些，才能有效地保证散装水泥的质量。

散装水泥质量控制应注意以下几点：

① 对出磨水泥必须按本厂每个编号的吨位数进行全套化学、物理性能检验。各项指标合格的水泥方可打入散装库出厂。

② 当出磨水泥有一项质量不合格时，应根据质量情况进行多库搭配或机械倒库调配，确认质量合格后，再打入散装库。

③ 散装水泥出厂时，必须在装车的同时按编号吨位取样进行全套化学、物理性能检验。

④ 散装水泥出厂时，必须提交用户与袋装相同内容的卡片，包括企业名称、生产许可证编号、品种名称、代号、强度等级、出厂日期、出厂编号等。化验室按国家标准向用户寄发出厂质量检验报告。

不准用出磨水泥的检验数据代替散装出厂水泥的数据。散装水泥的取样可以在散装库顶部水泥入口处或散装下料口处设置自动取样器进行取样。

9.4.4　水泥出厂手续及售后服务

（1）水泥出厂手续　水泥厂应严格水泥出厂手续管理，确保出厂水泥质量合格。

① 水泥按编号经检验人员确认合格后，由化验室主任或出厂水泥专管人员签发"水泥出厂通知单"，一式二份，一份交销售部门作为发货依据，一份由化验室存档。未经检验的或不合格的水泥任何人无权通知或发货出厂。

② 销售部门必须严格按化验室"水泥出厂通知单"通过的编号、强度等级、货位及数量验证无误后发货，并做好发货明细记录，不允许超吨位发货。

③ 水泥发出后，销售部门必须按发货单位、发货数量、编号填写"出厂水泥回单"，一式二份，一份交化验室，一份由销售部门存档。

④ 化验室按销售部门提供的发货单位，在水泥发出日起 7d 内寄发除 28d 强度以外的各项试验结果。28d 强度数值，应在水泥发出日起 32d 内补报。

⑤ 在成品库或站台上存放 1 个月（指从成型日期算起）以上的袋装水泥，出厂前必须重新取样检验，确认合格后才能出厂。

⑥ 水泥安定性不合格或某项品质指标达不到国家标准的袋装或散装水泥，一律不准借库存放。

（2）做好售后服务　水泥厂必须建立和坚持访问用户制度，做好售后服务。企业每年至少要信访、走访有代表性的用户 1～2 次，主动、广泛征询对水泥的品质性能、包装质量、装运情况及执行合同等方面的意见，及时反馈，采取措施，迅速改进。

① 水泥出厂后发现质量问题应及时处理。

a. 水泥出厂后，发货质量不符合标准或对某项检验结果有怀疑时，应立即向收货单位发出通知，暂停使用该编号水泥。

b. 因试验条件、仪器设备或人员操作等原因造成试验结果不准确，应报请省级行业主管部门批准，将该编号水泥的封存样送省级以上质量检验机构复检（本厂无权复检），以一次复检结果为准。

c. 水泥经复检证明为不合格，企业应及时派人负责处理。对尚未应用于工程上的水泥负责退换，对已经使用且影响工程质量的，企业应会同有关部门采取补救措施，确保工程安全，并应包赔一切经济损失。

d. 迅速组织人员查明事故原因，针对质量管理中存在的问题，研究制定出具体解决措施，杜绝类似事故发生。

e. 及时对事故直接责任者和有关负责人作出严肃处理，如因水泥质量造成工程质量事故、人身伤亡事故和重大经济损失的，要追究法律责任。

f. 对事故发生原因及处理结果，应以书面材料报告省、地、市主管部门和水泥质量检验机构，并认真执行主管部门的处理决定。

② 当用户对水泥质量提出异议时，可进行仲裁检验 有关仲裁检验按有关水泥标准的检验规则中"交货与验收"条款进行。

a. 水泥出厂后 3 个月内，如购货单位对水泥质量提出疑问或施工过程中出现与水泥质量有关的问题时，化验室应立即会同有关部门派出人员调查核实。如购货单位要求对水泥质量进行仲裁检验时，工厂应主动依照规定将同一编号封存样送水泥质量检验机构进行检验。

b. 用户对水泥安定性、初凝时间有疑问，要求现场取样仲裁时，生产厂应在接到用户要求后 7d 内会同用户共同取样，送水泥质量监督检验机构检验。生产厂在规定时间内不去现场，用户可单独取样检验，结果同等有效。

c. 所送的仲裁样必须是双方共同确认的封存样或按规定抽取的现场样（指仲裁安定性和初凝）。送仲裁样时，应有双方的签字证明或有效证件。

d. 仲裁检验由国家认可的省级或省级以上水泥质量监督检验机构进行。

学习小结

本章主要介绍了水泥质量控制的原理、方法、控制项目、控制指标等内容，对水泥生产质量控制、提高水泥质量作了详细论述。要求学生掌握原、燃料、生料、熟料、水泥的生产质量控制，学会分析和解决生产实际问题的能力。这部分内容实践性较强，学习时应尽量结合水泥生产实际，有些内容可在生产现场学习，或者在生产实习中进行实训。

复习思考题

1. 编制生产流程质量控制图表的意义是什么？
2. 编制矿山网的目的？
3. 什么是原料的预均化？
4. 立窑和旋窑用煤有何不同？
5. 进厂燃料主要的控制项目有哪些？为何要控制这些项目？
6. 进厂石灰石主要的控制项目有哪些？为何要控制这些项目？
7. 如何提高入窑生料 T_{CaCO_3} 合格率？
8. 生料细度及均齐性对熟料煅烧及质量有何影响？
9. 生产中可采取哪些措施保证生料成分的稳定性？
10. 为什么要控制熟料的化学成分？
11. 造成熟料 f-CaO 含量高的原因有哪些？可采用什么措施解决？
12. 对熟料进行岩相分析有何意义？
13. 控制出磨水泥细度的目的是什么？
14. 为什么有控制出磨水泥的 SO_3 含量？
15. 水泥的颗粒组成和颗粒形状对强度增进率有什么主要作用？

16. 出磨水泥为什么要进行混合材料掺入量的检验？
17. 出厂水泥质量要求是什么？
18. 堆放时间过长的水泥为何要重新检验？
19. 袋装水泥、散装水泥如何进行质量控制？
20. 何谓质量事故？质量事故有几种？应如何处理？

第10章 其他通用水泥生产技术

【学习要点】 本章主要学习活性混合材料、非性混合材料和除硅酸盐水泥以外的各种通用水泥的生产技术。了解生产中可以使用的混合材料的种类、组成、潜在活性及激发剂；熟悉混合材料的质量评定方法、掺加混合材的目的和意义，各种通用水泥的定义、代号、强度等级、生产过程、生产方法、性能特点及应用；掌握适宜混合材料掺加量的确定方法、各种通用水泥的生产技术要求、生产控制技术；熟练掌握提高掺有混合材料水泥早期强度的有效方法与措施。

除硅酸盐水泥外，通用水泥还有普通硅盐水泥、矿渣硅酸盐水泥、火山灰质硅酸盐水泥、粉煤灰硅酸盐水泥、复合硅酸盐水泥及石灰石硅酸盐水泥六大类。它们同属于硅酸盐水泥系列，都是以硅酸盐水泥熟料为主要组分，以石膏作为缓凝剂。不同品种水泥之间的差别主要在于所掺加混合材料的种类和数量不同。

10.1 混合材料的种类及质量要求

10.1.1 混合材料的种类及作用

混合材料是指在粉磨水泥时与熟料、石膏一起加入磨内用以提高水泥产量、改善水泥性能、调节水泥强度等级的矿物质材料。其来源主要是各种工业废渣及天然矿物质材料，根据来源可分为天然混合材料和人工混合材（主要是工业废渣），但通常根据混合材料的性质即其在水泥水化过程中所起的作用，分为活性混合材料和非活性混合材料两大类。

生产水泥时掺混合材料的作用是：

① 提高水泥产量，降低水泥生产成本，节约能源，达到提高，经济效益的目的；

② 有利于改善水泥的性能，如改善水泥安定性，提高混凝土的抗蚀能力，降低水泥水化热等；

③ 调节水泥强度等级，生产多品种水泥，以便合理使用水泥，满足各项建设工程的需要；

④ 综合利用工业废渣，减少环境污染，实现水泥工业生态化。

（1）活性混合材料 活性混合材料是指具有火山灰性或潜在水硬性，以及兼有火山灰性和水硬性的矿物质材料，主要包括粒化高炉矿渣、火山灰质混合材料和粉煤灰等。

这里所说的火山灰性，是指一种材料磨成细粉，单独不具有水硬性，但在常温下与石灰一起和水后能形成具有水硬性的化合物的性能；而潜在水硬性是指材料单独存在时基本无水硬性，但在某些激发剂（如石灰、熟料、石膏等）的激发作用下，可呈现水硬性。

（2）非活性混合材料 非活性混合材料是指在水泥中主要起填充作用而又不损害水泥性能的矿物质材料，即活性指标不符合要求的材料，或者是无潜在水硬性、火山灰性的一类材料，主要包括砂岩、石灰石、块状的高炉矿渣等。

水泥常用的各类混合材料见表10.1。

表 10.1　水泥常用的各类混合材料一览表

类　别	活性混合材料	非活性混合材料	其　他
人工材料 或工业废渣	(1)潜在水硬性类 粒化高炉矿渣、化铁炉渣、精炼 铬铁渣、增钙液态渣等 (2)火山灰性类 烧页岩、烧黏土、煅烧后的煤矸 石、煤渣、硅质渣、粉煤灰、沸腾炉 渣等	活性指标不符合要求的粒化高 炉矿渣、粉煤灰、火山灰性混合材 料、粒化高炉钛矿渣、块状矿渣、铜 渣等	窑灰 钢渣
天然材料	火山灰、凝灰岩、浮石、沸石岩、硅藻土、硅藻石、蛋白 石等	砂岩、石灰石等	

10.1.2　粒化高炉矿渣

粒化高炉矿渣是高炉冶炼生铁时所得以硅酸钙和铝硅酸钙为主要成分的熔融物,经淬冷粒化后的产品。它属冶金行业高炉冶炼生铁时的工业废渣,是目前国内水泥工业中用量最大、质量最好的活性混合材料。但若是经慢冷(缓慢冷却)后的产品则呈现块状或细粉状等,不具有活性,属非活性混合材料。

在高炉中冶炼锰铁时生成的废渣称为锰铁矿渣,除 MnO 含量较高外,其他成分及性能与一般的冶炼生铁时的粒化高炉矿渣相似,故通常将锰铁矿渣包括在粒化高炉矿渣之内。

(1) 矿渣的组成

① 化学成分　高炉矿渣的化学成分主要有 CaO、SiO_2、Al_2O_3,还有少量的 MgO、Fe_2O_3、硫化物,如 CaS、MnS、FeS 等。其中 $CaO + SiO_2 + Al_2O_3$ 总量一般 $>90\%$,某些特殊情况下由于矿石成分的不同所形成的高炉矿渣的化学成分还可能含有 TiO_2、P_2O_5、氟化物等。高炉矿渣的化学成分可以在较大的范围内波动,一般范围是:

CaO	SiO_2	Al_2O_3	MgO
$35\% \sim 46\%$	$26\% \sim 42\%$	$6\% \sim 20\%$	$4\% \sim 13\%$
FeO	MnO	TiO_2	S
$0.2\% \sim 1\%$	$0.1\% \sim 1\%$	$<2\%$	$0.5\% \sim 2\%$

中国部分钢铁厂矿渣的化学成分,见表 10.2。

表 10.2　中国部分钢铁厂矿渣的化学成分　　　　　　　　单位:%

序号	厂名	SiO_2	Al_2O_3	FeO	CaO	MgO	MnO	SO_2	合计	质量系数
1	鞍钢	40.00	5.78	0.54	42.41	7.30	0.12	1.63	99.58	1.48
2	本溪	40.06	7.70	0.37	42.86	6.92	—	1.60	99.51	1.43
3	首钢	37.45	7.76	1.09	39.70	11.02	0.59	—	99.61	1.59
4	太钢	36.39	10.99	1.85	38.33	8.92	0.45	—	96.93	1.58
5	济钢	33.62	16.10	0.28	42.30	6.10	0.52	—	98.63	1.89
6	马钢	33.92	11.11	2.15	37.97	8.03	0.23	0.93	94.34	1.67

一般而言,$Al_2O_2 > 12\%$、$CaO > 40\%$ 的矿渣活性较好。但 CaO 含量过高时,矿渣形成的熔体黏度降低,析晶能力增加,矿渣活性易下降。矿渣中的 MgO 呈稳定的化合物或玻璃态化合物存在,不以方镁石形式出现。因此,MgO 含量即使较高也不会引起水泥安定性不良。

② 矿物组成　缓慢冷却的高炉矿渣的矿物相一般为发育良好的各种晶体,主要有黄长石 (C_2AS)、钙长石 (CAS_2)、硅灰石 (CS)、硅酸二钙 (C_2S),以及透辉石 (CMS_2)、尖晶石 (MA)、钙镁橄榄石 (CMS)、镁方柱石 (C_2MS_2)、二硅酸二钙 (C_3S_2)、正硅酸镁

（M_2S）、硫化物（CaS、MnS、FeS）等。在这些矿物中，除 C_2S 具有胶凝性外（早期胶凝性也很弱），其他矿物不具有或仅具有极微弱的胶凝性。因此，慢冷的结晶矿渣可以视为基本上不具有水硬活性，通常用作非活性混合材。

从外观上看，慢冷矿渣可成为坚固的石状体或细粉。坚固的石状体是由各种晶体矿物集合而成，细粉则是由于 β-C_2S 转变成 γ-C_2S 造成粉化料或者矿物相中的 MnS、FeS 水解形成 $Mn(OH)_2$、$Fe(OH)_2$ 而造成体积膨胀所致。

当冷却速度很快即淬冷时，高温熔融矿渣中的矿物相来不及结晶，就保留了高温状态下的离子、原子、分子的无序状态即玻璃体，随后便冷凝成为大于 0.5～5mm 左右的颗粒状矿渣，即粒化高炉矿渣。粒化高炉矿渣主要由玻璃体组成，而这些玻璃相主要是硅酸钙和铝硅酸钙微晶。其晶格排列不整齐，是由缺陷的、扭曲的处于介稳态的微晶子组成，具有较高的化学潜能（加热时有放热反应）和活性。

（2）矿渣的活性与激发剂

① 矿渣的活性　粒化高炉矿渣的活性高低与化学成分、玻璃体含量有关。实践证明，在化学成分大致相同的情况下，玻璃体含量越多，其活性也越高，即急冷好的粒化高炉矿渣活性好。

粒化高炉矿渣磨细单独与水拌和时，反应极慢，得不到足够的胶凝性质。但在 $Ca(OH)_2$ 的水溶液中，就会发生显著的水化作用，而且在饱和的 $Ca(OH)_2$ 溶液中反应更快，并产生一定的强度，表 10.3 为粒化高炉砂渣在不同条件下水化后的强度。

表 10.3　粒化高炉矿渣在不同条件下水化后的强度

编　号	配比/%				28d 抗压强度 /MPa
	矿渣	石灰	水泥生料	石膏	
1	100	—	—	—	0
2	92.5	—	—	7.5	0
3	80	20	—	—	18.5
4	47.7	—	47.7	4.6	46.8
5	74.5	—	15	10.5	62.8

表 10.3 中的数据表明，矿渣在不同条件下所呈现的胶凝性能相差很大。这说明矿渣潜在能力的发挥必须以含有氢氧化钙的液相为前提。换句话说，矿渣是具有潜在水硬性的混合材料。

② 激发剂　如上所述，矿渣的潜在水硬性的发挥必须与一定的氢氧化钙液相等为前提。通常，我们把能激发矿渣活性发挥并使矿渣具有凝结硬化作用的这类物质称为激发剂。

常用的激发剂有两类：碱性激发剂和硫酸盐激发剂。

碱性激发剂：石灰、水化时能够析出 $Ca(OH)_2$ 的硅酸盐水泥熟料属碱性激发剂。

硫酸盐激发剂：各类天然石膏或以 $CaSO_4$ 为主要成分的化工副产品，如氟石膏、磷石膏等属硫酸盐激发剂。值得说明的是，硫酸盐激发剂只有在一定的碱性环境中才能充分激发矿渣的活性。

（3）粒化高炉矿渣的质量评定　矿渣的质量可用化学成分分析法或激发强度试验法来评定。目前，国内外主要采用化学成分分析法作为评定矿渣质量的主要方法。

① 化学成分分析法——质量系数法　分析测得粒化高炉矿渣的化学成分质量百分数 CaO、MgO、Al_2O_3 和 SiO_2、MnO、TiO_2 后，可按活性组分与低活性、非活性组分之间的比例，即质量系数（K）来评定矿渣质量。

$$K = (CaO + MgO + Al_2O_3)/(SiO_2 + MnO + TiO_2)$$

质量系数 K 越大，则矿渣活性越高。用于水泥中的粒化高炉矿渣必须是 $K \geqslant 1.2$。

用化学成分所计算出来的质量指标，未能考虑到矿渣的内部结构和激发的实际条件，不能全面反映矿渣的活性，所以也有建议采用质量系数与矿渣中玻璃体含量的乘积来表示。乘积越大，矿渣活性越高。

② 激发强度试验法　激发强度试验法是利用激发剂激发矿渣的潜在活性并产生强度，然后通过测其强度来评判矿渣质量的方法。

NaOH 激发强度法：磨细的矿渣加入 5％NaOH 溶液调和成型，湿空气养护 24h 后测定强度，该方法的优点是 24h 即可得到数据，缺点是对不同类型的矿渣缺乏规律性。

消石灰激发强度法：该方法是将磨细的矿渣掺入消石灰，加压成型，在小于 70℃下蒸养 8h，冷却后测定其强度。其优点是在短时间内可获得数据，缺点是消石灰的质量难以统一。

直接法：该方法是直接测定矿渣硅酸盐水泥强度的方法，并用下列强度比值 R 来评定矿渣的活性。

$$R = 100P_1/P_2(100-矿渣掺入百分数)$$

式中　P_1——矿渣硅酸盐水泥的 28d 抗压强度，MPa；

　　　P_2——不掺矿渣的硅酸盐水泥 28d 抗压强度，MPa。

若比值 $R=1$，则矿渣无活性；$R>1$，则认为矿渣有活性；R 越大，矿渣活性越高。

由于中国大部分矿渣主要用作水泥混合材料，所以用直接测定矿渣硅酸盐水泥强度的方法来评定矿渣质量是比较符合实际的。但是所用熟料质量、水泥粉磨细度、矿渣和石膏的掺入量等因素均对 R 有影响，因此，很难提出一个统一的标准作为衡量矿渣的指标，这是该方法的主要缺点。

（4）矿渣的品质要求　矿渣质量系数、化学成分要求、矿渣的松散体积密度、粒度等应符合表 10.4 的规定。

矿渣放射性应符合 GB 6763 的规定，具体数值由水泥厂根据矿渣掺加量确定。矿渣中不得混有外来类杂物，如含铁尘泥、未经充分淬冷矿渣等。

表 10.4　矿渣质量系数和化学成分要求

等级	质量系数 K 不小于	TiO_2 不大于/%	MnO 大于/%	氟化物含量（以 F 计）不大于/%	硫化物含量（以 S 计）不大于/%	松散体积密度不大于/(kg/L)	最大粒度不大于/mm	大于 10mm 颗粒含量不大于（质量分数）/%
合格品	1.2	10.0	4.0	2.0	3.0	1.2	100	3
优等品	1.60	2.0		2.0	2.0	1.00	50	3

注：合格品锰铁矿渣 MnO>15.0%。

10.1.3　火山灰质混合材料

（1）火山灰质混合材料及种类　凡天然的或人工的以氧化硅、氧化铝为主要成分的矿物质材料，本身磨细加水拌和并不硬化，但与气硬性石灰混合后再加水拌和，则不但能在空气中硬化而且能在水中继续硬化者，称为火山灰质混合材料。也可以简称为：具有山火灰性的天然的或人工的矿物质材料称为火山灰质混合材料。其分类见表 10.5。

表 10.5　火山灰质混合材料分类

天然的火山灰质混合材料	人工的火山灰质混合材料
火山灰、凝灰岩、沸石岩、浮石、硅藻土、硅藻石、蛋白石	烧页岩、烧黏土、煤矸石、煤渣、硅质渣

火山灰：火山喷发的细粒碎屑，沉积在地面或水中形成的疏松态物质。

凝灰岩：由火山灰沉积而成的致密岩石。

沸石岩：凝灰岩经环境介质作用形成的一种以碱或碱土金属的含水铝硅酸盐矿物为主的岩石。

浮石：火山爆发时从火山口喷出的具有高挥发性的熔岩，大量气体使熔岩膨胀，并在冷却凝固过程中排出大量气体使之成为一种轻质多孔、可浮在水上的多孔玻璃态物质。

硅藻土：由极微的硅藻外壳聚集沉积而成，外观呈松软多孔粉状，大多为浅灰或黄色，在沉积过程中，可能类杂部分黏土。

硅藻石：硅藻土经长期的自然堆积，并受到挤压，结构变得致密，即为硅藻石。

蛋白石：天然的含水无定形二氧化硅致密块状凝胶体，常呈蛋白色，断口呈贝壳状。

烧页岩：页岩或油母页岩经煅烧或自燃后的产物。

烧黏土：黏土经煅烧后的产物。除了专门烧制的黏土外，还有砖瓦工业生产中的废品有时也能应用。

煤矸石：煤层中煤页岩经自燃或人工燃烧后的产物。

煤渣：用链式炉燃烧煤炭后产生的废渣，呈大小不等的块状。一般 SiO_2、Al_2O_3 含量高的煤渣活性高。但目前电厂的链式炉已趋淘汰，故煤渣已不是水泥工业中的主要混合材。

硅质渣：用矾土提取硫酸铝的残渣，其主要成分是氧化硅。

此外，硅灰是一种优质的火山灰质混合材料，硅灰是炼硅或硅铁合金过程中得到的副产品。主要成分 SiO_2 含量 90% 以上，均以无定形的球状玻璃体存在，其粒径大部分为 $1\mu m$ 以下，平均为 $0.1\mu m$。但目前国内硅灰的捕集量小，而且在耐火材料等生产中也在竞相应用，价格猛增，甚至高于水泥价格，因而它的应用受到了限制。

（2）火山灰质混合材料的组成　火山灰质混合材料的化学成分以 SiO_2、Al_2O_3 为主，其含量占 70% 左右，而 CaO 含量较低，其矿物组成随其成因变化较大。

表 10.6 列出我国部分火山灰质混合材料的化学成分。

表 10.6　我国部分火山灰质混合材料的化学成分　　　　　单位：%

材料名称	烧失量	SiO_2	Al_2O_3	Fe_2O_3	CaO	MgO	SO_3	TiO_2	K_2O	NaO	总计
牡丹江火山灰	0.81	43.77	14.42	12.47	8.83	8.80	0.49	1.90	2.05	3.79	97.93
杭州凝灰岩	1.80	74.22	14.12	2.44	1.50	0.40	0.53	0.37	4.07	0.48	99.92
海林沸石	8.15	5.53	14.50	2.23	3.30	1.28	0.06	0.47	2.91	0.63	99.05
嵊县硅藻土	9.68	65.26	15.82	3.34	0.90	1.02	1.07	0.80	1.99	0.24	99.92
唐山煤矸石	—	55.96	22.26	7.24	5.58	2.97	2.60	1.27	1.74	0.34	99.78
柳州页岩渣	5.20	57.00	22.20	9.04	0.70	1.00	1.92	0.70	2.12	0.10	99.98
湖州沸腾炉渣	3.68	52.21	20.75	10.83	4.71	1.16	2.30	0.57	2.98	0.69	99.88
淄博硅质渣	6.98	65.63	22.60	1.81	1.01	0.43	1.26	—	0.23	0.18	100.13

（3）火山灰质混合的活性评定（火山灰性试验）　火山灰质混合材料的活性即火山灰性。其评定方法通常有两种：一种是化学方法；另一种是物理方法。

① 化学方法　化学方法即火山灰试验，依据 GB/T 2847—1996 的方法如下。

a. 称取 （20±0.01） g 掺 30% 火山灰质混合材的水泥与 100mL 蒸馏水制成浑浊液，于（40±1）℃ 的条件下恒温 8d 后，将溶液过滤。

b. 取滤液测定其总碱液 （mmol/L）。

c. 测定滤液的氧化钙含量 （mmol/L）。

d. 以总碱度（OH$^-$浓度）为横坐标，以氧化钙含量（CaO 浓度）为纵坐标，将试验结果点在评定火山活性的曲线图上（图 10.1）。

e. 结果评定：如果试验点在曲线（40℃氢氧化钙的溶解度曲线）的下方，则认为该混合材的火山灰试验验合格；如果试验点在曲线上方或曲线上，则重做试验，但恒温时间为 15d。如果此时试验点落在曲线下方，仍可认为火山灰性合格，否则不合格。

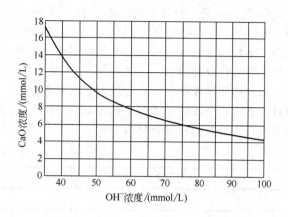

图 10.1　评定火山灰活性曲线图

② 物理方法　物理方法即强度对比法，是利用掺 30％火山灰质混合材水泥做胶砂 28d 抗压强度与硅酸盐水泥 28d 抗压强度之比值 R 来评定，要求 $R \geqslant$ 62％。具体试验方法按 GB 1295 进行。

（4）火山灰质混合材料的选择　选择火山灰质混合材料时，应注意满足如下质量要求：

a. 烧失量不得超过 10％；

b. SO$_3$ 不超过 3％；

c. 火山灰性试验合格；

d. 胶砂 28d 抗压强度经不得低于 62％；

e. 人工山灰质混合材料放射性物质应符合 GB 6763 的规定，具体数值由水泥厂根据人工的火山灰质混合材掺量而定。

完全符合上述质量要求的火山灰质混合材料为活性混合材料；仅符合上述①、②两条要求的火山灰质混合材为非活性混合材料；不符合上述①、②两条要求的火山灰质混合材料不能作为水泥混合材料。

10.1.4　粉煤灰质混合材料

粉煤灰是从煤粉炉烟道气体中收集的粉尘。在火力发电厂，煤粉在锅炉内经 1100～1500℃的高温燃烧后，一般有 70％～80％呈粉状灰随烟气排出经收尘器收集，即为粉煤灰；20％～30％呈烧结状落入炉底，称为炉底灰或炉渣。我国火力发电厂主要以煤为燃料，目前每年粉煤灰达 1 亿吨以上，约有一半排入灰场堆积，另一部分排入江河湖海和大气之中。粉煤灰是最普遍而大宗的工业废渣之一，它的利用已受到世界各国的重视。

（1）粉煤灰的成分与基本性质

① 成分与活性　粉煤灰的化学成分随煤种、燃烧条件和收尘方式等条件的不同而在较大范围内波动。但以 SiO$_2$、Al$_2$O$_3$ 为主，并含有少量 Fe$_2$O$_3$、CaO。据统计，中国 35 种粉煤灰化学成分见表 10.7。

表 10.7　中国的粉煤灰化学成分

化学成分	SiO$_2$	Al$_2$O$_3$	Fe$_2$O$_3$	CaO	MgO	Na$_2$O	K$_2$O	SO$_3$	其他
平均值/%	50.6	21.1	7.1	2.8	1.2	0.5	1.3	0.3	15.1
范围/%	33.9～59.7	16.5～35.1	1.5～19.7	0.8～10.4	0.7～1.9	0.2～1.1	0.6～2.9	0～11	

注：其他包括烧失量，即未燃尽的煤。

粉煤灰具有火山灰性，其活性大小取决于可熔性的 SiO$_2$、Al$_2$O$_3$ 和玻璃体含量，以及它们的细度。此外，烧失量的高低（烧失量主要显示含碳量的高低，亦即燃烧的完全程度）也影响其质量。

② 物理性质　粉煤灰的粒径一般在 $0.5\sim200\mu m$ 之间，其主要颗粒在 $1\sim1.5\mu m$ 范围内，0.08mm 方孔筛筛余 35%～40%，质量密度 $2.0\sim2.3g/cm^3$，体积密度 $0.6\sim1.0kg/L$。国内大多数粉煤灰收集后用水冲灰即湿排，因此含水量较大。干排粉煤灰含水量较低，可直接作水泥混合材使用。

(2) 用于水泥中粉煤灰的技术要求　水泥生产中用作活性混合材料的粉煤灰分为 I、II 两级。各级粉煤灰的技术要求见表 10.8 所示。如果 28d 抗压强度比指标低于 62%，则该粉煤灰只可作为非活性混合材料。

表 10.8　粉煤灰的技术要求

项目	烧失量/%,不大于	含水量/%,不大于	三氧化硫/%,不大于	28d 抗压强度比/%,不大于
I 级	5	1	3	75
II 级	8	1	3	62

10.1.5　其他混合材料

其他混合材料系指 GB 203、GB 2847、GB 1596 标准规定以外的可用作水泥混合材料的各种工业废渣。

根据其活性大小，其他混合材料同样分活性和非活性两类。水泥胶砂 28d 抗压强度比大于和等于 75% 的为活性混合材料；小于 75% 的为非活性混合材料。

(1) 化铁炉渣　化铁炉渣是钢铁厂化铁炉排出的废渣，在熔融状态下经水淬急冷成粒化状铁矿渣。其矿物与矿渣类似，含有 C_2AS、CAS_2、CS 等矿物及少量 $C_2S_3\cdot CaF_2$。可用作水混合材料，也可和矿渣一样，用于生产无熟料和少熟料水泥或某些特种水泥。

(2) 精炼铬铁渣　精炼铬铁渣是电炉还原法冶炼铬铁的微碳或中低碳铬铁渣。主要矿物组成为 C_2S、C_2AS、CS、C_3S_2、$MgO\cdot Cr_2O_3$（铬尖晶石）等，并含有大量玻璃相。它属于活性混合材。有关质量要求应符合建材行业标准 JC 417。

(3) 粒化电炉磷渣　粒化电炉磷渣是采用磷矿石、硅石、焦炭在电炉内以电升华法制取黄磷所得的废渣在熔融状态下经水淬冷而成，简称磷渣。

磷渣的化学成分与矿渣相似，其不同点是 CaO、SiO_2 含量稍高，Al_2O_3 含量稍低，此外尚含有少量的 P_2O_5 和 CaF_2，其活性稍次于矿渣。用其作活性混合材使用时，其质量要求应符合 GB 6645，所制得的水泥性能特点是早期强度稍低，但后期强度增进率大，凝结较慢。

粒化电炉磷渣还可以用作原料的配料组分生产特种水泥。

(4) 粒化高炉钛矿渣　以钒钛磁铁矿为原料在高炉冶炼生铁时，所得以钛的硅酸盐矿物和钙钛矿为主要成分的熔融渣，经淬冷成粒后，称为粒化高炉钛矿渣。

粒化高炉钛矿渣中 TiO_2 含量一般在 20% 以上，矿其活性大大下降，不同于一般矿渣。它呈黑褐色，有时夹杂少量金属铁块，结晶能力较强，形成的玻璃质也很少，基本上没有活性，通常用作非活性混合材。

(5) 增钙液态渣　电厂燃煤掺加适量石灰石共同粉磨制成煤粉，在炉内所得煤灰呈熔融状态排出，经淬冷而成为增钙液态渣。

与矿渣相比，其 CaO 含量较低，Al_2O_3 含量较高。当 CaO 含量>25% 时，其活性仅次于矿渣，而远远高于粉煤灰。经水淬的粒化增钙液态渣含有 95% 以上的玻璃相，属潜在水硬性材料，质量密度 $2.7\sim3.0g/cm^3$，松散体积密度 $1.2\sim1.4kg/L$。

(6) 钢渣　钢渣主要是指平炉后期渣、转炉渣、电炉还原渣。其中平炉后期渣和转炉渣主要化学成分与水泥熟料成分接近，但 CaO、Al_2O_3 含量稍低，Fe_2O_3、MgO 含量稍高；电炉还原渣的 Al_2O_3 含量较高，而 FeO、Fe_2O_3 含量较低，与矿渣类似。它们均含有一定量的水硬性矿物 C_2S、C_2S 及铁铝酸钙等，故具有水硬性。

采用钢渣作混合材料，往往需配以其他材料。这些另配的材料既起激发作用，又使所制成的水泥不至于发生安定性不良现象，从而使所制成的水泥获得较好性能。

（7）沸腾炉渣　沸腾炉渣是沸腾锅炉或沸腾炉燃烧低发量的煤矸石排出的灰渣。由于沸腾炉大多燃用煤矸石或劣质煤，故其炉渣化学成分、矿物组成和基本性质与燃烧后的煤矸石、粉煤灰相似，即属于火山灰质混合材料。目前许多水泥厂和其他工厂的沸腾炉燃烧室所产生出的沸腾炉渣是一种很好的活性混合材料，已经广泛应用。

（8）赤泥　制铝工业从钒土提炼氧化铝后排出的废渣具有潜在水硬性，并已具有微弱的水硬性，可作为混合材料来生产通用水泥或无熟料、少熟料少泥。我国山东 501 水泥厂便利用赤泥作活性混合材料生产通用水泥。

目前已制订国家标准或行业标准的工业废渣有精炼铬铁渣、粒化电炉磷渣、粒化高炉钛矿渣、增钙液态渣和钢渣等。这些工业废渣的质量要求列于表 10.9。

（9）窑灰　窑灰是指水泥回转窑窑尾废气中收集下来的粉尘。窑灰既不属于活性混合材，也不属非活性混合材，它是作为水泥组分之一的材料。

窑灰分为两类：一类为一般中空干法、湿法和半干法回转窑排出的窑灰；另一类为预分解窑旁路放风排出的窑灰。后者已经高温煅烧，游离石灰含量极高，R_2O、SO_3 和 Cl^- 含量也高，在水泥工业中目前尚难以充分利用。目前作为水泥混合材料组分之一的是前一类窑灰。

窑灰的化学成分基本上界于生料和熟料之间，但随原料、燃料、煅烧设备、热工制度、收集装置的不同在成分上有较大差别。其中烧失量在 $10\% \sim 25\%$ 左右，游离石灰 10% 左右，SO_3 主要取决于所用煤中的含硫量。

窑灰的矿物组成中主要有 $CaCO_3$、K_2SO_4、Na_2SO_4、$CaSO_4$、烧黏土物质、熟料矿物、煤灰玻璃球等。

表 10.9　工业废渣质量要求

名称	活性指标	有害化学成分	体积密度/(kg/L)	粒度 最大尺寸/mm	粒度 其他要求
用于水泥中粒化铬铁渣	28d 抗压强度比 >80%	$Cr_2O_3 < 4.5\%$；Cr^{6+} 浸出浓度 < 0.5mg/L	<1.30	<10	未充分水淬块渣 <5%
用于水泥中粒化电炉磷渣	$\dfrac{CaO+MgO+Al_2O_3}{SiO_2+P_2O_5} > 1.10$	$P_2O_5 < 3.5\%$	<1.30	<50	> 10mm 颗粒 <5%
用于水泥中粒化高炉钛矿渣	$\dfrac{CaO+MgO+Al_2O_3}{SiO_2+MnO_2+TiO_2} > 0.90$	$MnO < 4.0\%$，$TiO_2 < 25\%$，$F < 2.0\%$	<0.80	<0.80	未充分水淬块渣 <5%
用于水泥中增钙液态渣	$\dfrac{CaO+MgO+Al_2O_3}{SiO_2} \geqslant 0.80$		≤1.40	<50	> 100mm 颗粒 <5%
用于水泥中的钢渣	$\dfrac{CaO}{SiO_2+P_2O_5} > 1.80$				金属铁含≤1%

窑灰虽然既不是活性混合材，也不属非活性混合材，但通常视作混合材料在水泥中使用，其理由有三：一是窑灰中含有一定量的熟料矿物和具有火山灰性的烧黏土，这些矿物将随水泥一起水化，对水泥强度起到一定作用；二是窑灰中的 $CaCO_3$ 常以微粉状态存在，在水泥水化过程能加速 C_3S 水化，与铝酸盐形成碳铝酸钙针状结晶，本身还起到填充密实的微集料作用，从而对早期强度有利；三是 K_2SO_4、Na_2SO_4 组分可挥发其早强剂作用，而 $CuSO_4$ 则起石膏的缓凝作用。尽管窑灰中的游离石灰含量较熟料高得多，但它主要是细分散状的轻烧石灰，水化较快，对水泥的安定性不构成威胁，故国家标准规定在水泥中可掺入一定量的窑灰。

根据行业标准《掺入水泥中的回转窑窑灰》ZBQ 12001 的规定，窑灰主要技术要求为：

① 当窑灰不经粉磨掺入时，细度以 $80\mu m$ 方孔筛筛余不得超过 10%；

② 附着水分不得超过 30%；

③ 窑灰中碱含量以（$Na_2O+0.658K_2O$）来表示，当窑灰在水泥中掺量为 5%～8% 时应使碱含量≤5%，当窑灰在水泥中掺量<5% 时碱含量控制在≤8%。

10.2 普通硅酸盐水泥

10.2.1 定义与代号

凡由硅酸盐水泥熟料、6%～15% 混合材料、适量石膏磨细制成的水硬性胶凝材料，称为普通硅酸盐水泥，简称普通水泥，代号为 P.O（其中 P.O 分别为"波特兰"、"普通"的英文字首）。

当掺活性混合材时，最大掺量不得超过 15%，其中允许用不超过水泥质量 5% 的窑灰或不超过水泥质量 10% 的非活性混合材料来代替。

掺非活性混合材料时，最大掺量不得超过水泥质量的 10%。

生产过程中，可根据需要和可能加入适量的助磨剂。

10.2.2 组分材料要求

硅酸盐水泥熟料、混合材料、石膏、窑灰已在硅酸盐水泥生产技术一章和上一节中述及。而水泥粉磨时允许加入助磨剂，其加入量不得超过水泥质量的 1%，助磨剂须符合 JC/T 667 的规定。

10.2.3 强度等级

普通水泥强度等级分为 32.5、32.5R、42.5、42.5R、52.5、52.5R。

实际生产和应用中，人们习惯于将普通水泥分 325、325R、425、425R、525、525R 六个标号，按早期强度分普通型和早强型（即 R 型）。

10.2.4 生产技术要求

（1）氧化镁、三氧化硫、碱含量及安定性 水泥中氧化镁的含量、三氧化硫的含量、碱含量、安定性要求与硅酸盐水泥的生产技术要求相同。

（2）废品、不合格品 废品、不合格品的规定亦同于硅酸盐水泥。

（3）烧失量、细度、凝结时间、强度

烧失量不得大于 5.0%；细度要求是 $80\mu m$ 方孔筛筛余不得超过 10.0%；凝结时间要求是初凝不得早于 45min，终凝不得迟于 10h；各强度等级水泥的各龄期强度不得低于表 10.10 数值。

10.2.5 试验方法与检验规则

普通硅酸盐水泥的试验方法、检验规则等与硅酸盐水泥相同。有关普通硅酸盐水泥与硅酸盐水泥的区别列于表 10.11 中。

表 10.10　各强度等级水泥的各龄期强度

等　级		抗压强度/MPa		抗折强度/MPa	
标号	强度等级	3d	28d	3d	28d
325	32.5	11.0	32.5	2.5	5.5
325R	32.5R	16.0	32.5	3.5	5.5
425	42.5	16.0	42.5	3.5	6.5
425R	42.5R	21.0	42.5	3.5	6.5
525	52.5	22.0	52.5	4.0	7.0
525R	52.5R	26.0	52.5	5.0	7.0

表 10.11　普通硅酸盐水泥与硅酸盐水泥的区别

水　泥　名　称		普通硅酸盐水泥	硅　酸　盐　水　泥	
代　号		P·O	P·Ⅰ	P·Ⅱ
组分含量/%	熟料及石膏	85～94	100	＞95
	矿渣或石灰石	6～15	—	≤5
	火山灰、粉煤灰、窑灰	（含非活性混合材料）	—	—
水泥强度等级		七个：325、425、425R、525、525R、625、625R	六个：425R、525、525R、625、625R、725R	
技术要求	不溶物/%	—	≤0.75	≤1.50
	烧失量/%	≤5	≤3.0	≤3.5
	细　度	80μm 方孔筛筛余≤10%	比表面积大于 300m²/kg	
	凝结时间	初凝不早于 45mm	初凝不早于 45min	
		终凝不迟于 10h	终凝不迟于 390min	
相同强度等级强度指标		3d 抗压指标低 1MPa	3d 抗压指标高 1MPa	

水泥出厂前按同品种、同强度等级编号和取样。袋装水泥和散装水泥应分别进行编号和取样。每一编号为一取样单位。水泥出厂编号按水泥厂年生产能力规定。

120 万吨以上，不超过 1200t 为一编号；

60 万吨以上至 120 万吨，不超过 1000t 为一编号；

30 万吨以上至 60 万吨，不超过 600t 为一编号；

10 万吨以上至 30 万吨，不超过 400t 为一编号；

10 万吨以下，不超过 200t 为一编号。

取样方法按 GB 12573 进行。当散装水泥运输工具的容量超过该厂规定出厂编号吨数时，允许该编号的数量超过取样规定吨数。取样应代表性，可连续取，亦可从 20 个以上不同部位取等量样品，总量至少 12kg。所取样品按规定的方法进行出厂检验，检验项目包括需要对产品进行考核的全部技术要求。

出厂水泥应保证出厂强度等级、技术要求应符合要求。

10.2.6　生产过程与控制

普通水泥的生产与Ⅱ型硅酸盐水泥的生产相同，即硅酸盐水泥熟料、混合材料和适量石膏共同粉磨而成，可采用本书第二章述及的各种生产方法进行生产。水泥工厂在生产普通水泥过程中，为了达到标准规定的各项技术指标的要求，可以在熟料烧成、混合材料品种与数量选择、水泥细度控制等方面进行适当调整，以提高产品质量。

（1）混合材料的适宜掺加量

① 可掺入普通水泥中的混合材种类　普通水泥生产中，允许使用粒化高炉矿渣、火山灰质混合材、粉煤灰、石灰石、砂岩、窑灰中任何一种，也允许同时掺加其中的两种或两种

以上的混合材料即所谓复掺。复掺对因地制宜选取用混合材料、改善水泥的性能、提高经济效益都可以起到十分明显的作用。

② 混合材料的掺加量的标准 混合材料掺量界限为 6％～15％。它有别于硅酸盐水泥，又与掺入较大量混合材料而基本性能发生变化的其他通用水泥相区别。如果掺量超过 15％，甚至更高，一方面将使水泥性能变差，质量降低，无法适应我国目前工程建设要求，另一方面不利于突出普通水泥与矿渣硅酸盐水泥、火山灰硅酸盐水泥、粉煤灰硅酸盐水泥之间的性能区别，不便于不同工程建设选用，故国家标准中对混合材料的掺入量作了明文的规定。

凡符合 GB/T 203、GB/T 1596 要求的粒化高炉矿渣、火山灰质混合材料、粉煤灰活性混合材料，最大掺量可以控制在 6％～15％；不符合上述标准要求的潜在水硬性或火山灰性的水泥混合材料，以及砂岩、石灰石在任何情况下掺量都不超过 10％，而窑灰的掺加量不得超过 5％。

③ 生产中混合材料的适宜掺入量的确定 混合材料的掺量根据熟料质量、生产的水泥品种与强度等级、混合材料种类及活性、水泥粉磨细度等因素综合确定。一般来说，混合材料掺入较多时，会使水泥强度降低，尤其是早期强度。而加入活性低的混合材，强度下降得更为明显。当熟料质量较好，水泥强度等级要求不高，而活性混合材料活性高，水泥粉磨细度细时，则混合材料可掺得适当高些；反之，应少掺些。

在生产中，适宜掺入量可通过不同掺入量的水泥强度对比度验确定一个最佳值。

（2）普通硅酸盐水泥净浆结颗粒现象的主要原因和特征分析 某高速公路工地，因地基下面土质松软，施工单位对地基作注浆处理，并采用某厂普通硅酸盐水泥搅拌成净浆，通过高压泵顺着事先已打好的孔洞注入地下。在搅拌后，净浆表面漂浮着片状小颗粒，堵塞高压泵的孔眼，影响注浆，致使工地无法正常使用。

① 调查取样 在施工现场进行取样，连同当时生产水泥时使用的高炉矿渣和粉煤灰一起做了化学全分析、水泥做胶砂强度试验，试验结果无异常。对生产情况作了详细调查，当时的水泥、入窑生料和熟料综合质量各项指标都未超出工艺控制范围，说明生产正常。

② 原因分析 从化学分析和物理检验中未能发现异常因素，但为了分析造成这一情况的可能因素，工厂从普通水泥的生产过程出发，就其相关因素进行了分析。

对现场取样水泥的相对密度及水分进行了测定，该水泥相对密度为 1.68，比周围工艺条件相近的水泥厂相对密度低约 0.07；水分测定为 0.8％。由此可以推断，水泥相对密度轻、水分大可能是造成水泥亲水性不好，结颗粒的原因所在。

用试验小磨对闭路生产的事故水泥进行二次粉磨后，在相同的条件下和水试验，发现经二次粉磨后的水泥净浆结粒大大下降，亲水性有较大的提高。故普通水泥粉磨时间愈长，细度愈细，细粒（≤30μm）量愈多，对改善水泥净浆结粒现象越有利。

自然情况下，水泥含水量越大，温度越高，在进行净浆搅拌时，结颗粒现象愈严重。当水泥含水量及其温度下降到一定程度后，结颗粒现象可以减轻。

事故水泥粉煤灰掺量高达 8％，矿渣掺量偏小为 4％，周围工艺条件相近的水泥厂，粉煤灰掺入量不超过 3％。粉煤灰掺入量大，造成净浆表面漂浮颗粒现象，同时也使水泥相对密度偏轻。对混合材掺量进行调整后，矿渣掺量达 10％，粉煤灰掺量为 2％，这一现象明显减小。

从熟料本身看，当时的出窑熟料冷却慢，存在局部粉化现象，大块料呈棕褐色。从熟料的配料看，熟料饱和比偏低，铝氧率高，液相量及液相黏度大，熟料易结大块内部呈还原状态，使熟料变性，带上结颗粒潜性。

③ 结论 经调查分析后确认，该厂普通硅酸盐水泥这次结颗粒现象的主要原因是熟料

在不合适的配比及不合理的煅烧条件下的一种变性，而混合材中粉煤灰掺入量过大，再加上水泥颗粒级配不合理和水泥含水量偏大等原因造成这一现象。只要合理调整配料方案，优化煅烧环境，调整混合材的掺入比例，就可避免此类问题。

10.2.7　普通水泥的性能与应用

普通水泥的性能与硅酸盐水泥是相近的，没有明显的差别。这由于普通水泥中熟料的比例很大，起着主导作用，混合材料则起着辅助作用。在熟料水化硬化的作用下，活性混合材料的潜在水硬性被 $Ca(OH)_2$ 激发，火山灰性得以发挥，从而促进了水化硬化。非活性混合材料在水泥硬化体中则起着微集料作用。

普通水泥的各种性能同硅酸盐水泥比较于表 10.12 中。

表 10.12　普通水泥与硅酸盐水泥性能相近

组　别	1		2	
水泥品种	硅酸盐	普通	硅酸盐	普通
混全材料用量	—	矿渣 15%	—	火山灰 15%
标准稠度用水量/%	24.39	24.44	25.50	26.88
终凝时间/(h:min)20℃	4:29	4:21	3:49	3:43
5℃	9:00	8:44	9:31	8:42
胶砂 28d 相对抗压强度/%	100	97.5	100	102.2
耐蚀系数 KC_6[①]	0.35	0.38	0.37	0.53
水化热/(J/g)	227	244	278	277
泌水率/%	31.0	31.3	33.6	26.3
混凝土 28d 相对抗压强度/% (W/C=0.5)	100	102.7	100	97.6
抗冻性(100 次冻融)/%	39.58	42.96		
耐磨性(磨损量)/%	4.06	4.38		
干缩率(6月试体)/%	—	—	0.243	0.251

① KC_6 系胶砂小试体在 3% Na_2SO_3 溶液中和在水中分别浸泡 6 个月后的强度比值。

从表 10.12 可以看出，由于普通水泥毕竟是掺有 6%～15% 的混合材料，因而与硅酸盐水泥相比也有一些差别。主要表现在于普通水泥早期强度的增进率低，比相应硅酸盐水泥要低 1～2MPa 以上。此外，如使用火山灰质混合材料时，水泥的需水量、干缩性较大，泌水性会降低，而抗蚀性会提高。

与硅酸盐水泥相比，普通硅酸盐水泥的早期强度增进率较低，但后期强度增进率较大。国内部分水泥厂生产的 525 号硅酸盐水泥和 525 号普通水泥的实际强度及强度增进率，见表 10.13。

表 10.13　普通水泥与硅酸盐水泥实际强度的比较

水泥品种	标号	统计工厂数/个	28d 坑压强度平均值/MPa	强度增进率平均值/%		
				3d	7d	28d
硅酸盐水泥	525	7	62.1	54	76	100
普通水泥	525	11	61.7	52	73	100

普通水泥除不太适合于早期强度较高的工程和水利工程的水中部分、大体积混凝土工程以外，其他使用范围与硅酸盐水泥使用范围相同。长期的实践证明，用普通水泥配制的各种混凝土，其各项性能与硅酸盐水泥配制的混凝土是相似的，所以普通水泥已被用户和社会广泛认同。

10.3 矿渣硅酸盐水泥

10.3.1 矿渣硅酸盐水泥的定义

根据我国国家标准 GB1344—1999 中规定：凡由硅酸盐水泥熟料和粒化高炉矿渣、适量石膏磨细制成的水硬性胶凝材料称为矿渣硅酸盐水泥，简称矿渣水泥，代号 P·S。

水泥中粒化高炉矿渣掺加量按质量百分比计为 20%～70%。允许用石灰石、窑灰、粉煤灰和火山灰质混合材料中的一种材料代替矿渣，代替数量不得超过水泥质量的 8%，替代后水泥中粒化高炉矿渣不得少于 20%。

10.3.2 矿渣硅酸盐水泥的强度等级及技术要求

矿渣硅酸盐水泥的强度等级分别为：32.5、32.5R、42.5、42.5R、52.5、52.5R。技术要求如下：

（1）MgO 含量 熟料中 MgO 的含量不得超过 5.0%，如果水泥压蒸安定性试验合格，则熟料中 MgO 的含量允许放宽到 6.0%。当熟料中 MgO 含量为 5.0%～6.0% 时，如矿渣水泥中混合材料总掺量大于 40%，所制成的水泥可不作压蒸试验。

（2）SO$_3$ 含量 矿渣水泥中 SO$_3$ 含量不得超过 4.0%。

（3）细度 80μm 方孔筛筛余不得超过 10%。

（4）凝结时间 初凝时间不早于 45min，终凝时间不得迟于 10h。

（5）安定性 用沸煮法检验必须合格。

（6）强度等级 各强度等级水泥的各龄期强度不得低于表 10.14 中的数据。

表 10.14 各强度等级水泥的各龄期强度值

强度等级	抗折强度/MPa		抗压强度/MPa	
	3d	28d	3d	28d
32.5	10.0	32.5	2.5	5.5
32.5R	15.0	32.5	3.5	5.5
42.5	15.0	42.5	3.5	6.5
42.5R	19.0	42.5	4.0	6.5
52.5	21.0	52.5	4.0	7.0
52.5R	23.0	52.5	4.5	7.0

（7）碱含量 水泥中碱含量按 $Na_2O+0.658K_2O$ 计算值来表示，若使用活性骨料需要限制水泥中碱含量时，由供需双方商定。

值得注意的是，上述指标中 MgO 是规定熟料中的含量，这一点与硅酸盐水泥、普通硅酸盐水泥均不相同。这是因为硅酸盐水泥、普通硅酸盐水泥中未掺或掺有很少的混合材料，为便于考核验收可以把水泥中的 MgO 看作是熟料中的 MgO。但矿渣水泥中，掺有大量的矿渣等混合材，而矿渣中往往含有较熟料中高得多的 MgO，但这些 MgO 并不影响安定性。为充分利用工业废渣而又确保水泥质量，故限定熟料中的 MgO 含量。

10.3.3 矿渣水泥的生产

矿渣水泥的生产过程与Ⅱ型硅酸盐水泥、普通水泥的生产过程基本相同。

粒化高炉矿渣（或其他替代的混合材料）烘干后，与硅酸盐水泥熟料、适量石膏按一定比例送入水泥磨内共同粉磨。根据水泥熟料、矿渣的质量，改变熟料、矿渣、石膏的配比及调整水泥的粉磨细度，可以生产出不同强度等级的矿渣水泥，以满足不同工程的需要。

图 10.2 为某干法水泥厂生产矿渣水泥的工艺流程框图。

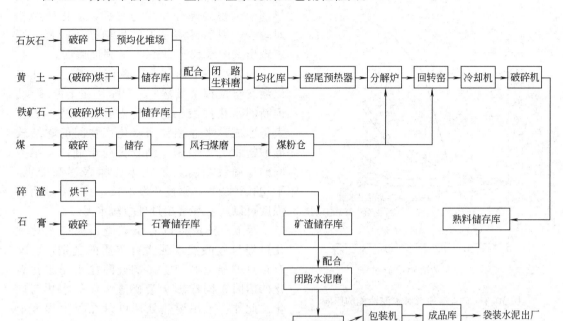

图 10.2　某干法水泥厂矿渣水泥的生产工艺流程框图

10.3.4　矿渣水泥的水化和硬化

矿渣水泥的水化硬化过程较硅酸盐水泥复杂。其水化硬化除取决于水泥熟料的水化硬化外，还取决于矿渣的活性、掺量、水化作用。在矿渣水泥中，如果采用了矿渣以外的混合材料，它会使矿渣水泥的水化硬化产生更为复杂的影响。

（1）矿渣水泥化过程及特点　矿渣水泥加水拌和后，首先是熟料的水化。熟料中的矿物 C_3A 迅速与石膏作用，生成针状晶体钙矾石（AFt），C_3S 水化成 C—S—H、$Ca(OH)_2$，同时还有水化铁酸钙等产物，这些水化物的性质与纯硅酸盐水泥水化时的产物是相同的。

由于 $Ca(OH)_2$ 的形成及石膏的存在，矿渣的潜在水硬性得到激发。$Ca(OH)_2$ 作为碱性激发剂，解离矿渣玻璃体结构，使玻璃体中的 Ca^{2+}、AlO^{3+}、SiO^{4-} 离子进入溶液，造成矿渣的分散和溶解，同时 $Ca(OH)_2$ 与矿渣中的活性 SiO_2、Al_2O_3 作用生成水化硅酸钙和水化硫铝酸钙、$Ca(OH)_2$ 和石膏的共同作用，矿渣中的活性 Al_2O_3 按如下过程进行反应形成水化硫铝酸钙：

$$Al_2O_3 + 3Ca(OH)_2 + 3(CaSO_4 \cdot 2H_2O) + 23H_2O \longrightarrow 3Ca \cdot Al_2O_3 \cdot 3CaSO_4 \cdot 32H_2O$$

除此之外，还可以生成水化硫铁酸钙、水化铝硅酸钙（C_2ASH_8）、水化石榴子石等。

由于矿渣水泥中熟料的相对含量减小，并且有相当多的 $Ca(OH)_2$ 又与矿渣活性组成作为用，所以与硅酸盐水泥相比，水化产物的碱度一般较低，形成的 C—S—H 的 C/S 为 1.4～1.7，同时 $Ca(OH)_2$ 含量较少，而钙矾石含量则增多。

（2）矿渣水泥的硬化特性　应该说矿渣水泥的硬化特性与硅酸盐水泥一样，矿渣水泥在水化的同时也在进行着硬化过程。拌水水化后，首先是熟料矿物的先期水化产物逐渐填充由水所占据的空间，水泥颗粒逐渐接近；由于钙矾石这种针、棒状晶体的相互搭接，特别是大量箔片状、纤维状 C—S—的交叉攀附，从而使原先分散的水泥颗粒以及水化产联结起来，构成一个三维空间牢固结合、密实的整体。但是，由于矿渣水泥中水泥熟料矿物相对地减少

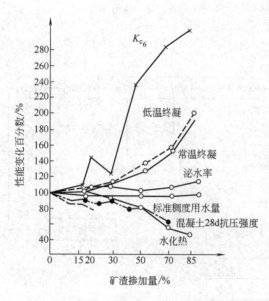

图 10.3 矿渣掺加量对水泥性能的影响

了（与硅酸盐水泥相比），而矿渣的潜在活性早期尚未得到充分激发与发挥，水化产物相对较少，因而矿渣水泥的早期硬化较慢，所表现出来的是水泥的 3d、7d 强度偏低。

随着水化不断进行，矿渣的潜在活性得以激发与发挥，虽然 $Ca(OH)_2$ 在不断减少，但新的水化硅酸钙、水化铝酸钙以及钙矾石大量形成，水泥颗粒与水化产物间的联结较硅酸盐水泥更紧密，结合更趋牢固，三维空间的稳固性更好，硬化体孔隙率逐渐变低，平均孔径变小，强度不断增长，其 28d 以后的强度可以赶上甚至超过硅酸盐水泥。

综上所述，可以看出矿渣水泥的水化硬化过程与硅酸盐水泥没有本质的区别，但又有自身的显著特点。影响硅酸盐水泥水化石化的诸因素同样影响着矿渣水泥的水化与硬化。此外，采用湿热处理可以在很大程度上加速矿渣水泥的硬化速度；矿渣活性超高，颗粒超细，掺量越少，水化硬化就越快。

10.3.5 矿渣水泥的性能和用途

（1）性能 矿渣水泥中混合材料掺量越多，熟料用量相对就越少，表现在性能上就是与硅酸盐水泥或普通硅酸盐水泥相比能差别逐渐加大，如图 10.3 所示。

① 密度与颜色 矿渣水泥的颜色比硅酸盐水泥淡，密度较硅酸盐水泥小，为 2.8～3.0g/cm³。

② 需水性和保水性 矿渣水泥的标准稠度用水量较小，基本上与硅酸盐水泥相同，矿渣水泥的保水性稍差，泌水量稍大。如果用少量火山灰质混合材料代替部分矿渣后可以改善所制水泥的保水性。

③ 凝结时间较长 矿渣掺加量增多，凝结时间延长，特别是掺加量大于 30% 后凝结时间明显变长。

④ 水化热低 由于熟料用量较少且矿渣的水化速度慢，随矿渣掺加量的增加，矿渣水泥的水化热降低。当矿渣掺加量大于 30% 以后，水泥水化热明显降低；如果矿渣掺加量达 70% 时，水化热仅为硅酸盐水泥的 59%。

⑤ 强度发展规律 早期强度低，后期强度增进率大，这是矿渣水泥强度发展的一般规律，不同矿渣掺加量对水泥强度增进率的影响见表 10.15。

表 10.15 矿渣掺加量与水泥强度增进率关系　　　　　　　单位：%

矿渣掺量	相对抗折强度				相对抗压强度			
	3d	7d	28d	90d	3d	7d	28d	90d
0	64.8	84.8	100(8.4MPa)	118.7	51.5	77.0	100(54MPa)	130
15	52.5	74.6	100(8.5MPa)	110.7	37.9	62.8	100(52MPa)	125
20	54.6	73.5	100(8.0MPa)	121.3	37.3	57.7	100(50MPa)	126
25	29.6	66.0	100(7.9MPa)	114.4	37.0	57.4	100(48MPa)	134
35	43.4	51.6	100(8.5MPa)	108.3	33.5	53.2	100(46MPa)	141
40	33.3	54.0	100(8.1MPa)	119.9	29.5	47.6	100(41MPa)	150
55	27.7	48.4	100(7.4MPa)	123.9	25.6	43.8	100(43MPa)	151
70	19.9	35.0	100(7.5MPa)	112.9	22.5	40.0	100(30MPa)	141

注：括号中数值为水泥 28d 的强度值。

表 10.15 中矿渣掺量 0 的属硅酸盐水泥，15% 的为普通水泥，20%～70% 的为矿渣水泥。可以看出，矿渣水泥的早期强度虽然较低，但后期强度增进率很快。矿渣掺量对水泥 28d 抗压强度影响较显著，但对 28d 抗折强度的影响较小。

⑥ 耐腐蚀性好　矿渣掺加量大于 30% 后，水泥耐腐蚀性显著增强，当矿渣掺加量为 50% 时，水泥 6 个月的耐腐蚀系数（K_{C_6}）是硅酸盐水泥的 2.5 倍。在淡水和硫酸盐环境介质中其稳定性优于硅酸盐水泥，与钢筋的黏结力也很好，但抗大气性及抗冻性不及硅酸盐水泥。

值得一提的是，熟料中的 f-CaO 对硅酸盐水泥破坏作用明显，易造成硅酸盐水泥安定性不良，尤其是立窑水泥尤为突出。而矿渣水泥中含有较高的 f-CaO 则相对较硅酸盐水泥破坏性小，这是因为 f-CaO 水化成的 $Ca(OH)_2$，可成为矿渣的碱性激发剂，变不利为有利。因此，较高 f-CaO 含量的熟料可用于生产矿渣水泥。

（2）用途　适用于任何地上工程，制造各种混凝土和钢筋混凝土构件。但施工时要严格控制混凝土的用水量，并尽量排除混凝土表面泌出的水分，加强保湿养护，防止干缩。拆模时间相对延长；低温施工时，必须采取保温或加速硬化等措施。

适用于地下或水中工程以及经常受较高水压的工程。对于要求耐淡水侵蚀和耐硫酸盐侵蚀的水工或海港工程，以及大体积混凝土工程成其适宜。但不适宜用于受冻融或干湿交替的建筑。

最适用于水蒸气养护的预制构件。据试验，矿渣水泥经水蒸气养护后，不但能获得较好的力学性能，而且浆体结构微孔变细，能改善制品和构件的抗裂性和抗冻性。

适用于受热车间（200℃以下），如冶炼车间、锅炉车间和承受较高温度的工程等。

矿渣水泥不适用于早期强度要求高的工程，或低温施工又无保温措施的工程。

10.3.6　提高矿渣水泥质量的主要途径

矿渣水泥最大的缺点是早期（3d、7d）强度偏低，由于这一缺点而常常限制了矿渣水泥的使用范围。因此，生产过程中如何提高早期强度是改善矿渣水泥质量、扩大使用范围的重要问题。提高矿渣水泥早期强度的途径主要有以下几点。

（1）选择适当的熟料的矿物组成　在可能的情况下，适当的高水泥熟料中 C_3S 和 C_3A 含量，有助早期形成较多的硅酸盐水泥水化产物，并较快激发矿渣的潜在活性，见表 10.16，在其他条件不变情况下，熟料中 C_3S+C_3A 的含量增加，则矿渣水泥的早期强度明显提高。

表 10.16　熟料中 C_3S+C_3A 总量对矿渣水泥早期强度的影响　　单位：MPa

编号	熟料中 C_3S+C_3A 含量/%	矿渣水泥的抗压强度/MPa			
		矿渣掺加量 35%		矿渣掺加量 45%	
		1d	3d	1d	3d
1	50	16	32	11	26
2	59	17	33	16	28
3	66	27	45	22	40

（2）控制矿渣的质量和加入量　同一种矿渣，当掺入量较大时，水泥的早期强度下降幅度大；而掺入量小时，对强度影响就小；当掺量适当时，不但早期强度下降幅度小，而且后期强度还会有所提高，见表 10.17。因此，应选择高活性矿渣，控制最佳矿渣掺入量。

（3）提高水泥的粉磨细度　提高矿渣水泥的粉磨细度，对水泥的强度尤其是早期强度影响十分明显。表 10.18 列出了粉磨细度对矿渣水泥的影响。但是，提高水泥的粉磨细度，会降低磨机的产量，增加单位产品电耗，提高水泥的成本。因此，水泥的细度必须结合工厂具体条件、技术经济综合指标来确定。

表 10.17 不同矿渣掺入量的矿渣水泥的强度

矿渣掺量/%	细度(80μm)方孔筛筛余/%	抗压强度/MPa		
		3d	7d	28d
0	5.2	21.0	31.8	47.1
20	5.0	18.5	31.8	52.5
40	5.5	13.6	27.3	48.3
60	5.7	7.7	16.1	41.7

表 10.18 不同矿渣掺入量的矿渣水泥的强度

矿渣掺量/%	比面积/(cm²/g)	抗压强度/MPa		
		3d	7d	28d
0	2800	14.8	24.4	33.1
50	3500	10.4	19.4	26.5
50	4500	16.1	24.4	36.5
50	5500	23.4	31.1	46.9

生产实践证明：增加矿渣水泥中熟料的细度对水泥的强度更为有利。有条件的工厂的工艺上可以采用二级粉磨流程，先在一级磨中将水泥熟料进行粗磨，然后在二级磨中将磨细的熟料和矿渣共同粉磨至成品，或者是采用矿渣、熟料分别粉磨后混合均匀的办法。这样可提高水泥强度，又不会使粉磨电耗增加太多。

提高矿渣水泥的细度，不仅可以提高其早期强度，而且还有利于改善矿渣水泥的和易性，减少泌水性等。

（4）增加石膏加入量 矿渣水泥中的石膏，不仅可以起调节水泥凝结时间的作用，而且还起到矿渣硫酸盐激发剂的作用，加速矿渣水泥的硬化过程。如果在一定范围内提高石膏掺入量，有利于激发矿渣活性，生成较多的钙矾石，使水泥石结构致密，强度增加；但当石膏掺入量过大时，将引起水泥的安定性不良。工厂生产中，矿渣水泥中的较佳石膏掺入量以 SO_3 计，一般在 2.0%～3.0%。

此外，在矿渣水泥中加入适量石灰石代替矿渣，也可以提高矿渣水泥的早期强度，这是由于 $CaCO_3$ 和水化铝酸钙可形成水化碳铝酸钙所致；施工中采取湿热处理或蒸汽养护，或加一些对水泥性质没有破坏作用的外加剂，如减水剂、元明粉（Na_2SO_4）、明矾石粉、三乙醇胺等，都可以在一定程度上提高矿渣水泥的早期强度。利用矿渣配入适量石膏和少量硅酸盐水泥熟料（≤8%或与生石灰后共同粉磨可制成少量熟料水泥或石膏矿渣无熟料水泥）。

10.4 火山灰质硅酸盐水泥

10.4.1 生产技术要求

火山灰质硅酸盐水泥简称火山灰水泥，代号 P·P。它是由硅酸盐水泥熟料和火山灰质混合材料、适量石膏磨细制成的水硬性胶硬材料。

水泥中火山灰质混合材掺加量按质量百分比计为 20%～50%。

火山灰水泥的材料要求、强度等级与矿渣硅酸盐水泥相同。

火山灰水泥的技术要求中，氧化镁、水泥细度、凝结时间、安定性、强度指标均同于矿渣水泥的技术要求，但 SO_3 在水泥中的含量不得超过 3.5%。如果火山灰水泥中混合材料总掺量＞30%，熟料中 MgO 含量为 5.0%～6.0%时，制成的水泥可不作压蒸试验。

试验方法、检验规则等详见《通用硅酸盐水泥》（GB 175—2007）。

10.4.2　配制工艺

① 在生产工厂，将硅酸盐水泥熟料、火山灰质混合材料、石膏按一定比例一起入磨或分别粉磨再进行混合，这是常见的工艺。

② 大型工程的施工现场就地配制。其方法是将水泥熟料运到工地，与火山灰质混合材料、石膏按比例一起粉磨；还可以采用湿粉磨，粉磨后直接使用。采用湿磨可以降低粉磨能耗，提高水泥活性。因此，现场制作时采用这种方法较合理。

③ 预先磨细的混合材料与普通水泥在搅拌机中混合，掺加量根据工程的要求经试验决定。

在实际生产中，通过调整水泥熟料、混合材料、石膏的配比及合理控制出磨水泥的细度等，可以生产出不同强度等级的火山灰水泥。

10.4.3　火山灰质硅酸盐水泥混合材料的掺加量

混合材料掺量多少，直接影响所生产水泥的性质、强度等级及水泥的成本等。火山灰水泥中混合材料的掺加量按质量百分比计为 20%～50%。

有时为了使火山灰水泥具有与硅酸盐水泥不同的建筑性质，如耐火性、耐侵蚀性能，以适应某些特殊工程的需要。这时，要求水泥熟料水化时所析出的 $Ca(OH)_2$ 能最大限度地被火山灰质混合材料吸收。从这一点出发，活性高的混合材料吸收 $Ca(OH)_2$ 的能力强。因此，可以比活性低的混合材料多掺些；相反，若使用非活性混合材料，由于其吸收 $Ca(OH)_2$ 能力差，掺量就要适当的降低。在实际生产中，为满足生产水泥的强度等级、降低水泥的成本、最大程度地提高水泥产量的要求，活性高的混合材可以多掺些，活性低的火山灰质混合材料则掺量要少些。当火山灰质混合材料掺量过高不符合国家标准要求，且强度不能达标；当火山灰质混合材料掺量不足时，往往又不能充分发挥火山

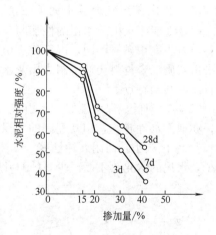

图 10.4　火山灰质混合材料掺加量对水泥强度的影响

灰水泥的特点。所以适宜的混合材料的掺量，应根据水泥熟料的质量、混合材料的活性、要求生产的水泥强度等级等因素综合考虑，并根据不同混合材料掺量对强度的影响及所需火山灰质硅酸盐水泥的性质要求，依据强度试验的结果决定。

不同火山灰质混合材料掺加量对水泥的强度影响如图 10.4 所示。

10.4.4　火山灰质硅酸盐水泥的水化硬化

火山灰水泥的水化硬化过程是：水泥拌水后，首先是水泥熟料矿物水化，生成水化硅酸钙、水化硫铝（铁）酸钙、水化铝（铁）酸钙、$Ca(OH)_2$ 等。然后是熟料矿物水化释放出来的 $Ca(OH)_2$ 与火山灰质混合材料掺中的活性组分进行火山灰反应，即 $Ca(OH)_2$ 对火山灰质混合材料中的玻璃体所含的硅氧、铝氧微晶格作用，使其崩溃、溶解，与 Ca^{2+} 离子生成难溶于水的二次水化物水化硅酸钙、水化铝酸钙等。由于火山灰反应，因而降低了熟料水化液相中的 $Ca(OH)_2$ 含量，从而又可加速熟料矿物 C_3S、C_3A 的水化。

一般情况下，火山灰质混合材料与水泥熟料矿物水化产物的水化反应，可用下列方程式表示：

$$xCa(OH)_2 + SiO_2 + (n-1)H_2O \longrightarrow xCaO \cdot SiO_2 \cdot nH_2O$$

$$(1.5\sim2.0)\,CaO \cdot SiO_2 \cdot aq + SiO_2 \longrightarrow (0.8\sim1.5)\,CaO \cdot SiO_2 \cdot aq$$

$$3CaO \cdot Al_2O_3 \cdot 6H_2O + SiO_2 + nH_2O \longrightarrow$$
$$xCaO \cdot SiO_2 \cdot mH_2O + yCaO \cdot nH_2O \ (式中\ x \leqslant 2,\ y \leqslant 3)$$
$$xCa(OH)_2 + Al_2O_3 + mH_2O \longrightarrow xCaO \cdot Al_2O_3 \cdot nH_2O \ (式中\ x \leqslant 3)$$
$$3Ca(OH)_2 + Al_2O_3 \cdot + 2SiO_2 + mH_2O \longrightarrow 3CaO \cdot Al_2O_3 \cdot 2SiO_2 \cdot nH_2O$$

火山灰水泥的水化产物大体上与硅酸盐水泥相同，主要是以 C—S—H（1）为主的低钙硅酸钙凝胶，其次是水化铝（铁）酸钙、水化硫铝（铁）酸钙及固溶体。若提高水化温度时，还可能有水化石榴子石生成。由于火山灰反应的存在，水化产物中 C—S—H 的 C/S 比值较低，一般在 1.0～1.6，同时 $Ca(OH)_2$ 的数量比硅酸盐水泥浆体中要少得多，且随着养护时间的延长而逐渐减少。甚至某些火山灰水泥中由于掺加的混合材料恰好能吸收 $Ca(OH)_2$，故水化产物中没有 $Ca(OH)_2$。

值得注意的是，各种火山灰质硅酸盐水泥的水化硬化过程基本上是类似的，但水化产物和水化速度，往往由于混合材料种类、性质、掺量、熟料质量的不同及硬化环境的差异而不同。火山灰水泥水化硬化形成的水泥硬化体同硅酸盐水泥相比，内表面积增大，微小孔隙增多。

10.4.5　火山灰质硅酸盐水泥的性能与用途

（1）性能　火山灰水泥的性能与硅酸盐水泥和普通水泥相比有较大差别。火山灰质混合材料与粒化高炉矿渣不同，因而使火山灰水泥的性能与矿渣水泥也不相同。尽管不同的品种的火山灰质混合材料会对所制火山灰水泥产生一定的影响，但总体上来讲，火山灰水泥仍具有自己的共同特点。

① 泌水率低，保水性好　火山灰水泥的泌水率随着混合材掺量增加而减小，泌水率越低，亦即保水性越好，用其配制的水泥砂浆和混凝土具有优良的和易性，便于施工操作。

② 水化热小，而耐腐蚀性好　如图 10.5 所示，随着混合材料的增加，C_3A、C_3S 相对减少，水泥的水化热不断减少，$Ca(OH)_2$ 含量降低，抗腐蚀能力明显增强。当混合材掺加量为 40% 时，水化热只为硅酸盐水泥的 78%，其 6 个月的抗蚀系数是硅酸盐水泥的 2.3 倍。这是火山灰水泥的突出优点。

③ 需水量大，干缩性大，抗冻性差　由于火山灰质混合材料为多孔性物质，内表面积大，故标准稠度用水量随着混合材料掺量增加而增大；由于需水性大，而其保水性又好，造成水泥硬化体中存在较多的游离水分，在干燥环境中，使火山灰水泥干缩性较大。此外，其抗冻性也较差。

④ 早期强度低，但后期强度较高甚至可以赶上或超过硅酸盐水泥　这是因为火山灰水泥由于熟料相对含量较少，水泥中 C_3A、C_3S 矿物也相对减少。因此，火山灰水泥早期强度较低，尤其在低温条件下更为明显。后期由于混合材料中活性组分 SiO_2、Al_2O_3 与 $Ca(OH)_2$ 作用，生成比硅酸盐水泥更多的硅酸钙、水化铝酸钙产物，因而火山灰水泥后期强度表现为增进率较大，尤其在蒸汽养护或湿热处理后，其后期强度往往可以赶上甚至超过硅酸盐水泥，

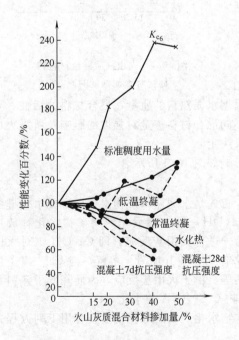

图 10.5　火山灰质混合材料掺加量
对水泥性能的影响

如图 10.6 所示和见表 10.19。

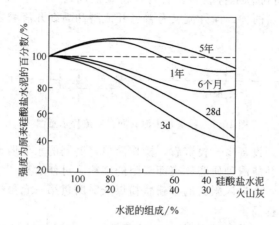

图 10.6　不同掺量的烧页岩水泥混凝土在不同龄期时的相对强度

表 10.19　火山灰质水泥和硅酸盐水泥的强度增进率

水泥品种	抗折强度/%						抗压强度/%					
	3d	7d	28d	3月	6月	1年	3d	7d	28d	3月	6月	1年
425 号硅酸盐水泥	61	66	100	102	111	114	49	73	100	119	126	130
425 号火山灰质水泥	41	62	100	124	128	131	43	58	100	158	171	173

　　为了提高火山灰质水泥的早期强度，改善火山灰水泥的质量，可以考虑适当提高熟料中的 C_3A、C_3S 含量，选择活性高的火山灰质混合材料并控制其合理的掺加量，在进行水泥粉磨时尽可能让粉磨得细些，在水泥的使用过程中还可以采用减水剂、早强剂等措施。

　　火山灰水泥的密度比硅酸盐水泥略小，一般为 $2.7 \sim 2.9 \mathrm{g/cm^3}$。

　　（2）用途　根据火山灰质水泥的性能特点及工程实践，可大致将火山灰质水泥的适用范围与用途概述如下：

　　适用地下、水中工程或经常受较高水压作用的工程，尤其是需要抗渗性、抗淡水、抗硫酸盐侵蚀的工程中，适宜于进行蒸汽养护、生产的混凝土构制件；适用于大体积的混凝土工程；可同普通水泥一样用于一般地面建筑工程。但应该注意，火山灰质水泥不适用于早期强度要求较高的工程，也不适合冻融交替的工程及长期干燥和高温的地方。

10.5　粉煤灰硅酸盐水泥

　　粉煤灰硅酸盐水泥，简称粉煤灰水泥。它是由硅酸盐水泥熟料和粉煤灰、适量石膏磨细制成的水硬性胶凝材，代号 P·F。

　　水泥中粉煤灰掺加量按质量百分比计为 $20\% \sim 40\%$。这种水泥允许生产的水泥强度等级分别为：32.5、32.5R、42.5、42.5R、52.5、52.5R。

　　粉煤灰硅酸盐水泥生产技术要求、试验方法、检验规则等与火山灰水泥要求相同。详见 GB175—2007。

10.5.1　粉煤灰水泥的粉磨工艺

　　粉煤灰的细度一般在 0.08mm 方孔筛筛余 $3\% \sim 40\%$，比入磨的熟料、石膏的粒径小得多。为使企业节能降耗，提高经济效益，选择合理的粉煤灰水泥粉磨工艺流程是必要的。

(1) 常用的粉磨流程及特点

① 共同粉磨 共同粉磨是将熟料、石膏、粉煤灰同时喂入磨机中粉磨,如图 10.7 所示。其流程有开流和圈流两种,而开流又有普通开流磨和高细开流磨之分。

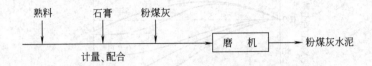

图 10.7 粉煤灰水泥共同粉磨流程示意图

共同粉磨流程简单,设备少,投资省,操作简单,磨制的水泥质量完全符合要求。粉煤灰对熟料有助磨作用,并能清理研磨体表面吸附的细粉,可使磨机产量获得适当提高,但因入磨物料粒径相差很大,大量入限磨的细粉状粉煤灰对磨机第一仓虽然有缓冲作用,但又制约了磨机产量的进一步提高。

开流高细磨能提高水泥的粉磨细度,对提高粉煤灰水泥的早期强度是有利的,某年产 35 万吨粉煤灰水泥工厂,就选用了 2 台 φ2.4m×13m 开流高细磨,并采用共同粉磨流程,该系统设计电耗为 35kW·h/t 水泥。

② 分别粉磨 分别粉磨是将熟料和石膏用一台磨机(开流式圈流)粉磨至成品细度,粉煤灰用另一台磨机(可采用开流高细磨)粉磨至成品细度,然后将磨细的产品进行配比混合,如图 10.8 所示。

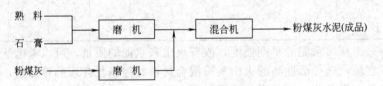

图 10.8 粉煤灰水泥分别粉磨流程示意图

混合可以在混合机内进行,也可以在气力均化库内进行。该流程能根据不同的入磨物料粒度选择不同结构形式和规格的磨机,选择合理的研磨体级配,有利于磨机能力的充分发挥。与共同粉磨相比,系统产量可提高 10%~20%,产品的单位电耗降低 5%~10%,但流程复杂,设备多,系统投资增加。

③ 两级粉磨 两级粉磨是将熟料和石膏在一级磨内(开流)首先进行粗磨,然后将粗磨的水泥和粉煤灰在二级磨内(开流式圈流)共同粉磨至成品,流程如图 10.9 所示。

图 10.9 粉煤灰水泥两级粉磨流程示意图

该流程吸收了共同粉磨和分别粉磨的优点,并克服了它们的缺点,粉磨效率高,系统不大复杂,较共同粉磨节能 15% 左右,挪威诺赛姆(Norcem)水泥公司即采用这种流程粉磨粉煤灰水泥。该公司用两台 640kW 的磨机粗磨熟料和石膏,用一台 640kW 的磨机作为细磨机粉磨粉煤灰水泥。

④ 辊压机预粉磨 将熟料和石膏先经辊压机挤压,挤压后的料饼与粉煤灰共同喂入球磨机(开流式圈流)粉磨(图 10.10)。经辊压机挤压后的料饼中小于 0.09mm 细粉量占

20％～30％，小于 2mm 颗粒占 60％～70％，而且在这些颗粒中存在有大量的裂缝，邦德功指数降低 3.5～5kW·h/t，节电 20％～35％，但系统投资较高，流程较复杂。

⑤ 辊压机联合粉磨工艺系统　该系统由辊压机、打散分级机和球磨机组成，流程如图 10.11 所示。熟料、石膏经辊压机挤压、打散分级机分选后，小于一定粒径的半成品（一般小于 0.5～3mm）与粉煤灰送入球磨机（流式圈流）粉磨，粗颗粒返回辊压机再次挤压。

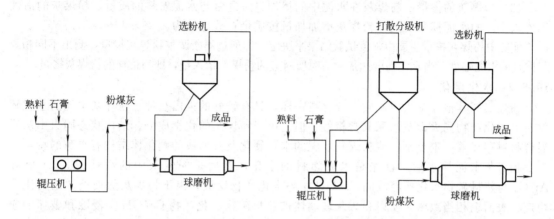

图 10.10　粉煤灰水泥辊压机预粉磨流程示意图　图 10.11　粉煤灰水泥辊压机联合粉磨工艺流程示意图

打散分级机是集打散、分级于一体，兼具烘干功能的新型设备。它是应用离心冲击破碎原理对挤压后的物料进行打散，应用惯性和空气动力对打散后的物料进行分级，分级粒径可以调节。该系统即充分发挥了辊压机的粉碎功能，又发挥了球磨机的研磨功能，系统粉磨效率较高。辊压机液压压力可以降低，延长了辊压机的使用寿命，故障率低，运转率高。

应用该种流程，可使球磨机的系统产量进高 80％～150％，粉磨电耗率降低 40％。研磨体消耗降低 70％以上。但一次投资较高，系统较复杂。

⑥ 粉煤灰直接喂入选粉机中　这种流程是把熟料和石膏送入圈流磨机粉磨，粉煤灰直接喂入选粉机，流程如图 10.12 所示。

这种流程磨机的粉磨能力未发生变化，但水泥强度有所下降。这主要是粉煤灰颗粒密度比熟料低，进入选粉机时一部分大颗粒被选为成品，同时直接选为成品的粉煤灰颗粒没有经过粉磨过程，表面玻璃质壳未受到破坏，因而影响其活性的发挥。

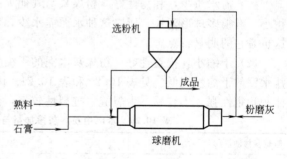

图 10.12　粉煤灰直接喂入选粉机流程示意图

⑦ 将粉煤灰喂入磨机最后一仓　将粉煤灰喂入磨机最后一仓，这种流程粉磨性能比较好，电耗较之共同粉磨要低 10％～20％，但需要设置粉煤灰输送装置，系统复杂。

（2）粉磨流程选择　在生产粉煤灰水泥时，由于粉煤灰掺量较大，粉煤灰应经过球磨机粉磨，以破坏粉煤灰团粒和球状玻璃体外壳，提高粉煤灰的水化活性。

① 较小规模的厂（新建厂或技改厂）可以选用共同粉磨，有条件的厂可以选用两级粉磨，以实现增产降耗。

② 辊压机预粉磨流程方案，就目前国内中小型水泥厂使用的国产辊压机而言大多数效果不甚理想，应进行设备和系统的完善与优化。辊压机联合粉磨工艺能大幅度提高产量、降低电耗，国内已投运的几家厂使用权用效果相对较好，在有条件时工厂应首先采用，以节约

愈来愈宝贵的电能。

③ 粉煤灰直接喂入选粉机中方案，过粉磨少，但对强度有所影响，且混合不均。当掺加粉煤灰较多时，不宜采用。而当掺量较少时，可以考虑采用。

④ 较合理的粉磨流程是将水泥熟料和石膏在一级磨机中首先进行粗磨。然后将粗磨的水泥和粉煤灰在二级磨内共同粉磨至成品。

（3）粉煤灰的掺量　粉煤灰在水泥中的掺加量，通常与水泥熟料的质量、粉煤灰的活性和要求生产的水泥标号有关，粉煤灰掺加加量按质量百分比计为 20%～40%。

实际中粉煤灰掺量主要由强度试验结果来决定，即通过不断调整粉煤灰掺量，测出不同粉煤灰掺量的水泥强度。当水泥强度达最大值时所对应的粉煤灰掺入量，即为最佳的粉煤灰掺量。

10.5.2　水化硬化

粉煤灰同其他人工火山灰质混合材料一样，具有较好的火山灰性。粉煤灰水泥的水化硬化及其水化产物同火山灰水泥非常相似。但是由于粉煤灰的化学成分、结构状态同火山灰质混合材料存在着一定差别，使粉煤灰水泥的水化硬化及其形成的硬化体结构有自身的特点。

粉煤灰水泥拌水后，首先是水泥熟料的水化，然后是粉煤灰中的活性组分 SiO_2 和 Al_2O_3 与熟料矿物水化所释放的 $Ca(OH)_2$ 等水化产物反应。由于粉煤灰的玻璃体结构比较稳定，表面上相当致密，所以粉煤灰玻璃体被熟料矿物水化产物 $Ca(OH)_2$ 侵蚀和破坏的速度很慢，即火山灰反应缓慢。在水泥水化 7d 后的粉煤灰颗粒表面，几乎没有变化；直至 28d，才能见到表面初步水化，略有凝胶状的水化产物出现；在水化 90d 后，粉煤灰颗粒表面才开始生成大量的水化硅酸钙凝胶体，它们相互交叉连接形成很好的黏结强度。所以，检定粉煤灰的活性要以三个月的抗压强度值表示。

粉煤灰水泥的水化产物同硅酸盐水泥基本相同。主要有水化硅酸钙、水化硫铝（铁）酸钙、水化铝（铁）酸钙、$Ca(OH)_2$，有时还可能存在少量水化石榴等。但水化产物 $Ca(OH)_2$ 含量较少，且水化产物大部分为凝胶相，C—S—H 胶凝中 C/S 比较低。

10.5.3　性能

粉煤灰水泥的性质与火山灰水泥大体相同，但也有许多优点，也是火山灰水泥不可比的。现将粉煤灰水泥性能特点叙述如下。

（1）需水量少，和易性好　粉煤灰与其他火山灰质混合材料相比，结构致密，内比表面积小，有很多球形颗粒，所以这种水泥需水少，和易性好，类似于硅酸盐水泥和普通水泥，这也是它的明显特点。

（2）干缩小，抗裂性好　粉煤灰水泥的干缩性比火山灰水泥小得多，甚至比相应的硅酸盐水泥的干缩性还低。见表 10.20 和表 10.21。因此，用粉煤灰水泥制成的砂浆或混凝土的体积稳定性强，不容易产生裂缝，抗裂性较好，混凝土的抗拉强度较高。

表 10.20　水泥中粉煤灰掺加量与龄期 6 个月的干缩率的关系

粉煤灰掺加量/%	0	15	20	25	40	50
干缩率/%	0.238	0.230	0.178	0.180	0.184	0.180

表 10.21　粉煤灰水泥与火山灰水泥干缩率的比较

水泥品种	混合材料		龄期/d	掺混合材料水泥与硅酸盐水泥干缩率的比值
	种类	掺量/%		
粉煤水泥	上海粉煤灰	30	6	0.884
火山灰水泥	牡丹江火山灰抚	30	6	0.874
	顺赤页岩耀县矸	30	6	0.910
	子土宣化凝灰岩	30	6	1.230

（3）水化热低　由于粉煤灰的掺入，使熟料相对含量减少，再加上粉煤灰水泥的水化速

度缓慢，因此水化热较低，且随粉煤灰掺量的增加，其水化热明显降低，见表 10.22。

表 10.22　粉煤灰掺加量对水泥水化热的影响

掺加量/% 水化热/(J/g)	0	15	20	25	40	50
3d	267	285	234	226	202	170
7d	213	335	281	262	246	217

（4）耐腐蚀性好　由于粉煤灰水泥水化产物中 $Ca(OH)_2$ 很少且其他水化产物碱度也较低，在 $Ca(OH)_2$ 碱度低的情况下，水泥石仍然能稳定存在，因此其抗硫酸盐类、水的侵蚀能力较强。见表 10.23，其中 K_{c1}、K_{c3} 和 K_{c6} 分别为 1、3 和 6 个月的耐腐蚀系数。

表 10.23　水泥中粉煤灰掺加量与耐腐蚀系数的关系

掺加量/%	K_{c1}	K_{c3}	K_{c6}
0	0.40	0.30	0.26
15	0.42	0.42	0.57
20	0.54	0.64	0.70
25	0.59	0.72	0.74
40	0.76	0.86	0.85
50	0.81	1.02	0.93

（5）早期强度低，后期强度增进率大　粉煤灰水泥的早期强度低，随着粉灰的掺量增加，早期强度大幅度下降，早期强度的增时率甚至比火山灰水泥还要小，如图 10.13 所示为掺有烧页岩的火山灰水泥与粉煤灰水泥 3d、7d 水泥强度对比。显而易见，随着粉煤灰的掺量增加，早期强度下降越加明显。

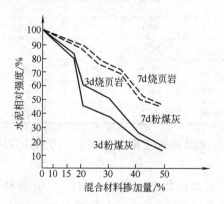

图 10.13　粉煤灰和烧页岩掺加量
对水泥早期强度的影响

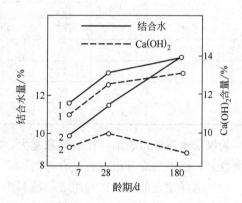

图 10.14　水泥石的结合水量和
$Ca(OH)_2$ 含量的变化规律

1—硅酸盐水泥；2—粉煤灰水泥（掺 30% 粉煤灰）

掺 30% 粉煤灰的粉煤灰水泥结合水量 $Ca(OH)_2$ 的测定结果如图 10.14 所示。由图 10.14 可以看出，后期粉煤灰水泥的结合水量有显著增加，而 $Ca(OH)_2$ 含量在后期逐渐下降，说明粉煤灰的活性组分在后期能很快与 $Ca(OH)_2$ 反应，使水化物增多，结构致密，从而使粉煤灰水泥的后期强度有较大增长，甚至超过相应硅酸盐水泥的强度。掺 34% 粉煤灰的粉煤灰水泥后期强度如图 10.15 所示。

另外，粉煤灰对高镁水泥的体积安定性具有很好的稳定作用。据研究，在 MgO 超过标准限量高达 10% 的水泥试样中，掺加 30% 的粉煤灰后，仍表现出很好的安定性，但粉煤灰水泥泌水快，抗冻性能和抗碳化性能较差。

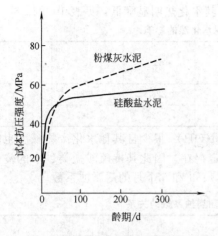

图 10.15　粉煤灰水泥的后期
强度（掺 34%粉煤灰）

10.5.4　用途

根据粉煤灰水泥所具有的特性，粉煤灰水泥可用于一般的工业和民用建筑，尤其适用于大体积和水利工程的混凝土以及地下、海港工程等，但不适用于早期强度要求高的工程、受冻工程、有水位升降的混凝土工程以及有抗碳化要求的工程等等。

10.5.5　提高粉煤灰水泥早期强度的途径

粉煤灰水泥具有许多优良特性，但其早期强度低的弱点，限制了粉煤灰水泥在一般工程上的应用。因此，只有提高粉煤灰水泥的早期强度，才能进一步扩大其应用范围。

（1）选择优质粉煤灰并且控制粉煤灰掺量
粉煤灰活性高低对粉煤灰水泥的强度影响极大。粉煤灰活性越高，用其配制的水泥强度也越高，其早期强度下降值就越小。控制适当的粉煤灰的掺加量，可以使早期强度下降不太大，后期强度又能得到迅增长。

（2）提高粉煤灰水泥的细度　将粉煤灰水泥磨得细一些，不但可以加速熟料颗粒的水化速度，还可以提前破坏粉煤灰球形颗粒密实的外壳，加速粉煤灰的火山灰性反应，从而提高水泥的早期强度。粉煤灰水泥细度与强度的关系，见表 10.24。

表 10.24　炝发煤灰水泥的细度与强度的关系

粉煤灰掺加量/%	细度/(%+μm)	比表面积/(m²/kg)	抗压强度/MPa			相对强度/%		
			3d	7d	28d	3d	7d	28d
0	4.5	300	27	40	55	100	100	100
30	7.6	353	7	12	24	25.5	30.6	43.4
30	1.5	445	14	21	35	51.1	52.8	63.5
30	0.8	495	23	33	47	84.5	78.8	84.0
30	0.9	533	26	35	49	96.0	87.4	89.0

粉煤灰水泥磨得越细，比表面积越大，3d、7d、28d 的强度明显提高。由于粉煤灰水泥易磨性好，细磨的综合效益也是合算的。

（3）选择适宜的熟料矿物组成　熟料中 C_3S 含量高能析出大量 $Ca(OH)_2$，促进粉煤灰的火山灰反应，有利于提高水泥早期强度。熟料中 $f\text{-}CaO$ 的水化，有利于粉煤灰的火山灰反应，能在一定程度抑制 $f\text{-}CaO$ 对水泥性能的危害，适量的碱的存在能加速粉煤灰水泥水化，在一定条件下有利于粉煤灰水泥早期强度的提高。

除此之外，粉煤灰水泥在使用过程中加入少量减少剂、促凝剂、早强剂等也能提高早期强度，或者采取湿热养护或蒸汽养护等均能使粉煤灰水泥的早期强度得到一定程度的改善。

10.6　复合硅酸盐水泥

复合硅酸盐水泥是继硅酸盐水泥、普通水泥、矿渣水泥、火山灰水泥、粉煤灰水泥五大水泥之后新增的一种通用水泥。GB 175—2007/XGl—2009《通用硅酸盐水泥》国家标准第 1 号修改单已正式制定，目前实施的国家标准是《复合硅酸盐水泥》（GB175—2007）。

10.6.1　复合硅酸盐水泥的生产技术要求

（1）定义　凡由硅酸盐水泥熟料、＞20％且≤50％两种或两种以上规定的混合材料和适量石膏磨细制成的水泥，称为复合硅酸盐水泥（简称复合水泥）代号 P·C。

水泥中允许用不超过8％的窑灰代替部分混合材，掺矿渣时混合材掺量不得与矿渣硅酸盐水泥重复。

（2）水泥强度等级　复合硅酸盐水泥的强度等级分为：32.5、32.5R、42.5、42.5R、52.5、52.5R 六个等级。

（3）技术要求　复合硅酸盐水泥的各项技术要求中除强度指标外，其他均同于火山灰质硅酸盐水泥或粉煤灰硅酸盐水泥。

复合硅酸盐水泥的各强度等级的龄期强度，见表 10.25。

表 10.25　复合硅酸盐水泥各强度等级的龄期强度值

项目 强度等级　　　龄期	抗折强度/MPa		抗压强度/MPa	
	3d	28d	3d	28d
32.5	11.0	32.5	2.5	5.5
32.5R	16.0	32.5	3.5	5.5
42.5	16.0	42.5	3.5	6.5
42.5R	21.0	42.5	4.0	6.5
52.5	22.0	52.5	4.0	7.0
52.5R	26.0	52.5	5.0	7.0

10.6.2　复合硅酸盐水泥的混合材料掺加量

复合硅酸盐水泥的生产方法与前述及的通用水泥生产方法基本相同，不同之处在于混合材料的种类与掺量有别。

（1）复合硅酸盐水泥的混合材料种类　复合水泥中可掺入的混合材料种类通常比较多。主要含：

① 活性混合材料　符合《用于水泥中的粒化高炉矿渣》GB/T 203 的粒化高炉矿渣；符合《用于水泥和混凝土中的粉煤灰》GB/T 1596 的粉煤灰；符合 GB/T 2847《用于水泥中的火山灰质混合材料》的火山灰质混合材料；符合《用于水泥中粒化增钙液态渣》JC/T454 的粒化增钙液态渣；《通用硅酸盐水泥》国家标准第 1 号修改的活性混合材料。

② 非活性混合材料　凡活性指标低于 GB/T 203 的粒化高炉矿渣、GB/T 1596 的粉煤灰、GB/T 2847 的火山灰质混合材料、JC/T 454 的粒化增钙液态渣；符合 JC/T 418 的粒化高炉钛矿渣；石灰石、砂岩，及新开辟的符合 GB 12958 中"附录 A　启用新开辟的混合材料的规定"的非活性混合材料。

（2）混合材料的掺量与复掺实例　确定复合硅酸盐水泥中各混合材料的掺量，应综合考虑所用熟料的质量、混合材料的质量、要求生产水泥的强度等级以及混合材料之间的相互影响等方面，并通过不断地试验，找出其最佳掺量，但掺量应在 15％～50％范围内。

复合硅酸盐水泥中同时掺加两种或两种以上的混合材料，不只是将各类混合材料加以简单的混合，而是有意识地使之相互取长补短，产生单一混合材料不能有的优良效果，明显提高水泥混凝土的性能。

矿渣与粉煤灰复掺后，水泥硬化浆体结构更加密实，水泥性能得到改善；若需水性大的火山灰质混合材料与需水性小的混合材料复掺，使水泥的需水量大幅度减小，而和易性仍然很好；若引起水泥早期强度低后期强度高的混合材料与引起早期强度高而后期强度低的混合材料复核，水泥的早期强度，后期强度都得以提高。下面列举几种单掺与复掺混合材料的使用效果说明如下。

① 矿渣与碎砖双掺混合材料　广州水泥厂采用韶关钢铁厂矿渣、本地碎砖与本厂熟料，分别进行单掺、双掺混合材料的水泥性能试验，结果如图 10.16 所示。可见单掺碎砖的水泥强度大幅度降低；双掺碎砖、矿渣的水泥强度接近单掺矿渣的水泥强度。同时还发现，双掺矿渣、碎砖的水泥泌水性与和易较单掺矿渣的水泥有明显改善，提高了水泥的使用性能。

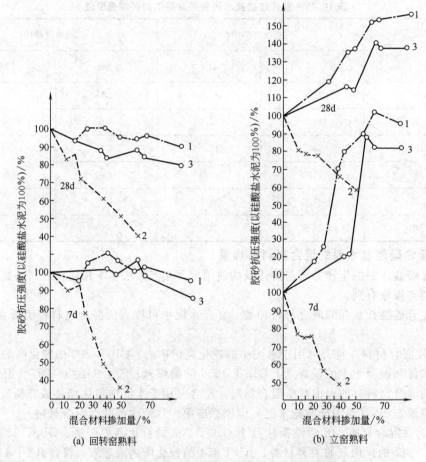

(a) 回转窑熟料　　　　(b) 立窑熟料

图 10.16　双掺混合材料矿渣与碎砖的水泥强度
1—单掺矿渣；2—单掺碎砖；3—双掺矿渣和碎砖

② 石灰石与沸石双掺混合材料　中国建筑材料学研究总院水泥所在进行微集水泥的研究中使用石灰石与沸石两掺混合材料，试验中将水泥比表面积磨至 $400m^2/kg$。结果表明：两掺混合材料的水泥性能较单掺一种混合材料的水泥要好，如图 10.17 所示。

③ 三掺混合材料　柳州水泥厂采用矿渣、页岩和石灰石进行了单掺、两掺和三掺混合材料水泥的试验研究：单掺是只掺加 30% 矿渣的水泥；两掺是掺加矿渣 20%、页岩 10% 的水泥A 和掺加矿渣 20%、石灰石 5% 的水泥 B；三掺是掺加矿渣 20%、页岩 5%、石灰石 5% 的水泥。结果表明：无论在哪一种条件下，两掺比单掺好，三掺比两掺好，如图 10.18 所示。

关于三掺混合材料问题，中国建筑材料学研究总院水泥所与福建水泥厂合作进行了石灰石、窑灰和矿渣三掺混合材料水泥的试验研究。结果表明：在水泥中单掺 25％ 石灰石可以获得较好的水泥强度。如果混合材料保持 25％ 不变，采用 8％ 的窑灰、10％ 的石灰石和 7％ 的矿渣所制备的复合水泥可以获得更好的效果，如纯硅酸盐水泥 28d 强度为 64.7MPa，而三掺 25％ 混合材料后，28d 强度还能达到 49.9MPa，而三掺 25％ 混合材料后，28d 强度还能达到 49.9MPa，见表 10.26。

（3）复合水泥的品种　中国复合硅酸盐水泥有多种体系、不同品种。主要含有矿渣的复合水泥，硅质渣、铁粉复合水泥，含粉煤灰复合水泥，煤矸石、液态渣（或石灰石）复合水泥，彩色复合水泥等。中国研究、开发、实际生产的各种复合硅酸盐水泥详见表 10.27。

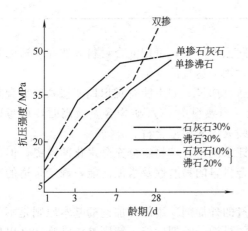

图 10.17　石灰石与沸石双掺
混合材料的水泥抗压强度

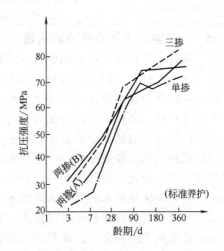

图 10.18　单掺、两掺、三掺混合
材料的水泥强度

表 10.26　三掺混合材料的水泥强度

编号	水泥组成/%					抗压强度/MPa					
	熟料	石膏	窑灰	石灰石	矿渣	3d	7d	28d	90d	180d	360d
1	95	5			32.5	41.5	64.7	74.5	79.6	81.4	
2	70	5		25	24.7	33.3	43.1	83.9	56.3	62.9	
3	70	5	8	10	7 24.9	35.1	49.9	62.7	69.3	73.7	

表 10.27　中国复合硅酸盐水泥的品种与混材料掺加实例

复合硅酸盐水泥品种		混合材料种类、配比（％）	生产厂家或单位
含矿渣的复合水泥	矿渣、石灰石复合水泥	矿渣：23±3；石灰石：5～9；窑灰：3±1	济南水泥厂
		矿渣：28；石灰石 12～15	
	矿渣、煤矸石复合水泥	矿渣：25～27；煤矸石：8.5～12.5；窑灰：5；矿渣：15；煤矸石：15	邯郸水泥厂 耀县水泥厂
	矿渣、磷渣复合水泥	矿渣：磷渣：<25	青岛水泥厂
	矿渣、沸石复合水泥	矿渣：25；沸石：10	黄石第二水泥厂
	其他含矿渣复合水泥	矿渣：20～25；电厂炉渣：15～20 矿渣、钢渣、粉煤灰、煤渣、页岩等	山东建材二水泥厂
硅质渣、铁粉复合水泥		硅质渣：15；铁粉：10 硅质渣：10；铁粉：10	临沂第二水泥厂

复合硅酸盐水泥品种		混合材料种类、配比（%）	生产厂家或单位
含粉煤灰的复合水泥	粉煤灰、磷渣复合水泥	粉煤灰：25；磷渣：25	
	粉煤灰、煤渣复合水泥	粉煤灰：12.5～15；煤渣 12.5～15	峨嵋山水泥厂
	粉煤灰、硅锰渣复合水泥	粉煤灰、硅锰渣	
烧黏土、废渣、石灰石复合水泥		烧黏土：12～16；废渣：5～10；石灰石：3～5	富平飞跃建材厂
彩色复合水泥		矿渣、钢渣、石灰石、白色硅酸盐水泥熟料	
煤矸石：液态渣复合水泥		煤矸石：15；液态渣：15；煤矸石：20；石灰石：5	

10.6.3　生产复合水泥应注意的问题

生产复合硅酸盐水泥时应根据不同品种、不同强度等级，可用混合材料等选择合适的复掺混合材料及比例，控制合理的粉磨细度，必要时添加适宜的外加剂。

（1）选择性能优势可互补的复合材料并确定适宜掺量　如果能有意识地使掺入的混合材料性能优势互补，必将大大改善复合水泥的性能。当熟料中 C_3A 矿物含量较高时，可考虑多掺入些石灰石，而熟料中碱含量较高则可多掺些火山灰质混合材。

（2）控制合适的粉磨细度　一定的细度是保证水泥中各矿物组分充分水化的前提，但过细的细度会增加能耗。实际生产中应根据各种混合材料的易磨性及水泥性能，确定合适的粉磨制度，以获得满足要求的复合水泥细度。

（3）当混合材料掺量较高时可掺入一加剂定量的外加剂　添加外加剂的基本原则是不引入对水泥性能有害的元素，且需要同时兼顾水泥的早期、长期性能，特别是应满足 28d 以后乃至半年及更长时间后的水泥耐久性能，并不应增加对环境的污染。

10.6.4　性能特点与应用

复合硅酸盐水泥与普通水泥、矿渣水泥、火山灰水泥和粉煤灰水泥一样，都是以硅酸盐水泥熟料为主要组分的水泥，这就是说复合硅酸盐水泥与上述的几种水泥基本性能一致。但由于复合硅酸盐水泥复掺混合材料，其性能与应用也具有自身的一些特点。

（1）性能特点　复合硅酸盐水泥的性能与所用复掺混合材料的品种和数量有关，如选用矿渣、化铁炉渣、磷渣或精炼铬铁渣为主，配以其他混合材料，而混合材料的总掺量又较大时，其特性接近矿渣水泥。如选用火山灰质混合材料或粉煤灰混合材料为主，配以其他混合材料，而混合材料的总掺加量较大时，其特性接近火山灰水泥或粉煤灰水泥。如选用少量各类混合材料搭配，则其特性接近普通水泥。

① 复合硅酸盐水泥的性能　可以通过混合材料的相互搭配并调整掺加量予以改善。如果选择混合材料及掺量适宜，可以消除或缓解火山灰水泥需水量和干缩性大、矿渣水泥和粉煤灰水泥早期强度低等弱点，使其各项性能达到或接近普通水泥的性能。例如矿渣与火山灰两掺复合水泥，其和易性显得格外好；而矿渣与粉煤灰两掺复合水泥的水泥石内表面积由矿渣水泥的 $16.16m^2/g$ 提高到 $23.5m^2/g$，平均孔半径由矿渣水泥的 10nm 降到 7.7nm，从而有效地提高了水泥的抗渗性。

② 复合硅酸盐水泥建筑性能良好　图 10.19 是单掺矿渣和复掺矿渣、页岩、石灰石的水泥，在相同条件下配制出的混凝土自然养护时的强度结果，它与标准养护时的水泥胶砂和混凝土的变化规律基本一致，两掺的效果比单掺的好，而三掺的效果比两掺的要好。但也有例外，例如矿渣、磷渣双掺时不如单掺矿渣效果好；粉煤灰、煤渣双掺时也不如单掺粉煤灰

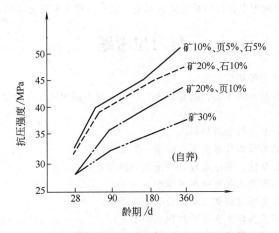

图 10.19　单掺、两掺、三掺水泥的混凝土强度

时效果好，这都是因为所掺混合材料没有优势互实的原因。

（2）应用　复合硅酸盐水泥可广泛应用于工业和民用建筑工程中。

学习小结

普通硅盐水泥、矿渣硅酸盐水泥、火山灰质硅酸盐水泥、粉煤灰硅酸盐水泥及复合硅酸盐水泥同属于通用硅酸盐水泥系列，都是以硅酸盐水泥熟料为主要组分，以石膏作缓凝剂，不同品种水泥之间的差别主要在于所掺加混合材料的种类和数量不同。粒化高炉矿渣、火山灰质混合材料、粉煤灰及砂岩、石灰石、块状的高炉矿渣等常用的各类混合材料，分活性和非活性两类。它们潜在的活性通常由碱性激发剂（石灰、硅酸盐水泥熟料）、硫酸盐激发剂（石膏）所激发。

窑灰既不属于活性混合材，也不属非活性混合材，它是作为水泥组分之一的材料，生产中可掺入一定的量。

普通水泥的生产与 II 型硅酸盐水泥的生产相同，只是混合材料掺量界限为 6%～15%，这一点有别于硅酸盐水泥。为了达到标准规定的各项技术指标的要求，可以在熟料烧成、混合材料品种与数量选择、水泥细度控制等方面进行适当调整，以提高产品质量。

矿渣硅酸盐水泥、火山灰质硅酸盐水泥、粉煤灰硅酸盐水泥的强度等级分别为：32.5、32.5R、42.5、42.5R、52.5、52.5R。熟料中 MgO 的含量不得超过 5.0%，如果水泥压蒸安定性试验合格，则熟料中 MgO 的含量允许放宽到 6.0%。当熟料中 MgO 含量为 5.0%～6.0% 时，如矿渣水泥中混合材料总掺量大于 40%，所制成的水泥可不作压蒸试验。矿渣水泥中 SO_3 含量不得超过 4.0%。生产过程与 II 型硅酸盐水泥、普通水泥的生产过程基本相同。这几种水泥强度发展的一般规律是早期强度低，后期强度增长率大。提高它们的早期强度的主要途径是：在可能的情况下，适当的提高水泥熟料中 C_3S 和 C_3A 含量；控制最佳混合材掺入量；提高水泥的粉磨细度；矿渣硅酸盐水泥在一定范围内还可以提高石膏掺入量。在使用过程中可以加入少量减少剂、促凝剂、早强剂等，也能使早期强度得到一定程度的改善。

复合硅酸盐水泥是继五大水泥之后新增的一种通用水泥。生产方法与前述及的通用水泥生产方法基本相同，不同之处在于混合材料的种类与掺量有别。生产复合硅酸盐水泥时应根据不同品种、强度等级、可用混合材料等，选择合适的复掺混合材料及比例、控制合理的粉磨细度、必要时添加适宜的外加剂。复合水泥中同时掺加两种或两种以上的混合材料，不只是将各类混合材料加以简单的混合，而是有意识地使之相互取长补短，产生单一混合材料不能有的优良效果，明显提高水泥混凝土的性能。确定复合硅酸盐水泥中各混合材料的掺量，应综合考虑所用熟料的质量、混合材料的质量、要求生产水泥的强度等级以及混合材料之间的相互影响等方面，并通过不断地试验，找出其最佳掺量，但掺量应在 15%～50% 范围内。

硅酸盐水泥熟料掺加适量石灰石生产石灰石硅酸盐水泥，有利于提高水泥早期强度，改善水泥混凝土和易性，调整企业产品结构，解决混合材料资源短缺问题，降低水泥生产成本，节约能源增加经济效益。

尤其对矿渣、粉煤灰、火山灰等混合材短缺的地区来说，生产这种水泥有更大的价值。

复习思考题

1. 用作水泥混合材料的有哪些矿物质？

2. 水泥中掺加适量混合材料的主要目的是什么？如何根据不同地域、混合材料的产地等生产不同品种的水泥？

3. 何谓活性混合材料，非活性混合材料？

4. 用作水泥混合材料的有哪些技术要求？试举一类说明。

5. 说明潜在活性、火山灰性、质量系数、激发剂的特定含义。

6. 普通硅酸盐水泥与硅酸盐水泥有哪些区别？

7. 矿渣硅酸盐水泥为什么可以放宽三氧化硫的限量要求？

8. 用于水泥生产中的矿渣为什么主要是粒化高炉矿渣？

9. 为保证矿渣水泥的质量，国家标准中规定了熟料中的氧化镁小于5%，而作为混合材料的矿渣为什么不限制氧化镁含量？

10. 与硅酸盐水泥相比，为什么掺有混合材料的水泥的早期强度低而后期强度却较高？

11. 火山灰质硅酸盐的特性有哪些？

12. 如何根据施工和粉煤灰产地情况选择合理的水泥粉磨工艺？

13. 如何提高粉煤灰水泥的早期强度？

14. 复合水泥生产中要注意哪些问题？

15. 复合水泥的性能与其他通用水泥相比，有哪些特殊性？

16. 试列表归纳出全部六种通用水泥的定义、代号、组分材料、生产技术要求、性能的相同与相异处。

参考文献

[1] 王燕谋. 中国建筑材料工业概论 [M]. 北京：中国建材工业出版社，1996.

[2] 丁美荣. 水泥质量及化验技术 [M]. 北京：中国建材工业出版社，1993.

[3] 袁本辉，韦池. 水泥工业法规及标准汇编 [M]. 北京：中国标准出版社，1993.

[4] 刘笃新. 水泥生料配料的率值公式 [M]. 北京：中国建材工业出版社，1996.

[5] 李明豫，丁卫东. 化验室工作手册 [M]. 北京：中国建材工业出版社，1994.

[6] 岳庆寅等. 水泥厂计量手册 [M]. 北京：中国建材工业出版社，1993.

[7] 张浩楠. 中国现代水泥技术及装备 [M]. 天津：天津科学技术出版社，1995.

[8] 于润如，严生. 水泥厂工艺设计手册 [M]. 北京：中国建材工业出版社，1995.

[9] 白礼懋. 水泥厂工艺设计实用手册 [M]. 北京：中国建材工业出版社，1997.

[10] 沈威，黄文熙，闽盘荣. 水泥工艺学 [M]. 武汉：武汉工业大学出版社，1991.

[11] 杨南如等译. 水泥技术进展 [M]. 北京：中国建材工业出版社，1986.

[12] 沈曾荣等译. 水泥工艺进展 [M]. 北京：中国建材工业出版社，1988.

[13] 石必孝等译. 国际先进水泥资料工艺与装备手册 [M]. 武汉：武汉工业大学出版社，1989.

[14] 朱祖培等译. 国际水泥资料集 2 [M]. 北京：中国建筑工业出版社，1986.

[15] F·M李著，唐明述译. 水泥和混凝土化学 [M]. 北京：中国建筑工业出版社，1980.

[16] 黄有丰等. 水泥工业新型挤压粉磨技术 [M]. 北京：中国建材工业出版社，1996.

[17] 鲁法增. 水泥生产过程的质量检验 [M]. 北京：中国建材工业出版社，1996.

[18] 朱尚叙等. 立窑水泥生产节能新技术 [M]. 武汉：武汉工业大学出版社，1992.

[19] 程志源. 立窑水泥生产技术与操作 [M]. 北京：中国建材工业出版社，1993.

[20] 中国建材科学研究院水泥所. 水泥性能及检验 [M]. 北京：中国建材工业出版社，1994.

[21] 中国建材工业规划研究院. 中国特种水泥工业 [M]. 北京：中国科学技术出版社，1991.

[22] 薛君，吴中伟. 膨胀和自应力水泥及应用 [M]. 北京：中国建筑工业出版社，1985.

[23] 丁志华等. 水泥生产的质量控制与管理指南 [M]. 武汉：武汉工业大学出版社，1996.

[24] 裴守屏等. 立窑水泥质量手册 [M]. 太原：山西人民出版社，1982.

[25] 西南水泥工业设计院. 小水泥生产技术 [M]. 北京：中国建筑工业出版社，1984.

[26] 李京文等. 建材工业企业管理 [M]. 北京：中国建筑工业出版社，1982.

[27] 王文义. 我国为什么应采用 ISO 水泥强度检验方法 [J]. 水泥，1998（4）.

[28] 刘寿锦等. 冀东二线 4000t/d 生产工艺线的设计 [J]. 水泥技术，1998（2，3）.

[29] 唐金泉. 我国水泥窑余热发电技术，水泥技术 [J]. 1997（3）.

[30] 丁铸等. 我国复合硅酸盐水泥的发展与现状 [J]. 水泥，1997（3）.

[31] 王乐亮. 粉煤灰水泥的粉磨工艺流程 [J]. 水泥工程，1997（2）.

[32] J·Bensted. 高铝水泥理论与应用现状 [J]. 国外建材，1994（2）.

[33] 黄大能. 高性能混凝土与超高强标号水泥 [J]. 水泥技术，1997（2）.

[34] 张柏寿. 提高立窑水泥质量的综合措施 [J]. 新世纪水泥导报，1997（2）.

[35] 王世忠. 生态水泥 [J]. 中国建材科技，1997（4）.

[36] 李俭之. 现代化机立窑是水泥立窑的发展方向 [J]. 水泥，1998（2）.

[37] 德国"ZKG"杂志社. 国际水泥-石灰-石膏（中文版）[J]. 1997（1，2）.

[38] 殷维君，水泥工艺学 [M]. 武汉：武汉工业大学出版社，1991.

[39] 建材标准汇编，水泥编写组. 建材标准汇编（水泥）[M]. 北京：中国标准出版社，1999.

[40] 中国建材科学研究院水泥所等. 最新水泥标准应用指南 [M]. 北京：中国统计出版社，1993.

[41] 陈全德、曹辰，新型干法水泥生产技术 [M]. 北京：中国建筑工业出版社，1987.

[42] 森林二郎编，王幼云等译. 新型水泥与混凝土 [M]. 北京：中国建筑工业出版社，1981.

[43] 余立毅，刘述祖. 水泥窑外分解技术 [M]. 北京：中国建筑工业出版社，1983.

[44] 张应立等. 现代混凝土配合比设计手册 [M]. 北京：人民交通出版社，2003.

[45] 冯浩等. 混凝土外加剂工程应用手册 [M]. 北京：中国建筑工业出版社，1999.

[46] 陈建奎. 混凝土外加剂原理与应用 [M]. 北京：中国计划出版社，2004.

[47] 张云洪. 生产质量控制 [M]. 武汉：武汉理工大学出版社，2002.

[48] 王仲春. 水泥工业粉磨工艺技术 [M]. 北京：中国建筑工业出版社，1998.

[49] 方景光. 粉磨工艺及设备 [M]. 武汉：武汉理工大学出版社，2002.

[50] 中国水泥协会. 利用水泥窑焚毁垃圾技术研讨会论文集，2002.